医院工程建设项目管理手册
——江苏省妇幼保健院应用实践

主　编◎张玉彬　赵奕华
副主编◎王绪东　徐蓉宁
　　　　周　珏　孙宁连
　　　　陈　岗
主　审◎钱　英　王　水

同济大学出版社

内 容 提 要

本书分科室管理、工程管理和法律服务三个篇章,详细阐述了医院基建管理部门在建设过程中的内外管理重点,包括医院基建办的各类管理人员工作职责、工作流程及制度,医院建设工程项目从立项、招投标、开工、施工到验收全流程管理规范,以及医院建设工程全过程法律服务的规范及要点,并提供了相应表单及建设奖项申报要求等。

本书可供医院建设项目管理方和管理的决策者、执行者使用,也可供专业的咨询单位、参与项目建设的设计、监理、咨询、施工、供货等多方主体参考使用。

图书在版编目(CIP)数据

医院工程建设项目管理手册:江苏省妇幼保健院应用实践 / 张玉彬,赵奕华主编. --上海:同济大学出版社,2020.11

ISBN 978-7-5608-9607-6

Ⅰ.①医… Ⅱ.①张… ②赵… Ⅲ.①妇幼保健—建筑工程—工程项目管理—手册 Ⅳ.①TU246.1-62

中国版本图书馆CIP数据核字(2020)第236179号

医院工程建设项目管理手册——江苏省妇幼保健院应用实践

主编 张玉彬 赵奕华 **副主编** 王绪东 徐蓉宁 周珏 孙宁连 陈岗 **主审** 钱英 王水
责任编辑 陈佳蔚　　责任校对 徐逢乔　　封面设计 渲彩轩

出版发行	同济大学出版社　www.tongjipress.com.cn
	(地址:上海市四平路1239号　邮编:200092　电话:021-65985622)
经　销	全国各地新华书店、网络书店
印　刷	上海安枫印务有限公司
开　本	787 mm×1092 mm　1/16
印　张	27.5
字　数	686 000
版　次	2020年11月第1版　2020年11月第1次印刷
书　号	ISBN 978-7-5608-9607-6
定　价	128.00元

本书若有印装质量问题,请向本社发行部调换　　版权所有　侵权必究

本书编委会

主　编　　张玉彬　赵奕华

副主编　　王绪东　徐蓉宁　周　珏　孙宁连　陈　岗

编　委　　徐　丹　路维列　严鹏华　金正开　王　娟
　　　　　　金　蕾　马　倩　韩若祎　田　灏　孟　瑜
　　　　　　耿　琴　陈梁薇　任　斌　罗明峰　徐燕君
　　　　　　张鹏洋　赵文青　田　珉　刘　征　端　翔
　　　　　　陈步伟　周小平　靳　雷　殷　红　周　琴
　　　　　　安海燕　张　雷　苏红青

主　审　　钱　英　王　水

序
Preface

2020年是"十三五"规划收官之年，《医院工程建设项目管理手册——江苏省妇幼保健院应用实践》即将与读者见面。本书由张玉彬、赵奕华等一批热心于医院建设项目管理研究并有丰富实践经验的同道参与编写，是理论与实践结合的成果，是集体智慧的结晶。

江苏省妇幼保健院承担着江苏省内妇女儿童医疗、保健、康复，相关学科科研、教学及业务指导培训等职能和任务，是江苏省唯一的省级三级甲等妇幼保健机构，是江苏省省级危急重症孕产妇及新生儿救治指导中心。

2012年，医院十年发展规划之一——扩建一期项目正式立项。2012年，也是江苏省妇幼保健院首次通过三级甲等医院评审之年。"十二五"至"十三五"期间，各项政策、法规、建设规范、医疗技术及业务需求都发生了巨大变化，基地周边的人口密度、配套设施、交通组织等综合环境也日新月异。医院立足于辐射周边、指导全省、发展特色，建设满足现代化妇幼保健院发展需要，规模床位从1998年建院时的340床，增加至未来规划为1500床的三级甲等省级妇幼保健院，需求发生了结构性变化。医院基于约3万平方米的既有建筑，分三期进行改扩建，其中穿插既有建筑改造，建成后形成以住院综合楼及门急诊前地下停车库（扩建一期）、科教综合楼（扩建二期）、新门急诊综合楼（扩建三期）三栋建筑为主体的医院建设新格局。

2014年9月，扩建一期的住院综合楼项目开工，2017年9月完工，2018年竣工交付使用，恰逢等级医院复审顺利通过之年。基于等级医院评审对基本建设的要求，加上几年来医院建设管理的实践，医院组建培养了一支专业的建设管理团队，确定以建设方集成管理为核心，选择适应江苏建设实际的自建模式，基于BIM技术进行项目全过程管理，以期实现以数字化医院为基础的信息平台建设成果的交付，配合实现智慧医院医疗技术未来发展的战略目标。

多年来，基建办根据建设进度和不断出现的新情况、新问题，干中学、学中干，不断向同行学习请教，理论联系实际，探索总结现行制度和流程的可操作性及存在问题，每年修订完善相应的科室管理和工程管理内容。同时，江苏省妇幼保健院住院综合楼在建设过程中，创新性地引入法律咨询服务，从法律视角加强建设全过程管理，将争端在过程中化解，确保工程顺利进行。本书在原有《住院综合楼基建办工作管理手册》基础上，经过不断总结、完善工作流程和制度，最终形成。本书分科室管理、工程管理、法律服务三个篇章，书中的流程、制度已经经过实践检验并且可复制，对医院建设者从事基本建设管理具有借鉴意义。

感谢各主管部门领导的关心和指导，感谢本书编委会全体人员的思考和总结，感谢住院综合楼的各参建单位的大力支持和配合。

由于时间紧，编写组水平有限，本书如有不妥之处，恳请同行及读者批评指正。

2020年4月

前言
Foreword

医院建设工程，既有公建项目的复杂性，又兼具医疗的专业性；同时，医院具有公益性和公共性特征。医院基建管理部门对内做好科室内部管理，与院内相关部门存在许多需沟通协调的工作；对外除了管理参建单位外，还要与各级主管部门做好沟通协调工作，涉及部门和环节众多，迫切需要完善流程，形成标准指南。

分析医院建设现状，不少医院建设项目管理实行自建自用、临时搭班子、非专业化的管理模式，造成项目管理需求与项目管理能力不匹配，出现超投资、拖进度、低质量、不规范现象，仅凭经验管理已经不能适应现代医院建设的发展需求，迫切需要一本即查即用的医院建设项目管理指南。江苏省妇幼保健院通过 6 年多医院新建和改造项目的探索，结合等级医院评审对基建的要求，不断改进、不断纠偏，逐步形成了一套行之有效的管理机制，在推进工程建设进度、保障工程质量的同时，基本实现了医院建设项目"以人为本，功能优化，布局合理，流程科学"的建设初衷，切实提高了政府经费的使用效率和政府投资项目的管理水平。先后荣获"2017 年全国首届最美医院""全国优秀手术室工程奖""全国优秀手术室工程建设管理奖""2018 年十佳医院基建管理项目奖"，为医疗卫生系统建设项目管理积累了宝贵经验。

本书分科室管理、工程管理、法律服务三个篇章，详细阐述了建设过程中医院基建管理部门的内外管理重点，包括医院基建办的各类管理人员工作职责、工作流程及制度，详细阐述了医院建设工程项目从立项、招投标、开工、施工到验收的全流程管理规范，介绍了建设工程全过程法律服务的规范及要点，并提供了相应表单供参考。本书力求简明扼要、重点突出、通俗易懂，具有较高的业务水准和实用价值，非常贴近一线医院建设管理者的实际需要，更是为初入基建行业同道提供了一本很好的参考书和工具书。

由于医院工程建设项目管理涉及多层面、多专业，加之成文时间紧、编者水平有限，书中如有不足之处，恳请同行及各位读者不吝赐教，以使我们再版时丰富完善之。

编 者

2020 年 4 月 6 日

目录 Contents

序
前言

第一篇　科室管理 ... 001

第一章　组织架构及团队建设 ... 002
第一节　基建办工作分工及协作 ... 002
第二节　医院基建人员综合能力提升 ... 004

第二章　基建办岗位职责 ... 020
第一节　办公室廉政工作守则 ... 020
第二节　工作廉政承诺书 ... 020
第三节　主任岗位职责 ... 021
第四节　副主任岗位职责 ... 022
第五节　项目负责人岗位职责 ... 023
第六节　主任助理岗位职责 ... 024
第七节　土建工程师岗位职责 ... 025
第八节　电气工程师岗位职责 ... 026
第九节　水暖工程师岗位职责 ... 027
第十节　设计/图纸管理岗位职责 ... 028
第十一节　项目管理岗位职责 ... 029
第十二节　档案管理岗位职责 ... 030

第三章　基建办岗位标准 ... 031
第一节　主任岗位标准 ... 031
第二节　副主任岗位标准 ... 032
第三节　项目负责人管理节点及岗位标准 ... 032
第四节　主任助理岗位标准 ... 034
第五节　土建工程师岗位标准 ... 034
第六节　电气工程师岗位标准 ... 035
第七节　水暖工程师岗位标准 ... 036
第八节　设计/图纸管理岗位标准 ... 036
第九节　项目管理岗位标准 ... 037
第十节　档案管理岗位标准 ... 037

第四章　基建办日常工作管理制度 ... 038
第一节　例会管理制度 ... 038
第二节　信息管理制度 ... 041
第三节　值班管理制度 ... 045
第四节　加班管理制度 ... 045
第五节　假期管理及劳动纪律规定 ... 047
第六节　科室不良事件上报处理制度 ... 051
第七节　经济合同管理规定 ... 053
第八节　资产管理制度 ... 055
第九节　材料、设备采购制度 ... 056
第十节　继续教育及学分管理办法 ... 057
第十一节　绩效考核办法 ... 061
第十二节　工作总结制度 ... 062
第十三节　办公室文件管理制度 ... 063
第十四节　投诉处理制度 ... 067
第十五节　等级医院评审要求及解读 ... 069

第五章　基建办工作表单 ... 075
第一节　每周日程安排表 ... 075
第二节　工作量报表 ... 075

第三节	项目管理数据汇总	077
第四节	日常工作分工安排表	079
第五节	业务学习年度计划表	080
第六节	月度工作总结表(同月度计划表)	081
第七节	会议签到表	081
第八节	考察行程安排表及考察报告	082
第九节	加班申请表	082
第十节	预算进度计划执行表	083
第十一节	项目结算送审登记表	083
第十二节	项目竣工结算报表	083
第十三节	合同签订及付款情况登记表	084
第十四节	固定资产购置及报废处置表	084
第十五节	合同送审情况登记表	086
第十六节	图纸查阅问题登记表	086
第十七节	基建文档编号登记表	086
第十八节	基建合同档案袋封面	087
第十九节	院内改造影响范围表	088
第二十节	基建项目不良事件报告表	089

第二篇 工程管理 091

第六章 管理流程及架构 092
第一节	建设管理流程	092
第二节	工程全周期管控责任管理	093
第三节	医院基本建设项目业主方管理各阶段注意事项	095

第七章 设计与需求管理 099
第一节	设计交底与图纸审查制度	099
第二节	科室功能需求确认单	100
第三节	科室水电需求对接表	100
第四节	基建办设计图纸确认流程	101
第五节	零星改造工程项目使用科室确认单	102
第六节	基于BIM的设计审查流程	102

第八章 招标与合同管理 104
第一节	招标管理办法	104
第二节	招标管理流程	106
第三节	招标合同管理流程	107
第四节	江苏省妇幼保健院合同	108
第五节	建设工程承发包安全管理协议	114
第六节	工程质量保修书	117
第七节	廉政协议书	118

第九章 进度管理 121
第一节	进度管理内容	121
第二节	进度控制流程	123
第三节	进度控制阶段	127
第四节	项目进度计划——以住院综合楼为例	127

第十章 造价与投资管理 128
第一节	投资管理方法	128
第二节	投资管理流程	128
第三节	投资控制措施	130
第四节	投资管理附表	131

第十一章 质量与安全管理 133
第一节	工程质量管理制度	133
第二节	工程安全管理制度	135
第三节	隐蔽工程质量验收管理规定	137
第四节	隐蔽工程验收流程	138
第五节	建筑工程隐蔽工程验收记录表	140
第六节	材料验收流程	141
第七节	重要分部工程质量验收管理规定	143
第八节	基建办竣工验收管理规定	145
第九节	施工现场应急预案	154

第十二章 变更与结算管理 163
第一节	工程变更签证管理规定	163

第二节	工程项目结算审计规定	168
第三节	医院基建项目竣工结算管理办法	169
第四节	工程项目结算审计流程	184

第十三章　组织与协调管理　185

第一节　合作单位办事指南　185
第二节　咨询服务类单位管理办法　186
第三节　基建办工程项目考核评分细则　204
第四节　基建办项目意见反馈表　208

第十四章　信息与档案管理　210

第一节　建设项目档案管理规范　210
第二节　基建档案管理办法　227
第三节　基建办收发文件工作流程　229
第四节　重大事项汇报确定工作流程　230
第五节　项目往来行文目录　231
第六节　城建档案馆归档要求　232
第七节　医院建设项目档案目录　243
第八节　基建办收发文常用登记表　244

第十五章　验收管理　245

第一节　基建办工程设备和材料验收管理规定　245
第二节　基建办分部分项工程验收管理规定　247
第三节　基建办建设工程验收规定　256

第十六章　开办与交付管理　259

第一节　开办与交付管理制度　259
第二节　基建办交付与开办流程　259
第三节　开办进度计划表　261
第四节　住院综合楼模拟演练方案　271

第十七章　医院设施设备建设管理　287

第一节　医疗设备设施建设管理　287
第二节　医院后勤保障设备设施管理　293

第三篇　法律服务　309

第十八章　概述　310

第一节　建设工程市场法律服务背景　310
第二节　建设工程全过程法律服务的重要性　310
第三节　建设工程全过程法律服务的内容　312

第十九章　招投标服务要点　314

第一节　招投标流程　314
第二节　招投标涉及的法律法规　316
第三节　招投标法律问题　317
第四节　招投标异议、投诉处理流程　320
第五节　招投标投诉处理案例　321

第二十章　合同签订与履行服务要点　322

第一节　建设工程合同概述　322
第二节　合同条款制定要点及风险提示　325
第三节　履约保函文本及释义　329
第四节　合同履行注意事项　331

第二十一章　工程资料管理　335

第一节　工程资料及资料检查的作用　335
第二节　工程资料的要求及检查内容　336

第二十二章　签证变更　344

第一节　签证变更流程　344
第二节　常见变更争议解决　344

第二十三章　结算服务要点　351

第一节　工程结算概述　351
第二节　结算流程　352
第三节　结算争议　352
第四节　结算案例（基坑管涌签证）　359

附录　361

第一篇 | 科室管理

第一章 组织架构及团队建设

随着我国综合国力的迅速提升,国家加大了对公共基础建设配套项目的投入,医院建设工程进入了一个建设高潮。医院建设工程具有公益性、公共性、专业性、系统性、复杂性、业主(群)动态性、不可复制性,在其全生命周期的建设管理过程中,质量、安全、进度、投资的有效控制,设计、施工、交付、运维等各阶段的协同联动,需要有新理念、新方法、新技术的新型项目管理模式和技术团队来组织实施医院建设工程。

第一节 基建办工作分工及协作

一、科室管理

医院基建办是以具体项目的建成交付为目标的执行部门,项目管理是基建办科室管理的核心,分为三个层级,即项目群管理层级、项目管理层级、任务管理层级。

项目群管理层级是指医院对基建办提出的工作任务,如住院综合楼项目、门急诊前地下停车库项目、院内改造项目、经信委课题项目、国家级继续教育培训班项目、扩建二期项目,在基建办科室层面进行的多项目管理。由分管院领导直接指挥调度与综合协调,基建办科室主任具体负责执行,全科室成员共同协作完成。其核心内容如图1-1所示。

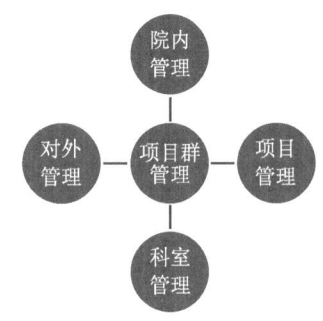

图1-1 基建办项目群管理层级核心内容

项目管理层级是指具体某个项目的全过程管理。例如,院内改造项目是从项目立项到需求、设计、招标、施工,直至验收、交付的单项目管理。由基建办科室主任负责组织协调,全科人员根据任务分工具体执行。其核心内容如图1-2所示。

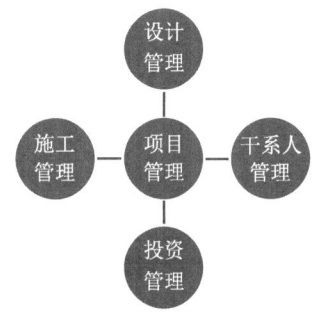

图1-2 基建办项目管理层级核心内容

任务管理层级是指单个项目的任务分解,实行项目负责人制,即根据个人专业能力和科室分工,将单个项目的具体任务指派某个科室成员承担，个人可承担多个项目管理层级分解后的多个具体任务。其核心内容如图1-3所示。

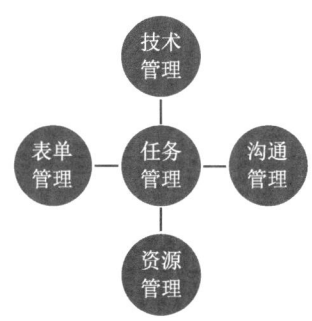

图1-3　基建办任务管理层级核心内容

二、科室文化

根据科室所承担的项目管理性质和医疗建筑系统的公益性、复杂性等内容，科室管理理念是"质量、安全、高效、服务"，科室文化理念是"团结、协作、责任、担当"。根据住院综合楼项目的相关数据汇总显示，作为医院建设管理的甲方代表，科室层级超过60%的工作是在对接各类项目干系人，是在进行多维度的沟通协调，是在将不同专业、不同职级、不同知识背景的各方人员的各种需求在图纸上和现场进行综合平衡，建成最趋近、最合适的完成状态予以交付。因此，科室文化的核心是"服务"，即对院内做好服务、对外做好服务、对项目参建团队同样做好服务，目的是让各方相关干系人和参建单位人员共同把项目建设好，更好地服务临床（图1-4）。

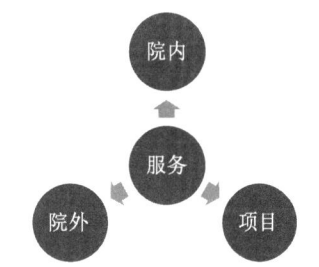

图1-4　以"服务"为核心的科室文化

三、组织关系

面对复杂性、系统性的医院建设项目，需要有专业、高效的建设团队负责实施和代表医院履行建设单位的主体责任，因此，根据项目管理的要求和专业范围，一个较为完整的基建办团队组织分工建议如图1-5所示。

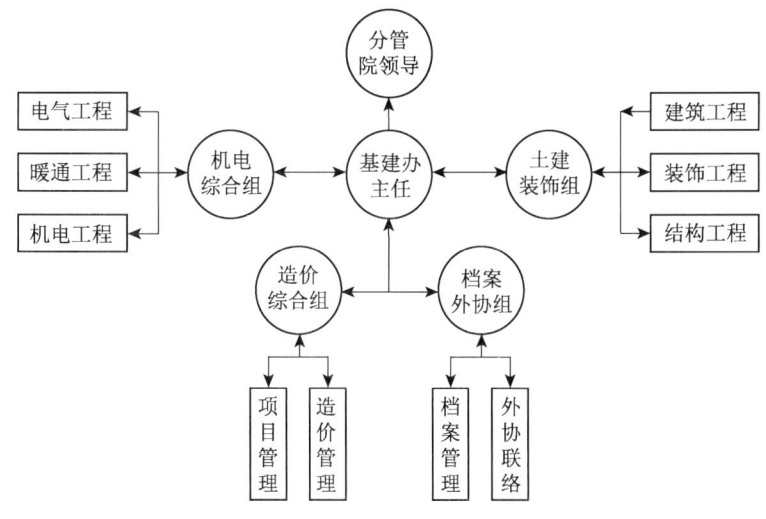

图1-5　基建办团队组织分工

机电综合组、土建装饰组、造价综合组和档案外协组之间，以及各组成员之间均是相互协作、相互补位的关系。

第二节　医院基建人员综合能力提升

就医院建设管理的现状，不少医院建设项目管理实行自建自用、临时搭班子、非专业化的管理模式，造成项目管理需求与项目管理能力不匹配，出现超投资、拖进度、低质量、不规范现象，常规的经验管理已经不能适应现代医院建设的发展需求，迫切需要提高医院基建技术和管理人员的整体综合能力，各医院均对技术管理人员有每年继续教育培训的要求。因此，加强医院基建技术、管理人员培训是基建管理需要长期持续进行的工作，科学、有效地持续进行团队人员的能力培训考核，有利于促进医院建设更好更快地发展。

一、能力提升原则

全员参与、全专业覆盖、全过程应用、全成果检验。

二、能力提升目标

1. 全科成员完成医院继续教育培训的学分达标率100%；参加医院组织的管理、技能培训学时达标，年内请假不超过2次。
2. 科室每年年初制订年度学习计划，根据工程管理需要按月进行适当调整，计划执行率100%。
3. 个人本专业内的相关技术规范、标准、指南等能熟悉灵活应用，通过技能考核认证或科室组织考核合格率100%。
4. 外出培训所学知识或技能，在科室业务学习中担当主讲，在工作中有具体的应用与推广。

三、能力提升重点内容

能力提升重在实用性，学习目标与人员专业性质同步，学习内容与职业需求同步，实现理论与实践相结合，提高工程管理人员的实际管理能力和专业技术能力。采取灵活的时间组合。针对不同年资的基建办员工做到分层次培训考核，制定基建办新员工入职180天培养方案，基建办新员工入职1年内职业能力提升规划，基建办助理工程师、工程师、高级工程师5年技能提升计划，参照医院继续教育管理和住建系统对工程师职称评审的要求进行融合分解。具体能力提升培训考核安排见表1-1—表1-5。

（一）院内应知类

1. 等级医院评审应知应会内容，与后勤保障相关的条款内容，以A等级为标准。
2. 医院党办、院办、财务、审计、资产、总务、信息、保卫、临床工程等职能处室的管理制度、规定，与基建相关的院内业务流程。
3. 医院基本信息，如占地面积、楼栋分布、建筑面积、规划容积率、绿化率等；医院保障信息，如外部水、电、燃气、光纤等管网入院位置，内部每栋楼的配电房、空调机房、生活水泵房、消防泵房等重要机房的位置；医院医疗信息，如楼宇的医疗性质，各医疗功能区所在的楼层信息等。

（二）个人技能类

1. 办公自动化软件（Word、Excel、PPT）、工程应用软件（CAD、Project、Revit）经过专门培训。
2. 熟悉应用本专业内的设计规范、施工规范、验收规范等相关技术规范文件，熟悉操作本专业内的检测仪器、设备。

3. 至少满足两项，熟练应用写作、摄影、摄像、无人机操作、微信公众号维护、群管理员、视频剪辑等辅助技能。

4. 鼓励报考安全员证，建筑、消防、电气等注册工程师证，建造师证书。

（三）基建业务类

1. 掌握医院建设基本流程及各环节，如设计、招标、合同、验收等具体要求。

2. 熟悉建设管理全过程手续办理的主管部门相关规定、办公地点、业务流程、关键人员。

3. 完全掌握科室的各项规章制度及流程，如《基建办管理手册》。

4. 熟悉设计、监理、审计的工作内容及流程。

5. 能编写本专业内的设计需求、质量管控要点、专项技术情况分析报告、技术总结报告、工程竣工验收报告。

6. 每人每年至少发表一篇与工作相关的论文，3年内新员工要求在省级及以上期刊发表，工作满3年的员工要求在核心期刊发表，鼓励在外文期刊上发表。

7. 本科入职满3年的员工，应报考硕士学位；已有硕士学位满5年的员工，鼓励报考博士学位。

（四）安全服务类

1. 明确建设管理过程中的各类安全风险点及控制防范措施。

2. 对医院建筑工程主动回访并记录，做到持续质量改进。

3. 具有技术保密和知识产权保护意识。

4. 有3年以内工作经验、具备助理工程师职称的人员，应熟悉本专业技术规范、施工要求等，应具备一定的沟通、协调能力。

5. 有5年以上工作经验、具备工程师职称的人员，应掌握本专业的需求征集、设计完善、BIM优化、手续办理、设备考察、招标商务、合同签订、施工管理、过程验收、质检安监、竣工备案、调试交付等全过程管理，并具备较强的组织协调、技术统筹、项目管理能力。

6. 有10年以上工作经验、具备高级工程师职称的人员，应熟悉相关专业规范，掌握项目全过程管理，对工程技术的专业细节、交叉工序、综合造价、资源调配以及现场应急处置、投诉处理、院内外相关部门的沟通，具备综合统筹协调能力。

7. 全科人员应深刻理解和贯彻执行科室"质量、安全、高效、服务"的理念，坚持"团结、协作、责任、担当"的原则，科室成员之间应做到"相互补位"，专业之间配合应做到"有效融合"，面对困难与责任应"共同担当"，面对成绩与荣耀应"礼谦相让"。

8. 根据医院总体要求，结合工程下一年度实际的工作计划，制订科室年度学习计划，为做好科室制度、流程的规范化管理，建立廉洁、高效、严谨、规范的基建团队，以最佳的状态更好地投入新大楼建设中，基建办分批邀请相关职能科室领导专家进行针对性授课培训。具体学习计划见第五章第五节。

表 1-1 新员工入职培训方案

阶段	时间	培养计划
第一阶段：新员工入职，让他知道要干什么	入职 3～7 天	1. 为新员工安排办公微环境，拥有自己的办公桌椅及电脑，并介绍位置周围的同事相互认识 2. 开一个欢迎会或聚餐，介绍科室里的每一位同事与新员工相互认识 3. 直接领导与新员工单独沟通：让新员工了解医院文化、发展战略等，并了解新员工的专业能力、家庭背景、职业规划与兴趣爱好 4. 科室主任告知新员工的工作职责及其自身的发展空间和价值 5. 科室主任明确安排第一周的工作任务，包括每天要做什么、怎么做、与任务相关的科室负责人是谁 6. 对于新员工日常工作中的问题及时发现、及时纠正（不予批评），并给予及时肯定和表扬（反馈原则）；检查新员工每天的工作量及工作难点 7. 让有经验的同事尽可能多地和新员工接触，消除其陌生感，让其尽快融入团队
第二阶段：新员工过渡，让他知道如何能做好	入职 8～30 天	1. 带领新员工熟悉医院环境和各科室人员，让他知道怎么写规范邮件，电脑出现问题找哪个人，如何接内部电话等 2. 最好将新员工安排在带教导师附近，以便观察和指导 3. 及时观察新员工的情绪状态，做好及时调整，通过询问发现其是否存在压力 4. 适时把自己的经验教给新员工，让其在实战中学习，"学中干，干中学"是新员工十分看重的 5. 及时肯定和赞扬新员工的成长和进步，并提出更高的期望
第三阶段：让新员工接受挑战性任务	入职 31～60 天	1. 知道新员工的长处及掌握的技能，对其讲清工作要求及考核的指标要求 2. 多开展科室团队活动，观察新员工的优点和能力，扬长避短 3. 新员工犯错误时给其改正的机会，观察其逆境时的心态，观察其行为，看其培养价值
第四阶段：表扬与鼓励，建立互信关系	入职 61～90 天	1. 当新员工完成挑战性任务，或者有进步时，及时给予表扬和奖励，体现表扬鼓励的及时性 2. 要给新员工多种形式的表扬和鼓励，要多给他惊喜，多创造不同的惊喜感，体现表扬鼓励的多样性 3. 向科室同事展示新员工的成绩，分享成功的经验，体现表扬鼓励的开放性
第五阶段：让新员工融入团队，主动完成工作	入职 91～120 天	1. 鼓励新员工积极踊跃参与团队的会议并在会议中发言，发言之后给予表扬和鼓励 2. 对于激励机制、团队建设、任务流程、成长需求、好的经验，要多进行会议商讨、分享 3. 与新员工探讨任务处理的方法与建议，当新员工提出好的建议时要进行肯定 4. 如果出现同事间的矛盾要及时处理
第六阶段：赋予新员工使命，适度授权	入职 121～179 天	1. 帮助新员工重新定位，让他们重新认识工作的价值、意义、责任、使命和高度，找到自己的目标和方向 2. 时刻关注新员工，当他们有负面情绪时，要及时调整，要对他们的各个方面有敏感性；当新员工询问负面的、幼稚的问题时，要转换方式，从积极的一面解除其顾虑，管理者换位思考 3. 让新员工感受到医院的使命，放大医院愿景和文化价值，放大战略决策和领导意图等，聚焦凝聚人心和文化落地，聚焦方向正确和高效沟通，聚焦绩效提升和职业素质 4. 当医院有重大的事情或者振奋人心的消息时，要及时引导分享 5. 开始适度授权让新员工自行完成工作，发现工作的价值与享受成果带来的喜悦，授权不宜一步到位

(续表)

阶段	时间	培养计划
第七阶段：总结，制订发展计划	入职180天	1. 每个季度保证至少1~2次1个小时以上的正式绩效面谈，面谈之前做好充分的调查，谈话做到有理、有据、有法 2. 绩效面谈要做到明自目的；员工自评包括做了哪些事情，有哪些成果，为成果做了什么努力，哪些方面做得不足，哪些方面和其他同事有差距 3. 领导的评价包括成果、能力、日常表现，要运用三明治方法，先肯定成果，其次说不足，谈不足的时候要有真实的例子做支撑，再提出建议 4. 协助新员工制定目标和措施，让其作出承诺，监督检查目标的进度，协助其达成既定的目标 5. 为新员工争取发展提升的机会，多与其探讨未来的发展，至少每3~6个月给下属评估一次 6. 给予新员工参加培训的机会，鼓励其平时多学习、多看书，每个人制订一份成长计划，分阶段检查
第八阶段：全方位关注下属成长	(每一天)	1. 关注新员工的生活，当其受到打击、遭遇生活变故、心理产生迷茫时，应多支持、多沟通、多关心、多帮助 2. 记住科室每个同事的生日，并在生日当天科室集体庆祝；记录科室大事记和同事的每次突破，对每次的进步给予表扬和奖励 3. 每月举办一次各种形式的团队集体活动，增加团队的凝聚力，关键点：坦诚、赏识、用情、信任

表1-2 新员工入职1年内职业能力提升规划

月	周	培训内容	计划日期	培训形式					带教
				讲解	授课	实践	自学	考核	
第一个月	第1周	1. 介绍熟悉科室环境		√					
		2. 熟悉科室人员及任务相关的对接部门负责人				√	√		
		3. 安排座位和电脑，指定带教导师，发放基建办工作管理手册		√					
	第2周	1. 参加医院新职工培训			√				
		2. 熟悉基建办工作分工及团队协作要求		√					
		3. 熟悉岗位工作职责及工作流程				√	√		
	第3周	1. 根据科室主任周工作安排制订周工作计划					√		
		2. 投影仪、复印机的使用				√			
	第4周	1. 与新员工谈心，了解其工作难点，评估工作情况		√					
		2. 月工作小结					√	√	
第二个月	第1周	1. 了解基建办信息化管理制度					√		
		2. 熟悉基建办会议流程，掌握会议纪要记录规范		√					
	第2周	1. 了解基建办事指南							
		2. 熟悉与会计对接、整理发票报销等标准规范内容		√	√				

(续表)

月	周	培训内容	计划日期	培训形式					带教
				讲解	授课	实践	自学	考核	
第二个月	第3周	1. 了解施工质量安全管理制度					✓		
		2. 熟悉施工现场安全检查方法、内容与标准，在导师指导下做好现场安全检查				✓			
	第4周	1. 礼仪服务规范（如接听电话规范）		✓			✓		
		2. 沟通技巧及相关案例分享				✓			
第三个月	第1周	1. 熟悉基建办招标流程			✓				
		2. 熟悉项目负责人管理节点控制规范		✓	✓		✓		
	第2周	1. 掌握与总务工作交接规范		✓	✓				
		2. 熟悉机电常用设备使用方法及注意事项				✓			
	第3周	1. 了解基建办资产管理制度					✓		
		2. 熟悉 OA 网、管理平台、资产（领用、保管、移交、报废）流程				✓			
	第4周	1. 熟悉施工现场应急预案					✓		
		2. 个人职业规划/提出个人一年内的工作设想		✓			✓	✓	
第四个月	第1周	1. 了解基建办工程变更签证流程		✓					
	第2周	2. 熟悉常见图纸的种类及识别要点			✓				
	第3周	3. 熟悉建设项目文件归档要求与归档管理规范			✓				
	第4周	4. 在导师的指导下能初步识读专业施工图			✓	✓	✓		
第五个月	第1周	1. 掌握基建办加班制度					✓		
	第2周	2. 熟悉科室绩效考核内容及标准		✓					
	第3周	3. 在导师的指导下能初步识读建筑给排水施工图			✓	✓			
	第4周	4. 年底新员工岗位胜任力考核					✓		
第六个月	第1周	1. 做好基建办一天的工作安排				✓			
	第2周	2. 熟悉不良事件上报流程				✓	✓		
	第3周	3. 在导师的指导下能初步识读建筑结构施工图			✓	✓			
	第4周	4. 写一篇3 000字左右的总结，科室秘书轮转至少半年					✓	✓	
第七个月	第1周	1. 掌握基建办设计图纸确认流程			✓				
	第2周	2. 摄像机、照相机、无人机操作使用培训		✓		✓			
	第3周	3. 掌握科室与医院职能部门往来文件起草、递送、登记等		✓		✓			
	第4周	4. 办公自动化培训/参加相关继续教育学习班			✓		✓		
第八个月	第1周	1. 掌握设计交底与图纸审查制度		✓	✓				
	第2周	2. 跟踪一件与总务/信息/保卫的质保流程		✓	✓				
	第3周	3. 掌握工程监理工作职责和主要内容		✓	✓				
	第4周	4. 做好竣工图完善性检查、图纸确认案例分析				✓		✓	

(续表)

月	周	培训内容	计划日期	培训形式					带教
				讲解	授课	实践	自学	考核	
第九个月	第1周	1. 了解基建办材料验收流程				√			
	第2周	2. 掌握工程审计工作职责和主要内容		√		√	√		
	第3周	3. BIM软件的操作培训		√		√	√		
	第4周	4. 掌握PPT制作			√		√		
第十个月	第1周	1. 熟悉基建办招标合同管理流程				√			
	第2周	2. 火灾应急预案演练/漏水抢修应急预案演练				√			
	第3周	3. 个人专业对应相关规范的梳理、学习和整理					√		
	第4周	4. 掌握科室公众号的稿件编辑		√		√	√		
第十一个月	第1周	1. 了解基建办竣工验收管理规定					√		
	第2周	2. 个人专业规范性学习考核						√	
	第3周	3. 与领导交流工作心得体会					√		
	第4周	4. 持续质量改进案例分享				√			
第十二个月	第1周	1. 掌握基建建设风险识别与控制		√		√			
	第2周	2. 掌握工程变更流程与手续完善工作		√		√	√		
	第3周	3. 承担一项具体工程担任项目负责人				√	√	√	
	第4周	4. 完成综述/论文1篇，并发表于正式期刊					√	√	

表1-3 助理工程师5年技能提升计划

年度	月/季	培训内容	达标要求	输出成果	培训形式					带教
					讲解	授课	实践	自学	考核	
第一年	1—3月	医院各栋建筑的功能、楼层分布	了解院内七大功能区域分布及各科室位置	记录本抄写完成表格	√		√	√		
		院内应知应会内容	掌握院内应知应会内容	达到独立背诵或默写水平			√	√	√	
		《基建办工作管理手册》	熟悉基建管理部门职责及相关管理规定	列入年底科室考核内容				√	√	
		办公软件专项培训	参加办公软件（Word、Excel、PPT等）专项培训	建立个人工作表、制作季度总结PPT	√		√	√		
		工作记录	记录工作中遇到的问题及解决方法（每月不少于5个）	月底交科室主任审核				√	√	
		月工作总结、思想汇报	每月完成月度工作总结及心得体会，非党员另完成思想汇报	递交总结及思想汇报				√		
		工具、仪器、设备的使用	熟悉复印机、扫描仪、投影仪等电子办公设备的使用	会操作使用	√		√	√		

(续表)

年度	月/季	培训内容	达标要求	输出成果	培训形式					带教
					讲解	授课	实践	自学	考核	
第一年	4—6月	医院基本建设情况	了解院内已建、在建、拟建工程基本信息	记录本抄写基本建设信息数据列表	√		√	√		
		《基建办工作管理手册》	熟悉基建工程基本流程	列入年底科室考核内容	√			√	√	
		医院职能部门职责及流程	了解医院职能部门职责、管理制度、业务流程和相关手续	跟随带教导师办理具体业务	√		√	√		
		图纸熟悉及操作	能够独立看懂本专业CAD图例、设计说明	绘制医院建筑的大样图或系统图	√		√	√		
		Project项目管理软件培训	完成Project软件学习并熟悉基本操作	根据指定项目完成工期计划排布			√	√		
		工作记录	记录工作中遇到的问题及解决方法（每月不少于5个）	月底交科室主任审核				√	√	
		月工作总结、思想汇报	每月完成月度工作总结及心得体会，非党员另完成思想汇报	递交总结及思想汇报				√	√	
		工具、仪器、设备的使用	掌握相机、摄像机、无人机等设备的使用及后期处理	独立操作使用	√		√	√		
	7—9月	医院本专业工程基本情况	了解医院已完工工程本专业图纸标注与现场位置	跟随带教导师现场熟悉图纸	√		√	√		
		医院本专业在建工程图纸	了解在建工程本专业系统图，熟悉待建与既有建筑的系统关系	列入年底科室考核内容	√		√	√	√	
		院内既有建筑及管线布置	了解院内地下管线走向、建筑内部结构布局、建筑之间管线连通等	跟随带教导师现场熟悉图纸			√	√		
		医院职能部门职责及流程	熟悉与基建有直接业务往来部门的具体流程和待办事项	能独立办理部分具体事项			√	√		
		图纸熟悉及操作	了解系统图、布局图、大样图、参数表等，并能对照查阅	能按照关键词找到图纸中的位置，并说明相关内容	√		√	√		
		工具、仪器、设备的使用	学会专业工具、仪器的使用，并知晓原理	熟练独立操作使用	√		√	√		
		本专业相关规范	熟悉本专业设计规范	整理制表与医院使用密切相关的重要条款及参数要求				√	√	
		工作记录	记录工作中遇到的问题及解决方法（每月不少于5个）	月底交科室主任审核				√	√	
		季度工作总结、思想汇报	完成季度工作总结及心得体会，非党员另完成思想汇报	递交总结及思想汇报				√	√	
		学术要求	阅读本专业参考文献不少于5篇，完成综述1篇	综述不少于3 000字	√			√	√	

（续表）

年度	月/季	培训内容	达标要求	输出成果	培训形式					带教
					讲解	授课	实践	自学	考核	
第一年	10—12月	参加Revit软件培训	参加Revit软件培训并熟悉基本操作	能独立携带iPad在工地查阅模型		√	√	√	√	
		工具、仪器、设备的使用	熟练使用工具、仪器、设备等，并能做好后序工作	熟练独立操作使用，完成一份仪器使用报告	√		√	√	√	
		图纸熟悉及操作	能够独立核对本专业两套图纸之间的差异性，并进行分析	针对差异性完成一份技术对比分析报告			√	√		
		本专业相关规范	熟悉本专业施工规范	整理制表与医院使用密切相关的重要条款及参数要求				√	√	
		工作记录	记录工作中遇到的问题及解决方法（每月不少于5个）	月底交科室主任审核				√		√
		季度工作总结、思想汇报	完成季度工作总结及心得体会，非党员另完成思想汇报	递交总结及思想汇报				√	√	
		学术要求	阅读本专业参考文献不少于5篇，完成论文1篇	会议投稿1篇，鼓励发表至省级以上期刊	√	√		√		
		继续教育培训	年度参加继续教育培训，获得Ⅰ类、Ⅱ类学分合计不少于15分	学分证书交科室登记保存		√		√	√	
		科室考核	科室组织年度理论与操作考核，百分制不低于80分	考核成绩科室汇总保存，与年度绩效挂钩					√	
第二年	1月	基建工程管理基本流程	独立完成会议纪要、联系单的书写	文件材料经组长审核达标			√	√		
		医院职能部门职责及流程	独立完成部门间业务联系	代表科室独立现场解决一般问题			√	√		
	2月	本专业相关规范	熟悉本专业监理、验收、检测等规范	整理各阶段监理工作要点和提交成果			√	√		
		工作记录	记录工作中遇到的问题及解决方法（每月不少于5个）	月底交科室主任审核			√	√		
	3月	质量管理	联合监理，参加施工现场质量检查	相关表单签字，组长监督抽查			√			√
		安全管理	联合监理，参加施工现场安全检查	相关表单签字，组长监督抽查			√			√
	4月	进度管理	联合监理，熟悉施工现场的完成情况，并复核现场与上报计划的匹配度	制表并在每周科室例会上汇报			√	√		
		投资造价管理	联合审计、监理，参加本专业工程的变更议价，熟悉工程定额及综合单价	工程记录本有序记录，组长监督抽查			√	√		

(续表)

年度	月/季	培训内容	达标要求	输出成果	培训形式					带教
					讲解	授课	实践	自学	考核	
第二年	5月	医院临床科室需求对接	能将临床科室需求转化为技术需求，并正确汇总与设计院完整交底	填写完整的需求汇总表及相关流程办理		√	√	√		
		基建工程管理基本流程	熟悉基本建设全过程流程和需要办理的相关手续	列入年底科室考核内容	√		√	√		
	6月	半年工作总结、思想汇报	完成半年工作总结及心得体会，非党员另完成思想汇报	递交总结及思想汇报				√	√	
	7月	对外主管部门办事流程	能独立完成对外主管部门间的相关业务	起草相关请示、报告，并整理附件材料	√		√			
	8月	项目管理	能独立担任20万元以下项目技术负责人	承担项目全过程管理，周科室例会汇报		√	√			
	9月	技术总结报告	针对工作中遇到的技术难题或专项工程完成技术总结报告1篇	报告不少于3 000字	√			√		
	10月	学术要求	阅读本专业核心期刊参考文献不少于10篇，完成论文1篇	会议投稿获奖可参加学术会议，国家级期刊发表			√	√		
	11月	继续教育培训	年度参加继续教育培训，获得Ⅰ类、Ⅱ类学分合计不少于15分	学分证书交科室登记保存	√	√		√		
	12月	科室考核	科室组织年度理论与操作考核，百分制不低于80分	考核成绩科室汇总保存，与年度绩效挂钩					√	
第三年	1月	项目管理	能独立担任100万元以下项目负责人	承担项目全过程管理，周科室例会汇报	√	√	√			
	2月	医院相关职能部门间配合	能独立参与医院部门间联合协同工作，现场处理相关事宜	科室主任综合考评	√		√			
	3月	技能操作	能独立熟练利用CAD、Revit、Project等软件进行各项工作	列入年底科室考核内容			√	√		
	4月	工作记录	记录工作中遇到的问题及解决方法（每月不少于5个）	月底交科室主任审核			√	√		
	5月	检查监督	能独立根据施工进度计划安排施工现场检查内容	记录并周科室例会汇报	√		√			
	6月	半年工作总结、思想汇报	完成半年工作总结及心得体会，非党员另完成思想汇报	递交总结及思想汇报				√		
	7月	工序管理	熟悉本专业工序安排，并针对具体工程独立制定施工组织流程	组织讨论确定并绘制流程图	√		√	√		

(续表)

年度	月/季	培训内容	达标要求	输出成果	讲解	授课	实践	自学	考核	带教
第三年	8月	本工程各专业图纸	能独立将各专业图纸合并检查，发现专业配合上的问题	汇总问题反馈，相关专业按流程处理完成	√		√	√	√	
	9月	项目总结报告	本人负责的单独项目完成后撰写项目总结报告	提交完整的项目总结报告	√		√	√		
	10月	学术要求	阅读本专业核心期刊参考文献不少于10篇，完成论文1篇	会议投稿获奖可参加学术会议，国家级期刊发表			√	√	√	
	11月	继续教育培训	年度参加继续教育培训，获得Ⅰ类、Ⅱ类学分合计不少于15分	学分证书交科室登记保存				√		
	12月	科室考核	科室组织年度理论与操作考核，百分制不低于80分	考核成绩由科室汇总保存，与年度绩效挂钩					√	
第四年	1月	项目管理	能担任医院中型项目的专业技术负责人	承担本专业全过程管理，在周科室例会上汇报	√		√	√	√	
	2月	组织协调	能独立组织专项考察的各项事宜	制表，考察顺利完成后撰写考察报告	√		√	√		
	3月	工作记录	记录工作中遇到的问题及解决方法（每月不少于5个）	月底交科室主任审核	√		√	√		
	4月	业务学习	承担一次科室业务学习本专业发展前沿内容的主讲	制作不少于30分钟的PPT		√		√	√	
	5月	分部分项工程验收	参与本专业工程分部分项验收，发现问题并安排整改	完成整改单的落实并复核	√		√			
	6月	半年工作总结、思想汇报	完成半年工作总结及心得体会，非党员另完成思想汇报	递交总结及思想汇报				√		
	7月	技术专项讨论	能参与针对施工中出现的难题进行的专项讨论，提出可行性方案	方案报科室审核后形成会议纪要，落实指导施工	√					
	8月	学术要求	阅读本专业核心期刊参考文献不少于10篇，完成论文1篇	会议投稿获奖可参加学术会议，国家级期刊发表				√	√	
	9月	学历学位	本科入职两年内完成在职硕士学位考试	取得入学资格				√	√	
	10月	职业技能	鼓励完成本专业二级建造师及相关职业资格的考试认证	取得证书后科室年终绩效酌情考虑			√	√	√	

(续表)

年度	月/季	培训内容	达标要求	输出成果	培训形式 讲解	授课	实践	自学	考核	带教
第四年	11月	继续教育培训	年度参加继续教育培训，获得Ⅰ类、Ⅱ类学分合计不少于15分	学分证书交科室登记保存		✓	✓	✓	✓	
	12月	科室考核	科室组织年度理论与操作考核，百分制不低于80分	考核成绩由科室汇总保存，与年度绩效挂钩					✓	
第五年	1月	项目管理	能担任医院大型项目的专业技术负责人	承担本专业全过程管理，在周科室例会上汇报	✓		✓	✓	✓	
	2月	组织协调	能参与单项工程招投标的各项事宜	顺利完成项目招标并签订合同	✓		✓	✓	✓	
	3月	工作记录	记录工作中遇到的问题及解决方法（每月不少于5个）	月底交科室主任审核			✓	✓	✓	
	4月	业务学习	承担一次科室业务学习本专业在建项目设计内容的主讲	制作不少于30分钟的PPT	✓		✓	✓		
	5月	分部分项工程验收	参与本专业工程分部分项验收，发现问题并安排整改	完成整改单的落实并复核	✓		✓	✓		
	6月	半年工作总结、思想汇报	完成半年工作总结及心得体会，非党员另完成思想汇报	递交总结及思想汇报				✓	✓	
	7月	技术专项讨论	能参与针对施工中出现的难题进行的专项讨论，提出可行性方案	方案报科室审核后形成会议纪要，落实指导施工	✓		✓	✓		
	8月	学术要求	阅读本专业核心期刊参考文献不少于10篇，完成论文1篇	会议投稿获奖可参加学术会议，核心期刊发表				✓	✓	
	9月	持续质量改进	工作现况调查客观，计划及改进措施切实可行，效果评价及时，有标准化内容	完成PDCA案例	✓		✓	✓	✓	
	10月	职业技能	鼓励完成本专业二级建造师及相关职业资格的考试认证	取得证书后科室年终绩效酌情考虑						
	11月	继续教育培训	年度参加继续教育培训，获得Ⅰ类、Ⅱ类学分合计不少于15分	学分证书交科室登记保存		✓	✓	✓	✓	
	12月	科室考核	科室组织年度理论与操作考核，百分制不低于80分	考核成绩由科室汇总保存，与年度绩效挂钩					✓	

备注：1. 准备工作记录本、工程记录本各一本；
2. 工作记录本记录日常工作、待办事项等，工程记录本记录技术问题及解答、招投标记录等；
3. 上一年度未达标的内容本年度继续进行。

表 1-4　工程师 5 年技能提升计划

年度	月/季	培训内容	达标要求	输出成果	培训形式					带教
					讲解	授课	实践	自学	考核	
第一年	1月	专业相关规范	精通本专业规范，熟悉相关专业规范，能关联各专业发现问题	列入年底科室考核内容			√	√	√	
	2月	省优、国优评选标准及内容	熟悉省优、国优评选的具体标准、流程及内容，对负责的项目能事前控制达标	按月对标完成资料保存			√	√		
	3月	工作记录	记录工作中遇到的问题及解决方法（每月不少于5个）	月底交科室主任审核			√	√		
	4月	项目管理	能担任医院大型项目的专业技术负责人	承担本专业全过程管理，在科室例会上汇报			√			
	5月	业务学习	每年承担一次科室业务学习的主讲	制作不少于30分钟的PPT	√					
	6月	半年工作总结、思想汇报	完成半年工作总结及心得体会，非党员另完成思想汇报	递交总结及思想汇报	√			√	√	
	7月	技术专项讨论	能独立组织针对施工中出现的难题进行专项讨论，提出可行性方案	方案报科室审核后形成会议纪要，落实指导施工			√	√		
	8月	持续改进	能独立发现图纸、模型、施工现场、变更结算中存在的联动问题	确定指标，完成一份PDCA报告	√		√	√	√	
	9月	学术要求	5年内阅读学位参考文献不少于100篇，完成论文5篇	核心期刊发表不少于2篇				√	√	
	10月	职业技能	5年内完成本专业一级建造师或相关职业资格的考试认证	取得相关证书，科室年终绩效酌情考虑				√	√	
	11月	持续质量改进	工作现况调查客观，计划及改进措施切实可行，效果评价及时，有标准化内容	完成PDCA案例	√	√	√	√		
	12月	继续教育培训	年度参加继续教育培训，获得Ⅰ类学分不少于10分，Ⅰ类、Ⅱ类学分合计不少于25分	学分证书交科室登记保存			√	√	√	
		科室考核	科室组织年度理论与操作考核，百分制不低于80分	考核成绩由科室汇总保存，与年度绩效挂钩					√	
第二至五年	1月	专业相关规范	熟悉掌握最新医疗专项相关的规范、政策	需求设计阶段能完整体现医学规范和临床要求	√			√		
	2月	应急处置	能按照应急处置预案独立处理施工现场的突发情况	顺利完成情况处置，撰写情况报告			√	√	√	
	3月	项目管理	担任不少于2项医院大型项目的专业技术负责人	审核编写主要技术管理文件			√	√		

（续表）

年度	月/季	培训内容	达标要求	输出成果	培训形式					带教
					讲解	授课	实践	自学	考核	
第二至五年	4月	工作记录	记录工作中遇到的问题及解决方法（每月不少于5个）	月底交科室主任审核			√		√	
	5月	组织协调	能按照既定流程组织单个项目的对外、对内、现场综合管理	承担全过程管理，在周科室例会上汇报	√		√	√		
	6月	半年工作总结、思想汇报	完成半年工作总结及心得体会，非党员另完成思想汇报	递交总结及思想汇报				√	√	
	7月	业绩成果	市（厅）级科技进步三等奖、优秀设计二等奖，省（部）级优质工程奖1项，国家级新技术示范工程，研发或推广新技术、工艺、材料3项，解决复杂、疑难技术问题3项，工程建设领域发明专利1项，以上获得其中一项	主要完成人，有证书			√	√	√	
	8月	技术方案论证	能独立组织设计图纸、专业方案的专家审查或论证	完成专家审查纪要或方案调研报告	√		√	√		
	9月	技术总结	根据科室要求完成一份专题总结汇报	文字不少于5 000字，PPT不少于40分钟			√	√	√	
	10月	课题项目	参与院内及以上相关课题研究	主动承担课题中相关本专业内容	√		√			
	11月	继续教育培训	年度参加继续教育培训，获得Ⅰ类学分不少于10分，Ⅰ类、Ⅱ类学分合计不少于25分	学分证书交科室登记保存	√		√	√	√	
	12月	科室考核	科室组织年度理论与操作考核，百分制不低于80分	考核成绩由科室汇总保存，与年度绩效挂钩					√	

表1-5 高级工程师5年技能提升计划

年度	月/季	培训内容	达标要求	输出成果	培训形式					带教
					讲解	授课	实践	自学	考核	
第一年	1—2月	最新相关专业规范、法规、政策等	全面了解各类专业相关设计、施工、验收规范及专业技术知识和操作，熟悉最新的法律法规及政策，能灵活应用	面对具体问题能进行正确决策	√		√	√	√	
	3—4月	熟悉本专业及交叉学科，特别是医学相关专业前沿知识	掌握并能分析其他专业最新发展趋势及其对本专业发展带来的变化	完成一份不少于5 000字的报告，制作一份40分钟的PPT				√		

（续表）

年度	月/季	培训内容	达标要求	输出成果	培训形式					带教
					讲解	授课	实践	自学	考核	
第一年	5—6月	学术要求	熟悉检索高质量论文的方法，能阅读外文文献，5年内发表论文不少于2篇	核心及以上刊物上发表的论文每篇不少于8 000字				√		
	7—8月	学历学位	鼓励继续攻读相关学位	取得入学资格	√		√	√		
	9—10月	继续教育培训	年度参加继续教育培训，获得Ⅰ类学分不少于10分，Ⅰ类、Ⅱ类学分合计不少于25分	学分证书交科室登记保存	√	√	√	√		
	11—12月	科室考核	科室组织年度理论与操作考核，百分制不低于80分	考核成绩由科室汇总保存，与年度绩效挂钩					√	
第二年	1—2月	技术管理	具有一定深度的项目管理知识储备，能科学运用有效管理工具及各类软件，善于发现系统问题，能独立解决复杂疑难技术问题	面对具体问题能进行正确决策	√		√			
	3—4月	业务学习	积极参与跨专业学科的学习和培训，掌握交叉学科系统知识	学习经验在科室内部分享，制作不少于30分钟的PPT	√		√			
	5—6月	综合素质	培养并提升良好的全局观和系统意识，能提出系统意见和专业建议	具体内容得到认可，形成医院纪要并执行	√		√			
	7—8月	课题项目	熟知产业发展政策和学科发展方向，提出本学科研究方向，主持具有实际意义的研究课题不少于1项	担任院内及以上课题项目负责人			√	√		
	9—10月	继续教育培训	年度参加继续教育培训，获得Ⅰ类学分不少于10分，Ⅰ类、Ⅱ类学分合计不少于25分	学分证书交科室登记保存	√	√	√	√		
	11—12月	科室考核	科室组织年度理论与操作考核，百分制不低于80分	考核成绩由科室汇总保存，与年度绩效挂钩					√	
第三年	1—2月	技术管理	能科学地运用专业工具解决重要问题，并形成一套完整的体系，能现场指导实际工作，成为本专业学科、技术带头人	担任专业组长	√	√	√			
	3—4月	技术创新	思考专业与医疗发展需求的关系，能探索新型技术或工艺，鼓励进行实用新型专利、发明专利、施工工艺的研究申报	获得相应专利或证书			√	√		

（续表）

年度	月/季	培训内容	达标要求	输出成果	培训形式					带教
					讲解	授课	实践	自学	考核	
第三年	5—6月	学术要求	参加高质量学术会议并进行分享交流	制作不少于40分钟的PPT		√	√			
	7—8月	持续改进	掌握关键问题的研究方法和总结提高的经验，有标准化文本	组织指导完成PDCA报告1份		√	√			
	9—10月	继续教育培训	年度参加继续教育培训，获得Ⅰ类学分不少于10分，Ⅰ类、Ⅱ类学分合计不少于25分	学分证书交科室登记保存		√	√	√	√	
	11—12月	团队建设	组织统筹能力提升，能够有效管理团队，引导团队跨专业协作，以团队文化为核心积极引导新成员	凝聚团队卓有成效		√	√			
第四年	1—2月	技术管理	掌握问题的总结技术与方法，并能够复制推广，能对重大和关键的技术问题进行独立的深入分析，有为解决复杂技术问题而撰写的有较高水平的专项研究报告、技术分析、技术总结、立项研究（论证）报告等专业文章3篇以上（5年内）	每篇不少于5 000字			√	√		
	3—4月	学术要求	积极参加高质量学术会议与技术研讨会，鼓励联合发表高级别论文	参会并到科室分享		√	√		√	
	5—6月	项目管理	参与2项以上大型工程，了解"扬子杯"或"鲁班奖"的标准、流程及内容	参与"扬子杯"或"鲁班奖"评选	√		√		√	
	7—8月	业绩成果	省（部）级科技进步三等奖1项，优秀设计一等奖1项，国家级优质工程奖1项或省级4项，支持研发的新产品、材料、设备、工艺投入生产经省级行业主管鉴定，建设工程领域发明专利1项并实施，获得其中1项	主要完成人，有证书或鉴定证明			√	√		
	9—10月	继续教育培训	年度参加继续教育培训，获得Ⅰ类学分不少于10分，Ⅰ类、Ⅱ类学分合计不少于25分	学分证书交科室登记保存		√	√	√	√	
	11—12月	创新成果	在工作中学习并熟悉专业相关的技术研究及发展情况，课题或项目取得有较大价值的科技成果或技术创新成果	取得一定科技成果			√	√		

(续表)

年度	月/季	培训内容	达标要求	输出成果	培训形式					带教
					讲解	授课	实践	自学	考核	
第五年	1—2月	项目管理	组织或主持2项以上大型工程，并以本人为主编制主要技术管理资料	获得"扬子杯"或"鲁班奖"	√		√	√	√	
	3—4月	学术成果	发表在行业内具有深远影响力及实际操作意义的实用论文，鼓励撰写并发表高影响因子的外文论文	论文发表			√	√		
	5—6月	职业规划	自我职业规划合理，有培养和指导本专业技术人才工作的能力，结合实际情况，引导新员工提出发展规划并有初步成果	职业规划与医院发展相适应			√	√		
	7—8月	学术成果	熟悉国内外本专业学术论文成果，鼓励参与撰写本专业有较高水平的著作或译著1部（本人撰写10万字）	著作公开发行		√	√			
	9—10月	继续教育培训	年度参加继续教育培训，获得Ⅰ类学分不少于10分，Ⅰ类、Ⅱ类学分合计不少于25分	学分证书交科室登记保存		√	√		√	
	11—12月	学历学位	继续攻读相关学位	取得学位证书	√		√	√		

第二章　基建办岗位职责

第一节　办公室廉政工作守则

基建办公室廉政工作守则

为了更好地完成医院的基本建设任务，保持基建管理队伍的清正廉洁，杜绝各种不规范行为的发生，坚决抵制不正之风，不断提高遵纪守法的自觉性和职业道德素质，特作如下规定：

1. 认真贯彻执行中纪委制定的各项法规、条例，切实做到廉洁自律，自觉接受医院纪检部门的检查、监督。

2. 发扬艰苦奋斗作风，坚持勤俭节约，严格按照财务规定管理和使用各种经费。

3. 在工程发包、材料、设备采购过程中，严格执行《中华人民共和国建筑法》《中华人民共和国招标投标法》《中华人民共和国合同法》等有关法律法规及医院的各项规章制度。

4. 基建办工作人员不得以任何形式向施工单位（供应商）索要和收受回扣等好处费。

5. 基建办人员在正常业务交往中，不得接受施工单位（供应商）的礼金、有价证券和贵重物品，不得在施工单位报销任何应由个人支付的费用。

6. 基建办工作人员不得参与施工单位（供应商）邀请的可能对公正执行业务有影响的宴请和娱乐活动。

7. 基建办工作人员不得要求或接受施工单位（供应商）为其装修住房，或为其婚丧嫁娶、家属和子女的工作安排以及出国等提供方便。

8. 工作人员对自己分工负责工程项目的招标采购等实行回避制度，不得向施工单位（供应商）介绍亲属从事与工程有关的材料、设备供应及工程分包等经济活动。

9. 医院与施工单位签订施工承包合同应同时签订廉政协议。

第二节　工作廉政承诺书

基建办工作廉政承诺书

为确保按时保质保量完成基建项目任务，打造优质、廉洁、放心、精品工程，基建办特作出如下廉政承诺：

1. 认真学习和遵守上级和医院有关工程管理方面的法纪、法规，保持清正廉洁、勤俭节约的工作作风，以国家、医院利益为重，为医院办好实事，把好关口。

2. 各项工作坚持公平、公正、公开原则，自觉接受监督，自觉遵守工作纪律和工作程序，个人不决定应由集体决定的任何事项。

3. 不利用工作便利实施违法、违纪行为，不从中牟利，不损害国家和医院利益。

4. 在考察、采购、工程发包、签订合同、阶段验收等环节中，不借机收取钱物。如有难以谢绝而接受的礼品、回扣等，及时上交院纪委。

5. 不接受工程监理方、施工方赠送的礼物、礼金、有价证券和支付凭证等，不采取徇私舞弊手段进行权钱交易或索取和接受各种各样的钱物和好处。

6. 不单独与参建单位、供应商谈判或洽谈业务，不违反制度与程序要求，不以任何理由与对方签订协议及合同，在业务洽谈中不泄露应保密的内容。

7. 不以考察企业等各种名义，要求或接受代建单位、承包单位安排的吃喝玩乐、游山玩水。

8. 不参加和接受可能妨碍公正执行公务和工程监督的各种宴请，不涉足营业性娱乐场所。

9. 不以任何名义到代建单位、施工方、工程监理方报销应由个人支付的各种费用，不在管理中收取回扣、中介费。

10. 不明示或暗示施工单位使用由其指定的厂商的建筑材料、建筑构配件和设备。

11. 不得在施工、验收、结算以及工程款、监理费用支付等方面刁难工程监理方、施工方。

第三节　主任岗位职责

基建办主任岗位职责

1. 认真执行政府、医院有关基本建设的各项方针、政策及有关规定。

2. 在分管院长的领导下，主持基建办公室的全面工作，认真按建设管理程序开展科室工作，负责管理计划的制订与组织实施，并做好持续质量改进。

3. 参照等级医院评审要求，利用信息化手段，组织、建立、完善、落实科室各项工作规范，将各项标准融合到医院建设工作中。

4. 尊重客观规律，以科学态度做好项目工程的立项报告、可行性研究、勘察设计、投资报建等决策和准备工作。

5. 审查工程预、结算，按照工程进度，严格控制工程投资。

6. 切实执行国家批准的建设计划，精心组织设计、施工及有关单位进行施工图会审和技术交底，参与施工组织设计的审定，办理现场技术签证，严格控制工程质量。

7. 组织和参与有关工程的工作会议，了解、督促施工进度，确保施工进度顺利进行，收集审查各种统计资料，控制工程进度。

8. 组织落实配合工程进度的各项招投标工作，做到公开、公正、透明。审查由建设单位供应的材料、设备及工程进度付款。

9. 督促施工单位与监理单位，加强施工现场的规范管理、文明施工，建立标准化施工现场，确保工程安全。

10. 督促竣工结算资料和施工图纸的整理归档，及时办理工程竣工验收和固定资产交付使用的有关手续。

11. 做好和医院各职能处室、临床科室及与建设相关的各政府主管部门的沟通协调工作。

12. 廉洁自律，同时做好科室人员的职业道德教育工作。

13. 定期组织科室业务学习，做好科室人员的培训考核工作。

14. 做好科室人才梯队建设。

15. 做好科室人员的绩效分配、考核、评优工作。

16. 做好医院安排的其他工作内容。

第四节　副主任岗位职责

基建办副主任岗位职责

1. 根据医院的总体建设、改造任务，服从基建办主任的统一工作安排，积极予以执行、反馈、落实，并做好相关技术指导、管理、协调、分析和总结。

2. 配合基建办主任做好技术管理、科室管理及相关沟通协调工作。坚持原则，廉洁奉公，服从领导，团结同志。

3. 能较好地组织科室会议及业务学习，能协调处理好科室各专业组间的合作关系，切实做好人员的绩效考核。

4. 熟悉国家和相关部门有关基本建设的政策法规，了解基本建设的程序和工程施工规范。

5. 协助主任编制医院基本建设总体规划和年度工作计划，并付诸实施。

6. 参与医院建设项目的立项及投资计划编制工作，组织新建项目的可行性研究报告及设计任务书等前期文件的编写。

7. 负责建设项目方案报审、建设工程规划许可证、招投标、建筑工程施工许可证等建设项目前期审批手续的办理工作。

8. 负责勘察、设计等管理工作，审核勘察、设计合同。

9. 负责组织工程及设备、材料的招投标工作，审核招标文件、审核各类工程建设合同。

10. 负责基本建设资金的计划编制和执行。

11. 负责工程相关的造价管理工作,组织工程预算、结算的审核工作。
12. 负责工程进度款的审核、工程款的结算工作。
13. 组织建设工程项目的验收工作,包括地方行政主管部门的单项验收、综合验收和院内验收。
14. 督查并指导工程项目的固定资产及档案资料的收集、整理、移交归档工作。
15. 完成领导交办的其他工作。

第五节　项目负责人岗位职责

项目负责人岗位职责

项目负责人是基建办对医院建设工程项目进行监管的业主代表,也称"甲方代表",是工程建设质量、安全、进度、成本、现场管理的具体责任人,负责对工程建设全过程进行具体组织、指导、协调、监督等管理工作。其岗位职责如下:

1. 严格按国家、省、市有关法律、法规、规章和医院各项制度、措施、现行施工和验收规范,督促检查监理、施工单位规范施工管理,严把工程质量关。
2. 参与方案设计、工程勘探、项目管理工作,认真审查施工图纸和施工方案,及时发现问题,力争把问题解决在施工阶段前。
3. 明确施工内容、工期及相关合同双方约定的责任条款,考察该项目的工作区域、施工难度、施工时段,参与制订完善有序的施工计划和材料计划,并根据实际情况提出科学合理的施工方案和建议,经科室主任、分管领导及医院批准后严格执行。
4. 负责审核甲供材料(设备)供应计划、数量、规格、品牌、技术参数。参与材料(设备)质量与价格的调研选购工作,严把材料(设备)质量验收关,拒收质量不合格的材料(设备)。
5. 起草或参与工程项目的有关文件、报告、会议纪要以及项目的招标文件,严格按照国家及医院规范组织或协助完成招投标程序。
6. 负责组织落实建设项目前期"三通一平"等准备工作。组织编制"三通一平"工作实施计划,组织制定工程水电管线、医疗设备设施的保护措施,督促做好降噪、防尘等措施,尽可能减少对医疗秩序的影响。
7. 参加工程例会、工程专题会、图纸会审、工程验收等会议,按要求进行分部分项工程的检查,每日做好施工日志的记录。
8. 加强与医院职能处室、使用科室或病区、工程设计、施工、监理、市质监、安监等单位的沟通协调。前期多征求使用部门意见,经确认后满足其合理要求。
9. 认真负责审签阶段性工程量,严格按合同、工程进度核定支付工程进度款。
10. 负责项目进度控制的督促工作,对施工过程中出现的增项、变更、延期现象,及时向领导汇报和与使用部门沟通，同时向施工单位或要求监理开具项目进程异常跟踪单，尽力按期完成项目任务。

11. 加强签证管理，减少合同外工程量签证，需要增加合同外工作量的，由使用部门分管领导及基建办的签字后方可实施。隐蔽工程量签证由跟踪审计人员到场会签，签证应以写实性工程量计量，避免以点工方式计量。

12. 负责工程安全管理和文明施工，落实巡查制度，采取有效措施（需要电焊等特种作业的，应监督施工单位必须到保卫处办理施工动火证及人员备案，需要施工用水、用电的，应到总务处办理施工用水、用电申请），争创文明安全工地，尽力减少和降低对医疗、院内环境的不利影响，保证医院职工、患者及家属的安全。

13. 督促施工单位、监理单位、招标代理、设计院做好工程资料的收集整理，并及时将竣工资料存档。

14. 组织或配合监理进行工程竣工初步验收、交付使用及回访维修保养工作。工程竣工后，及时解决质保期间发生的相关问题。

15. 组织监理和相关人员对工程结算进行初审，及时送跟踪审计单位审计，并督促审计单位按期完成审计工作。

16. 对于较大变更的工程，施工单位（或监理单位）对工作严重不负责任等情况，应及时向分管领导汇报，及时解决相关问题。

17. 做好工程竣工后工程管理的项目总结。

18. 廉洁自律，严格遵守科室廉政工作守则。

19. 可协调基建办其他人员配合完成该项目的工作，有权拒绝存在明显不合理、不科学、违反国家安全施工规范的施工要求或在竣工图上签字。

20. 负责及时完成科室领导交办的其他工作，科室人人争当项目负责人，全面提升工程项目管理能力。

第六节　主任助理岗位职责

基建办主任助理岗位职责

1. 在科室主任领导下做好办公室日常卫生、行政事务及文秘工作，负责科室重要活动的安排。
2. 负责各类文件的上传、下达、签收、传递、催办及保密工作。
3. 所有正式办公文件及资料在上传下达前扫描、复印、存档。
4. 做好各种会议的记录、拍照及会务工作，做好来访接待工作。
5. 做好办公室办公电脑等器材、家具的管理维护工作，及时做好各类电子文档的收集、报送及按要求归档整理。

6. 每月 3 号前做好科室上月工作量报表、考勤表的整理汇总，每月第四周前做好科室月度总结及工作计划的整理，并交科室主任修改审核。

7. 每月 7 号前做好相关项目单位的合同签订整理工作，同时办好发票付款等催办工作。

8. 按核算号做好科室办公材料清领、签字确认及催办工作。

9. 做好科室公告宣传栏文件的张贴、保存、替换工作。

10. 按照科室行政例会会议纪要的内容，做好相关事宜的传达及催办工作。

11. 在察看施工现场及各项例会时应拍照、录像，并当天保存。

12. 每年 1 月 7 号前做好前一年科室文件的归档整理保存工作（含电子材料归档）。

13. 完成领导交办的其他任务和各种应急事务的处理。

第七节　土建工程师岗位职责

基建办土建工程师岗位职责

1. 在科室主任领导和安排下，根据医院总体建设、改造任务，执行、反馈、落实，并做好相关技术、管理、协调、分析和总结。

2. 贯彻执行国家、各级地方政府有关建筑安装的法律法规、行政法规及医院的各项规章制度。

3. 负责基础、主体结构、装饰装修专业技术管理工作，负责本专业质量、进度、投资控制、文明施工管理、合同管理、信息管理工作，包括且不限于测量放线、桩线交底、沉降观测等工作。

4. 组织土建施工单位的技术交底，特别是各施工区域的地下管线、地下建筑物、构筑物的位置和深度以及与相邻单位的关系，避免出现安全事故。

5. 负责工地土建工程技术指导，巡查土建工程的施工质量。严格监督施工质量，实施动态跟踪管理，重点部位组织旁站监督，发现质量问题和施工工艺问题及时下达质量整改通知单，并跟踪落实整改工作。

6. 负责工地土建专业材料设备选型工作，对材料质量、价格和生产能力各方面情况反复比对。协助做好供应商的资质审查，甲供材料、物资供应落实等有关工作。

7. 对进场材料、设备、成品、半成品进行检查验收、认证，监督监理材料试验见证取样。

8. 加强对监理及施工单位的监督、检查，深入施工现场，了解施工情况，按国家有关规范监督施工，检查核实图纸、BIM 模型与现场的一致性。

9. 负责工地的质量管理工作，收集、整理、保存质量管理记录、资料。负责收集、整理、编写土建专业的工程简报，及时向领导反映工程中存在的疑难问题。协助工程部经理办理与本专业有关的报建、检测、认证、验收等相关手续。

10. 负责检查指导土建专业的施工单位及时填写收集整理工程资料，保证资料与施工同步，避免遗漏后补。

11. 负责工程有关图纸会审、设计变更、地基验槽、主体验收等事项，与医院使用部门和设计院的联系沟通、书面资料的传递。及时传递医院和设计院的各种技术文件。

12. 负责审查施工组织设计、中间验收、监理实施细则、各项施工方案、材料计划。控制、检查每周、月施工进度，发现实际施工进度与计划进度有偏差时，应及时汇报科室主任，采取措施纠偏，确保土建工程项目进度计划的完成。

13. 负责审查土建专业的预算、结算、设计变更、现场签证。技术核定单、认质单、认价单，对工程费用实行事前控制，对设计变更产生的各种影响反复论证，尽量减少设计变更，严格监督控制施工成本，确保工程质量和经济效益。

14. 负责监督检查本专业的监理工作，协调监理和施工单位发生的争议，处理好现场土建工程周边关系。

15. 按国家验收规范和标准，做好分部分项工程的质量查验和隐蔽工程的验收，并认真做好验收记录。参加分部分项、单位工程竣工初验和竣工验收。接受质监站、安监站等相关主管部门的检查指导。

16. 负责土建工程项目竣工至保修期满时间段内的工程保修管理和协调工作，并认真及时做好交付工作。

17. 参加每周的工程例会、项目管理例会、BIM专题会，根据会议纪要落实并反馈本专业需整改的问题。

18. 按国家验收规范和标准，负责分部分项工程的质量查验和隐蔽工程的验收，并认真做好验收记录。

第八节　电气工程师岗位职责

基建办电气工程师岗位职责

1. 在科室主任领导和安排下，根据医院总体建设、改造任务，执行、反馈、落实，并做好相关技术、管理、协调、分析和总结。

2. 贯彻执行国家、各级地方政府有关机电安装的法律法规、行政法规及医院的各项规章制度。

3. 负责并完成建设项目的管理及工程质量、进度监督、技术咨询、工种协调、进度款认定、工程验收等工作。

4. 根据科室的月、周工作计划，安排好本专业的具体工作内容。

5. 参与初步设计、施工图设计评审等工作，参与设计交底、图纸会审工作。

6. 核查进场材料、设备、构配件的原始凭证、检测报告等质量证明文件及其质量情况，必要时对进场材料、设备、构配件进行平行检验，合格时予以签认。

7. 做好材料、设备的市场调研工作，了解本专业的先进设备和技术，对工程所需的材料、设备安排好外出考察及技术咨询工作。

8. 负责现场临时用电的安全管理。

9. 负责与施工方就电气（强弱电）工程的施工质量、技术问题进行协调并及时处理或上报。

10. 负责对施工方进行电气（强弱电）工程施工过程的监督，有效控制施工进度。

11. 审核电气（强弱电）工程完工的质量和工程量，并及时办理相关签证付款、流程。

12. 加强对监理及施工单位的监督、检查，深入施工现场，了解施工情况，按国家有关规范监督施工，检查核实图纸、BIM模型与现场的一致性。

13. 按国家验收规范和标准，做好分部分项工程的质量查验和隐蔽工程的验收，并认真做好验收记录。

14. 负责工地的安全管理工作，收集、整理、保存安全管理记录、资料，及时做好机电专业电子文档管理。

15. 负责机电工程项目竣工至保修期满时间段内的工程保修管理和协调工作，并认真及时做好交付工作。

16. 参加每周的工程例会、项目管理例会、BIM专题会，根据会议纪要落实并反馈本专业需整改的问题。

17. 按国家验收规范和标准，负责分部分项工程的质量查验和隐蔽工程的验收，并认真做好验收记录。

第九节　水暖工程师岗位职责

基建办水暖工程师岗位职责

1. 在科室主任领导和安排下，根据医院总体建设、改造任务，执行、反馈、落实，并做好相关技术、管理、协调、分析和总结。

2. 贯彻执行国家、各级地方政府有关水暖安装的法律法规、行政法规及医院的各项规章制度。

3. 负责并完成建设项目的管理及工程质量、进度监督、技术咨询、工种协调、进度款认定、工程验收等工作。

4. 根据医院要求和建筑方案，对暖通及给排水系统进行技术及经济可行性分析，确定最佳方案。

5. 参与初步设计、施工图设计评审等工作，参与设计交底、图纸会审工作。

6. 负责对工程材料、重要设备、供货商提出选择意见。

7. 负责现场临时用水的安全管理。

8. 负责对施工方进行水暖工程施工过程的进度管理，督促各施工单位按施工组织设计和进度计划完成任务。

9. 负责审查水暖专业各施工单位提出的设计变更,及时记录签证变更情况。

10. 负责水暖安装工程的竣工验收。

11. 审核水暖工程完工的质量和工程量,并及时办理相关签证付款、流程。

12. 加强对监理及施工单位的监督、检查,深入施工现场,了解施工情况,按国家有关规范监督施工,检查核实图纸、BIM模型与现场的一致性。

13. 按国家验收规范和标准,做好分部分项工程的质量查验和隐蔽工程的验收,并认真做好验收记录。

14. 负责工地的安全管理工作,收集、整理、保存安全管理记录、资料,及时做好水暖专业电子文档管理。

15. 负责机电工程项目竣工至保修期满时间段内的工程保修管理和协调工作,并认真及时做好交付工作。

16. 参加每周的工程例会、项目管理例会、BIM专题会,根据会议纪要落实并反馈本专业需整改的问题。

17. 按国家验收规范和标准,负责分部分项工程的质量查验和隐蔽工程的验收,并认真做好验收记录。

第十节　设计/图纸管理岗位职责

基建办设计/图纸管理岗位职责

1. 在科室主任领导和安排下,根据医院总体建设、改造任务,执行、反馈、落实,并做好相关技术、管理、协调、分析和总结。

2. 做好需求侧管理,在符合国家建设、消防等相关法律法规及医院管理规定等基础上,做好与临床科室、职能部门等图纸需求的对接,将医院建设、改造的功能、医疗工艺流程以及运维管理的设想和各种意图准确反馈至图纸上。

3. 做好设计阶段的管理,统筹协调建设改造范围内各专业设计,对设计进度进行协调和控制,使各类设计进度计划满足总进度控制计划的要求。

4. 按照合同要求,对设计图纸进行完整性和质量控制,重视设计阶段功能需求的具体和明确,对常规设备、系统进行技术经济分析,并提出改进意见。

5. 督促设计师根据合同进行施工现场的设计配合,及时解决施工中的设计问题,尽量避免设计变更对进度所带来的影响。

6. 做好设计图纸的报批、评审等工作,并督促设计师根据评审、审查意见,及时完成修改、深化和优化设计。

7. 做好图纸分类管理，结合项目管理平台等信息化应用，做好设计文件和图纸的严格验收、分发、使用、保管和归档，对图纸查对问题有记录、分析、汇总。做好与图纸相对应的BIM模型的创建、更新、分析和反馈。

8. 着重做好图纸及BIM模型的变更管理，及时将变更摘要通知到相关责任人员并启动下一步流程，有交接记录，及时保管好图纸变更通知单、技术核定单。

9. 配合完成设计费用的支付流程。

10. 加强对监理及施工单位的监督、检查，深入施工现场，了解施工情况，按国家有关规范监督施工，检查核实图纸、BIM模型与现场的一致性，严把质量关。

11. 按国家验收规范和标准，参与分部分项工程的质量查验和隐蔽工程的验收，并认真做好验收记录。

第十一节　项目管理岗位职责

基建办项目管理岗位职责

1. 在科室主任领导和安排下，根据医院总体建设、改造任务，执行、反馈、落实，并做好相关技术、管理、协调、分析和总结。

2. 遵守国家有关法律法规，严格执行基本建设条例规范。

3. 协助科室主任做好建设、改造项目的目标、计划、进度、质量、安全、投资等的控制。

4. 参加工程例会、项目管理例会、BIM例会，对会上提出的相关专业问题予以组织落实、解决。

5. 做好对项目管理（代建）、设计、招标代理、监理、律师等参建单位的管理工作。

6. 协助科室主任及项目负责人做好招标、议价、合同、付款、变更签证、结算、档案归档等管理工作。

7. 协助科室主任做好与院内部门、外部协作单位、项目参建单位的联系和沟通，及时解决建设过程中出现的投诉等问题，及时上报不良事件。

8. 及时与监理、跟踪审计、审计做好沟通协调工作，配合项目负责人审核、办理工程进度款、材料设备款等款项的支付。

9. 配合项目负责人起草工程合同及协议书，办理合同流程。

10. 做好参建单位的月度考核及项目总结工作，定期做好分析、汇报。

11. 每月第一周完成上月付款、合同、变更的情况汇总，形成月度工作报表。

第十二节　档案管理岗位职责

基建办档案管理岗位职责

1. 在科室主任领导和安排下，根据医院总体建设、改造任务，执行、反馈、落实，并做好相关技术、管理、协调、分析和总结。

2. 档案资料文件等在归档前应扫描、存档，做好信息化备份工作，相关资料当日保存，定期予以整理，必要的刻录光盘保存，需要扫描归档的见附件（略）。

3. 档案资料的收集范围：凡属新建、改建、扩建的房屋，须收集设计资料、上级部门对项目的建议书、可行性研究报告及扩初设计的批复、地质钻探资料、小区规划、土地平衡、室外标高、外水、外电、下水道路驳岸、初步设计、扩大初步设计、施工预算、开工报告、测量定位记录、施工合同、工程协议书图纸会审记录、修改设计资料、设计修改图、竣工图、隐蔽工程图、室内设备安装资料和图纸、竣工结算、招投标工作文件等资料。

4. 档案资料统一由资料管理员收集整理、归档，各类资料的经办人都必须主动将原件资料交资料室存档。资料室所存放的所有资料，不论是内部还是外部人员来借阅时，均必须办理手续，随查随还，不得任意携出室外。特殊情况必须借出时，由领导批准，限期归还。

5. 对已竣工项目的基建归档资料，项目负责人协调有关部门办理竣工验收手续，各种资料1年之内及时归档，及时做好建设档案的移交工作。

6. 妥善保存好图片资料，建筑模型。

7. 资料室管理人员要认真做好基建档案资料的收集，整理鉴定、保管、统计和利用工作，为领导决策提供依据。

8. 有计划地编写专题资料汇编和各种检查目录，做到查找迅速，调阅及时，提供准确资料，充分发挥档案为各项工作服务的作用。

9. 主动、及时、全面、系统地收集、整理、保管档案，做到资料齐全，装订整齐，卷宗规范，存放安全、有序。

第三章 基建办岗位标准

第一节 主任岗位标准

基建办主任岗位标准

1. 具有建筑工程相关专业本科及以上学历，工程师及以上职称。
2. 本院工作满 3 年，具有 5 年以上工程管理、3 年以上科室副职管理工作经验。
3. 具有较强的政治思想觉悟、较强的事业心和创新、拼搏精神，有较强的大局意识和奉献精神。
4. 具备良好的职业道德和素养，身心健康、遵纪守法、廉洁自律、以身作则。
5. 具有良好的语言、文字表达能力，能够组织协调好基建项目建议书、可行性研究报告等各阶段的报审报批工作。
6. 熟悉国家及地方基本建设项目相关法律、法规、标准及规范，熟悉财政资金使用要求，熟悉医院财务、审计、资产、总务等相关职能部门的工作流程和建设要求。
7. 熟悉项目策划、项目设计、招投标、预决算、质监安监、工程施工、报批报验、竣工验收等基本建设程序及其内容。
8. 具有丰富的工程管理知识和经验，能制订明确的科室管理目标和工作计划，高效地推动各项工作的执行，有效地贯彻实施上级的各项决议。
9. 具备较强的计划、组织、指挥、协调、管理本部门活动的综合管理能力和经验，能优化配置，统筹协调本部门及外部各种资源。
10. 具备较强的调研、分析、判断、解决问题的能力，能客观、准确、及时地总结经验，及时提出管理工作建议供上级领导决策参考。
11. 能团结带领好科室人员，联合协同好院内职能部门、临床科室、监理一起管理好参建单位的管理人员，使项目建设满足质量、安全、进度、投资的各项目标。
12. 熟练使用工程领域相关的各类专业软件，熟练使用并在科室工作中应用办公自动化软件，提高工作效率。
13. 具备带领科室向专业化、学科化方向发展的专业和综合能力。
14. 能够带领科室完成医院布置的各项任务及妥善处置建设管理期间的各类投诉及突发应急事件。

第二节 副主任岗位标准

基建办副主任岗位标准

1. 具有建筑工程相关专业本科及以上学历，工程师及以上职称。
2. 本院工作满3年，具有5年以上工程管理及相关工作经验。
3. 具有较强的政治思想觉悟、较强的事业心和创新、拼搏精神，有较强的大局意识和奉献精神。
4. 具备良好的职业道德和素养，身心健康、遵纪守法、廉洁自律、以身作则。
5. 熟悉国家及地方基本建设项目相关法律、法规、标准及规范，熟悉财政资金使用要求，熟悉医院财务、审计、资产、总务等相关职能部门的工作流程和建设要求。
6. 熟悉项目策划、项目设计、招投标、预决算、质监安监、工程施工、报批报验、竣工验收等基本建设程序及其内容。
7. 具有较强的公文处理能力，能熟练使用工程领域相关专业软件，能定期协助组织科室工作表单、软件应用、专业知识的业务学习。
8. 熟练掌握本科室各项职责、规章制度、业务流程和工作表单，熟悉工程建设领域相关法律法规知识，能根据科室目标要求准确安排计划和组织执行，能有效贯彻落实科室安排的各项指令。
9. 具备一定的计划、组织、指挥、协调工程项目管理的能力和经验，能优化配置工程项目内外各种资源。

第三节 项目负责人管理节点及岗位标准

项目负责人管理节点及岗位标准

一、项目调研阶段

1. 设计图纸、相关规范要求。
2. 项目概算。
3. 确定招标方式（项目负责人前期了解）。
4. 资质、项目经理要求（项目负责人与招标代理等讨论后，草拟上会讨论，选择相关资质及项目经理；公司资质需关注等级、注册资金及项目同等业绩）。必要时组织考察。
5. 初步勘查现场（通知监理、设计、乙方、总务等到场），现场应与图纸相符。
6. 多渠道了解符合资质单位（本部、登记在册、招标代理推荐）。
7. 发招标任务单，招标代理制定招标文件。

8. 通过多方渠道了解工程所需办理的相关手续。

附件：工程申请单、会议纪要、考察报告、招标任务单（需要招标代理报预算）。

二、方案确定阶段

1. 情况说明一：完全按照招标图纸要求、审核过的招标清单进行招标。

2. 情况说明二：①专业深化设计由3~5家资质较好的单位分别进行；②初步设计方案汇总组织专题介绍会，通知相关部门及院领导参加，医院综合讨论后明确统一设计方案；③确定的方案由一家进行深化设计，各家提招标要求和技术工艺、材料、建议品牌等要求及工期、预算；④组织汇总报告（表格）上报（列出待考察和需调研的内容、项目）；⑤专题会议上，项目负责人列出会议讨论重点。

3. 确定办理手续的相关清单、先后顺序、所需材料数据及需要配合的单位和节点。

附件：初步设计方案、项目情况分析报告（或汇总表）、专题会议纪要、办事清单（明确相关事宜责任人）。

三、招标相关准备

1. 由项目负责人将工程相关界面或工程量清单汇总至跟踪审计处。

2. 与招标代理初步确定公告、招标文件、合同、清单、材料品牌后，组织专题讨论会（通知招标代理、监理、财务、审计、跟踪审计、相关专家等到场）确定。

3. 最终稿发审计、跟踪审计、财政评审中心确定（专人负责）。

4. 确定招标日期，填写邀标函，OA网发短信通知和办理派车、介绍信事宜。

5. 公告、招标文件等电子版保存（最终版以PDF格式保存），纸质版审核后盖章。

附件：公告、招标文件（含合同）、邀标函、议标单（院内议标）。

四、中标开工

1. 中标公示结束后3~7天内完成合同签字交审计（公示阶段综合投标内容初拟合同，发中标通知书时签订合同）。

2. 督促监理组织施工方案及计划实施专题讨论会（质量、安全、进度、付款计划）。

3. 按计划办理各种相关手续。

4. 督促、配合监理办理相关图纸交接、进场开工的水、电申请，特殊工种证件审核等手续。

5. 与监理、跟踪审计复核工程量及付款金额。

6. 根据跟踪审计意见填写付款申请表，联系乙方项目负责人开票按合同付款条款办理。

7. 进入付款流程交由科室专人负责。

附件：合同、施工组织方案、工程进度甘特图、质量安全进度控制表、付款进度计划。

五、工程实施阶段

1. 每天与监理一起到施工现场巡查施工质量与安全，按现场风险点评估，每天在工程日志上填写当天项目实施情况（重要、异常内容）。

2. 参与配合监理各阶段材料（每周三）、质量（每周四）、工程结束后隐蔽工程验收。

3. 负责组织做好各阶段的材料、联系单、变更签证、照片、视频（隐蔽工程必备）的收集整理工作，及时交档案管理员归档。

4. 变更、签证与联系单内容应在第一时间扫描共享并及时汇报（第一时间汇报分管领导）。

5. 负责工程过程中的设计变更、材料变更、工程签证的专题讨论会或议标会的准备工作。

6. 在工程实施过程中，每周不少于两次与监理沟通学习，在科室例会上汇报学习心得。

附件： 工程相关的各类表单、申请报告、设计图纸、专题会议纪要、照片视频资料。

六、项目验收阶段

1. 对照标准参与初步验收，督促监理将验收结果返回施工单位整改。

2. 督促监理确认验收资料的完备，以档案管理规范为准，并准备视频、图片资料。

3. 满足正式验收条件配合监理审核验收申请，确定验收日期和参与单位人员，发院内通知。

4. 参与现场验收，竣工验收报告各方签字打分认可。

5. 工程总结报告（最终稿经科室讨论后，作为科室内部资料归档）。

附件： 验收申请报告、全套验收资料（含电子版）、工程总结报告。

第四节　主任助理岗位标准

基建办主任助理岗位标准

1. 具有大专及以上学历，初级及以上职称。

2. 具有较强的责任心，对待工作细致、耐心，能及时准确地上传、下达。

3. 具有较强的主动服务意识，良好的心理素质，以及持续学习新事物的能力。

4. 具有较强的公文处理能力，能熟练使用办公自动化、工程领域相关专业软件。

5. 熟练掌握科室各项职责、规章制度、业务流程和工作表单，熟悉工程建设领域相关法律法规知识。

6. 具有较强的协调沟通能力，熟悉医院财务、审计、资产、总务等相关职能部门的工作流程和建设要求。

第五节　土建工程师岗位标准

基建办土建工程师岗位标准

1. 遵纪守法，具有较强的工作责任感、较高的政治思想素质和较强的组织管理能力、事业心、全局观和团队合作精神。

2. 组织纪律性强，服从安排，团结同事。

3. 具有主动服务意识，良好的语言表达、沟通与协调能力，较强的成本和安全意识，能掌握相关专业知识并有持续学习新事物的能力，有一定的带教能力，具有应急事件的处理和协调能力。

4. 注重自身修养，公道正派，清正廉洁，身心健康，具有大学本科及以上学历，或中级及以上专业技术职称。

5. 具有较好的本专业及其他相关专业的理论水平，熟悉知晓本专业常用设计规范，对其他专业常用设计规范有一定了解。

6. 熟练掌握计算机操作使用技能，熟练使用办公软件操作系统，具有较强的CAD制图能力，具有较强的BIM应用能力。

7. 熟悉施工管理工作内容，包括开工前地质勘查、三通一平、图纸会审、设计交底；施工隐蔽验收、轴线和标高的复核、设计变更、质量控制、进度控制过程的技术和质量问题处理；施工组织协调工作；基础、主体、竣工验收、保修期内的保修工作。

第六节　电气工程师岗位标准

基建办电气工程师岗位标准

1. 遵纪守法，具有较强的工作责任感、较高的政治思想素质和较强的组织管理能力、事业心、全局观和团队合作精神。

2. 组织纪律性强，服从安排，团结同事。

3. 具有主动服务意识，良好的语言表达能力、沟通与协调能力，较强的成本和安全意识，能掌握相关专业知识并有持续学习新事物的能力，具有应急事件的处理和协调能力。

4. 注重自身修养，公道正派，清正廉洁，身心健康，具有大学本科及以上学历，或中级及以上专业技术职称。

5. 具有较好的本专业及其他相关专业的理论水平，熟悉知晓本专业常用设计规范，对其他专业常用设计规范有一定了解。

6. 熟练掌握计算机操作使用技能，熟练使用办公软件操作系统，具有较强的CAD制图能力，具有较强的BIM应用能力。

7. 熟悉施工管理工作内容，包括开工前地质勘查、三通一平、图纸会审、设计交底；施工隐蔽验收、轴线和标高的复核、设计变更、质量控制、进度控制过程的技术和质量问题处理；施工组织协调工作；基础、主体、竣工验收、保修期内的保修工作。

第七节　水暖工程师岗位标准

基建办水暖工程师岗位标准

1. 遵纪守法，具有较强的工作责任感、较高的政治思想素质和较强的组织管理能力、事业心、全局观和团队合作精神。

2. 组织纪律性强，服从安排，团结同事。

3. 具有主动服务意识，良好的语言表达能力及沟通与协调能力，较强的成本和安全意识，能掌握相关专业知识并有持续学习新事物的能力，具有应急事件的处理和协调能力。

4. 注重自身修养，公道正派，清正廉洁，身心健康，具有大学本科及以上学历，或中级及以上专业技术职称。

5. 具有较好的本专业及其他相关专业的理论水平，熟悉知晓本专业常用设计规范，对其他专业常用设计规范有一定了解。

6. 熟练掌握计算机操作使用技能，熟练使用办公软件操作系统，具有较强的 CAD 制图能力，具有较强的 BIM 应用能力。

7. 熟悉施工管理工作内容，包括开工前地质勘查、三通一平、图纸会审、设计交底；施工隐蔽验收、轴线和标高的复核、设计变更、质量控制、进度控制过程的技术和质量问题处理；施工组织协调工作；基础、主体、竣工验收、保修期内的保修工作。

第八节　设计／图纸管理岗位标准

基建办设计/图纸管理岗位标准

1. 遵纪守法，具有较强的工作责任感、较高的政治思想素质和较强的组织管理能力、事业心、全局观和团队合作精神。

2. 组织纪律性强，服从安排，团结同事。

3. 具有认真查对及主动服务意识，良好的语言表达能力及沟通与协调能力，较强成本和安全意识，能掌握相关专业知识并有持续学习新事物的能力，具有应急事件的处理和协调能力。

4. 注重自身修养，公道正派，清正廉洁，身心健康，具有大学本科及以上学历，或中级及以上专业技术职称。

5. 具有较好的本专业及其他相关专业的理论水平，熟悉知晓本专业常用设计规范，对其他专业常用设计规范有一定了解。

6. 熟练掌握计算机操作使用技能，熟练使用办公软件操作系统，具有较强的 CAD 制图能力，具有较强的 BIM 应用能力。

第九节　项目管理岗位标准

基建办项目管理岗位标准

1. 遵纪守法，具有较强的工作责任感、较高的政治思想素质和较强的组织管理能力、事业心、全局观和团队合作精神。

2. 组织纪律性强，服从安排，团结同事。

3. 具有主动服务意识，良好的语言表达能力及沟通与协调能力，较强的成本和安全意识，能掌握相关专业知识并有持续学习新事物的能力，具有应急事件的处理和协调能力。

4. 注重自身修养，公道正派，清正廉洁，身心健康，具有大学本科及以上学历，或中级及以上专业技术职称。

5. 具有较好的本专业及其他相关专业的理论水平，熟悉知晓本专业常用设计规范，对其他专业常用设计规范有一定了解。

6. 熟练掌握计算机操作使用技能，熟练使用办公软件操作系统，具有较强的 CAD 制图能力，具有较强的 BIM 应用能力。

第十节　档案管理岗位标准

基建办档案管理岗位标准

1. 遵纪守法，具有较强的工作责任感、熟悉业务、严守机密，较高的政治思想素质和较强的组织管理能力、事业心、全局观和团队合作精神。

2. 组织纪律性强，服从安排，团结同事。

3. 具有主动服务意识，良好的语言表达能力及沟通与协调能力，极强的资料安全意识，能掌握相关专业知识并有持续学习新事物的能力，具有应急事件的处理和协调能力。

4. 具有大专及以上学历。

第四章　基建办日常工作管理制度

第一节　例会管理制度

基建办例会管理制度

一、目的

为了加强和规范医院管理，提高建设质量与安全，总结汇报上周工作完成情况、部署本周工作计划、传达医院信息，确保医院的各项工作要求及时有效的传达落实，特制定本制度。

二、范围

科室各负责人。

三、主要内容

1. 科室例会、学习、培训等均应通过院 OA 网"妇幼基建办会议申请流程"进行申请，科室秘书填写参加会议人员名单、参会单位、会议议题等相关信息，在科室主任审核流程后负责发布会议通知。

2. 由科室秘书做好会议前的材料、设施准备工作，包括项目背景资料等，涉及图纸论证等相关会议提前收集专家意见，将初步拟定的意见提前发送给参会人员准备。

3. 每周一上午 10:00 为科室行政例会时间，传达医院工作要求，布置科室日常工作，进行科室学习等内容。

4. 每周二上午 9:00 为工程例会时间，会议由监理主持，建设单位、总包方参加，各分包方项目经理汇报上周现场施工进度落实情况和需解决协调的问题，以及下周的工作计划，提供分布验收、材料报验、签证变更的各项手续在会上通过。总包方对分包方现场的施工情况与施工计划进行对比点评，并布置下阶段工作，对没有完成计划的工序和项目要及时分析原因和采取解决措施。

5. 各项例会要形成会议纪要，由党院办牵头的会议，会议纪要由科室秘书联系党政办在 3 天内完成签发，并打印成文发给各相关单位予以确认。

6. 严格请假制度。因故不能参加的，按照科室请假流程办理，未办理请假手续而无故缺席的，按照科室相关管理规定办理。

7. 参会人员要保持良好的精神状态，认真记录会议内容，确保周例会内容得到有效落实。

8. 参加周例会人员应遵守会议时间和会场纪律，违反会场纪律者，将予以制止并进行批评。

9. 由科室主任助理定期打印会议签到表放在会议室，并做好医院其他会议室的网上申请和会议通知、改期等工作，保证会议室电脑、投影仪、网络机柜等设备完好，同时负责为保证现场会议正常进行的调试、激光笔电池及时更换以及环境卫生等。会议签到表详见第五章第七节。

四、基建办会议管理流程

基建办会议管理流程如图 4-1 所示。

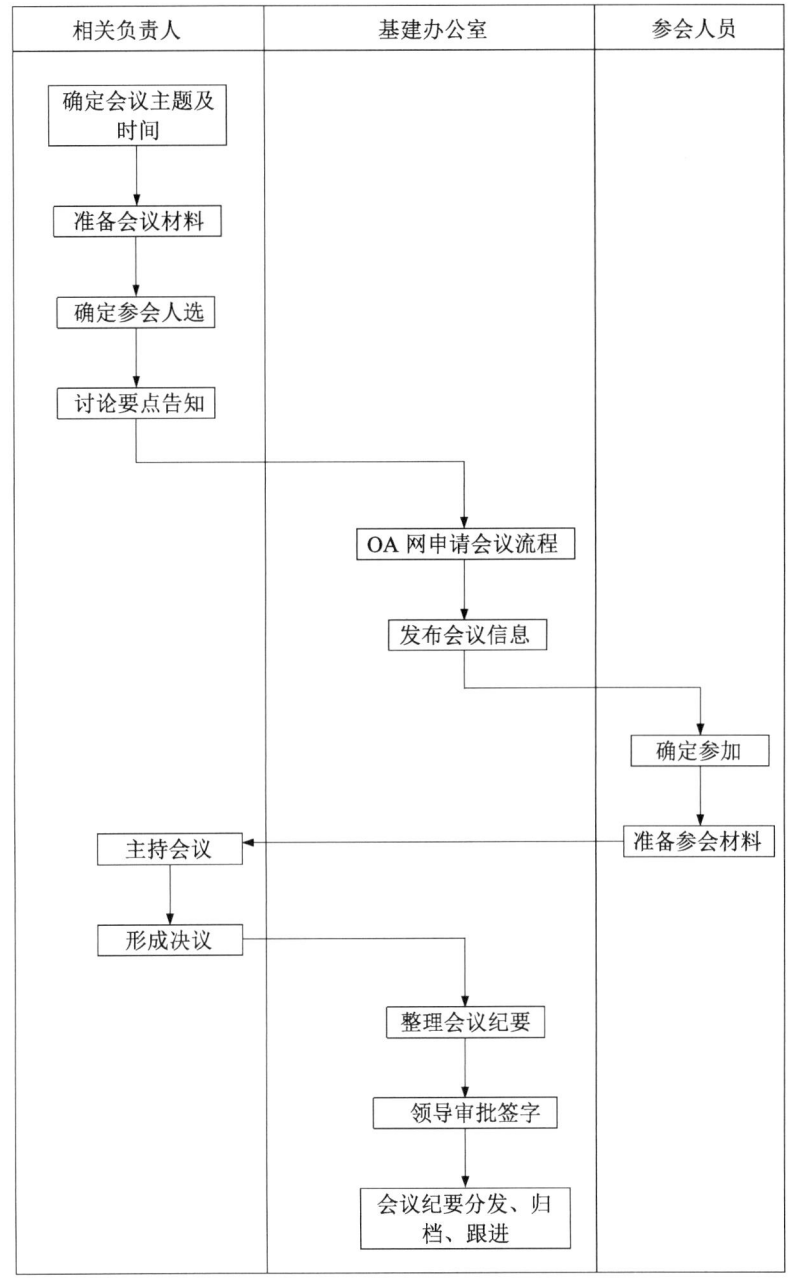

图 4-1　基建办会议管理流程

注：每次会议应在会前确定好会议拟讨论内容；会议结束后，按会议纪要模板整理当次会议纪要。

五、以 2019 年第 31 周科室例会会议纪要为例

妇幼基建办第 31 周科室例会会议纪要

编号：JSFY-JJB-SW-JY-ZYZHL-50-2019

时间：2019 年 7 月 29 日　　　　　　　　　　　主持人：张××

参会人员：张××、严××、金××、金××、徐××、任××、王××、马××、田××、孟××、韩××

会议内容：

会议就科室上周工作完成情况和本周工作安排进行了讨论。

讨论达成意见：

1. 值班人员汇报了周末值班情况。

2. 要求科室各负责人在图纸核对、现场检查过程中，积极发现与设计、施工相关的问题，及时拍照留存并在群中@金××进行简单描述，由金××统一负责收集问题并整理汇总。暂定每月第一周科室例会上全体就当月收集问题进行讨论（从设计、施工、BIM、清单描述四个维度），基于 PDCA 循环寻找原因及改进的方法，总结经验，将规范工序融入正确实行过程中，避免反复出现的一些细节问题。

3. 周一下午 15:30 在 6 号楼 5 楼多功能厅举办 "不忘初心、牢记使命" 主题教育活动党课，全体党员参加。

4. 本周重要专题会议：周二下午 14:00 开展 2 号楼改造智能化工程图纸交底会；周三下午 14:00 开展 2 号楼净化改造设计交底会和 2 号楼净化手术室改造专题会；周四下午 14:00 进行 2 号楼改造西立面拆除、结构浇筑方案讨论；暂定周五上午 9:00 讨论住院综合楼项目结算相关事宜。

5. 由马××分不同维度收集整理 2 号楼 1—2 层安装、建筑、结构上的难点问题。

6. 要求日报工作除平台登记外，做到重要紧急事件必须口头汇报。

7. 科室全体人员学习《镜鉴》，通过学习，主任强调干工程必须要有历史责任感，大家所做的工程项目应经得住细节推敲和时间检验。

记录：

审核：

审定：

第二节　信息管理制度

基建办信息管理制度

为切实加强对科室重要数据和个人工作信息的安全管理和技术防护，严防发生重要数据信息泄露事件，加强基建信息数据安全管理，制定本管理制度。

一、档案信息安全管理

1. 档案需分类放置，建全目录，档案柜标识清晰，以便及时准确提供所需材料。
2. 建立档案借阅登记本，留存追踪记录以避免丢失的潜在风险。
3. 档案室配备摄像头、灭火器、防虫剂、温度计等设备，加强防盗、防火、防潮、防虫、防霉安全措施。

二、招投标信息安全管理

1. 提升文件传输相关人员的安全意识，文件传输以邮件形式发送，发送前经科室主任审核同意，发送文件同步抄送科室主任及档案管理员，避免招投标文件外传。
2. 前期需求及设计要求明确且做好版本的登记、需求科室的签字原件扫描留存，同时加强对清单编制及审核的管理，防止后期施工过程中频繁出现变更签证。
3. 医院选择综合实力强的招标代理机构，同时组织院内审计处、计财处、跟踪审计、监理、律师等加强对招标文件及清单的审核。
4. 加强对招标代理的管理，制定管理及奖惩制度，避免招标代理与投标人之间出现不正当行为。
5. 加强对投标文件的评审工作，发现串标、围标等行为及时检举，建立医院基建供应商库。
6. 制定合理的评标办法，加强评标的审查工作，明确评标委员会的分工及复核工作。
7. 遵守招投标信息专人管理制度，执行相应的奖惩办法，不得泄露招投标过程中的各类信息。招标文件、招标清单及图纸不得随意拷贝或发送相关利益单位。

三、审计造价信息安全管理

1. 各方提出的变更均要有书面通知或工程联系单，并有相关项目负责人的签字，不得以口头答复形式作为变更的依据，变更、签证严格按招标文件精神或合同中相关条款结算确认，避免工程实施中现场随意签证、人为增加造价的情况。
2. 必须现场核实施工图设计的内容、签证上增加的内容与实际施工的内容，三者应一致，防止工程量核定不精确。
3. 对于隐蔽工程签证，必须标明被隐蔽部位、工作量及质量情况，并提供清晰标注内容的照片，有必要的隐蔽工程除提供清晰的照片外，需提供视频资料作为审核依据。
4. 签订合同遵守合同严密性、明确性、具体性审查原则，对影响工程造价的各项条款严格把关，特别是材料价格、取费依据、计价方式等均应作明确规定。

5. 施工过程中深入现场了解各环节情况，勘察测量，将各环节的实际施工情况与图纸核对，对重点基础数据做好记录，时刻掌握第一手资料，为确定工程造价打好基础。

6. 提前对施工单位结算相关竣工资料以及工程造价审计所需提供资料的清单提出要求，强调送审资料的完整性、真实性和及时性，杜绝补签证资料的现象。

7. 图纸、变更技术核定单的电子版未经科室主任同意不得发出；现场照片不得随意发送微信群等互联网平台；相关工作人员信息、参建单位信息未经科室主任同意不得发送给第三方。

四、电子、纸质图纸信息安全管理

1. 提升设计、监理、招标代理等人员的图纸安全意识，严禁将图纸发给不相关人员。

2. 从基建办收发电子图纸、纸质图纸需经过办公室主任确认。

3. 加强对设计单位的管理，明确对设计单位管理及奖惩制度。

4. 利用好相关建设协同平台，确认与各方所存图纸版本保持一致。

5. 重视对竣工图纸的抽查与核对，竣工图完成后科室组织 BIM 模型与现场相符性的检查，再次调整完善竣工图。

五、科室管理信息安全管理

1. 基建办公室区域来往人员复杂，无工作人员在办公室时应随手关门，不让外人随意进入办公室，避免文件信息泄露。禁止基建办以外人员在办公室使用任何工作电脑，禁止非科室人员翻阅办公室任何文件。

2. 上级往来文件由专人严格保管，重要文件纸质版存放文件柜加锁保管，避免信息泄露。

3. 需销毁的文件利用碎纸机粉碎彻底，以防信息外泄。

六、新媒体信息安全管理

为进一步规范 QQ、微信和公众号等新媒体账号的使用和管理，防止由于使用不当对医院产生不良影响，特对科室人员使用微信等软件要求如下：

1. 禁止发布不良政治倾向、宗教、色情、赌博、暴力等内容的信息。

2. 禁止发布散布谣言、扰乱公共秩序，有悖于社会公德、不文明的内容。

3. 禁止发布未经证实或违反国家相关法律法规的信息。

4. 禁止发布涉及危害医院或基建办，泄露基建办机密、行业机密及具体工作机密的信息。

5. 禁止发布基建办规章制度、工作流程、计划方案、述职汇报、招投标方案等内容。

6. 除已向外部公开渠道发布内容外，不得发布医院、基建办内部各类会议、活动照片等。

7. 禁止未经科室审核发布施工现场、办公区域照片。

8. 禁止发布医院、基建办和施工现场出现的不良事件信息。

9. 公众号发布信息需经科室主任同意。

如发现员工有以上情形之一的，第一次扣罚 200 元并由科室约谈，性质严重的直接按照不良事件上报，第二次扣罚 500 元并按照不良事件上报。

七、基建办日常信息化管理

1. 科室所有接收、上传、下达、申请等文件材料，应先扫描，电子版保存后再归档。

2. 会议室作为科室例会、学习、培训的场所，应在院 OA 网"妇幼基建办会议申请流程"中申请，并通过信息平台发布会议通知。

3. 科室人员排班、考勤、工作量统计、物品领用、文件传送等日常办公职能均在院 OA 网上办理。

4. 专人负责院 OA 网发布公告信息，更新共用文档资料，专人负责新浪微博、腾讯微博、QQ 工作讨论群、微信群的更新、维护和管理工作。公共信息需经科室主任及以上领导审批同意后方可发布。

5. 项目从启动到竣工验收交付使用，信息系统同步进行管理，工程分项任务、进度节点设置提示信息，职责明确到人。

6. 合同签订后，登记在院 OA 网合同管理系统内，并将相关材料作为附件上传永久保存。

7. 发票报销、合同付款、审计结算、省财政评审中心对接、跟踪审计对接等工作，应按照信息化规范流程予以办理。

8. 每次例会、招投标、勘探现场、项目实施、隐蔽工程等均留有照片、视频等资料作为存档及验收凭据。

八、应急处置预案

（一）招标文件、评标办法等在未公开前泄露处理办法

1. 立即删除发布内容。

2. 暂停该项目招标工作。

3. 对招标文件内容、评标办法进行重新修订。

4. 对相关责任人进行处理。

（二）不良事件泄露处理办法

1. 立即删除发布内容。

2. 立刻对不良事件进行详细调查。

3. 及时公开公布调查结果，并进行公众号发布。

4. 对相关责任人进行处理。

注：如有违反管理条例，处罚金在当月奖金中予以扣除。

九、基建办复印机管理办法

（一）目的

为了为响应医院"节能减排"活动并加强复印机管理，使复印机的管理和使用更加合理化、规范化，特制定本规定。

（二）适用范围

本制度适用于基建办科室人员。

（三）管理职责

复印机的使用管理与故障维修工作均由基建办科室秘书负责。

（四）管理内容

1. 复印权限

（1）个人根据工作需要，填写科室授权委托人申请表，经主任审批并对授权委托人进行适当培训后，

在一定授权期内授权委托人可使用复印机。任何非科室授权委托人不可使用复印机。

(2) 授权委托人必须严格按照"复印机使用登记表"要求（复印人、复印人部门、复印内容、复印张数、管理员签字、备注）进行登记后，方可复印文件。

(3) 办公室秘书对复印工作有把关的权利和义务，私人资料原则上不得在此复印。若因特殊情况需要复印私人资料，必须经过主任同意，并在登记表上做出情况说明。

(4) 复印机仅限于基建办内部使用，外部人员谢绝使用。

(5) 复印机工作时间为上午 8:00—12:00，下午 14:00—17:30。办公室秘书负责每天上班时开机，并统计复印张数，并在每日下班前负责检查复印机是否关机，是否切断电源，以免发生事故。非工作时间需紧急复印者，必须经过科室主任同意，并在登记表上做出情况说明。

(6) 日常复印、打印应使用废纸，如复印、打印招标文件、合同等重要文件，必须经科室主任同意后先打印一份，若有问题，需调整后再继续复印。

2. 复印机操作要求

(1) 复印者必须严格按照操作规范进行，复印机发生故障时，复印者应及时联系办公室管理员，切不可擅自操作。

(2) 复印机机身周围不得放置装订针、回形针，以免其滑入机体导致进稿器卡纸。

(3) 卡纸时，打开右边侧门取出纸张，看看取出来的纸张是否完整。如果有残缺，应仔细查找纸张的剩余，缓慢取完纸张后，轻轻关严打开的侧门。首次遇到卡纸者，不可进行以上操作，必须先和办公室秘书联系，然后仔细观察处理卡纸的过程。

(4) 在复印多份的情况下，为了防止浪费，复印者应先复印一份，若有问题，需调整后继续复印。

(5) 注意保持复印机周围卫生，在每次复印之后要及时处理自己复印产生的废纸、脏纸，及时将自己的文件拿走，并合上扫描盖。

(6) 复印过程中出现任何故障切不可擅自强行关机。

(五) 处罚管理

1. 因操作失误造成复印机损坏，由授权委托人承担责任。

2. 有以下情况之一者，取消授权委托人 10 天的复印资格或罚款 30 元；3 个月内累计 3 次及以上情况，取消授权委托人 1 个月的复印资格或罚款授权委托人科室 100 元。

(1) 未登记复印者。

(2) 擅自复印私人资料。

(3) 遇到故障不处理、不告知，一走了之。

(4) 对机器野蛮操作。

(5) 发现未清理的复印遗留废纸（2 小时未主动处理）。

(6) 10 天内未缴纳应缴罚款。

(7) 其他可以进行处罚的情况。

第三节 值班管理制度

基建办值班管理制度

根据医院建设管理要求，改扩建工程实施期间，节假日项目现场均安排科室人员轮流值班，协调解决工地发生的各类情况，具体要求如下：

一、值班员职责

1. 检查施工、监理单位值班人员在岗在职情况。
2. 带领施工、监理单位值班人员巡查施工现场至少上午、下午各1次。
3. 检查施工现场安全情况，如发现安全隐患，应立即督促整改。
4. 检查施工现场材料、设备的进出场情况并及时做好验收工作。
5. 检查各施工单位当天施工完成的质量、进度情况。
6. 认真落实好领导交代及现场需协调的其他事宜。
6. 认真、完整地填写值班日志。
7. 值班人员须遵守医院考勤纪律，有事须事先请假，以便科室及时安排其他人员值班。
8. 值班人员须保证通信畅通，遇到紧急情况能够及时取得联系，遇重大、紧急超出自己职责范围内的事情要及时向上级汇报和请示。
9. 值班期间若出现突发应急状况，按照基建办《应急管理规定》处置，并及时汇报科室主任，切实维护好医院利益。

二、每周一科室例会需汇报值班情况

1. 值班期间完成的施工情况。
2. 如安排夜间值班的，汇报夜间施工质量及验收等具体情况。
3. 值班期间施工现场安全情况。
4. 值班期间施工现场突发事件。

第四节 加班管理制度

基建办加班管理制度

一、目的与职责

1. 原则上不鼓励加班，日常工作应在工作时间内完成。

为提高效率、兼顾公平，提高工作积极性，对职工额外劳动进行适当合理补偿，保障职工身体健康、

保证科室工作有序进行，特制定本制度。

2. 科室主任助理负责科室人员的加班管理，负责对本部门加班情况进行检查和监督，同时按照本规定将科室加、值班情况每月报至党院办。

3. 科室主任负责检查加班管理执行情况，对上报的加班申请进行审批和对加班、值班异常情况进行监督。

4. 加班内容涉及面广、工作难度大、处置突发应急抢修等需多部门配合的，必要时向分管院长上报。

二、加班管理原则

1. 效率至上。应有计划地组织开展各项日常工作，科学安排、提高效率，应严格控制加班。

2. 健康第一。安排加班、值班时，应结合考虑职工的身体状况，对加班、值班频次、时间长短、工作场所安全、工作难易程度及正常上班时间的间隔作出安排，保证职工的身心健康。

3. 调休优先。职工加班后，优先安排调休，因工作不能调休的，根据加班时间长短、工作难易程度等分别给予一定的加班补贴。

4. 总量控制。科室主任对加班进行总量控制，原则上一般不安排加班，加班补贴由科室进行总量控制。

三、具体内容

（一）加班认定

1. 只有在具备下列情形之一时，才可安排职工加班：

（1）在正常休息时间或节假日内工作急需完成但未能完成的。

（2）须利用休息时间或节假日时间进行工作的。

（3）发生自然灾害、突发事件或其他原因，对医院生命财产、设备设施、医疗安全产生威胁或可造成较大负面影响，需要紧急处理的。

（4）需完成医院下达的紧急任务时。

2. 值班不属于加班。对被安排国家法定假日值班的职工，由医院发放值班补贴。因基建办工作需要的科室值班，以20元/（次·天）补贴，从科室二次分配中支出。除医院发放的节假日值班补贴与夜班补贴外，职工正常倒班的不再进行额外补贴。

3. 有下列情形之一者，不认定为加班：

（1）正常工作任务未按要求及时完成而需延长工作时间或利用休息日、节假日完成的。

（2）延长工作时间处理日常工作在1小时以内的。

（3）开会、培训、出差的。

（4）值班、倒班的。值班期间处理工作的。

（5）未办理加班审批手续的或未得到科室以上领导同意的。

（二）审批程序

1. 组织职工加班前，首先须征得职工本人同意。

2. 加班前或第二天及时认真填写"加班申请表"，写明加班时间、地点、事由，由科室主任、分管领导签字确认。

(三) 补贴支付

1. 经审批的合格加班申请表作为月底考核发放补贴的唯一凭证。

2. 科室主任原则上不享受加班补贴，试用、实习等待岗人员不享受加班补贴。

3. 加班补贴根据加班时间长短、工作难易程度、工作量的多少，根据连续超过 2 小时工作且难度较大、内容较多的执行 50 元/人，排除重大隐患有突出表现和解决复杂问题的执行 100 元/人。

4. 补贴当月支付。

5. 补贴来源由科室绩效分配中统筹安排。

(四) 处罚条款

1. 因工作需要被指派加班无特殊理由推诿者，按旷工情节处理。

2. 加班期间消极怠工，在指定加班时间内未完成工作的，取消加班补偿，造成严重后果的并视情节轻重惩处。

3. 属于正常工作时间内完成的却安排加班或虚报、多报加班的，一经发现并核实，取消加班补偿，并扣除当月二次分配绩效。

第五节　假期管理及劳动纪律规定

各类假期管理及加强劳动纪律的暂行规定

（江苏省人民医院人事处颁布）

一、各类假期

(一) 休假

1. 休年假。职工累计工作满 1 年不满 10 年的，年休假 5 天；满 10 年不满 20 年的，年休假 10 天；满 20 年的，年休假 15 天。

国家法定休假日不计入年休假的假期。年休假在 1 个年度内可以集中安排，也可以分段安排，一般不跨年度安排，如确系工作原因最迟在第二年春节休完。

职工有下列情形之一的，不享受当年的年休假（如已享受，顺延至下一年度扣除）：

(1) 当年享受寒暑假、探亲假，其休假天数多于年休假天数的。

(2) 当年的事假累计达到年休假天数的，女职工连续产假达 1 个月的。

(3) 累计工作满 1 年不满 10 年的职工，请病假累计 2 个月以上的。

(4) 累计工作满 12 年不满 20 年的职工，请病假累计 3 个月以上的。

(5) 累计工作满 20 年以上的职工，请病假累计 4 个月以上的。

(6) 当年疗养的天数达到年休假天数的。

（7）当年不服从工作安排，一周内拒不到岗的。

（8）当年累计旷工 3 天以上的。

（9）当年调入的职工。

（10）当年发生重大责任事故，造成一定经济损失的。

2. 公派出国满一年，可享受一个月休假。

（二）调休

1. 因工作需要加班或在法定节假日值班的，按实际加班或值班的天数给予调（补）休。

2. 调（补）休原则上随时休完。确因工作需要不能随时休的，可累计最多不超过 7 天，并在当年休完。

（三）放射保健休假

1. 从事放射工作满 1 年以上的，每年可享受 1 次放射保健休假。其中，从事放射工作满 1 年不满 10 年的，休假 15 天；满 10 年不满 20 年的，休假 20 天；满 20 年不满 30 年的，休假 25 天；满 30 年以上的，休假 30 天。

2. 当年的病假、事假、产假累计达到放射保健休假天数的，当年不安排放射保健休假。

3. 放射保健休假期间遇到法定节假日的，假期可按法定节假日的天数顺延。

（四）探亲假

工作满 1 年，配偶或父母在外地的职工，并且不能利用公休假日团聚的（是指不能利用双休日在家居住一夜和休息半个白天），可以享受本规定的探亲待遇。

职工探望配偶的，每年给予探亲假 1 次，假期为 30 天；未婚职工探望父母，原则上每年给假 20 天，因工作需要当年不能探亲或自愿 2 年探亲 1 次，假期为 45 天；已婚职工探望父母的，每 4 年给假 1 次，假期为 20 天。

1. 在国外学习已满一年的公派公费出国研究生，其配偶可享受探亲待遇，每年探亲假为 3 个月，最多不超过 6 个月。

2. 自费出国人员的配偶申请出国探亲的，按一般职工在境内的探亲规定办理。

3. 出国访问人员、国外使馆工作人员的家属不享受探亲待遇。

4. 当年享受寒暑假的职工，不再享受探亲假；当年已享受年休假的，则在探亲假期中扣除其天数。

5. 职工结婚满 1 年后才能按规定享受探望配偶的待遇；结婚当年可按已婚职工的探亲规定享受探望父母的待遇。

6. 职工在享受探亲假的同时可享受一次性的路程假。探亲假中包括法定节假日。

7. 探亲假须一次休完。

（五）婚丧假

1. 职工符合法定年龄结婚和再婚的，可享受结婚假 3 天。

2. 符合晚婚年龄依法登记结婚的初婚夫妻（男 25 周岁、女 23 周岁），可享受晚婚假 15 天。一方达到一方享受，双方达到双方享受。原则上一次休完，最多分两次，最迟在第二年春节前休完。

3. 职工的父母、配偶、子女、公婆死亡的，给丧假 3 天，外地给假 5 天，另根据路程给予路程假。

4. 职工的婚丧假和路程假中包括法定节假日。

(六) 计划生育假、产假

已婚职工享受计划生育假、产假的，凭保健科证明给予相应的假期。

1. 计划生育假：放置宫内节育器自手术日起休息 2 天；取出宫内节育环当日休息 1 天；输精管结扎术休息 7 天，单纯输卵管结扎术休息 21 天；人工流产术休息 14 天，人工流产同时放置宫内节育器休息 16 天，人工流产同时结扎输卵管休息 30 天；中期终止妊娠同时结扎输卵管休息 40 天；产后结扎输卵管按产假另加 14 天。

2. 产假：女职工的生育产假为 90 天；符合晚婚晚育（24 周岁生育）条件的增加产假 30 天，同时可给男方护理假 15 天；剖宫产的增加产假 15 天；多胞胎生育的每多生育一个婴儿增加产假 15 天。

3. 有不满 1 周岁婴儿的女职工在上班时间内每天可享受 1 小时的哺乳时间。

4. 女职工产假及男方护理假中包括法定节假日。

(七) 病假

职工患病后，经保健科的病假休息证明，可休病假。

1. 经医院保健科证明病愈可以工作的，在工作期间旧病复发或患有其他疾病需要继续休息的，病假时间重新计算；没有病愈证明上班的，上班不到 1 个月又请假的，应将上班前后的病假时间合并计算。

2. 因公出差或探亲期间在外地生病，逾期不能返回工作岗位的，应及时与医院联系，出院后出具当地医院证明，补办请病假手续。

3. 职工患病后需半休的，时间不得超过 10 个月。

4. 新分配职工在见习期内病假超过 1 个月，其转正定级扣除病假时间顺延。

5. 病假中包括法定节假日。

(八) 事假

职工确有特殊情况可以请事假。享受休假的职工一年事假最多为 7 天（境内），超过的天数抵算当年的休假，当年的休假已用完的抵算下一年度的休假。

职工因私事确需请事假出境的，去港、澳、台不得超过 3 个月，出国的不得超过半年。

(九) 工伤

凡符合工伤认定条件的，在办理工伤认定书之前，一律以病假计算。在收到工伤认定书以后，可将之前的病假以工伤来处理。

二、请假手续及准假权限

凡需请假的工作人员（除急病或紧急事故外），均须本人事先向科室提出书面申请，科室按准假权限给予批准。经批准后，本人和科室必须安排好工作方可离岗。逾期不能返回工作岗位的，应及时办理续假手续。

1. 休假、调（补）休、放射保健休假、国内探亲、婚丧假：本人申请，科室同意安排即可。

2. 事假：请事假 1 天以内，由科室主任批准；事假 3 天以内，由科室同意，报人事处批准；事假

3天（含）以上，报院领导批准。

3. 病假：必须提供保健科提供的病假证明，否则一律无效。

4. 出国探亲：由本人提出书面申请，科室主任同意（护理人员需由护士长、护理部同意），报人事处审核，院领导审核。

5. 科室主任外出请假：按照科室主任请假规定。请假在3天以内的，由派出部门批准；3~7天，由分管院领导批准；超过7天，由院长（书记）批准。

6. 工伤申报程序：职工符合工伤情形的，首先到人事处备案，再凭保健科出具的诊断证明及其他证明材料到人事处办理工伤认定。

三、违反劳动纪律的处理

1. 无任何正当理由或提出请假未经批准而擅自离职者，或经查明请假理由不真实、弄虚作假者，以旷工论处，并追究有关人员责任。旷工1天，扣发1个月院内津贴；月累计超过3天，即停发工资，一个月内本人承认错误返回岗位的可继续工作；连续旷工超过10天或一年内累计旷工时间超过20天，即予以辞退。

2. 请假期未满续假或申请续假未被批准，未按时回岗者，即停发工资，超过半个月即予以辞退。

3. 申请辞职批准后未按规定办理辞职手续而擅自离职人员停发工资。科室应动员其返回补办手续，对拒不补手续者，科室书面报告人事处，超过3个月作辞退处理。

4. 上班时间与他人争吵、打架，扣除当事人当月院内津贴。

5. 不服从工作分配或正常调动的，无故逾期不上岗的，按旷工处理。

6. 迟到、早退、擅离岗位，一经查实，扣发院内津贴。屡教不改者，以旷工论处。

四、严格考勤制度

1. 考勤员考勤等级必须做到准确无误，并将当月考勤表由科室负责人签字后，于下月5日前报人事处。不按时交考勤表及漏报、谎报，经查实，视情节轻重，扣发科室综合目标管理奖，并对科室负责人、考勤员给予必要的经济处罚。

2. 考勤员必须严格执行考勤制度，对审批手续不全的请假，不得考勤。

3. 科室负责人要随时了解本科室职工劳动纪律执行情况，临床要检查门诊到岗情况，各片负责人要定期组织抽查本片劳动纪律，并记录备查。各科室须将此工作列入科室管理内容，定期考核，常抓不懈。

4. 人事处负责全院考勤统计并协同相关部门督促检查，按规定处理违纪事件。

5. 作息时间：

正常班次：上午08:00—12:00；下午14:00—17:30。

基建办科室具体要求：

（1）公休假和国家法定节假日、病假、婚假、丧假均按医院规章制度执行。

（2）科室所有人员请假半天至3天以内的，本人事先填写"请假单"，经由科室主任审批同意后执行。

（3）请假3天以上的，由本人事先填写"请假单"，经科室主任审核后，报分管院长审批；否则，按照院相关管理规定以旷工论处。

（4）参建单位（监理、跟踪审计、施工单位）项目经理等管理人员，请假离开工地超过半天以上的，应填写"请假单"，报基建办审批后方可执行；否则按《工程管理规定》予以处罚。

（5）由科室主任助理做好请假单整理及考勤上报工作。

第六节　科室不良事件上报处理制度

科室不良事件上报处理制度

随着医院各新项目的不断拓展，投入运营的项目和在建项目的数量持续增加，由于各种原因造成的不良事件时有发生。为从根本上预防不良事件发生和降低不良事件的负面影响，特制定本制度。

一、不良事件的定义

在医院内建设改造过程中发生的以下性质的事件，均定义为不良事件。不良事件暂不分级。

二、不良事件分类

1. 工程质量事件。

由于图纸设计缺陷、施工管理问题造成的严重质量问题。其中包括直接影响结构安全的、不能满足使用功能的、违反国家或地方强制性规定不能验收交付的工程质量事件。

2. 生产安全事件。

由于施工过程中安全管控不到位或缺失造成的严重的伤人、亡人的安全事件。

3. 其他可能造成重大经济损失或严重不良影响的事件。

三、不良事件上报

不良事件发生后，事件发生部门应坚持主动、及时、准确、全面、客观的原则向上级领导汇报。为避免造成更大的损失和严重不良影响，事发部门在上报的同时，应根据事件性质，采取应急处置措施。

1. 上报时限：自事件发生起24小时内由科室负责人向分管院领导汇报。

2. 上报方式：事件发生后，科室负责人应在上报时效内，首先用电话方式向分管院领导汇报，非工作时间报告总值班，电话中简要汇报事件的大概状况。电话汇报后，科室负责人应立即汇报事件的详细情况，填写"不良事件登记表"。

3. 上报内容：汇报内容应详细说明事件发生的时间、地点、原因，以及初步判定事件的性质和可能造成的后果。

4. 上报程序：事件发生后，事件发生部门应在上报时限内，同时上报直接上级领导及相关管理部门。

5. 及时续报：对于情况较为复杂、处置时间较长的事件，事发部门应实行日报制度，及时续报事件处置进展。重大事件应实行随时续报制度。续报时可不再报告事件的初始状况，只需报告事件处置进展和效果即可。

四、不良事件的处置

不良事件发生后,事件发生部门应立即采取紧急处置措施,相关主要负责人应根据事件的性质、紧急程度和可能造成后果的严重程度,立即成立应急处置小组。应急处置小组根据事件实际情况详细分析事件原因,预测事件可能造成的后果,并及时汇报分管院领导。

应急处置小组在汇报分管院领导的同时,应会同事发部门制定切实可行的处置措施,必要时应抽调相关人员组成支援小组,赴事发现场支援处置。

五、奖励与处罚

在不良事件的上报与处置过程中,对于上报及时处置得当,并为公司及医院挽回重大经济损失或有效消除不良影响的部门或个人,由应急处置小组确认后,予以相应奖励。由于人为过失或故意造成不良事件的责任人不在奖励范围。

不良事件发生后,事发部门或个人迟报、瞒报或隐瞒事件事实的,由应急处置小组确认后,追究其责任。对于造成违法犯罪事实的,移交司法机关追究其法律责任。

"基建项目不良事件报告表"详见第五章第二十节。

六、科室不良事件上报处理流程

科室不良事件上报处理流程如图4-2所示。

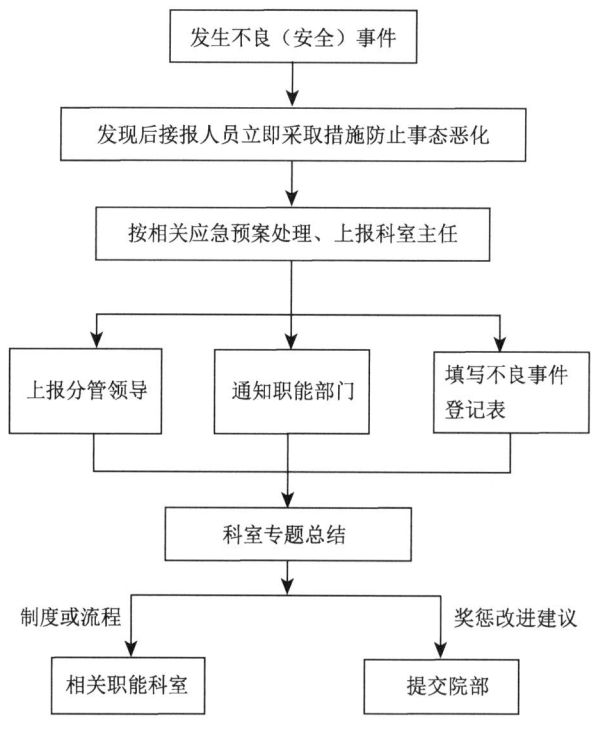

图4-2 科室不良事件上报处理流程

第七节 经济合同管理规定

经济合同管理规定
（江苏省人民医院审计处颁布）

第一章 总则

第一条 为进一步加强和规范医院经济合同管理工作、保护医院的合法权益、维护医院经济秩序，促进医院健康发展，根据《中华人民共和国合同法》《卫生部关于进一步加强经济合同管理工作的通知》（卫规财发〔2010〕89号）等有关法律法规，结合医院实际情况，制定本规定。

第二条 本规定所指经济合同，是指医院作为独立的民事主体在参与社会经济和民事活动中，与其他平等主体的法人、自然人、其他组织之间为实现一定经济目的，明确相互权利和义务关系而订立的协议。

第三条 订立经济合同，必须遵守法律和行政法规。遵循平等互利、协商一致的原则。经济合同应当采取书面形式。

第二章 经济合同种类和主要条款

第四条 医院签订经济合同的种类主要包括：

1. 设备、材料、物资等购置合同。
2. 耗材、试剂、物资等长期供货协议。
3. 建筑工程承包合同（包括勘察、设计、监理、建筑、安装合同）。
4. 为保障医院正常运行所必需的各项服务、劳务合同（包括水、电、气、通信、维保等）。
5. 设备的维修、保修、租赁合同。
6. 信息系统及软件的开发、合作协议。
7. 科技协作合同（包括技术咨询服务、技术培训、药物验证等）。
8. 其他经济合同。

第五条 医院对外签订经济合同应具备以下主要条款：

1. 标的（指货物、劳务、工程项目等）。
2. 数量和质量。
3. 价款或者酬金。
4. 履行的期限、地点和方式。
5. 违约责任。
6. 根据法律规定的或按经济合同性质必须具备的条款，以及当事人一方要求必须规定的条款。

第三章 经济合同签订程序

第六条 医院对外签订经济合同的程序如下：

1. 医院对外签订经济合同，须按照统一管理，归口采购的原则，由各职能部门具体经办。同类项目不得拆分，原则上5万元以上的项目，要采取院内招标、议标、竞争性谈判的方式并签订经济合同。

2. 招标或议标由各职能部门负责组织安排，提请使用部门、审计、财务及其他相关技术人员参与，并提前3~5日通知招标内容、时间、地点。

3. 招标应遵循公开、公平、公正、诚实信用的原则。招标过程应有完整、清晰的书面记录，中标结果需有全部参与人员签字确认。

4. 各职能部门根据中标结果签订经济合同草案并经对方签字盖章确认后送审计处登记审核，审计处审核完毕后一周内出具"江苏省妇幼保健院合同审计意见书"。

5. 各职能部门根据审计意见书到党政办开具"授权委托书"，将经济合同草案报分管院领导审批签字后，送至审计处加盖"江苏省妇幼保健院经济合同专用章"，至此经济合同正式生效。

第七条 合同签订后，审计处、各职能部门按相关规定对材料进行留存，整理归档。

第四章 经济合同审核内容和职能

第八条 医院经济合同审核工作由审计处统一管理并负责实施。

第九条 经济合同审核的主要内容如下：

1. 审核采购项目的立项手续是否完善，各分管部门签字是否齐备。日常采购项目应有年度预算（或经费来源）和使用部门申请（或有成本分摊说明），临时性、突发性及重大采购项目应有院行政例会纪要或相关情况说明，并报分管院领导及部门负责人审批。

2. 审核提供的材料是否齐全，有效。对方的主体是否合法，是否有扩大经营范围的情况，有无从事专业服务的资质，持有的各项证照是否在有效期之内。

3. 审核合同内容是否与招标文件、投标书及中标结果相一致。

4. 审核合同的条款是否完备、双方权利和义务是否明确、具体。签字是否是法人或法人委托人。

5. 审核合同中是否有违反法律、法规及社会公共利益的条款和内容，是否有对医院明显不利和损害医院合法利益的条款和内容。

第十条 审计处经济合同审核职能如下：

1. 参与经济合同项目的招投标和谈判过程，参与重大项目的事先论证、考察、调研。

2. 审核经济合同的条款内容及相关材料，对手续不完备、材料不齐全、条款不符合规定的经济合同予以退回并提出修改意见。

3. 对审核完毕的经济合同，审计处于一周内出具"江苏省妇幼保健院合同审计意见书"，并统一进行编号登记管理。

4. 负责"江苏省妇幼保健院经济合同专用章"的管理、使用，所有经济合同需经审计处加盖"江苏省妇幼保健院经济合同专用章"后方正式生效。

5. 依照有关法律、法规，结合医院实际情况，协同相关职能部门对医院经济合同模板和条款进行修订和完善。

6. 根据实际需要,对经济合同签订后的后续履行情况进行监督、抽查。

第十一条 对利用经济合同损害国家和医院利益,造成医院经济损失的行为,由医院有关主管部门依据法律、行政法规负责处理,构成犯罪的,依法追究刑事责任。

第五章　附　　则

第十二条 本规定由审计处负责解释。

第十三条 本规定自 2017 年 1 月 1 日起施行。

第八节　资产管理制度

基建办资产管理制度

为规范资产或物资工具的保管、领用、以旧换新、移交、报废程序,以避免资产或物资的浪费、超标领用及调任无交接等现象,特制定本制度。

一、个人工具的领用、更换及退还

1. 工具领用条件:工具首次领用,必须是在领用标准范围内;换领必须以旧换新。

2. 工具领用程序:

(1) 工具为首次领用时,领用人填写"领料单",到保管人处领取工具,并记录在工具管理本上。

(2) 以旧换新领料时,使用人发现工具已经损坏后需上报至保管人,保管人根据工具损坏情况,如仍可用,退回使用人继续使用;如可维修,请专业人员修善工具并归还使用人;如已损坏严重,保管人填写"领料单",并做好工具以旧换新的记录,然后去仓库领取新工具。

(3) 原工具丢失或在最低使用限期内损坏,按第三条规定赔偿后方可再重新领用。

3. 工具交接或退还。

二、公用工具的领用、借用、更换及退还

公用工具的领取条件、程序、交接及退还和个人工具的处理方法一样。公用工具领取后由保管人负责保管。如需借用则按以下条例执行:

1. 借:工作人员应根据需要从保管人处借出相应维修工具,保管人须做登记(登记内容包括:借用人、借用工具、借用时间、用途)。

2. 用:工作人员要爱护和正确使用工具。如由于不正确使用工具导致损坏的,则应照价赔偿或支付修理费用。

3. 还:工具使用完后,应做好工具整理、清洁等工作,及时归还保管人,保管人检查并在公用工具记录本上签收。保管人对工具进行检查,如发现工具人为损坏、丢失,须按第三条规定赔偿。

4. 公用工具发生丢失或人为损坏,保管人没有找到责任人,所有责任由保管公用工具的保管人负责。

三、工具的检查与赔偿

1. 科室回收旧工具时必须认真检查，如仍可用，请领用人继续使用。如可修复，可联系相关专业人员修复。

2. 如发现工具人为的损坏、遗失等影响操作的情况，应责其在一定时间内补齐工具。方式有自己补购或赔偿后重新领用。

赔偿标准：

（1）工具丢失，由责任人赔偿原价的1.5倍。

（2）工具人为损坏，由责任人赔偿原价。

（3）工具超过使用年限或者属于质量问题，责任人可以按以旧换新原则重新领取相应工具。

3. 赔偿与领用手续：责任人向保管人说明情况，保管人按照赔偿标准出具损坏或遗失工具的价格证明，责任人到办公室主任处缴款，办公室主任填"领料单"，责任人去仓库领取工具后须到保管人处做工具管理记录。保管人应记录工具是以旧换新的手续，或办理遗失工具重新领用手续。

四、各资产使用部门对其占有、使用的资产实施日常管理，并配备兼职经济运行管理员

兼职经济运行管理员的主要职责：

1. 严格执行医院的资产管理制度，按照制度规定的要求来管理和使用本科室固定资产。

2. 负责本科室固定资产使用管理，保管固定资产台账，建立贵重仪器设备使用档案；对照固定资产台账实时掌握固定资产存量、增减变动、使用情况，做好账实相符。

3. 协助资产管理部门定期对本科室的固定资产进行清查、登记、统计、汇总及日常监督检查工作。

4. 保管、养护固定资产，确保资产的使用寿命和使用效率；做好资产防火、防潮、防盗等安全防护工作；维护固定资产条码管理。

5. 提出资产处置申请，协助资产管理部门按规定程序办理资产处置手续和做好其他相关工作。

第九节 材料、设备采购制度

基建办材料、设备采购制度

1. 基建办内设材料采购小组，由分管院长、纪委监察室人员、审计处人员、科室主任、工程技术人员5人组成（必要时可邀请行业专家、专业设计师、专业监理参加）。

2. 根据工程规模、进度及承建合同关于建材采购分工条款，各专业工地代表初审承建单位提报的材料计划后报工程预算员复审，然后由工地代表按进度需要向采购人员提出供应计划和时间要求。

3. 为确保质量和合理投资，采购主管人员（主任）及时组织各专业代表技术人员，按"货比三家"的要求，搞好市场行情考察计划，并以文字（参与人员签字）报告形式向医院汇报，进行综合议定采购方案，填写"工程申请单"，签订供货协议或购货合同。

4. 严格执行财务制度，认真办理出入账手续，做好货物质量验收，货物记账登记，及时做好转账等项工作，账物相符。

5. 对属承建单位负责的建材其价格、质量的论证，认定由项目负责人会同承建单位相关人员共同做好市场调查，在达成一致意见并汇报同意后方可办理价格认定手续（作为结算的依据）。

6. 参与考察、论证、采购的相关人员必须严格执行采购纪律，绝对不得以权谋私，不得发生"人情采购""非法采购"。力求在确保质量的前提下，少花钱，多办事，节约资金支出。

"考察行程安排表"及"考察报告"详见第五章第八节。

第十节　继续教育及学分管理办法

继续教育及学分管理办法
（江苏省人民医院教育处颁布）

为了进一步加强和规范医院继续医学教育管理，保证继续医学教育质量和效果，根据全国继续医学教育委员会《关于印发〈国家继续医学教育项目申报、认可办法〉和〈继续医学教育学分授予与管理办法〉的通知》（全继委发〔2006〕11号）、江苏省卫生计生委《关于印发〈江苏省继续医学教育项目及学分管理办法〉的通知》（苏卫办科教〔2014〕9号）等有关规定，结合医院继续医学教育的实际情况，制定本管理办法。

一、继续医学教育项目管理

（一）继续医学教育项目分类

医院申报的继续医学教育项目分为国家级项目和江苏省省级项目。国家级继续医学教育项目为经全国继续医学教育委员会评审、批准并公布的项目；省级继续医学教育项目为经江苏省继续医学教育委员会评审、批准并公布的项目。

（二）项目申报条件

1. 申报的继续医学教育项目应以现代医学科学技术发展中的新理论、新知识、新技术和新方法为主要内容，注重项目的先进性、针对性和实用性，以提高卫生技术人员或管理人员的职业素质和技术水平，满足公众健康需求为目的。

2. 申报继续医学教育项目，应符合下列条件之一：

（1）本学科的国内外发展前沿。

（2）边缘学科和交叉学科的新进展。

（3）国内外先进技术、成果的引进和推广。

（4）填补国内（国家级项目）或省内（省级项目）空白，有显著社会或经济效益的技术和方法。

3. 项目负责人应具有副高级及以上专业技术职务，项目内容必须是其从事的主要专业或研究方向，负责人在本领域有一定的影响力。每位项目负责人每年新申报的国家级或省级继续医学教育项目分别不超过1项。每个项目只能通过一个途径申报。

4. 为进一步落实医院品牌化战略，实施继续医学教育项目品牌化策略，鼓励已有较好工作基础和积累的项目同时以"金陵临床医学高层论坛"的名称申报（如"金陵肿瘤学高层论坛"），以树立医院教育品牌，扩大学科影响力。申报需满足以下要求：项目负责人应具有正高级专业技术职务，实际注册到会人数120人以上，外省到会人数40人以上，须有省外或国外知名专家授课。

5. 前一年度获批的继续医学教育项目中，在实际举办时，两个或两个以上项目联合举办的，现如需继续申报，应将联合举办的项目合并为一个项目进行申报。

（三）项目申报程序

1. 项目实行网上申报、网上公布。国家级继续医学教育项目申报网址：http://cmegsb.cma.org.cn；省级继续医学教育项目申报网址：http://jscme.jsma.net.cn。每年新项目网上申报时间为7月至8月。

2. 国家级继续医学教育项目按每3学时授予1学分，每天按6学时计算；省级继续医学教育项目按每6学时授予1学分，每天按8学时计算。每个项目不超过10学分。

3. 网上申报后，将打印的"国家级继续医学教育项目申报表"（一式三份）、"江苏省级继续医学教育项目申报表"（一式二份）按照规定时间交至教育处，医院将组织专家进行初审。

4. 通过医院专家初审的项目才能作为正式申报的项目上报江苏省继续医学教育委员会。

（四）项目实施管理

1. 项目负责人提前一个月将项目举办通知送至教育处。

2. 如需医院计财处收取项目费用，应提前两周到教育处和计财处办理相关手续。交费学员超过50人时，可联系计财处派专人现场收费。

3. 如需申领学分证书，应提前两周将项目举办通知、详细日程安排、初步学员名单各一份，到教育处办理申领手续。教育处将按规定向主管部门申请购买学分证书，主管部门将按照项目实际举办期限审定学分数，同时按照学员名册人数审批发证数量。学分证书需在教育处统一打印、加盖印章后方可领取。

4. 项目举办结束后两周内，及时将项目执行情况汇报表、项目总结、日程安排表、考试试题、培训教材、学员名册等资料进行网上上报，相关资料完整上报后，方可结算项目费用。当年未举办的继续医学教育项目视为自动取消，凡未按要求报送执行情况汇报表和备案表的项目，下一年度主管部门将不再公布。

5. 建立继续医学教育项目评估制度。项目举办结束后两周内，及时按实际情况填报"医院继续医学教育项目执行信息表"。每年抽取20%的项目进行现场督查，其中江苏省继续医学教育委员会督查10%，医院督查10%。督查的主要内容有：是否按照申报的学时和内容举办，教师更换情况，是否规范地授予学员学分，学员现场调查等。对不能按计划实施的继续医学教育项目、不能规范授予学分证书的科室，暂停或取消其举办继续医学教育项目的资格。

6. 建立继续医学教育项目表彰制度。医院以项目评估结果为依据，遴选优秀的项目给予表彰和奖励。

7. 异地举办继续教育项目，需填写"外省异地举办继续医学教育项目备案表"，在项目举办前2周连同办班通知、日程安排表等相关材料报省卫生计生委科技教育处、省继续医学教育委员会备案，同时报举办地省级继续医学教育委员会备案。

（五）项目经费管理

1. 继续医学教育项目经费使用原则：专款专用，自收自支，量入而出，自负盈亏。

2. 继续医学教育项目经费使用必须符合国家、江苏省、医院有关财务制度和本管理办法的规定。

3. 继续医学教育项目经费主要支出项目和要求如下：

（1）为举办继续医学教育项目而发生的直接支出，如交通费、住宿费、餐费、场租费、材料费、邮寄费、印刷费等，此部分需提供规范的原始凭证。

（2）授课老师讲课费、相关人员劳务费，此部分不超过总收入的50%，需提供领款人身份证件号码和签字，本院职工由医院代扣代缴5%个人所得税。

（3）学分证书费，按实际领取数提交医院。

（4）医院管理费，按总收入的2%提交医院。

4. 所有捐赠统一按照《江苏省妇幼保健院接受社会捐赠管理办法》（院发〔2008〕143号）办理。

二、继续医学教育学分管理

（一）继续医学教育对象

继续医学教育对象为医院各级各类卫生技术人员和行政管理人员。

（二）学分要求

继续医学教育实行学分制管理。具有中级及以上专业技术职务的卫生技术人员，每年参加继续医学教育活动所获得的学分数不少于25学分，其中Ⅰ类学分不少于10学分，Ⅱ类学分不少于15学分，Ⅰ类、Ⅱ类学分不可互相替代。初级专业技术职务的卫生专业技术人员和各级行政管理人员，每年获得的学分数不少于15学分，Ⅰ类或Ⅱ类学分均可。每位继续医学教育对象每年获得的远程继续医学教育学分数不超过10学分（包括Ⅰ类、Ⅱ类学分）；5年内必须获得国家级继续医学教育项目Ⅰ类学分10学分。

（三）学分分类

按照继续医学教育活动的性质、内容和学时授予学分。学分分为Ⅰ类学分和Ⅱ类学分。

Ⅰ类学分：

1. 国家级继续医学教育项目

（1）经全国继续医学教育委员会评审、批准和公布的项目。

（2）国家级继续医学教育基地申报，由全国继续医学教育委员会公布的项目。

2. 省级继续医学教育项目

（1）经江苏省继续医学教育委员会评审、批准和公布的项目。

（2）省级继续医学教育基地申报，由江苏省继续医学教育委员会批准、公布的项目。

（3）经江苏省继续医学教育委员会认定，由中华医学会、中华口腔医学会、中华预防医学会、中华护理学会、中国医院协会、中国医师协会等指定社团在江苏省举办的非国家级继续医学教育项目。

3. 推广项目

适应基层卫生专业技术人员培训、卫生突发事件应急培训，以及面向全体在职卫生人员开展的培训需要，由国家卫生计生委或江苏省卫生计生委组织和批准的项目（含远程医学教育项目）。

Ⅱ类学分：

1. 市级继续医学教育项目。
2. 医疗卫生机构和省级学术团体组织的学术活动。
3. 自学、发表论文、科研立项、医院和科室组织的学术活动等其他形式的继续医学教育活动。

（四）学分授予标准

Ⅰ类学分：

1. 参加国家级继续医学教育项目学习，经考核合格者，按3小时授予1学分；主讲人每小时授予2学分。每个项目所授学分数最高不超过10学分。

2. 参加省级继续医学教育项目学习，经考核合格者，按6小时授予1学分；主讲人每小时授予1学分。每个项目所授学分数最高不超过10学分。

3. 参加以学术会议、研讨会等形式申报的省级继续医学教育项目学习，经考核合格者，按6小时授予1学分。每个项目所授学分数最高不超过3学分。

Ⅱ类学分：

由医院教育处负责审核，按照以下标准授予相应的学分。

1. 医院组织的学术报告、专题讲座、多科室组织的疑难病例讨论会、技术操作示教、手术示范、新技术推广等继续医学教育活动，每次授予主讲人2学分，授予参加者0.5学分。每年最高不超过10学分。

2. 科室组织的学术报告、专题讲座、疑难病例讨论会、技术操作示教、手术示范、新技术推广等继续医学教育活动，每次授予主讲人1学分，授予参加者0.2学分。每年最高不超过10学分。

3. 参加市级继续医学教育项目学习，经考核合格者，每3小时授予1学分；主讲人每小时授予2学分。

4. 由医院组织或经本科室科室主任同意后，自学与本学科专业有关的知识，应有明确目标和学习计划。学习后写出综述并经认可，每2 000字授予1学分。每年最高不超过5学分。

5. 学习由全国、省级继续医学教育委员会制定或指定的杂志、音像等形式的自学资料，经考核认可，按委员会规定的学分标准授予学分。

6. 在有统一刊号（ISSN、CN）的期刊发表论文和综述，按期刊类别授予学分，并按作者排序第1至第3作者依次递减1学分，通信作者授予学分等同第1作者：科学引文索引（SCI）、工程索引（EI）、科学技术会议录索引（ISTP）收录的期刊（10～8学分）；核心期刊（8～6学分）；非核心期刊（6～4学分）；无统一刊号的内部期刊（3～1学分）。

7. 已批准的科研项目，在立项当年按以下类别授予学分，并按课题组成员排序第1至第5名依次递减1学分：国家级课题（10～6学分）；省、部级课题（8～4学分）；市、厅级课题（6～2学分）。

8. 有标准书号（ISBN）的医学著作，每编写1 000字授予1学分；出国考察报告和国内专题调研报告，每3 000字授予1学分；发表医学译文，每1 500汉字授予1学分。

9. 出版国家、省、市级继续医学教育项目的视听教材，放映时间每 10 分钟授予 1 学分。每年最高不超过 5 学分。

10. 参加远程继续医学教育Ⅱ类学分项目学习，经考核合格，按课件的学时数每 3 小时授予 1 学分。每个项目最高不超过 5 学分。

其他：

1. 经医院批准，公派出国（境）留学和国内进修的人员，6 个月及以上者，经考核合格，视为完成每年规定的学分数；6 个月以下者，经考核合格，每月授予Ⅰ类 2 学分、Ⅱ类 3 学分。

2. 执行援疆、援藏、援外医疗任务和卫生支农任务的人员，应积极参加当地有关单位组织的继续医学教育活动。工作满 6 个月者，视为完成每年规定的学分数；6 个月以下者，每月授予Ⅰ类 2 学分、Ⅱ类 3 学分。

（五）学分登记、审核和效用

1. 学分登记

每个科室设 1 名学分登记员，负责登记学分。科室每位人员参加继续医学教育活动后，将所获学分证明原件交给科室学分登记员，由科室学分登记员初步审核后，将学分情况按人员录入医院继续医学教育学分管理系统。

2. 学分审核

科室学分登记员完成学分录入后，于每年 12 月 25 日前，携带每位人员的学分证明原件，至医院教育处审核。审核后，再将每人的年度学分情况转登到《科室继续医学教育学分登记本》和《专业技术人员继续教育证书》。

3. 学分效用

医院将职工继续医学教育学分达标情况作为晋升和聘任专业技术职务、考核和职业再教育的必备条件之一。凡继续医学教育学分未达标者，不得晋升和聘任专业技术职务，年度考核不能评为优秀等次，不得申请公派出国（境）留学、国内进修和报考研究生等。

三、附则

本管理办法自发布之日起执行。凡医院以往规定中有与本管理办法不一致之处，按本管理办法执行。本管理办法由教育处负责解释。

第十一节　绩效考核办法

基建办绩效考核办法

根据医院年度考核的总体要求和基建办的考核标准，经过科室管理小组讨论，结合科室实际情况，对年度年终考核细则规定如下：

一、工作实绩考核（满分 60 分）

其中 50 分按照全年工作量统计评分。

按照个人完成工作占平均工作量的比例进行评分。科室平均工作量以个人日常工作和科室周计划工作安排的完成情况进行综合评定，包括工作类型和相应系数以及科室工作安排的重要等级，其比例分配为个人日常工作占 60%，科室工作安排完成情况占 40%。

完成平均工作量 120% 及以上的，得 50 分；

完成平均工作量 110% 的，得 $50 \times 0.9 = 45$ 分；

完成平均工作量 100% 的，得 $50 \times 0.8 = 40$ 分；

以下类推。

其中 6 分按照全年工作中完成质量进行评分，采取倒扣方式。

有被投诉并查实有工作失误的，一次扣 2 分；

工作中有因工作失误造成设施设备损坏、建设工程中断等影响的，一次扣 4 分；

被科室及以上部门扣除奖金处罚的，一次扣 4 分；

被查到缺勤脱岗等情况的，一次扣 4 分。

其中 4 分按照全年参加科室会议、岗位培训、业务学习、证件复审等情况进行评分，采取倒扣方式。

医院、科室组织业务学习应参加而未参加的，一次扣 2 分；

岗位培训、证件复审应参加而未参加或参加未获得通过的，一次扣 2 分；

科室例会应参加而未参加的，一次扣 1 分。

二、民主测评（满分 40 分）

根据全科人员相互民主测评后的个人平均分作为最后得分，0 分或 40 分为无效测评。

三、评优

科室管理小组根据个人考评表最后得分排名和全年个人实际工作表现进行综合评定，按照医院分配优秀名额进行评优。

四、公示

全科人员按全年工作量进行科室排名，民主测评前公示，评优完成后最后个人得分排名及优秀人员名单进行公示。

第十二节 工作总结制度

基建办工作总结制度

一、目的

为了更好地督促各项工作按期完成，做到有始有终，促使个人和科室不断自我总结提高，做到事事有计划、有落实、有总结并能持续改进，使科室工作通过不断总结得失经验进入良性循环逐步提高。同时要求科室上下及时沟通信息、团结协作，特制定本制度。

二、科室管理工作总结

总结汇报内容主要为个人负责工作的进展情况；领导分配的临时性工作完成情况；各项目标实施情况及存在的问题，对工作的看法及建议；出差学习培训情况；其他需要汇报的内容。总结分为以下四类。

（一）每日工作总结

科室人员每天总结当天工作内容、计划完成情况、重大事件等记录在"工作量记录汇总表"（或信息化管理平台上建设方日报），并由科室主任助理汇总。

（二）每周工作总结

1. 科室人员应在每周一前，对上周工作完成情况、重大工作事项的进展状况进行总结，并提出下周工作计划。
2. 每周一科室行政例会上进行个人工作总结汇报，并作为科室个人绩效考核依据。
3. 科室月度工作总结及工作计划由科室主任助理汇总完成，并交科室主任审核上交党院办。

（三）每季度工作总结

科室主任助理应在每季度末，对科室本季度工作完成情况、重大工作事项的进展状况进行总结，并根据科室主任要求提出下季度工作计划。另整理季度工作简报，交科室主任审核后上交党院办。

（四）年终工作总结

科室年终总结由科室主任助理整理并交科室主任，在科室年终总结例会上以PPT形式予以汇报交流，交分管院长审核后上交党院办。

三、工程项目工作总结

每一个工程项目完成后，由项目负责人对该项目前期准备、项目意义、预计目标、主要过程、重点难点、解决措施、经验得失、达到效果、经济效益分析等进行全面总结。每月对上月已完成工程进行总结，总结内容应在季/年度总结会上通报，总结报告作为项目负责人的考核指标之一。

项目负责人还应要求项目总监对工程项目进行工作总结。

以上各项总结均需汇总至科室主任助理处保存备案（含电子档）。

第十三节　办公室文件管理制度

基建办公室文件管理制度

文件编码：JSFY-JJB-GL-ZD-001-01（范例）

一、总则

本管理规定用于管理过程中涉及的所有文件，包括内部文件和外来文件，由档案管理人员对文件进行质量控制以确保各类文件的适宜、有效和易于识别。

二、文件的分类与编码

文件的分类主要分为管理性文件、技术性文件、事务性文件、其他资料文件，为便于文件的识别、管理、查询，所有文件均需按既定的编码规则进行编码。

三、文书格式

各类文书格式按照通行规范要求执行。

四、文件管理的要求

1. 科室档案管理人员按照文件设计与编码规则，保证所有文件按统一格式制定。

2. 初稿确定先由部门负责人审签保证文件的完整性、逻辑性、清晰程度，通过审核的文件，如有必要报分管院领导审批签字生效。文件一经签发，即具有效力。

3. 由专人负责相关文件的抄送及发放，确保文件发放到位，并建立发放记录，注明受控状态。

4. 文件归档与保存完整，纸质及电子版文件均需留存，以便年底统一装订。

5. 由施工单位提交的文件如工程联系单等均需按照文件编码规则执行，否则退回修正后方可再次提交。

6. 文件修订的申请、编写、审核、批准和发放程序与该文件的原编写、审核、批准和发放程序一致，修订文件批准后，旧版本即行废止。

7. 经批准作废的文件，通知相关单位，收回作废文件。

五、文件分类编码规则

为便于各类文件的识别、管理和查询，所有文件均需编码，编码规则和要求如下：

（一）编码规则

文件编码由医院简称-文件编写部门或牵头部门简称-文件一级分类编码-文件二级分类编码（-文件三级分类编码）-流水号-年号或版本号组成。

"-"为半角短横线。流水号由三位数字组成，从001开始编写；版本号由两位数字组成，从01开始编写；年号需写全，如2020。纪要、通知等没有延续性的文件一般使用年号，规章制度、质量手册等有延续性的文件一般使用版本号。

文件三级分类编码根据实际需要情况使用，编码由文件编写部门自定义，用大写英文字母。

（二）医院简称和处、科、室简称

1. 江苏省妇幼保健院为JSFY。

2. 各处、科、室简称同OA中代码，均用大写字母，如基建办为JJB。

（三）文件分类编码

1. 一级分类与编码

管理性文件为GL，技术性文件为JS，事务性文件为SW，资料类文件为ZL。

2. 二级分类与编码

制度ZD，规定为GD，办法为BF，决定为JD，通知为TZ，请示为QS，报告为BG，记录为JL，预案为 YA，流程（规范、规程）为 LC，纪要为 JY，规则为 GZ，接待计划为 JDJH 等。

3. 三级分类与编码

（1）纪要类

院长书记联席会为 LXH，院早会为 YZH，行政例会为 XZLH，院长办公会为 YZBGH，项目例会（项目名称简写字母）。

（2）其他

4. 工程专业性文件编码

（1）工程联系单

建设单位发文：C.0.11－年份后两位数＋月份（两位数，不足前置补 0）＋流水号（三位数，不足前置补 0）。

监理单位发文：C.0.12－年份后两位数＋月份（两位数，不足前置补 0）＋流水号（三位数，不足前置补 0）。

施工单位发文：C.0.13－年份后两位数＋月份（两位数，不足前置补 0）＋流水号（三位数，不足前置补 0）。

注：各单位编制的各类文件除前缀改变外，其余均参照以上编码规则，前缀编号见表 4-1。

表 4-1 编码规则表

编号	名称	编号	名称
A.0.1	总监任命书	B.0.1	施工组织设计及施工方案报审表
A.0.2	监理日志	B.0.2	工程开工报审表
A.0.3	监理规划	B.0.3	施工现场质量、安全生产管理体系
A.0.4	监理实施细则	B.0.4	分包单位资质报审表
A.0.5	工程开工令	B.1.1	施工试验室报审表
A.0.6	旁站记录表	B.1.2	施工控制测量成果报验表
A.0.7	会议纪要	B.1.3	工程材料、构配件、设备报审表
A.0.8	监理月报	B.1.4	工程质量报验表
A.0.9	工程款支付证书	B.1.5	混凝土浇筑报审表
A.0.10	监理通知单	B.1.6	分部（子分部）工程报验表
A.0.11	工程暂停令	B.2.1	工程计量报审表
A.0.12	工程复工令	B.2.2	费用索赔报审表
A.0.13	监理备忘录	B.2.3	工程款支付报审表
A.0.14	监理报告	B.3.1	施工进度计划报审表
A.0.15	工程质量评估报告	B.3.2	施工临时最终延期报审表
A.0.16	监理工作总结	B.4.1	施工超重机械设备安装事宜拆卸报审表
A.0.17	工程监理资料移交单	B.5.1	监理通知回复单
C.0.1	工程联系单	B.5.2	工程复工报审表
C.0.2	工程变更单	B.5.3	单位工程竣工验收报审表
C.0.3	索赔意向通知书	B.5.4	施工单位通用报审表

其中，A.0.10 监理通知单分质量控制类（A.0.101），造价控制类（A.0.102），进度控制类（A.0.103），安全文明类（A.0.104），工程变更类（A.0.105），其他类（A.0.106）。

（2）合同

JSFY-JJB-JS-HT-项目楼号/项目名称-此项目分类流水号（分楼编号，三位数，不足前置补0）-年份。

（3）签证单/报价单/核价单/技术核定单

申请单位名称（单位字母缩拼，字母大写）-QZ/BJ/HJ/JSHD-该项目流水号（三位数，不足前置补0）。

（4）工程申请表

JSFY-JJB-JS-GCSQ-流水号（三位数，不足前置补0）-年份。

（四）事例

例1 基建制定的《文件管理制度》，第一版。

JSFY-JJB-GL-ZD-001-01

例2 2020年科室例会纪要，第5期。

JSFY-JJB-SW-JY-005-2020

例3 工程联系单（基建办2020.2.20流水号为823的发文）。

C.0.11-2002823

工程联系单（施工单位2019.12.20流水号为55发文）。

C.0.13-1912055

监理通知单（监理单位2020.1.16流水号为66的发文，安全文明类）。

A.0.104-2001066

例4 合同（2号楼改造项目分类下合计的第12份合同，于2020年签订）。

JSFY-JJB-JS-HT-2#-012-2020

例5 签证单/报价单/核价单。

（1）某室内装饰单位报送2号楼改造项目的第二份签证单（如有2个项目，分项目进行编号，严禁混用，在表单的项目名称里一栏中写清楚是哪个项目）。

HLMD-QZ-002

（2）某机电安装单位报送2号楼改造项目的第三份技术核定单。

NTSJ-JSHD-003

例6 工程申请表（流水号为第202份的工程申请表，于2020年申请）。

JSFY-JJB-JS-GCSQ-202-2020

（五）编码位置

文件编码放置于文件标题右下方，前面标注"文件编码："字样，与标题之间不空行；文件编码与版心右侧之间不空格（事例见本制度）。

第十四节　投诉处理制度

基建办投诉处理制度

一、管理标准
1. 实行"首诉负责制",受理投诉耐心,处理投诉及时。
2. 做好接待处理记录,必要时限时回访,了解投诉人对处理结果的反馈内容。

二、处理投诉工作流程
1. 科室人员接到投诉人投诉或其他部门转投诉后,做好投诉记录登记,如有书面的投诉,一般应在3个工作日内向投诉人反馈相关处理意见。
2. 基建办相关项目负责人根据投诉内容进行核实之后通知相关单位限期解决,特殊情况应向科室主任或分管院领导汇报。
3. 如为较严重且属实的投诉,应及时向科室主任汇报,由科室主任组织相关人员进行检讨,认真分析投诉产生的原因,落实解决措施及责任人,限期处理,并举一反三,规范行为、优化流程、完善制度。
4. 建设相关单位在处理完投诉事宜后,要迅速将处理结果报基建办,由基建办相关项目负责人安排回访。
5. 投诉处理完毕后基建办处理投诉的项目负责人填写处理结果,并由解决单位的负责人签字认可,投诉人对处理结果表示满意或基本满意可以结案。
6. 对投诉人的恶意投诉,做到坚持原则并耐心解释,投诉人如采取过激或违法行为,应及时向保卫处反映,采取有效措施。
7. 投诉记录单由基建办主任助理进行统一存档管理。

三、投诉规避
1. 科室全员应明确投诉人的权利义务,科室人员要严于律己,规范行为,提高管理效率,有效减少投诉,减少对工作不必要的干扰。
2. 对投诉人姓名、工作单位、家庭地址及联系电话等有关信息及投诉的内容严格保密,投诉材料不准私自摘抄。
3. 经常开展反馈调查,了解信息,及时发现问题解决问题。

四、投诉受理
1. 接到投诉后详尽记录投诉人姓名、投诉事项、联系方式、投诉内容及联系电话并核实相关信息。
2. 耐心听取投诉人的投诉,禁止以任何理由或借口推卸责任。即使错误在投诉人本身,亦不可态度恶劣,防止矛盾激化,应耐心如实记下投诉内容。
3. 对于投诉人的投诉,能当场作出解释的应当场给投诉人解决,若不能马上处理的应记下投诉人的姓名、事项内容、投诉对象以及投诉人的联系方法,以便及时反馈结果。

4. 应诚心感谢投诉人指出的不足之处及建议,对投诉进行相关处理并报上级领导审批。

5. 对于某个人违纪的投诉,应详细登记投诉的事件经过、证明人以及证物、投诉人的联系电话。按实际情况转医院有关部门处理。

6. 投诉处理完毕后致电或走访投诉人,询问其对处理结果是否满意,并再次感谢其对我们工作的帮助。

五、投诉人投诉处理流程

投诉人投诉处理流程如图4-3所示。

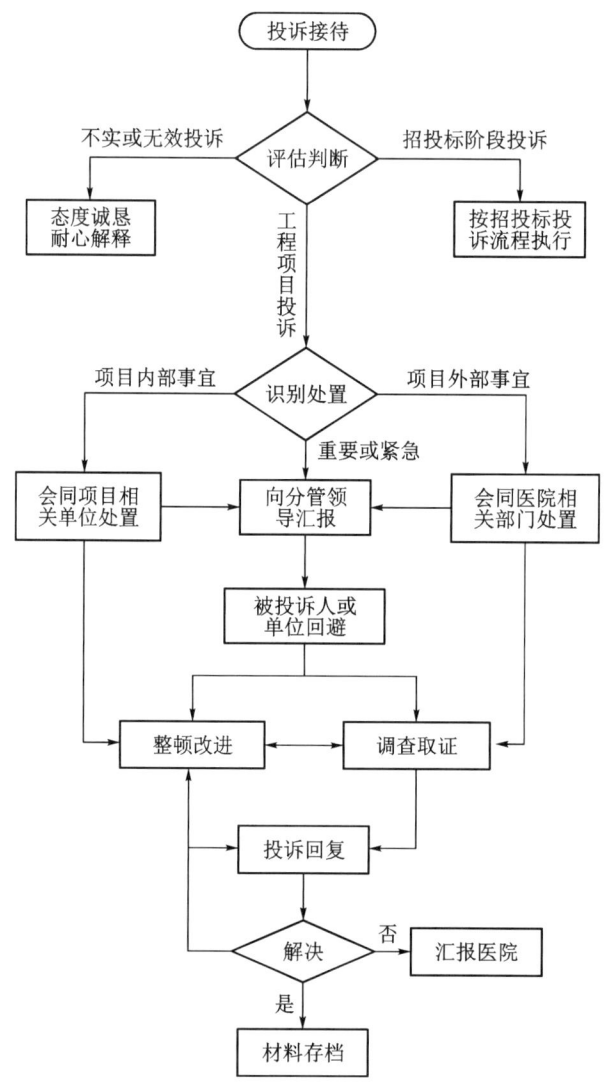

图4-3 投诉人投诉处理流程

第十五节　等级医院评审要求及解读

江苏省三级综合医院评审标准实施细则（2017 版）摘要

第六章　医院管理

6.9　后勤保障管理

评审标准	评审要点
6.9.10　基本建设规划管理和制度建设	
6.9.10.1 医院基本建设有经过论证和政府或上级主管部门批准的总体规划，总体规划正在计划实施中达到等级：A	【C】 1. 医院基本建设总体规划符合医院发展思路和发展目标； 2. 医院总体规划经过各方面专家论证并切实可行。 材料目录： 1. 江苏省妇幼保健院基本建设发展规划初步总体方案； 2. 江苏省妇幼保健院"十二五"发展规划； 3. 江苏省妇幼保健院"十三五"发展规划纲要； 4. 江苏省妇幼保健院"十二五"规划院内专家研讨会纪要（2011-08-09）； 5. 江苏省妇幼保健院"十二五"总体规划专家认证会纪要（2011-08-23）； 6. 江苏省妇幼保健院"十二五"规划职代会审议纪录（2011-03-13）； 7. 江苏省妇幼保健院"十二五"规划老领导老专家座谈会纪要（2011-01-26）； 8. 江苏省妇幼保健院扩建项目建议书编号 JECC2012-JY-0105B； 9. 江苏省妇幼保健院扩建项目可行性研究报告编号 JECC2013-KY-0409B 详见 C2； 10. 江苏省妇幼保健院住院综合楼规划设计和方案设计（J04Z-173-1~2）； 11. 总平面规划方案布局图南京市规划局建设工程设计方案审定通知书（河西 20040300JF01）； 12. 关于成立医院扩建一期项目稳定风险评估与应急管理领导工作小组的通知（苏妇幼中心〔2013〕11 号）； 13. 关于紧急申请江苏省妇幼保健院 10 kV 双电源进线工程江东北路过定淮门段挖掘的专家论证会内容； 14. 江苏省妇幼保健院扩建（一期工程）住院综合楼项目规划设计方案专家咨询会会议纪要（第〔2013〕83 号）； 15. 江苏省妇幼保健院扩建一期工程（住院综合楼）社会稳定风险评估专家论证会会议纪要； 16.《江苏省妇幼保健院交通影响评价》会议纪要； 17. 关于江苏省妇幼保健院与南京鸿泰房地产有限公司施工期间友好配合专题讨论会 【B】符合"C"，并 医院基本建设总体规划得到政府或上级主管部门的批准。 材料目录： 1. 关于申请调整江苏省妇幼保健院住院综合楼扩建方案的请示（苏妇幼中心〔2011〕11 号）； 2. 省卫生厅关于申请江苏省妇幼保健院扩建工程立项的函（苏卫规财〔2011〕116 号）； 3. 省发展改革委关于省妇幼保健院扩建一期工程项目建议书的批复（苏发改投资发〔2012〕1729 号）； 4. 转发省发改委关于省妇幼保健院扩建一期工程可行性研究报告批复的通知（苏卫规财〔2013〕83 号）； 5. 省发改委关于省妇幼保健院扩建一期工程可行性研究报告的批复（苏发改投资发〔2013〕1466 号）；

(续表)

评审标准	评审要点
6.9.10.1 医院基本建设有经过论证和政府或上级主管部门批准的总体规划，总体规划正在计划实施中 达到等级：A	6. 南京环境保护局关于省妇幼保健院扩建一期工程环境影响报告书的批复（宁环建〔2013〕79号）； 7. 关于申请批准江苏省妇幼保健院扩建一期工程初步设计方案及概算的请示（苏妇幼〔2014〕8号）； 8. 省发展改革委关于编报2015年省重大项目投资计划和"十三五"省重大项目规划的通知（苏发改投资发〔2014〕995号）； 9. 省卫计委关于申请调整江苏省妇幼保健院扩建一期工程初步设计方案及概算的函〔2016〕39号； 10. 省发改委关于省妇幼保健院扩建一期工程初步设计方案及概算的批复的通知（苏卫规划〔2017〕49号）； 11. 江苏省发展改革委关于转下达卫生领域2017年中央预算内投资计划的通知（苏发改投资发〔2017〕470号）； 12. 省发改委关于省妇幼保健院扩建一期工程初步设计方案及概算的批复（苏发改投资发〔2017〕1372号）； 13. 省发展改革委关于省妇幼保健院门急诊广场地下立体车库项目建议书的批复（苏发改投资发〔2019〕321号）； 14. 省卫生健康委关于报送江苏省妇幼保健院扩建一期门急诊地下立体车库项目建议书的函（苏卫规划〔2019〕16号）； 15. 转省发展改革省妇幼保健院门急诊广场地下立体车库项目建议书的批复的通知（苏卫规划〔2019〕21号）； 16. 省卫生健康委关于报送江苏省妇幼保健院门急诊前地下停车库项目可行性报告的函（苏卫规划〔2019〕37号）； 17. 省发展改革委关于省妇幼保健院门急诊前地下停车库项目可行性报告的批复（苏发改投资发〔2019〕807号）
	【A】符合"B"，并 医院在建基本建设项目符合总体规划。 材料目录： 1. 关于江苏省妇幼保健院扩建一期建设用地批准书（南京〔2013〕宁地管字第116号）； 2. 关于江苏省妇幼保健院扩建一期工程南京市规划局建设工程规划审查意见通知书（宁规审查〔2013〕01640号）； 3. 江苏省妇幼保健院建建设用地规划设计要点控制红线图； 4. 中华人民共和国建设用地规划许可证（地字第320106201310321号）； 5. 中华人民共和国建设工程规划许可证（建字第320106201410175号）； 6. 中华人民共和国建设工程规划许可证（建字第320106201421279号）； 7. 中华人民共和国建筑工程施工许可证（建字第320106201510041号）； 8. 中华人民共和国建设工程规划许可证（建字第320106201520042号）； 9. 中华人民共和国建筑工程施工许可证（320106201704250103号）； 10. 中华人民共和国建筑工程施工许可证（320100020150059号）； 11. 中华人民共和国建筑工程施工许可证（320100020150114号）； 12. 中华人民共和国建筑工程施工许可证（320100020140155号）； 13. 关于省妇幼保健院门急诊地下车库项目地铁保护事宜征求地铁意见的复函（宁地铁函〔2018〕946号）； 14. 中华人民共和国土地使用证（宁鼓国用〔99〕18690号）； 15. 中华人民共和国土地使用证（宁鼓国用〔2010〕07920号）； 16. 中华人民共和国土地使用证（宁鼓国用〔2014〕01788号）

评审标准	评审要点
6.9.10.2 基本建设管理组织机构健全，规章制度完善，管理职责明确达到等级：A	【C】 1. 基本建设管理组织机构健全，有完善的规章制度，基建管理岗位明确，分工合理； 2. 基建管理人员熟悉医院基本情况，掌握基本建设程序和相关规定。 材料目录： 1. 关于成立医院扩建一期项目稳定风险评估与应急管理领导工作小组的通知（苏妇幼中心〔2013〕11号）； 2. 省发展改革委《关于江苏省妇幼保健院扩建一期工程项目建议书的请复》批复（苏发改投资发〔2012〕1729号）； 3. 关于通报江苏省妇幼保健院扩建工程代建模式下机构设置和人员任命书； 4. 江苏省妇幼保健院扩建工程项目管理制度（基建办管理手册）； 5. 江苏省妇幼保健院基建办公室管理制度（基建办管理手册）； 6. 基建办公室廉政工作守则（基建办管理手册）； 7. 江苏省妇幼保健院基建财务管理规定； 8. 江苏省妇幼保健院基建审计管理规定； 9. 江苏省妇幼保健院扩建工程招标管理工作办法（基建管办理手册）； 10. 江苏省妇幼保健院员工岗位职责与履职要求（基建办管理手册）； 11. 江苏省妇幼保健院基建办公室工作职责； 12. 江苏省妇幼保健院规章制度汇编； 13. 江苏省妇幼保健院工程管理质量体系文件（基建办管理手册）； 14. 江苏省妇幼保健院各栋楼基本建筑参数
	【B】符合"C"，并 1. 基本建设管理人员有定期学习和培训活动； 2. 根据建设项目情况，有持续和建设项目使用科室沟通，征求意见，使项目设计更合理，更优化。 材料目录： 1. 江苏档案管理规范化标准化培训班报名回执表及证书； 2. 基建办科室业务学习； 3. 关于举办国家级继续教育项目《BIM在医院建设运维中的应用》的通知； 4. 江苏省妇幼保健扩建一期工程参建团队论文汇编； 5. 《医院建设BIM应用与管理》专著； 6. 员工院外培训学分证书（2016—2018）； 7. 江苏省妇幼保健院住院综合楼项目基建办工程项目考核表（2016—2018）； 8. 建筑平面图（住院综合楼、康馨楼、2号楼改造与临床沟通各科签字确认）； 9. 江苏省妇幼保健院扩建工程住院综合楼设计交底记录； 10. 使用单位签字确认的江苏省妇幼保健院扩建工程住院综合楼施工图； 11. 江苏省建设工程施工图设计变更审查合格书（HG-SJBG-FJ-2015-290）； 12. 江苏省妇幼保健院工程建设招标计划； 13. 江苏省妇幼保健院门急诊地下车库、二期建设的设计任务书； 14. 图纸专业深化设计会议纪要（2016—2018会议纪要册子）； 15. 2号楼改造4—7层布局讨论会会议纪要（2018-06-27）； 16. 2号楼改造九层实验室深化设计讨论会会议纪要（2018-09-20）； 17. 2号楼改造屋面需求讨论会会议纪要（2019-03-18）

(续表)

评审标准	评审要点
6.9.10.2 基本建设管理组织机构健全，规章制度完善，管理职责明确达到等级：A	【A】符合"B"，并 1. 有定期检查基本建设程序和招投标工作执行情况，并做出评估； 2. 有对基本建设主要工作开展追踪和持续改进。 材料目录： 1. 上海建伟/江苏圣典律师事务所合作月度报告、总结报告； 2. 住院综合楼工程管理例会会议纪要（2016—2019）； 3. 住院综合楼工程联系函（2016—2019）； 4. 住院综合楼工程建设工作周报和月报（2016—2019）； 5. 施工巡查和验收情况记录（2016—2019）； 6. 江苏省妇幼保健院住院综合楼自查情况 PDCA 报告； 7. 住院综合楼总务开办联系单、建议整改情况的反馈； 8. 江苏省妇幼保健院改造工程调查表及回访问题汇总

江苏省三级妇幼保健医院评审标准实施细则（2017 版）摘要

1.2 建设规模、功能和任务符合区域卫生规划

评审标准	评审要点
1.2.2 依据功能任务，确定本院发展目标和中长期发展规划。有科学的总体发展建设规划并经相关部门批准	
1.2.2.3 总体发展建设规划经相关部门批准	【C】 1. 有本院总体发展建设规划并经相关部门批准； 2. 按国家法律、法规及相关规章组织实施基本建设项目、在建项目及大型维修项目。 材料目录： 1. 江苏省妇幼保健院扩建项目建议书编号 JECC2012-JY-0105B； 2. 江苏省妇幼保健院扩建项目可行性研究报告编号 JECC2013-KY-0409B； 3. 省卫生厅关于申请江苏省妇幼保健院扩建工程立项的函； 4. 省发改委关于省妇幼保健院扩建一期工程项目建议书的批复； 5. 省国土资源厅关于省妇幼扩建一期工程项目用地的预审意见； 6. 省发改委关于省妇幼保健院扩建一期工程可行性研究报告批复的通知 2 份； 7. 南京环境保护局关于省妇幼保健院扩建一期工程环境影响报告书的批复； 8. 省卫计委关于省妇幼保健院门急诊广场地下立体车库申请立项的函； 9. 关于省妇幼保健院门急诊广场地下立体车库申请立项的请示； 10. 省发改委关于省妇幼保健院扩建一期工程初步设计的批复； 11. 省发改委关于省妇幼保健院住院综合楼项目概算审查意见； 12. 建设工程许可证 4 份； 13. 省发改委关于省妇幼保健院扩建一期工程初步设计方案及概算的批复； 14. 医院洁净手术部建筑技术规范； 15. 妇幼健康服务机构建设标准； 16. 综合性医院建筑设计规范； 17. 医疗机构水排污物排放标准； 18. 医院重症监护病房基本标准； 19. 卫计委关于印发《新生儿病房建设与管理指南（试行）》的通知卫医政发〔2009〕123 号； 20. 卫计委关于印发《医学检验所基本标准（试行）》的通知卫医政发〔2009〕119 号； 21. 电子信息系统机房施工及验收规范 GB50462—2008；

(续表)

评审标准	评审要点
1.2.2.3 总体发展建设规划经相关部门批准	22. 放射治疗机房的辐射屏蔽规范铜-252中子后装放射治疗机房 GBZ/T2014—2015； 23. 江苏省城市规划管理技术规定（2011年版）； 24. 发改委关于印发《全民健康保障工程建设规划》的通知； 25.《中国医院建设行业相关法律法规汇编》目录； 26. 江苏省妇幼保健院基建办工作管理手册、医院管理规定 【B】符合"C"，并 1. 总体发展建设规划与本院发展规划相符； 2. 各建设项目档案完整。 材料目录： 1. 省妇幼"十二五"规划院内专家研讨会纪要； 2. 省妇幼"十二五"发展规划； 3. 江苏省妇幼保健院扩建项目可行性研究报告编号 JECC2013-KY-0409B 详见 C2； 4. 省妇幼"十三五"发展规划； 5. 省妇幼基建档案资料目录 【A】符合"B"，并 加强基本建设全程监督管理，重大项目实行第三方审计，接受有关部门监督，未发现被查实的违规、违纪、违法案件。 材料目录： 1. 住院综合楼纳入省招办全程监管的请示； 2. 跟踪审计合同； 3. 跟踪审计进度款审核意见书； 4. 住院综合楼工程付款申请表，经院内审计审核； 5. 变更签证汇总表（土石方开挖过程）； 6. 财审的请示、财审的批复； 7. 廉政协议书； 8. 未发现相关案件的情况说明

1.2.2.4
建筑符合国家建设标准和消防规范，满足规模适宜、功能完善、布局合理、流程科学、环保节能、安全运行的要求
	【C】
	1. 建筑符合国家建设标准和消防规范；
	2. 建筑满足医院感染管理和医疗保健服务流程的需要，符合卫生学要求。
	材料目录：
	1. 本院建设符合综合性医院建筑规范和妇幼健康服务机构建设标准（见1.2.2.3C）；
	2. 江苏省建筑工程施工图设计文件审查合格书 HG-JK-2013-097（基坑支护）；
	3. 江苏省建筑工程施工图设计变更审查合格书 HG-SJBG-JK-2014-087（基坑变更）；
	4. 江苏省建筑工程施工图设计文件审查合格书 HG-JK-2014-063（基础）；
	5. 江苏省房屋建筑和市政基础设施工程图设计文件审查合格书，
	   编号 10011-2014-362（桥梁工程）；
	6. 江苏省房屋建筑和市政基础设施工程图设计文件审查合格书，
	   编号 10011-2014-415（施工图设计文件）；
	7. 江苏省房屋建筑和市政基础设施工程图设计文件审查合格书，
	   编号 10011-2016-0320（施工图装修）；
	8. 江苏省建设工程设计施工图审核中心苏建图审（2014）067号关于江苏省妇幼保健院住院综合楼工程桩基础通过施工图设计技术审查的通知；
	9. 江苏省建设工程专项施工图设计文件审核合格书 HG-ZX［MQ］-2015-113（幕墙）；

(续表)

评审标准	评审要点
1.2.2.4 建筑符合国家建设标准和消防规范,满足规模适宜、功能完善、布局合理、流程科学、环保节能、安全运行的要求。	10. 江苏省建设工程专项施工图设计文件审核合格书 HG-ZX-2017-002（室外排水）； 11. 建设工程消防设计审核意见书 2015 第 0118 号、0714 号；2016 第 0030 号；2017 第 0056 号、0272 号； 12. 满足医院建筑院感染管理和医疗保健服务流程的需要，符合卫生学要求； 13. 设计图纸及基本建筑参数
	【B】符合"C"，并 所有建筑均符合消防安全要求，通过环境评估。 材料目录： 1. 建设项目环境保护审批书 1996年（老院区）； 2. 南京市公安局建筑工程消防验收意见书（99）消防字（168）号（老院区）； 3. 南京市公安局消防支队关于江苏省妇幼保健院工程防火审核意见（1996）第 57 号（老院区）； 4. 南京市公安局消防支队关于江苏省妇幼保健院工程火灾报警审核意见（1997）第 34 号（老院区）； 5. 江苏省妇幼卫生保健中心竣工验收鉴定证书（老院区）； 6. 建筑安装工程质量合格证书（老院区）； 7. 建设工程消防设计审核意见书宁公消审〔2011〕第 0150（老院区）； 8. 建设工程消防设计审核意见书宁公消审〔2012〕第 0022（老院区）； 9. 检测报告〔2012〕宁环监（室内）字第（122）号（临时医疗用房）； 10. 建设工程消防验收意见书宁字消验〔2013〕第 0243 号（临时医疗用房）； 11. 建设工程规划许可证建字第 320106201118127 号（临时医疗用房）； 12. 关于江苏省妇幼保健院扩建一期工程环境影响报告书的批复宁环建〔2013〕79 号（住院综合楼）； 13. 江苏省妇幼保健院扩建一期工程变动环境影响分析（住院综合楼）； 14. 江苏省妇幼保健院检测报告检测编号：NJDT（环）字第 2018769 号（住院综合楼）； 15. 江苏省妇幼保健院扩建一期工程项目竣工环境保护验收监测报告（住院综合楼）； 16. 江苏省妇幼保健院扩建一期工程项目竣工环境保护验收意见（住院综合楼）； 17. 江苏省妇幼保健院扩建一期工程项目公示（住院综合楼）
	【A】符合"B"，并 新建、改建、扩建的建筑体现"以妇女儿童健康为中心"的理念，满足医疗保健服务流程优化的需要，做到持续改进。 材料目录： 1. "中国最美医院"荣誉证书； 2. "中国最美医院"申报 PPT； 3. 2017 年度医院优秀管理项目表彰名单； 4. 新建、改建、扩建的进展体现"以妇女儿童健康为中心的理念"，满足医疗保健服务流程优化的需求，持续改进； 5. 新大楼环境照片及多家媒体报道资料： ① 当爱心手绘墙出现在这家医院的 66 间病房里/中国医院文化； ② 带你逛这家满满"少女心"的医院，66 间病房美得像"乐园"/《文化与健康》； ③ 被这家医院刷屏了，设计风格太大胆了/《医学界智库》； ④ 哇！这家医院的墙太"吸睛"，膜拜！/《雨林在线》； ⑤《健康报》专题报道——《2017年中国医院建设奖获奖名单》 6. "筑医台""医养环境设计"等报道

第五章 基建办工作表单

第一节 每周日程安排表

结合医院安排及工作内容,总结基建办工作经验,常规有以下工作安排,见表5-1。

表5-1 每周日程安排

	周一	周二	周三	周四	周五	周六	周日
上午	工地综合检查（每周）	工程例会（每周）	开办例会（每周）	手术室净化工程例会（每周）	智能化例会（每周）	科室值班	科室值班
	科室例会（每周）	改造工程专题会（每周）			改造例会（每周）		
下午	院周会（每半个月）	医技专题会（每周）	设计协调会（每半个月）	质量检查（每周）	签证清理（每半个月）		
			工地开放接待科室看现场（预约）	BIM应用QC小组例会（每半个月）	安全检查（每周）		
				档案清查（每月月末）			

第二节 工作量报表

一、周计划工作表

结合医院安排及工作内容,计划并总结每周个人工作内容,常规有以下工作内容,见表5-2。

表5-2 周计划工作

周数	具体工作	工作类型	科室负责人	执行单位	时间	地点	完成情况	备注
1	工地现场检查8:30	安全检查	*	建科监理	周三上午		已完成	日常工作
1	科室例会10:00	科室例会	*		周三上午		已完成	日常工作
1	科室、个人年终总结（数据、任务）完成	考核汇总	*		周三下午		已完成	重点工作
1	人防验收备案协调完成	手续办理	*		周三下午		已完成	紧急工作
1	12楼渗水修复完成	现场处理	*	建科监理	周三下午		已完成待深化	临时工作

工作类型（由科室按照实际情况设置权重系数）：										
现场	开会/学习	文件	服务	项目调研	方案确定	招投标	工程实施	项目验收	交付	
安全检查	科室例会	文件处理	工作接待	参观考察	方案介绍	招标准备	变更办理	现场验收	工作交付	
质量检查	工程例会	文件起草	工作汇报	市场调研	方案评审	招投标会	协调联系	竣工验收	工作回访	
现场处理	专题讨论	文件修改	投诉处理		技术方案	合同送审	变更议价	材料验收		
科室值班	早会交班	工作安排	上级检查		手续办理	合同办理	图纸处理	付款办理		
院总值班	院内会议	考核汇总	医院活动				档案办理	BIM验收		
运维配合	业务学习	常规工作	工作咨询				施工交底	质保验收		
综合检查	会议培训	事件上报	需求对接				设计交底			
	支部学习						结算办理			

执行单位：施工单位，医务处，护理部，信息处，总务处，财务处，资产处，党政办，审计处

时间：周一上午，周一中午，周一下午，周二上午，周二中午，周二下午，周三上午，周三中午，周三下午，周四上午，周四中午，周四下午，周五上午，周五中午，周五下午，周六上午，周六中午，周六下午，周日上午，周日中午，周日下午，每天

完成情况：已完成待深化，已完成，未完成，未完成待审批，未完成待招标，未完成待设计，未完成待上会，未完成待付款，未完成待安排，未完成待考察，未完成待讨论，未完成待到货

备注：日常工作，重点工作，临时工作，紧急工作

此外，由科室专人负责汇报各自专项工作，如材料检测情况表（表5-3）、维修报修表（表5-4）、设计变更图纸发放表（表5-5）。

表 5-3 ××项目材料检测情况

检测单位：江苏省建筑工程质量检测中心有限公司

序号	施工单位	工程名称	样品名称	样品编号	规格	委托日期	委托编号	报告编号	检测项目	检测报告	报告时间	单项评定	标准费用	实际费用	备注

表 5-4 维修报修表

序号	报修日期	病区	保修问题	整改负责人	转出时间	整改日期	整改情况

表 5-5 设计变更图纸发放表

周数	图纸专业	变更原因	图纸名称	主要内容	状态

二、日报工作表

基建办日报工作表（表5-6）与基建办周计划工作表互为补充，相辅相成。

科室主任在每周末根据医院布置任务和工程项目实际进度需要，安排科室周计划表，每项工作安排到科室个人和相应的参建单位；科室人员根据科室主任安排的个人工作计划及本人下周所需完成的其他工作，列为个人周计划任务表；下一周周一上午科室例会，每人逐一汇报本人所负责的具体任务事项，科室主任予以点评、调整和安排。

每日下班后，个人根据所列周计划表和本日计划完成情况进行登记、完善和确定，作为本日个人工作量报表。月度、年度工作量汇总表由科室主任助理按照统一自动汇总保存的表格进行整理，作为科室绩效考核的依据之一。

表5-6 日报工作表

日期	日报内容	工作类型	时间	日报人	备注

注：日报工作表工作类型同周计划工作表。

第三节　项目管理数据汇总

根据住院综合楼项目5年项目管理所登记的内容进行汇总，得出项目管理数据（表5-7），共计22类。

表5-7　2013—2018年项目管理数据

项目管理	2013年	2014年	2015年	2016年	2017年	2018年
三通一平（项）	2	9				
手续办理（项）		19	24	17	15	39
外出办事（次）		138	77	90	85	92
专业设计（项）		15	13	15	18	13
图纸处理（版）		4	6	16	9	73
分项工程（项）	5	24	21	23	32	20
业务学习（次）	5	25	18	12	11	21
参观考察（次）		14	16	18	6	12
招标项目（项）	4	23	28	44	30	26
合同签订（份）		33	48	49	46	69
工程例会（次）		40	48	49	48	49
安全质量（次）		41	48	49	47	103
专题例会（次）		91	100	152	118	144
基建发文（份）			49	146	368	305
基建收文（份）			145	467	1 043	457
监理发文（份）		66	182	222	251	128
监理检验（批）		1 470	259	520	880	306
办理付款（笔）	44	136	214	192	184	218
上级检查（次）			26	30	30	2
处理投诉（次）	1		29	10	20	6
家具开办（件）					2 500+	
物资开办（件）					6 200+	

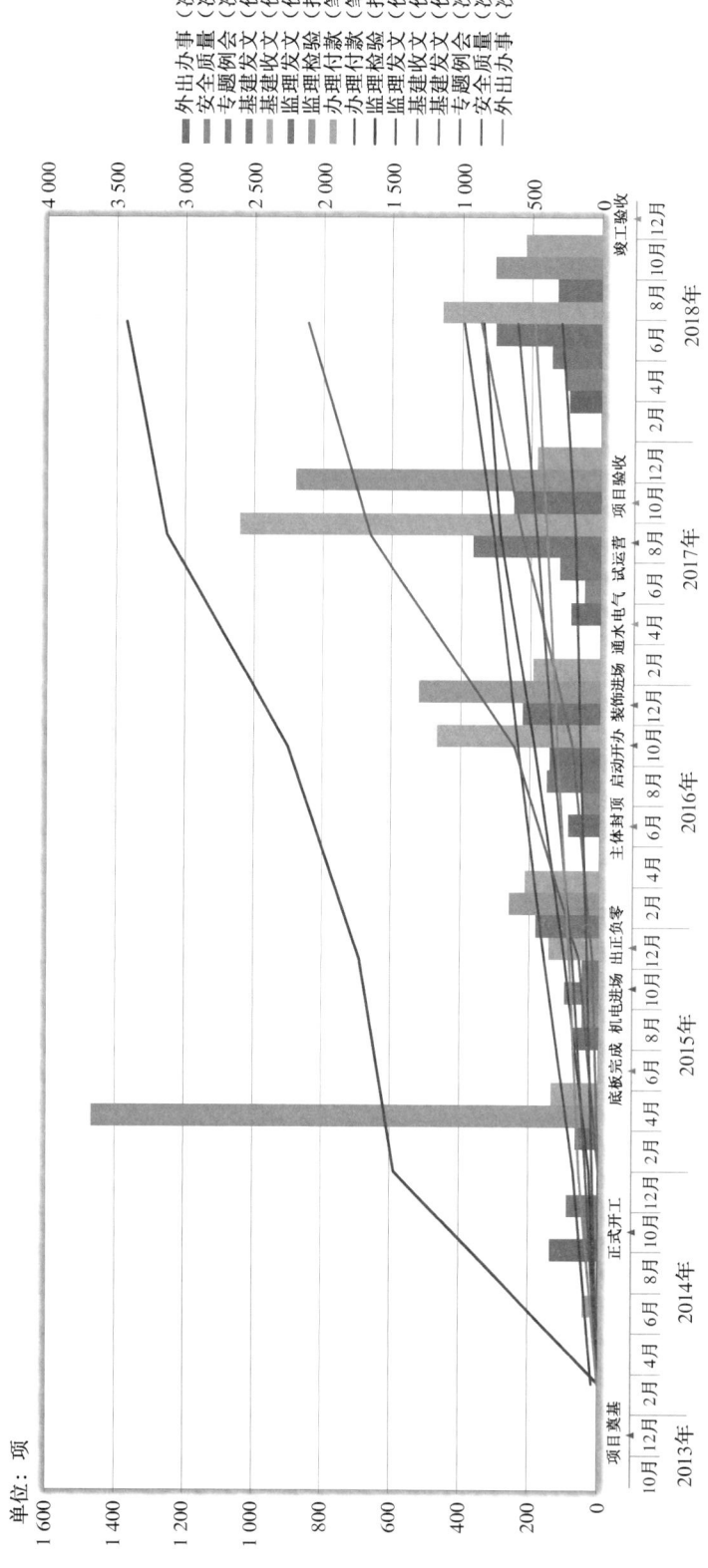

图 5-1 2013—2018 年基建办项目管理数据汇总

2014年桩基和基坑支护施工，涉及桩孔灌注桩、支护桩、三轴深搅桩、止水帷幕共计约1 466根桩，2016—2017年，装饰、幕墙及各大系统调试验收，因此监理检验次数较多。2016—2017年期间，涉及设计变更及工程量变更、工程量增加的内容较多，基建办与各施工单位以联系单形式收发，2017—2018年，住院综合楼启用初期，基建办与各职能部门之间以联系单的文件形式交流新楼相关事宜，因此基建收发文数量较大。外出办事主要为各项手续办理，前期办理规划、质监、安监、消防审批等手续，项目竣工后办理消防验收、竣工验收、项目评优等手续共计482次。参加安全质量检查共计288次，专题例会讨论共计605次，付款办理共计988次。具体如图5-1所示。

第四节 日常工作分工安排表

基建日常工作分工见表5-8。

表5-8 科室人员日常分工安排表

身份	职责	对接部门	拟定人员	替补人员
考勤员	负责科室人员每日考勤，每月月底向人事处填写科室考勤情况，并做好科室节假日排班及科室日志、科室人员请假登记等工作	人事处	王××	马××
通讯管理员	负责科室公众号每周更新内容的选题、编辑、推送，科室QQ邮箱、项目QQ/微信讨论群的管理	党政办	徐××	韩××
经济协管员	负责协助科室主任做好科室财务相关的事宜，对接财务处	财务处	徐××	韩××
资产管理员	负责保管科室设备资产的申领、保管、盘点、报废、维护，以及建设项目交付后移交资产的相关事宜	资产处	金××	马××
档案管理员	负责科学规范的建立科室档案目录，每日资料档案的扫描归档整理，每月底进行汇总造册（含照片视频资料），年底进行装订整理，并负责监督管理项目各单位档案月度归档情况	党政办、档案馆	王××	徐××
学习管理员	负责组织科室月度的业务学习、外出培训，了解医院组织的继续教育培训，组织科室人员参加，并收集保存科室人员学分证书，年终上报教育处	教育处	金××	王××
无人机飞行员	负责定期天晴操作无人机进行拍摄，并维护保养好设备	科室主任	孟××	张××
文件收发员	负责科室往来文件收发、登记、整理、归档，及时将收文报科室主任审核	科室主任	田××	马××
审计协管员	负责科室招投标的终稿文件、合同、审计意见书、授权委托书、进度/结算审计等催办、审核和流程签字等工作	审计处	韩××	徐××
科室秘书	负责每周科室会议的通知发布、院内行政例会反馈表填写，每月月度总结及简报汇总，每年季度、年中、年底年终总结拟写，主任日志填写	科室主任	马××	田××
环境监督员	负责科室与项目组（含工棚区）现场的室内外环境、秩序的监督管理，组织安排值班人员进行环境保洁，定期组织现场环境检查	科室主任	孟××	金××
服务联络员	负责科室对外服务工作，包括配合开药、就诊、体检、住院及重要部门人员住院的探望，科室外出用车等联系安排	科室主任	王××	孟××

(续表)

身份	职责	对接部门	拟定人员	替补人员
材料管理员	负责配合监理项目现场到货材料的清点、审核、验收管理以及进出库清单表格的整理填写，配合采购中心和党政办做好交付物资的现场协调工作	监理、采购中心、财务处	王××	金××
质保联络员	负责项目交付后的质保、维修的联系对接及现场确认工作，并与医院后勤一站式服务电话8999之间进行协同，解决科室的报修整改事宜	总务处	马××	田××
项目安全员	负责项目现场的安全管理，根据工程进度制定检查专题，每周组织定期和不定期抽查各一次，节假日之前组织联合大检查，检查记录（含标注清晰的照片、视频）当天完成交科室主任审核并存档	监理、科室主任	严××	金××
项目质控员	负责项目现场的质量管理，根据工程进度制定检查专题，每周根据实际发生的现场施工针对性的组织质量检查，检查记录（含标注清晰的照片、视频）当天完成交科室主任审核并存档	监理、科室主任	金××	孟××
设计管理员	负责项目的设计管理，包括院内前期的需求对接，与设计院的汇总联系及图纸相关修改、变更、报审、专家论证等事宜，配合档案管理及时做好图纸版本的变更、收发、审核签字等事宜	设计院、科室主任	金××	孟××
科室计生信息员	负责跟职工健康管理科对接科室女性成员生育情况	职工健康管理科	王××	马××

第五节　业务学习年度计划表

基建办业务学习年度计划见表5-9。

表5-9　业务学习2019年年度计划

序号	时间	地点	拟讲主题	拟请主讲人
1	1月	基建办公室	"反腐倡廉、警钟长鸣"基建项目中风险控制	纪委监察室
2	2月	基建办公室	基建财务规范化流程及注意事项	财务处
3	3月	基建办公室	审计规范化流程及工程审计要点	审计处
4	4月	基建办公室	工程招投标规范化流程及注意事项（案例分析）	招标代理
5	5月	基建办公室	维修保障常见问题反馈及处理经验交流	总务处
6	6月	基建办公室	新大楼信息化智能化建设思路	信息处
7	7月	基建办公室	深基坑施工的监理验收规范解读	监理部
8	8月	基建办公室	招投标法律实务	律师事务所
9	9月	基建办公室	项目总进度计划安排与实施保障措施	总包单位
10	10月	基建办公室	PDCA持续改进工作方法和案例分享	护理部
11	11月	基建办公室	重点部门建筑布局中的感染控制要求	感控科
12	12月	基建办公室	工程项目管理（慕课）	学习强国

第六节　月度工作总结表（同月度计划表）

基建办月度工作总结见表 5-10。

表 5-10　2020 年基建办×月份工作总结

项目	工作内容	完成情况
工程形象进度		
投诉处理		
合同/付款		
招议标 * 项		
质量/安全		
手续办理 * 项		
深化设计 * 项		
专题会/例会 * 次		
业务学习 * 次		
其他		

第七节　会议签到表

会议签到见表 5-11。

表 5-11　会议签到表

时间：　　年　　月　　日

姓名	科室/单位	姓名	科室/单位

会议要点：

第八节 考察行程安排表及考察报告

一、考察行程安排表

考察行程安排见表 5-12。

表 5-12 考察行程安排

日期	具体时间	具体班次	行程安排	参观人员	对接厂家	工作人员	方式联系
第一天							
第二天							

二、考察报告

考察报告见表 5-13。

表 5-13 考察报告

考察项目	
内容	
时间	
参加人员（签字）	
考察单位	
考察情况	
考察结论	
备注	

第九节 加班申请表

基建办加班申请见表 5-14。

表 5-14　加班申请表

姓名				申请时间	
加班类别	□工作日加班　□休息日加班　□法定假日加班				
加班事由					
加班时间	自　月　日　　时至　　月　日　　时共计　　小时				
申请人签字					
科室审批					年　月　日

第十节　预算进度计划执行表

预算进度计划执行见表 5-15。

表 5-15　预算进度计划执行表

序号	项目	项目负责人	投标价	合同价	计划进度	财务进度	进度偏差

第十一节　项目结算送审登记表

项目结算送审登记见表 5-16。

表 5-16　项目结算送审登记表

序号	送审项目	施工单位	验收日期	合同价	送审价	增减额	审定价	增减(%)	送审人	收件人	初审盖章验收		终审签收	咨询报告编号	备注
											建设单位	施工单位			

第十二节　项目竣工结算报表

项目竣工结算见表 5-17。

表 5-17　项目竣工结算表

序号	项目	竣工验收时间	报审时间	批复概算金额	中标金额	变更汇总	已支付金额	未支付金额	结算金额	审计核减	审定金额	审计费	尾款	尾款支付条件	审计报告编号

第十三节　合同签订及付款情况登记表

合同签订及付款情况见表 5-18。

表 5-18　合同签订及付款情况登记表

合同编号	合同审计编号	授权号	合同名称	预算价	招标方式	招标控制价	公告日期	开标日期	投标价	实施单位	合同日期	开工日期	工期(天)	完工日期	合同金额(元)	质保金	质保年限	保证金	付款金额及方式	扣款	变更签证	已付金额	结算金额	决算金额

第十四节　固定资产购置及报废处置表

固定资产购置及报废处置分别见表 5-19 和表 5-20。

表 5-19　固定资产购置申请表
（江苏省人民医院颁布）

申购单号			申请科室			核算单元号	
摘要							
资产名称	单位	数量	单价	金额	性质	用途	经费来源
小计							
科室对设备性能与配置要求：							
科室购置理由：							
申请科室理由：							
经办人：			经济管理员：		（工号：	）	
联系人电话：			科室主任：		（工号：	）	
			申请日期：		年　月　日		

（续表）

相关职能部门审批意见:
归口部门审批意见:
院领导审批意见;

表 5-20　固定资产报废处置申请表

（江苏省人民医院资产处颁布）

申请科室				科室核算单元号				
资产名称	规格型号	品牌	购置日期	存放地点	数量	原值	资产编码	
拟报废处置理由								
技术部门意见: 年　月　日								
申请科室意见: 经办人:　　　　经济管理员:　　　　科室主任: 联系电话:　　　　　　　　　　　　　　　　申请日期:　年　月　日								
资产处审核意见: 年　月　日								
院领导意见: 年　月　日								

第十五节　合同送审情况登记表

合同送审情况见表 5-21。

表 5-21　合同送审情况登记表

序号	合同编号	项目名称	项目负责人	送审时间	审回时间	送审时长	授权清单送签时间	授权清单签回时间	状态	原因	备注

第十六节　图纸查阅问题登记表

图纸查阅问题登记见表 5-22。

表 5-22　图纸查阅问题登记表

时间	项目名称	问题名称	图纸分类	图号	版号	检查人	问题分类
2020.01.29（例）	××项目	缺少卫生间大样图	建筑	TU-××	A××		缺少大样图
下拉列表表单数据							
图纸分类：建筑，装饰，电气，暖通，给排水，结构，幕墙，智能化，室外管网，景观，净化							
检查人：科室所有人员							
问题分类：规范套用错误，不符合其他规范要求，不符合本规范要求，缺少大样图，参数定位不准，缺少节点详图，尺寸标注不全，材料标注不全，图纸间不对应，预留洞口尺寸不一致，无细部尺寸，与需求不符，详图无反索引，图纸与目录不对应，比例尺不一致，图纸深度不足，与现场不符，设计脱离实际，设计配套欠缺，图号版本不正确，设计未考虑运维，设计不经济，设计说明深度不足，设计缺乏扩展性							

第十七节　基建文档编号登记表

基建文档编号登记见表 5-23—表 5-26。

表 5-23　工程申请表

编号	名　称	负责人
JSFY-JJB-JS-GCSQ-058-2015	住院综合楼光导管	
JSFY-JJB-JS-GCSQ-059-2015	住院综合楼地下室外墙及顶板防水材料	

表 5-24　工程联系单

编号	名　称	负责人
C.0.11-1507001	关于要求贵单位提供项目部组成人员证明资料事宜	
C.0.11-1507002	地下室负二层预埋安装事宜	

表 5-25　合同编号

编号	名　称	负责人
JSFY-JJB-JS-HT-3#-060-2015	东门架桥绿化种植工程	
JSFY-JJB-JS-HT-3#-061-2015	住院综合楼机电安装工程	
JSFY-JJB-JS-HT-3#-062-2015		

表 5-26　专题会议纪要

编号	名　称	负责人
JSFY-JJB-SW-JY-013-2015	妇幼保健院基建办各专业设计协调会	
JSFY-JJB-SW-JY-014-2015		

注：以上表格作为科室日常各项目负责人打印文档使用编号顺序及后期查阅的基础信息汇总表（内容为空白表手工填写）。

第十八节　基建合同档案袋封面

基建合同档案袋封面如图 5-2 所示。

基建办建设合同档案

档案号：[　　　]（　）档字第　号

项目名称：_____

序号	档案内容	存档
1	申请报告及批复（会议纪要）	
2	招、投标文件	
3	合同	
4	公司资质材料	
5	审计意见书、授权委托书	
6	材料清单	
7	验收报告	
8	竣工图	
9	送审结算书	
10	结算报告	
11	电子档（图纸、照片等）	
12	其他	

图 5-2　基建合同档案袋封面

第十九节　院内改造影响范围表

院内改造影响范围见表 5-27 和表 5-28。

表 5-27　院内改造影响范围表

改造措施内容								项目负责人	××	施工\维修时间		
序号	影响区域	具体位置		施工具体内容	影响内容	涉及部门	配合内容	是否已经沟通	是否需要相关部门旁站	开始时间	结束时间	备注
		栋号（区域）	楼层									
1												
2												

抄送：　　　　　科室

表 5-28　院内改造影响范围表下拉列表表单数据

影响区域：临床区域、公共区域、保障区域	
具体位置	栋号（区域）：门诊楼；2号楼；3号楼裙楼；3号楼主楼；……
	楼层：-2层；-1层；1层；2层……
影响内容：可造成垃圾、扬尘；可造成渗、漏水；可造成噪声、刺激性气味；可产生火星、烟雾；可产生震动；院区道路封闭；功能区域暂停使用；进入保障机房内施工；停、送水；停、送燃气；停、送医用气体；停、送电；停、送空调；电梯暂停使用；停用、恢复消防系统；暂停使用部分停车场	
涉及部门：信息处；保卫处；党政办；……	
配合内容：配合卫生清扫；配合恢复现场；配合维护秩序；配合停、送系统；配合清空现场	
是否已经沟通：是；否	
是否需要相关部门旁站：是；否	
备注：单独联系；院内通知	

第二十节 基建项目不良事件报告表

基建项目不良事件报告见表 5-29。

表 5-29 基建项目不良事件报告表

1. 工程材料信息						
名称*		规格型号*		品牌		发现方式
项目施工单位				事件性质*		
2. 伤者信息						
姓名*		年龄*		性别*		临床诊断*
3. 报告人信息						
姓名*		工号*		联系电话		
职业类别* 工程师 助理工程师 其他						
4. 发现人信息*						
专业人员（工程师 医务人员等）		非专业人员（工勤人员）		患者或家属		
5. 不良事件情况						
发生日期*		发现日期*		报告日期		
主要伤害（没有伤害可填无）*						
事件发生初步原因分析*						
事件初步处理情况（科室处理）*						
6. 对不良事件的处理与评价（分管院长填写）						
7. 持续改进措施（分管院长填写）						

第二篇 工程管理

第六章 管理流程及架构

第一节 建设管理流程

一、建设管理

建设管理流程如图 6-1 所示。

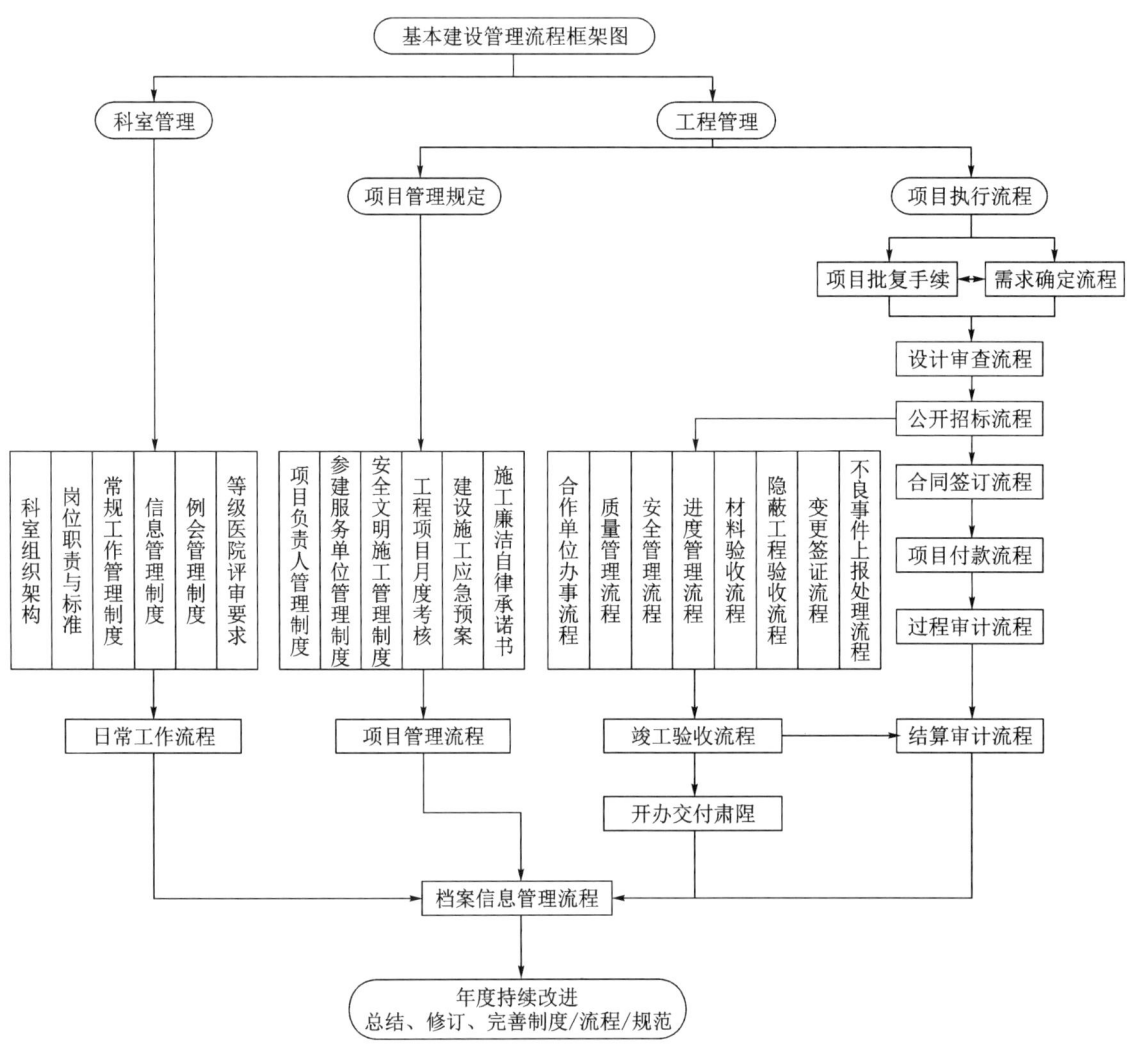

图 6-1 建设管理流程图

二、手续办理流程

医院建设项目管理是一个复杂的过程，以建筑工程项目管理为中心，可以提高工程质量，保证工程进度，降低工程成本，提高经济效益。

在项目全过程中，手续办理的高效合理性对项目进程有很关键的影响，如何科学地衔接项目建设各个阶段至关重要。因各省、市具体建设管理的规定不一定相同，且政府正在大力倡导集中并联审批，以下办事流程仅作为参考，如有与现行规定不符之处，以政府部门最新规定为准。

第二节　工程全周期管控责任管理

工程周期内，各类计划、单据、凭证、证书、报告等文件资料较多，作为工程项目管理的重要组成部分，资料的准确性、完整性和时效性是工程项目管控的重要抓手，是工程项目施工进度、安全、质量的重要保证，更是工程验收、复检、后期维保的重要依据。

但在实际工程项目管理过程中，对资料的重视程度低、相关资料缺失、竣工后补施工资料成了常见现象，导致施工现场管控依据不足、后期责任难以明晰。本节从业主方和施工方两个角度出发，以时间为节点，按施工组织层级的方式，将不同时间应做的节点管控内容映射到资料层面，把工程全周期的各项节点管控与资料管控相挂钩，明确资料管控的责任单位、协办单位和协作内容。

业主方、施工方、监理方等各方应通力协作，各司其职，明确各项资料管控工作的责任人，确保各项资料的查验及时、数量准确、内容清晰，推动工程项目按计划、高质量、高精度、高标准实施，同时相关资料的管控，亦可保证施工资料满足竣工验收、工程移交管理、后期维保、监督查验等要求。

一、业主方全过程项目管控

业主方从项目总控角度，依靠自身基建团队、院内审计财务部门、监理单位、审计单位等专业力量，充分发挥监理职能，从项目启动到项目验收交付运营，把控各阶段成果性资料的质量，明确资料起草、编辑、审核的责任人和协作单位的相关内容，做到对批复项目的总体质量、进度、安全、验收、交付、运营可控。业主方项目管理全过程资料管控见表6-1。

表6-1　业主方项目管理全过程资料管控表

主要阶段	主要工作	成果性资料	负责人	联系电话	需配合内容	需配合单位
项目启动阶段（目标制定）	收集及协助编制节点计划	《里程碑节点计划》				
	总进度控制计划	《总进度控制计划》				
	阶段性（年度）控制计划	《阶段性（年度）控制计划》				
项目设计阶段	编制设计专项工作计划	《设计专项工作计划》				
	编制招标采购工作计划	《招标采购工作计划》				
	编制施工总控进度计划	《施工总控进度计划》				
	编制报批报建计划等	《报批报建计划》				
	BIM优化	《BIM优化成果报告》				
各合同包工作准备阶段	指导并审核各合同包施工、供应进度计划	《各合同包进度计划》的审核及确认				
	审查设计进度计划	《设计进度计划》				
	审查招标工作日程安排	《招标工作日程安排》				

(续表)

主要阶段	主要工作	成果性资料	负责人	联系电话	需配合内容	需配合单位
项目实施阶段	审核各合同包月进度计划	《施工月进度分析》等				
	编制项目管理工作报告	《工程管理报告——简报》				
	项目进度界面协调					
	BIM 模型完善	《BIM 竣工模型》				
项目收尾阶段	配合编制项目验收及试生产计划	《项目验收及试运营计划》				

二、施工方全过程项目管控

施工单位作为项目开展的具体执行方，每一步施行，都决定了工程各项重要指标的优劣。施工方应严格落实施工各阶段的资料管控，做到施工执行有据可依、日后复检有据可查。施工方应充分发挥项目部专业力量，如资料员认真履职，在项目实施过程中，能及时、准确地完善行为资料。施工方应明确资料管理的负责人和协作合单位的具体内容，及时报业监理和业主方审查。施工方项目管理全过程资料管控见表 6-2。

表 6-2 施工方项目管理全过程资料管控表

一级	二级	三级	四级	负责人	联系电话	需配合内容	需配合单位	监理方审核	业主方审核
行为资料	开工报告	施工组织设计及施工方案	施工组织总设计（总包）						
			单位施工组织设计（分包）						
		施工方案	（分部）施工方案						
			（分项）施工方案						
		安全专项施工方案							
		安全技术措施方案							
		设计交底和图纸会审							
		施工进度计划	施工总进度计划						
			施工月（周）进度计划						
		施工质量、安全生产管理体系	项目部组织机构，现场管理人员一览表、项目经理、质检员、安全员等专职管理人员的岗位证书						
			施工单位安全生产许可证						
			质量、安全生产管理制度						
			特种作业人员操作资格证书						
		进场道路及水、电、通信、临设等							
		分包单位资质报审表							

(续表)

一级	二级	三级	四级	负责人	联系电话	需配合内容	需配合单位	监理方审核	业主方审核
材料、设备	材料、设备进场报验	工程材料/构配件/设备清单							
		质量证明文件							
		自检结果							
		复试报告							
施工资料	单位工程验收	施工单位工程质量验收报告							
		工程实体质量验收资料							
		单位（子单位）工程所含分部（子分部）工程的质量验收资料、质量控制资料	施工单位验收报告						
			分部（子分部）工程所含分项工程的质量验收资料	隐蔽工程质量检验资料					
				检验批质量检验资料					
				分项工程质量检验资料					
				测量放线资料					
			质量控制资料						
			相关安全和功能检测资料						
			观感质量验收资料						
		主要功能项目的抽查结果资料							
		观感质量验收资料							

第三节 医院基本建设项目业主方管理各阶段注意事项

一、立项策划阶段（对应立项批复）

（一）存在问题

周边环境调研不充分，规划设计方案深度不足，对建设项目没有宏观认识。

（二）注意事项

1. 立项阶段做到可研深度。

2. 异地新建项目需要做好基地周边的环境调研，外部供水、供电、燃气、污水排放等配套设施，就地改扩建项目需要对现有院区的供水、供电、燃气、污水排放、医用气体负荷现状进行调研，明确现有院区内能否满足还是需要外部增设保障配套，同时考虑每个系统是新建与原有分开还是由新建覆盖老院区，需要进行初步技术方案的评估和造价的匡算，在立项中予以列项。

3. 改扩建应进行中长期建筑规划设计，可分步实施，不能仅就需要立项的建筑进行设计。

4. 各地政府虽已建立政务中心集中办公，但依然需要逐一和发改委、国土、规划、消防等各部门的后台经办人进行直接对接，明确需要办理批复的前置条件和期限。因各地流程不一致，应安排协调沟通能力强、细致有耐心的专人提前对接，尽可能在规定工作日内完成，否则会被退件，重新计算办理日期。

5. 针对周边小区的日照分析，要按照当地规划要求严格评估，市区内改扩建项目要成立稳评工作小组，积极应对周边居民的诉求。

6. 新设计规范需要关注海绵城市和绿色建筑2星以上标准的配置，有条件的建议可按照绿色建筑3星进行设计。

二、需求设计阶段（对应可研、扩初批复）

（一）存在问题

需求调研不充分，对医疗专项相关建设规范认识不足，专项深化滞后，设计方案未充分征求使用部门意见。

（二）注意事项

1. 为确保项目有效推进，避免多次反复，建议设计方案可研和扩初一次完成，即可研阶段完成到初步设计。需要医院能明确各功能区域的实际客观需求，并能具体到专业深化阶段，需要各项保障系统方案论证、医疗专项深化工作同步进行。

2. 需要对需求设计有总体策划和协同机制，建立院内各需求科室、基建办、设计院、专业深化厂家（重要方案论证可邀请行业专家参加）每周定期专题讨论，从对接、交流、理解、出图、论证、提疑、修改逐步深入，直至多次协同、迭代到建筑和医疗基本达到协同平衡，同时满足建筑规范和临床需求。建议从此阶段开始由业主委托的BIM咨询公司参与设计深化工作。建议针对数据机房、病理科、放射科、血透室、供应室等特殊区域进行专项环境安全评估，考虑与周边环境的融合可行性，如数据机房禁止上有管线穿越，病理科专业通风需独立系统排至建筑最高处，放射科MRI失超管有专业要求，血透室防水措施及下方建议不要有重要设备设施等。

3. 相关专业设计，如医用气体、气动物流、变配电站、数据中心、中央空调系统、内部装饰、外墙装饰、停车系统、污水处理、中央分质供水、室外景观及综合管网等，均与整体设计同步完成深化设计，并能进行同步的方案论证和实地案例、工厂考察，更加深入地了解市场各类设备、材料能否明确满足需求和设计要求。确定后与建筑、机电设计再进行融合深化。

4. 医院职能部门负责对接净化手术室、供应室、病理科、放射科、检验科等专业设备厂家的配置需求，需要厂家根据医院的布局图出深化图纸和明确配置要求，基建办专人对接跟踪。

5. 此阶段可借助BIM技术进行标准病房、诊间、手术间、重要功能房间的功能模块设计，请使用部门再次确定装饰效果、设备物品摆放、末端点位用电设备负荷及上下水。

6. 深化后的设计图纸等需要给职能部门（总务处、保卫处、信息处、临床工程处、感染管理办公室等）、病区及科室等再次审核并签字确认。

7. 改扩建项目院内"三通一平"，到规划部门调阅或购买地下测绘管线图，需要保障部门做好转移拆除工作。

8. 此阶段医院应将主要系统设备确定选型方案并明确档次、楼层科室布局院内评估完成，形成会议纪要予以明确执行，避免后期的大范围调整或楼层、科室调整引起各专业之间的疏漏和系统断裂。

9. 根据完成的设计深度进行概算编制，组织有经验的专家进行概算编制的论证。

10. 项目与轨道交通相邻的，应满足轨道交通保护范围要求，提早进行方案对接，根据地铁设计要求，需要完成数值分析报告和由地铁方组织的方案论证。

三、项目实施阶段

（一）施工管理阶段

1. 存在问题

相关程序不解，专家方案论证走形式，业主方管理不到位，医院内部流程复杂影响工期进度，安全检查/质量检查/分项验收未抓到实处。

2. 注意事项

（1）施工单位进场后，业主主导监理、总包等参建单位，认真梳理总施工进度计划，包括人员、材料、费用的配套进度计划，明确关键线路中的关键节点，充分考虑中、高考及重大节假日等停工影响，为避免此项工作流于形式，建议此项工作组织专家论证。

（2）深基坑、高支模、复杂综合管道的支吊架、大型脚手架等专项施工需要进行专业计算或组织专家论证。

（3）各道工序先进行样板施工，标准层管线先根据内装标高进行样板施工，多工种配合要考虑工序合理。

（4）场地内外标高测量记录，土方开挖和场地内倒运的虚方、实方计算，土方外运的距离长短认定，新老楼衔接处标高的复核，主体结构浇筑时管线未定的预埋和孔洞预留，后期机电和装饰阶段的开孔、堵洞，脚手架搭设与主体结构的距离考虑外幕墙，总包与分包之间的配合费、水电费、垃圾外运费等都需要业主方能提前预判并在合同中规避风险。

（5）每周或每两周根据工程进度、不同专业或特殊区域进行专题技术讨论会，如放射科专题会、BIM机电管综专题会、检验科专题会等，讨论即将实施的内容和检查上期待完成的事项，会前或会后到现场确定。

（6）材料报验、检测和质监站强检内容需要监理根据施工进度客观、按规报检，业主方需要参加现场取样和办理相关付款事宜。业主方保持与质监站（市政、安装、建筑）、安监站的联系，多邀请到现场检查。

（7）组织专业人员每月对各单位（包括设计、监理、业主方）的行为资料进行专项检查，及时完善签字存档的，需要定期装订归档，隐蔽工程、专项验收等重要节点照片、视频，需要每周专人收集整理归档，并分类标注保存。

（8）所有材料进出库的办理（财务入账要求），需要医院财务、资产明确流程和办理的表单等，针对付款流程组织参建单位相关管理人员进行专门培训，减少后期频繁退返、补充各种手续资料。

（9）机电安装完成后请总务、信息、保卫等相关职能部门到现场参加检查验收，有问题经院方确定后及时整改；装饰工程在管线预埋完成后请使用部门去现场根据需求再次核实确定。医务人员如需察看现场，每周固定一天固定时间段，到基建办登记后由专人带进工地看现场。

（10）针对现场出现的变更、增补采购应及时完善变更手续和议价定价，遇重大金额的，应尽快签订补充协议，单项验收完成的，及时进行子项审计，及时固化工程量（含变更量），如装饰阶段主体结构完成验收后即可进行主体结构的单项结算审计，避免竣工验收后结算审计的堆积滞后。

（二）设备采购阶段

1. 存在问题

大型设备采购滞后，招标前调研不充分，招标技术文件不合理，供货周期不合理。

2. 注意事项

（1）所有需要采购的设备，包括医疗设备，尽早确定设计方案和设备参数，招标确定厂商后对图纸优化设计、现场施工管理有益。

（2）招标前进行市场考察调研，通过专题介绍会和厂商现场考察相结合，合理遴选具体参数、品牌，并了解相关设备的市场招标通行办法。

（3）从运维角度出发，请使用部门多提可行性建议，通过招标代理编制合理的技术文件，初稿经过相关部门集中讨论确定后公开招标。

（4）根据工期和设备到货安装的时间，需要动态地预留提前量进行施工与供货双确定，尽量将变更处理安排在图纸阶段和下订单之前，避免增补的少部分设备无法按时到场而耽误工期。

（5）设备进出库单，需要与医院财务、资产确定付款办理的规范化手续，既要严谨规范，又要考虑执行效率。

（三）竣工验收阶段

1. 存在问题

分项验收及竣工验收没有事先计划、验收行为资料不真实、综合联调走形式。

2. 注意事项

（1）业主方应要求监理方、施工方除每周汇报下周工作计划外，建议定期组织项目业务学习，由监理或技术负责人针对下阶段需要进行的施工和监理重点进行讲解，所有参建项目管理人员包括班组长参加。

（2）分部分项的单项验收，因由业主方全程参加，并要求施工单位、监理和业主方各自到现场拍摄照片、视频资料，符合标准的作为后续施工的现场示范和后期评奖的依据，未达标或出现特殊情况的，作为整改、变更计量的依据。

（3）机电联调、消防联调、室外管网联调等应根据系统配合和规范要求，逐一进行调试记录，并提供专项调试报告。调试完成一段时间后，建议在家具设备搬迁后再进行一次逐一调试，至少进行重要区域的抽检调试。

（4）家具设施进场前应进行一次空气环境的检测，待所有家具设施进场后再进行一次检测，便于进行数据对比。

（四）外部手续阶段

1. 存在问题

手续办理未事先充分沟通，对办事流程不熟悉。

2. 注意事项

（1）规划、图审、环保、城管、质监站、供电、供水、燃气等相关部门要定期沟通，熟悉办事流程和具体经办人对接，报批均须事前沟通。

（2）外部供电、供水、供气等在建筑机电安装结束后，装饰工程开始时可以开始施工，确保大楼后期机电和装饰安装调试等使用正式水电气。

（3）质监站强检批次要满足要求，从正负零报验开始，结构验收、防雷验收、人防验收、室外管网验收、机电安装验收、幕墙验收、项目验收等均需要按规定报验。

四、开办交付阶段

（一）存在问题

装饰设计滞后，开办交付安排无序，交接部门之间职责不清。

（二）注意事项

1. 装饰设计施工图完成后即可以开始启动开办相关事宜，要根据物资设备分类由相关职能部门负责，并与施工进度推进进行动态调整。

2. 专人按照房间编号内清点需要采购的物资，如有利旧的要标注，最后汇总成全院物资汇总表。定期开办例会，前期可两周一次，装饰施工后期可每周一次。

3. 正式供电、电梯安装完成后由总务部门开始组织物业公司进行试运行管理，避免新设备在施工单位管理中损害或管理疏漏造成损失。

第七章　设计与需求管理

第一节　设计交底与图纸审查制度

设计交底与图纸审查制度

一、为使项目管理人员充分领会设计意图，熟悉设计内容，正确按图纸施工，确保工程质量，必须在工程开工前进行设计交底和图纸审查工作。

二、设计交底和图纸审查分两步进行：

1. 专业审查：施工图纸交付后，项目负责人要及时组织专业管理人员对图纸进行专业审查。

2. 综合审查：在专业审查的基础上，由建设单位项目负责人主持召开图纸设计交底和审查会议。设计、建设、项目管理、施工等各有关单位的主要设计和技术人员参加。由各主要设计人员进行设计交底，并解答专业审查施工方提出的问题。

三、在设计交底和图纸审查前，应事先通知参加人员做好相关准备，以确保设计交底和图纸审查的深度和质量。

四、图纸审查的重点：

1. 施工图设计与设备以及特殊材料的技术要求一致性。

2. 设计与施工主要技术方案是否相适应。

3. 图纸表达深度能否满足施工需要。

4. 构件加工要求和划分是否符合施工能力。

5. 各专业之间的设计是否协调。

6. 设计采用的新工艺、新材料、新技术、新设备在施工技术、机具和物资供应上有无困难。

7. 施工图之间和总分图之间、总分尺寸之间有无矛盾。

8. 能否满足生产运行对安全经济的要求和检修作业的合理需要。

9. 设备布置及构件尺寸能否满足其运输及吊装要求。

10. 设计能否满足设备和系统的启动调试要求。

11. 材料表中给出的数量和材质以及尺寸与图面表示是否相符。

五、设计交底与图纸审查会议后，由建设单位项目负责人编写会议纪要，并及时向有关单位部门发送。

六、未经设计交底与审查的施工图，不得用于施工。

七、设计交底与图纸审查应在施工单位工程开工前完成。

八、记录及时归档。

第二节 科室功能需求确认单

科室功能需求确认见表7-1。

表 7-1 科室功能需求确认单

编号：

科室：妇科一病区		联系人：		手机号码：
方案说明：				
功能需求	护理单元数：2个病区			
功能用房名称	数量	面积（m²）	备注	
三人间	20间	32	按照标准病房设置	
医生办公室	1间	20	设置8个工位	
特殊用房	数量	面积（m²）	说明	
清宫室	1	20	需设置稳压电源	
特殊流程：无				
其他需求：无				
科室主任签字：		年 月 日		

备注：1. 请科室确认一名专项联系人。
2. 其他需求，如防辐射、净化、层流、大型设备用电、空调冷暖分区等。
3. 详细需求可另附图，请尽可能附效果图或明确具体要求，以便基建办更好地理解科室功能需求。
4. 为了保证项目整体进度，提高工作效率，请各科室集体决策，尽量减少变更，第三次修改后原则上不再进行变更。
5. 基建办将在收到申请表后，与设计、施工单位协调，报行政例会或改造例会后给予答复。

第三节 科室水电需求对接表

科室水电需求对接见表7-2。

表 7-2 科室水电需求对接表

科室	负责人	房间名称	设备名称	设备种类	家具	家具来源	数量	尺寸（mm）	材质	承重（kg）	水	空调	电（功率/kW）	电（电压/V）	UPS	电话	网络	其他特殊需求	备注
病理科（例）		综合技术室（例）	染色通风柜	医疗设备			2	2 400×1 100			冷热水	普通空调	2	380	无				
		综合技术室（例）	开水炉	生活设备			1	500×500			冷水	普通空调	9	380	无				插座为5孔插座
		综合技术室（例）	电脑	信息设备			4							220	无		外网		
		综合技术室（例）			办公桌	新购	4	1 200×600				普通空调				内线			
		标本储藏室（例）	水池	生活设备			1		不锈钢		感应冷水	普通空调							龙头为长柄龙头

说明："医疗设备"为临床工程处采购设备，"信息设备"为信息处采购设备，"生活设备"为采购中心采购设备或基建采购设备，如开水炉、微波炉等。

第四节 基建办设计图纸确认流程

基建办设计图纸确认流程见表 7-3。

表 7-3 基建办设计图纸确认流程

流程图	具体事项	责任部门	第一责任人
确认项目总需求	收集并确认医院资料、基地情况、周边环境等资料	基建办	项目负责人
确认项目功能单元需求	1. 需求科室填写《科室功能需求确认单》(见表格)	基建办、设计院	需求科室
	2. 设计院出平面布局初稿(考虑强弱电间、新风机房等设备用房的位置和面积)		设计院
	3. 与需求科室、相关科室讨论并修改平面布局		项目负责人
	4. 需求科室确认平面布局		需求科室
	5. 报医院确认平面布局		院领导
确认项目深化设计需求	1. 需求科室填写《科室水电需求对接表》(见表格)	基建办、设计院	需求科室
	2. 设计院就需求表格进行分析		设计院
	3. 讨论确定深化设计需求		项目负责人
	4. 设计院将需求表格转化为图纸(医疗工艺流程设计、常规医院建筑设计)		设计院
	5. 平面点位图纸确认		需求科室
出施工图	6. 设计院完成设计初稿		设计院
BIM 建模	1. 组织专家论证	基建办、设计院	项目负责人
	2. 设计院修改设计初稿		设计院
	3. 设计院出施工图		设计院
BIM 模型专家审查	1. 建立各专业模型	基建办、BIM 咨询单位	BIM 咨询单位
VR 实景展示	2. 提交分析报告		BIM 咨询单位
	3. 对 BIM 模型进行专家审查(兼顾专业、医疗、运维)		项目负责人
图纸审查	4. 调整、修改设计图纸		设计院
	1. 选择具有代表性区域进行 VR 模拟	基建办、BIM 咨询单位	项目负责人
	2. 对相关使用科室进行 VR 演示		项目负责人、临床科室或职能科室
	3. 调整、修改设计图纸		设计院
消防审查	1. 图纸发图审专家	基建办、图审中心	项目负责人
	2. 新建工程由图审中心出具图纸审查意见,改造工程由基建办召开专家图纸审查会		项目负责人
出施工图,进行招标流程	1. 图纸报消防审查	基建办、消防局	项目负责人
	2. 根据消防审查意见调整、修改图纸、调整 BIM 模型		设计院

第五节　零星改造工程项目使用科室确认单

零星改造工程项目使用科室确认见表7-4。

表7-4　零星改造工程项目使用科室确认单

工程项目名称		实施地点		
申请科室		联系人		手机：
施工方案：				
概算：		工期：	（单位盖章）	
基建办意见： 项目负责人： 			科室主任：　　　　年　月　日	
使用科室意见： 			科室主任：　　　　年　月　日	
院领导意见： 			签名：　　　　年　月　日	

第六节　基于BIM的设计审查流程

在总结常规项目管理流程的基础上，以设计审查流程为例，通过BIM技术的应用，针对性地增加BIM的优化与论证，对各阶段的设计文件进行全方位审核，将大大解决常规流程下设计阶段出现的问题，提高图纸设计的质量和项目管理的效率。基于BIM的设计审查流程如图7-1所示。

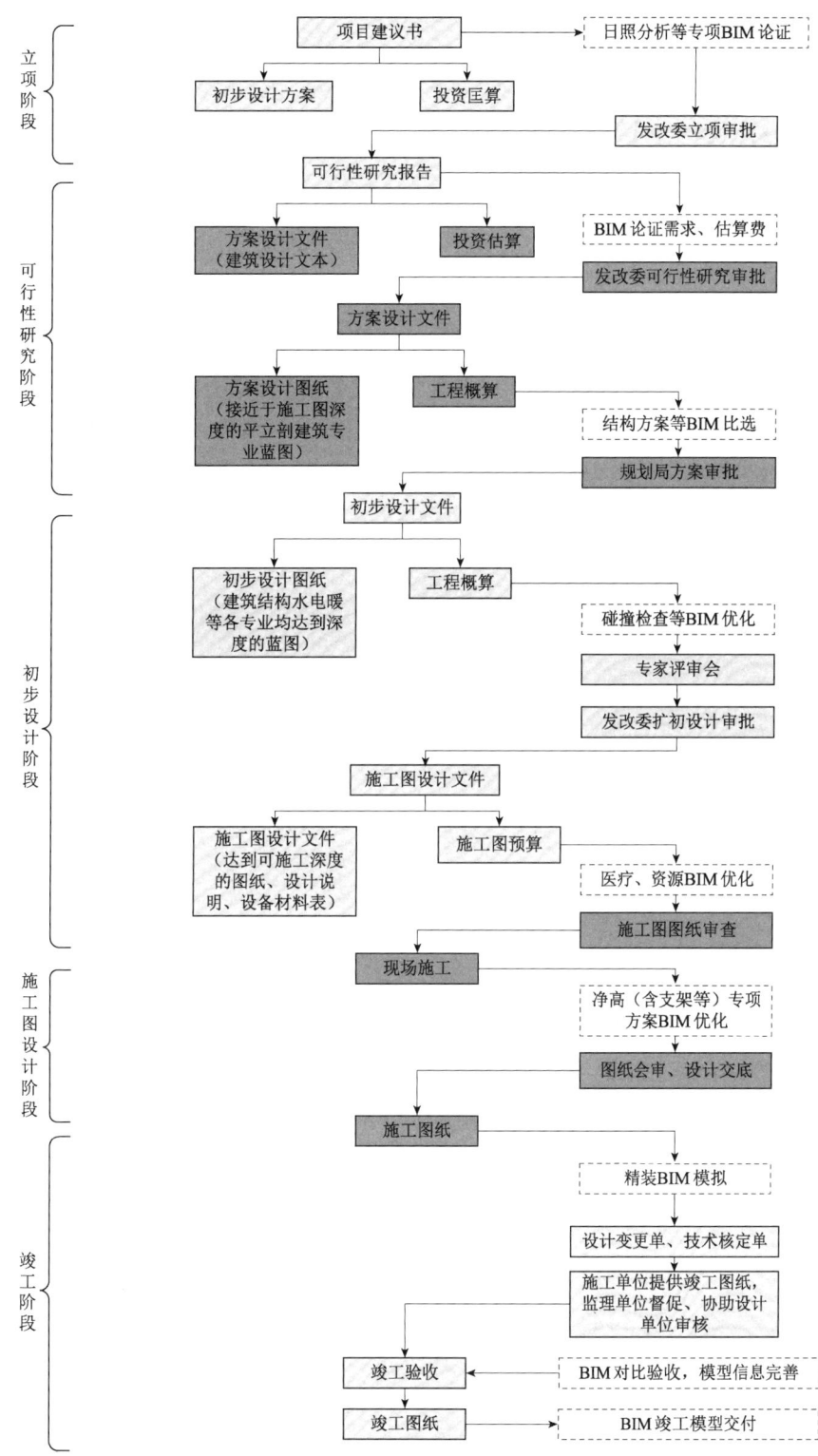

图 7-1 基于 BIM 的设计审查流程

第八章 招标与合同管理

第一节 招标管理办法

基建办招标管理办法

1. 为进一步规范医院基建采购与招投标工作，提高资金使用效益，维护医院利益，促进廉政建设，依据《中华人民共和国招标投标法》《中华人民共和国政府采购法》《中华人民共和国招标投标法实施条例》《中华人民共和国政府采购法实施条例》等有关法律法规，结合医院实际，制定本办法。

2. 本办法适用于医院基建组织的各类采购与招投标活动。

3. 本办法所称采购，是指以合同方式有偿取得货物、工程和服务的行为，包括购买、租赁、委托、雇用等。

本办法所称"货物"，是指各种形态和种类的物品。

本办法所称"工程"，是指基建工程、维修与装饰工程、网络工程等。

本办法所称"服务"，是指除货物和工程以外的其他采购对象。

4. 医院采购与招标工作应当遵循公开、公平、公正和诚实信用的原则。

5. 医院采购项目应当严格按照批准的计划、预算执行。项目负责人对所申请采购的项目计划和预算的真实性负责。

6. 基建办应加强采购与招标计划和预算的管理，科学、准确地编制采购与招标计划和预算。

7. 不得将依办必须进行公开招标的项目化整为零或者以其他任何方式规避公开招标。

8. 医院基建采购与招标工作严格实行回避制度。在招标活动中，基建办相关人员与供应商（指提供货物、工程和服务的法人、其他组织，或者自然人）有利害关系的，必须回避。供应商认为采购人员及基建办相关人员与其他供应商有利害关系的，可以申请其回避。

基建办招标任务单和江苏省妇幼保健院招议标单见表8-1和表8-2。

表8-1 基建办招标任务单

江苏省妇幼保健院

编号：		发出时间： 年 月 日
拟招标项目：		

(续表)

招标代理：□ ****		招标方式：□邀请　□公开	
项目概况：			
基建办： 年　月　日（盖章）		分管院领导： 年　月　日	
本次招标服务费用取费标准：＿＿＿＿＿＿＿＿＿＿＿＿＿＿＿＿＿　预算：＿＿＿＿＿			
本次项目拟招标方案及日程安排：			
招标代理请在3天内予以确认： 项目负责人： 　　年　月　日（单位盖章）			
本次项目最终中标单位：		中标价：	
本次代理服务最终结算价：＿＿＿＿＿＿ 项目负责人： 　　年　月　日（单位盖章）			

表8-2　江苏省妇幼保健院招议标单

编号：

项目名称：		地点：			时间：　年　月　日			
参加科室：	□监察	□审计	□财务	□监理	□跟踪审计	□律师	□其他	
投标单位	设备名称品牌/项目内容	单位	数量	工期	投标价	成交价	质保期	服务承诺	签字

议标结果：

参加人员签字：

院领导：　　　　监察：　　　　审计：　　　　财务：　　　　其他：

基建办：　　　　监理：　　　　跟踪审计：　　　　律师：

第二节 招标管理流程

基建办招标管理流程见表 8-3。

表 8-3 基建办招标管理流程

流程图	具体事项	责任部门	第一责任人
项目立项	1. 医院、科室功能需求表	基建办	项目负责人、职能科室
	2. 确定初步方案		科室主任、服务科室
	3. 确定项目负责人		科室主任
	4. 确定投标相关事宜（资质、业绩标准和招标方式）		基建办等相关科室
项目准备	1. 设计图纸	基建办	设计院
	2. 市场调研单位（考察报告）		基建办等相关科室
	3. 方案概算		项目负责人
	4. 现场照片等资料（改造项目）		项目负责人、职能科室
招标准备	1. 工程申请表	基建办	项目负责人
	2. 会议纪要		科室主任
	3. 招标任务单		科室主任助理
	4. 设计图纸确认		项目负责人、设计院、职能科室
	5. 工程量清单、最高限价编制		招标代理
	6. 招标文件编制		招标代理、甲方
	7. 合同文本编制		项目负责人、招标代理
审核	1. 科室主任召集院内相关部门对招标文件进行审核（尤其工程量清单）	招标代理	项目负责人
	2. 跟踪审计和审计处审核		项目负责人
资质预审	3. 报省财政评审中心审核		项目负责人
组织招标	1. 发招标文件及清单、答疑	招标代理、基建办	招标代理
	2. 专家评标	招标代理、建委、基建办	相关专家、监察、审计
	3. 中标结果公示后上会		基建办等相关科室
公示确认	1. 发中标通知书办理相关手续	招标代理、中标单位、基建办	招标代理
	2. 合同签订流程		甲乙双方负责人
	3. 发省妇幼基建办管理手册		科室主任助理
	4. 相关资料保存归档		科室主任助理

施工管理流程　　合同签订流程

第三节　招标合同管理流程

基建办招标合同管理流程见表8-4。

表8-4　基建办招标合同管理流程

流程图	具体事项	责任部门	第一责任人
招标完成	1. 中标通知书（扫描复印存档）	招标代理、基建办、中标单位	项目负责人
	2. 投标文件正本基建留存，审计、跟踪审计电子版，监理副本		科室主任助理
	3. 合同文本准备（6~8份，电子档）（重点：支付条款、工期、质量安全目标、违约责任、质保条款、备品备件条款）		项目负责人
	4. 合同文本的审核、确定		项目负责人
	5. 6项招标材料（会议纪要、工程申请表、申请招议标函、招标文件、资质材料、投标文件）、议标单、中标通知书等整理进项目档案袋		项目负责人
	6. 所有材料电子文档归档、收集		科室主任助理
合同签订	1. 启动网络合同签订流程	中标单位、基建办	科室主任助理
	2. 科室主任、分管院长流程审批、合同签字，盖骑缝章交乙方		科室主任
	3. 乙方3~5个工作日内合同盖骑缝章并返回		乙方
合同报审	1. 确认档案袋资料齐全	审计	科室主任助理
	2. 报审材料交审计处（5个工作日内确认，进度上报）		科室主任助理
	3. 审计处审核		审计处
院领导审批	1. 凭审计报告办理授权委托清单、报院领导审批签字	党政办	科室主任助理
	2. 凭授权委托清单开具授权委托书		科室主任助理
	3. 报院领导审批签字		科室主任助理
审计复审	确认签字完成交审计处盖合同章	审计处	科室主任助理
合同登记	1. 合同扫描上传至管理平台	基建办、中标单位	科室主任助理
	2. 通知中标单位取合同（2个工作日内，否则扣分）		乙方

项目付款流程　　工程结算流程

第四节　江苏省妇幼保健院合同

江苏省妇幼保健院合同

编号：[　　]（　）合字第　号

甲方：

乙方：

根据《中华人民共和国合同法》及国家有关规定，依据甲方要求和项目具体情况，遵循平等、自愿、公平和诚实信用的原则，特订立以下条款共同遵守。

一、项目概况

1. 项目名称：
2. 工程内容：
3. 承包方式和承包范围：本工程以施工承包方式发包，承包人必须按照发包人确定的设计方案、施工方案和材料，承包整个工程的施工作业，并得到发包人与监理部门的验收。
4. 本工程必须严格按照《中华人民共和国合同法》以及国家、行业认可的相关规范条文、江苏省妇幼保健院相关管理规定进行施工。

二、合同款支付

1. 项目总价

1.1　本工程总造价为人民币（小写）：　　　　元，（大写）：　　　　元。

1.2　采取综合单价合同，合同中如需变更，应由变更单位提出申请，并办理相关手续。

2. 付款方式

（1）施工类

甲方根据乙方的工程进度向乙方支付工程款：

2.1　工程款（进度款）每月以完成合格工程量价款的70%进行付款。

2.2　竣工结算经跟踪审计审核结束后，付至审核结算价的85%。

2.3　经政府审计结束后，付至审定总价的97%。

2.4　审计价3%的质量保修金按照承包人质量保证的履行情况结算，质量保修金不计利息。

2.5　开户行：　　　　　　　　　　账号：

（2）设计类

甲方根据乙方的工程进度向乙方支付设计费：

2.1　签订本合同后20个工作日内，支付合同总价的20%，即人民币（小写）：　　　　元，（大写）：　　　　元。

2.2 达到扩初要求的方案设计文本并提供 6 份设计图后 20 个工作日内，支付合同总价的 20%，即人民币（小写）：　　　　元，（大写）：　　　　元。

2.3 提供 8 份正式施工图并获得图审通过后 20 个工作日内，支付合同总价的 30%，即人民币（小写）：　　　　元，（大写）：　　　　元。

2.4 工程完工验收合格后 20 个工作日内，支付合同余款。

2.5 开户行：　　　　　　　　　　账号：

（3）材料类

2.1 本合同无预付款。

2.2 每月 25 日结算当月所供货物价款的 60%。

2.3 材料施工完成后，分部分项工程验收合格，付至合同价款的 70%。

2.4 通过工程竣工质量验收合格，付至合同价款的 85%。

2.5 经审计后付至审计总价的 97%。

2.6 余款作为质保金，质保期满后无质量问题无息付清余款。

2.7 开户行：　　　　　　　　　　账号：

（4）设备类

2.1 合同签订后，甲方向乙方支付合同总价的 20%预付款，乙方在甲方支付款项之前提供同等额的银行预付款保函。

2.2 设备发货之前 20 天，甲方向乙方支付至设备总价的 70%，乙方在甲方支付款项之前提供等额的银行保函；货到工地、经清点并初验合格且提供完整随货资料后即解除预付款保函和银行保函。

2.3 设备安装调试全部结束，经技术监督部门验收合格，获得使用许可证，经审计后，甲方向乙方支付至审计设备总价的 97%，余款作为质保金，质保期满后无质量问题无息付清。

2.4 开户行：　　　　　　　　　　账号：

三、工期

1. 中标合同工期：　　日历　　天。

2. 开工日期：　　年　月　日；遵循甲方制定的开工日期开工，如有变动，以甲方指定日期为准。

3. 在履约过程中，由于甲方变更设计或者不可抗力因素造成工期延期的，经甲、乙双方签字盖章认可后做出工期变更调整，以签字盖章认可后调整的时间为竣工日期。

四、甲方责任与义务

1. 审核乙方提供的施工组织方案。

2. 甲方委派　　　　　　为工程项目负责人，监督、检查工程质量、进度，处理并协调甲乙两方在施工中发生的有关事宜。

3. 在乙方工程主材供货后，在乙方自行验收材料后，申报甲方及监理后，后者组织人员对材料进行验收。

4. 组织对工程进行竣工验收和办理竣工结算。

5. 甲方负责保证乙方施工现场和水电畅通及其必要的场地要求。

6. 甲方在处理本协议约定的事务时，不得泄露乙方的商业机密。

五、乙方责任与义务

1. 施工类

1.1 乙方在开工前，乙方委派_____为项目负责人，处理并协调甲乙两方的各种有关事宜。

1.2 乙方采用的主要技术标准是：现行国家及江苏省、南京市有关设计规范标准等。

1.3 乙方在合同签订后向甲方交纳的"安全管理廉洁诚信保证金"（2000元），凭甲方财务收据领取合同。

1.4 乙方为现场质量安全第一负责人，应承担全面管理的责任。若有其他分包单位或协作单位在现场交叉施工，乙方应予以协调配合。

1.5 必须保证现场施工安全，临时用电按相关安全技术规范操作，现场配备符合规范要求数量和类型的灭火器，做好防火防盗工作。

1.6 乙方在施工中应保护好周围及现场建筑物、设备管线、烟感、喷淋等不受损坏；未经甲方同意，不得随意拆改原建筑物结构及各种水、电、暖、气、通信等配套设施及设备管线。未经甲方同意不得随意改变建筑物原有使用功能。

1.7 施工现场建筑垃圾清运必须按照医院垃圾管理条例的要求严格执行，由此造成的处罚乙方自负。

2. 设计类

2.1 乙方应按国家规定技术规范、标准、规程及甲方提出的设计要求，进行工程设计，按合同规定的进度要求提交质量合格的设计资料，并对其负责。

2.2 乙方在开工前，乙方委派_____为项目负责人，处理并协调甲乙两方在图纸设计中发生的有关事宜。如无充分理由项目负责人不得中途更换，确需更换的须征得甲方同意。乙方项目设计部组成人员结构应合理、稳定，主要技术骨干工作能力应足以胜任设计工作。乙方项目设计部组成人员名单如下：

2.3 乙方应保护甲方的知识产权，不得向第三人泄露、转让甲方提交的产品图纸等技术经济资料。如发生以上情况并给甲方造成经济损失，甲方有权向乙方索赔。

2.4 乙方需配合甲方完成基于BIM技术的全过程管理。

2.5 乙方必须服从甲方的管理及安排，不得将工程转包第三方，若有专业分包，应与其他专业分包方密切配合，不得互相推诿，影响正常施工。否则甲方有权终止合同，一切损失由乙方负责。

2.6 乙方在合同签订后向甲方交纳的"安全管理廉洁诚信保证金"（____元），凭甲方财务收据领取合同。支付最后一次合同款时返还剩余安全管理廉洁诚信保证金，如安全管理廉洁诚信保证金不足用于罚款，则从最后一次合同款中扣除。

3. 材料类

3.1 乙方在施工前，委派_____为项目负责人，处理并协调双方的各种有关事宜。

3.2 乙方采用的主要技术标准是：现行国家及江苏省、南京市有关设计规范标准等。

3.3 乙方在合同签订后向甲方交纳的"安全管理廉洁诚信保证金"（　　元），凭甲方财务收据领取合同。

3.4 乙方应按本招标文件所附设计图纸、招标范围和工作量清单提供所需全部材料，并运抵甲方工地现场指定地点，指导施工，验收合格，直至交付甲方使用。

3.5 施工现场建筑垃圾清运必须按照医院垃圾管理条例的要求严格执行，由此造成的处罚乙方自负。

3.6 在施工直至验收过程中，如发现材料供应不足，卖方应无条件补齐，材料出现质量问题，乙方在接到甲方通知后，派人赶到甲方现场，除免费排除故障、修复或更换合格的产品外，还应支付因更换所发生的运输、保险、施工、修复、检测等有关的全部费用。

3.7 工程款在总包签字认可后方可支付。

4. 设备类

4.1 乙方在合同签订后3个工作日内应向甲方提供项目工程施工图、安装进度表、项目负责人联系方式及特殊工种操作证。

4.2 乙方在开工前，乙方委派＿＿＿＿＿＿＿为项目负责人，其应到甲方办理现场安全施工责任书、动火证等相关手续，并按照基建办规定交纳安全措施及垃圾清理保证金。

4.3 乙方工程使用的材料、设备必须符合甲乙双方签订的合同附件一中所列的设备型号、数量等各类参数的要求，否则，甲方有权要求乙方更换，由此造成的费用由乙方承担。

4.4 本工程质保期为＿＿＿＿＿＿＿年，自工程完工并通过甲方验收合格之日起计。质保期内，如系统发现故障，乙方必须在接到甲方通知之时起 1 小时内赶到现场进行维修。

4.5 乙方所提供的设备必须是原装全新的（含说明书、装箱单、零部件、配件、随机工具等），表面无划伤、无碰撞，保证产品符合产品质量法和国家有关规定，对于该工程中的关键设备、配件应提供质量合格证书、设备系统的检验检测合格证明、核心软件的版权所有证明等，辅材必须先提供样板，并经甲方货物验收书面认可。

4.6 乙方严格按照甲方规定时间完成相应供货及安装，并由甲方签字认可，若乙方没有按照甲方规定的时间交货，乙方将全责承担因此而给甲方造成的损失。

4.7 甲方在验收中发现产品的品牌、品种、规格、型号、数量、包装及主要参数等不符合要求的可向乙方书面提出异议，要求退货。如乙方交付产品存在问题，应按照合同要求予以退换合格产品，如为乙方故意行为，乙方应承担全部责任。质量检测必须根据甲方认可国家规定的专业检验机构检测结果为准。

4.8 乙方按施工安全规范做好施工质量、安全管理，凡施工期间发生的施工质量、安全事故，均由乙方负责落实处理一切事宜并及时报告甲方及有关部门。

4.9 施工中因乙方责任造成的停工、返工、材料、器材损失等均由乙方承担。所有设备和器材验收前均由乙方妥善保管，如有损坏和遗失均由乙方负责。

4.10 对现场所有已完工的建筑及建筑装修、设备、器具有保护的责任，施工时如损坏甲方财产，由乙方负责赔偿。

4.11 本工程系统若由于设备器材质量问题而影响工程验收，乙方必须无偿更换、返修，直至达到验收标准。对竣工验收后质保期内发现的施工质量问题负责免费返修。

4.12 在甲方使用乙方产品时，乙方负责提供产品使用手册及其产品使用培训和指导，费用由乙方承担。

4.13 因乙方产品施工及质量问题而产生的第三方的伤害赔偿，由乙方承担。

4.14 乙方必须服从甲方的管理及安排，不得将工程转包第三方，若有专业分包，应与其他专业分包方密切配合，不得互相推诿，影响正常施工。否则甲方有权终止合同，一切损失由乙方负责。

4.15 乙方为本工程现场质量安全第一负责人，应承担全面管理的责任。若乙方有协作单位在现场交叉施工，乙方应在甲方的要求下予以配合。

4.16 乙方应在甲方按合同约定支付相应款项的前提下，保证所承包的工程项目不拖欠民工工资及材料供应商材料款，如果因乙方拖欠民工工资及材料供应商材料款而产生纠纷给甲方造成不良影响，甲方有权直接扣除应付乙方工程款，同时对乙方进行处罚。

4.17 保证工程通过南京市质量监督部门验收，配合总承包单位实现确保工程质量合格，确保"扬子杯"，争创"鲁班奖"的目标。

六、质量标准

工程质量标准：合格，符合国家质量验收规范，工地现场安全文明目标为"省级文明工地"，工程质量目标"确保扬子杯，争创鲁班奖"。

七、组成合同的文件

组成本合同的文件包括：

（1）合同协议书；（2）中标通知书；（3）招、投标书及其附件；

（4）合同专用条款；（5）合同通用条款；（6）标准、规范及有关技术资料；

（7）图纸；（8）工程量清单及说明；（9）工程报价单或预算书。

双方有关工程的洽商、变更等书面协议或文件视为本合同的组成部分。

八、不可抗力因素

1. 由于不可抗力因素（包括暴力、战争、地震、狂风、暴雪等）造成的经济损失，双方均不承担经济责任，工期另议或顺延。

2. 合同必须修订或中止时，由甲乙双方协商解决。如无正当理由而擅自终止履行合同，则视为不履行合同，应负责赔偿对方的经济损失。

3. 本合同履行过程中，如有争议，双方应当协商解决。协商不成时，可申请向甲方所在地法院起诉，并根据《中华人民共和国合同法》中的有关规定处理。

4. 自双方履约事务结束，结清所有工程款项后，本合同终止。

九、其他事宜

1. 本合同如有未尽事宜，经双方友好协商，另签补充协议。

2. 甲、乙双方同意本合同本契约未规定事宜按《中华人民共和国合同法》有关规定处理，如有争议，甲、乙双方友好协商，协商不成，可向甲方所在地法院提起讼裁。

3. 本合同及合同注明附件、投标文件具有同等法律效力。

4. 双方签订认可的设计施工方案、其他经双方签字确认的书面材料及投标文件、承诺书等均为本合同的组成部分，与本合同具有同等法律效力。

5. 甲乙双方施工、设计方案以外的所有变更或要求必须致函对方。

6. 本合同及其附件有效期为自双方签字、盖章之日起生效至合同保修期满。

7. 本合同一式__陆__份，甲方执__肆__份，乙方执__贰__份，每份合同具有同等法律效力。

十、合同签署地：江苏南京

甲方：   乙方：

法定代表人/授权代表：   法定代表人/授权代表：

基建办负责人：   委托代理人：

项目负责人：   项目负责人：

联系方式：   联系方式：

地址：   地址：

时间：   年 月 日   时间：   年 月 日

第五节　建设工程承发包安全管理协议

建设工程承发包安全管理协议

发包单位：　　<u>　江苏省妇幼保健院　</u>　（以下简称发包人）

承包单位：　　<u>　　　　　　　　　　</u>　（以下简称承包人）

发包人将本建筑安装工程项目发包给承包人施工，为贯彻"安全第一、预防为主"的方针，根据《江苏省工程安全管理暂行规定》和国家有关法规，明确双方的安全生产责任，确保施工安全，双方在签订建筑安装工程合同的同时，签订本协议。

一、承包施工项目
工程项目名称：

工程地址：

承包范围：

承包方式：包工包料。

二、工程项目施工期限
自　　年　　月　　日起开工至　　年　　月　　日完工。

三、协议内容

1. 承包人必须认真贯彻国家、江苏省和上级劳动保护、安全生产主管部门颁发的有关安全生产、消防工作的方针、政策、严格执行有关劳动保护法规、条例、规定。

2. 承包人应有安全管理组织体制，包括抓安全生产的领导，各级专职和兼职的安全干部，应有各工种的安全操作规程，特种作业人员的验证考核制度及各级安全生产岗位责任制和定期安全检查制度，安全教育制度等。

3. 承包人在施工前要认真勘查现场，进场后首先必须做好施工现场围护，防止闲杂人员进入施工现场，发生安全事故。

4. 工程项目由承包人按要求自行编制实施性施工组织设计，并制定有针对性的安全技术措施计划、严格按施工组织设计和有关安全要求施工。承包人应落实本工程安全生产的管理体系，管理体系中的人员名单上报监理备案，以便监督管理。工地安全员必须持证上岗。

5. 双方的有关领导必须认真对本单位职工进行安全生产制度及安全技术知识教育，增强法制观念，提高职工的安全生产思想意识和自我保护的能力，督促职工自觉遵守安全生产纪律、制度和法规。

6. 施工前由监理对承包人的管理、施工人员进行安全生产进场教育，介绍有关安全生产管理制度、规定和要求，承包人应组织召开管理、施工人员安全生产教育会议，并通知监理委托有关人员出席会议，介绍施工中有关安全、防火等规章制度及要求；承包人必须检查、督促施工人员严格遵守、认真执行。

7. 根据工程项目内容、特点，双方应做好安全技术交底，并有交底的书面材料。

8. 交底材料一式三份，由双方和监理各执一份。

9. 施工期间，承包人指派＿＿＿＿＿＿＿＿同志负责本工程项目的有关安全、防火工作；发包人指派＿＿＿＿＿＿＿＿同志负责联系、检查督促承包人执行有关安全、防火规定。双方应经常联系，相互协助检查和处理工程施工有关的安全、防火工作，共同预防事故发生。

10. 承包人在施工期间必须严格执行和遵守安全生产、防火管理的各项规定，接受监理和发包人的督促、检查和指导。监理有协助承包人搞好安全生产、防火管理以及督促检查的义务，对于查出的隐患，承包人必须限期整改，并书面报监理和发包人。

11. 在生产操作过程中的个人防护用品，由各方自理，双方都应督促施工现场人员自觉穿戴好防护用品。

12. 承包人人员对不同施工区域、作业环境、操作设施设备、工具用具等必须认真检查，发现隐患立即停止施工，并由有关单位落实整改后方准施工。一经施工，就表示承包人确认施工场所、作业环境、设施设备、工具用具等符合安全要求和处于安全状态。承包人对施工过程中由于上述因素不良而导致的事故后果负全部责任。

13. 承包人在施工期间所使用的各种设备以及工具等均应由承包人自备。如双方必须相互借用或租赁，应由双方有关人员办理借用或租赁手续，制定有关安全使用和管理制度。借出方应保证借出的设备和工具完好并符合安全要求，借入方必须进行检查，并做好书面记录。借入方一经接收，设备和工具的保管、维修应由借入使用方负责，并严格执行安全操作规程。在使用过程中，由于设备、工具因素或操作不当而造成伤亡事故，由借入使用方负责。

14. 承包人的人员对施工的现场脚手架、各类安全防护设施、安全标志和警告牌，不得擅自拆除、更动。如确实需要拆除更动的，必须经监理和承包人指派的安全管理人员的同意，并采取必要、可靠的安全措施后方能拆除。如擅自拆除，所造成的后果，由承包人的人员及其单位负责。

15. 特种作业必须执行《特种作业人员安全技术培训考核管理规定》，经省、市、地区的特种作业安全技术考核站培训考核合格后持证上岗、并按规定定期验证；中、小型机械的操作人员必须按规定做到"定机定人"和有证操作；起重吊装作业人员必须遵守"十不吊"规定，严禁违章、无证操作；严禁不懂电器、机械的人擅自操作使用电器、机械设备。

16. 承包人必须严格执行各类防火防爆制度，易燃易爆场所严禁吸烟及动用明火，消防器材不准挪作他用。电焊、气割作业应按规定办理动火审批手续，严格遵守"十不烧"规定，严禁使用电炉。冬季施工必须采用明火加热的防冻措施时，应取得防火主管人员同意，落实防火，防中毒措施，并指派专人值班。

17. 承包人需用发包人提供的电气设备，在使用前应先进行检测，并做好检测记录，如不符合安全规定的应及时整改，整改合格后方准使用，违反本规定或不经监理和发包人许可，擅自乱拉电气线路造成后果的均由肇事者单位负责。承包人配电系统必须有专人 24 小时值班，工地生活区内严禁乱拉乱接电线，严禁使用电炉、电饭煲、电饭锅、电取暖器等，防止漏电触电事故发生。

18. 承包人在施工中，应注意地下管线及高压架空线路的保护。发包人对地下管线和障碍物应详细交底，承包人应贯彻交底要求，如遇有情况，应及时向监理、发包人和有关部门联系，采取保护措施。

19. 贯彻谁施工谁负责安全的原则。承包人在施工过程中发生的人身伤亡、火警、火灾等一切事故，均由承包人自己负责，与发包人无关。承包人人员在施工期间造成伤亡、火警、火灾、机械等重大事故，承包人应协力进行紧急抢救伤员和保护现场，按国务院及江苏省有关事故报告规定在事故发生后的 24 小时内及时报告各自的上级主管部门及市、区劳动保护监察部门等有关机构。事故的损失和善后处理费用，由责任方承担。

20. 本协议经立协双方签字、盖章有效。作为合同正本的附件一式四份，发包人、承包人双方各执两份。

21. 本协议同工程合同正本同日生效，发包人、承包人双方必须严格执行，由于违反本协议而造成伤亡事故，由违约方承担一切责任。

发包人（盖章）： 承包人（盖章）：

法定代表人/授权代表（签章）： 法定代表人/授权代表（签章）：

委托代理人（签字）： 委托代理人（签字）：

日期： 年 月 日 日期： 年 月 日

第六节　工程质量保修书

工程质量保修书

发包人（全称）：____江苏省妇幼保健院____

承包人（全称）：

发包人、承包人根据《中华人民共和国建筑法》《建设工程质量管理条例》和《房屋建筑工程质量保修办法》，经协商一致，对_____签订工程质量保修书。

一、工程质量保修范围和内容

质量保修范围包括地基基础工程、主体结构工程、屋面防水工程和双方约定的其他土建工程，以及电气管线、上下水管线的安装工程，供热、供冷系统工程等项目。具体质量保修内容双方约定如下：

二、质量保修期

双方根据《建设工程质量管理条例》及有关规定，约定本工程的质量保修期如下：

1. 地基基础工程和主体结构工程为设计文件规定的该工程合理使用年限。
2. 屋面防水工程、有防水要求的卫生间、房间和外墙面的防渗漏为__5__年。
3. 装修工程为__2__年。
4. 电气管线、给排水管道、设备安装工程为__2__年。
5. 供热与供冷系统为__2__个采暖期、供冷期。
6. 内部给排水设施、道路等配套工程为__2__年。
7. 其他项目保修期限约定如下：__无__质量保修期自工程竣工验收合格之日起计算。

三、质量保修责任

1. 属于保修范围、内容的项目，承包人应当在接到保修通知之日起 7 天内派人保修。承包人不在约定期限内派人保修的，发包人可以委托他人修理。
2. 发生紧急抢修事故的，承包人在接到事故通知后，应当立即到达事故现场抢修。
3. 对于涉及结构安全的质量问题，应当按照《房屋建筑工程质量保修办法》的规定，立即向当地建设行政主管部门报告，采取安全防范措施；由原设计单位或者具有相应资质等级的设计单位提出保修方案，承包人实施保修。

4. 质量保修完成后，由发包人组织验收。

四、质量保修金的支付与返还

1. 本工程约定的工程质量保修金为结算审定价的 5%，质量保修金银行利率为 __0%__ 。

2. 发包人在竣工验收合格后（以竣工验收合格证书注明的时间为准）满两年后 30 天内无息返还剩余质量保修金的 70%；竣工验收合格后（以竣工验收合格证书注明的时间为准）满五年后 30 天内支付全部剩余质量保修金。

五、其他

双方约定的其他工程质量保修事项：_____/_____ 。

本工程质量保修书，由施工合同发包人、承包人双方在竣工验收前共同签署，作为施工合同附件，其有效期限至保修期满。

发 包 人（公章）：　　　　　　　　　　　承 包 人（公章）：

法定代表人/授权代表（签字）：　　　　　法定代表人/授权代表（签字）：

　　　年　月　日　　　　　　　　　　　　年　月　日

第七节　廉政协议书

廉政协议书

发包人（以下简称甲方）：<u>江苏省妇幼保健院</u>

承包人（以下简称乙方）：

为加强工程建设的廉政建设、规范工程建设项目承发包双方的各项活动，防止发生各种谋取不正当利益的违法行为，保护国家、集体和当事人的合法权益，根据国家和南京市有关工程建设的法律法规和廉政建设责任规定，结合本工程建设特点，特订立本廉政协议书。

双方应当自觉遵守国家和江苏省、南京市关于建设工程有关廉政建设的规定。

第一条 甲乙双方的责任

1. 应严格遵守国家关于市场准入、项目招标投标、工程建设、施工安装和市场活动等有关法律、法规、相关政策，以及廉政建设的各项规定。

2. 严格执行建设工程项目承发包合同文件，自觉按合同办事。

3. 业务活动必须坚持公开、公平、公正、诚信、透明的原则（法律法规另有规定者除外），不得为获取不正当利益，损害国家、集体和对方利益，不得违反工程建设管理、施工安装的规章制度。

4. 发现对方在业务活动中有违规、违纪、违法行为的，应及时提醒对方，情节严重的，应向上级主管部门或纪检监察、司法的有关机关举报。

第二条 甲方责任

甲方的领导和从事该建设工程项目的工作人员，在工程建设的事前、事中、事后应遵守以下规定：

1. 不准向乙方和相关单位索要或接受回扣、礼金、有价证券、贵重物品和好处费、感谢费等。

2. 不利用工作便利实施违法、违纪行为，不从中牟利，不损害国家和医院利益。

3. 不准要求、暗示和接受乙方和相关单位为个人装修住房、婚丧嫁娶、配偶子女的工作安排以及出国（境）、旅游等提供方便。

4. 不参加和接受可能妨碍公正执行公务和工程监督的各种宴请，不涉足营业性娱乐场所。

5. 不准向乙方介绍或为配偶、子女、亲属参与同甲方项目工程施工合同有关的设备、材料、工程分包、劳务等经济活动。不得以任何理由向乙方和相关单位推荐分包单位和要求乙方购买项目工程施工合同规定以外的材料、设备等。

6. 在考察、采购、工程发包、签订合同、阶段验收等环节中，不借机收取钱、物。如有难以谢绝而接受的礼品、回扣等，及时上交院纪委。

7. 不接受工程监理方、施工方赠送的礼物、礼金、有价证券和支付凭证等；不采取徇私舞弊手段进行权钱交易或索取和接受各种名义的钱物和好处。

8. 不单独与参建单位、供应商谈判或洽谈业务，不违反制度与程序要求，以任何理由与对方签订协议及合同，在业务洽谈中不泄露应保密的内容。

9. 不以考察企业等各种名义，要求或接受代建单位、承包单位安排的吃喝玩乐，游山玩水。

10. 不以任何名义到代建单位、施工方、工程监理方报销应由个人支付的各种费用，不在管理中收取回扣、中介费。

11. 不得在施工、验收、结算，以及工程款、监理费用支付等方面刁难工程监理方、施工方。

第三条 乙方的责任

应与甲方保证正常的业务往来，按照有关法律法规和程序开展业务工作，严格执行工程建设的有关方针、政策，尤其是有关建筑施工安装的强制性标准和规范，并遵守以下规定：

1. 不准以任何理由向甲方、相关单位以及工作人员索要、接受或赠送礼金、有价证券、贵重物品和好处费、感谢费等。

2. 不准以任何理由为甲方和相关单位报销任何应由甲方或个人支付的各种费用（包括但不限于住宅装修、婚丧嫁娶、旅游、度假、食宿、购物、学费、子女出国留学等）。

3. 不准要求或暗示为甲方、相关单位为个人装修住房、婚丧嫁娶、配偶子女的工作安排以及出国（境）、旅游等提供方便。

4. 不准以任何理由为甲方、相关单位或个人组织有可能影响公正执行公务的宴请和健身、娱乐等活动。

5. 乙方发现甲方工作人员有违反本协议行为倾向的，应及时提醒纠正并向医院的监督管理部门举报。

第四条　违约责任

1. 甲方工作人员有违反本责任书第一、二条责任行为的，按照管理权限，依据有关法律法规和规定给予党纪、政纪处分或组织处理；涉嫌犯罪的，移交司法机关追究其刑事责任；给乙方单位造成经济损失的，应予以补偿。

2. 乙方工作人员有违反本责任第一、三条责任行为的，按照管理权限，依据有关法律法规和规定给予党纪、政纪处分或组织处理；涉嫌犯罪的，移交司法机关追究其刑事责任；给甲方单位造成经济损失的，应予以补偿。

乙方承诺：如乙方违反本合同所列责任，经医院监督部门认定违规事实后，按照下列规定进行处罚。

1. 同意按照违规项目合同总金额的5%支付罚金。

2. 乙方行为致使医院工作人员违规的，同意将本公司列入医院施工队伍黑名单。

第五条　本责任书作为工程施工合同的附件，与工程施工合同具有同等法律效力。经双方签署后立即生效。

第六条　本责任书的有效期为双方签署之日起至该工程项目竣工验收合格时止。

第七条　本协议书正本贰份，甲乙双方各执壹份，副本肆份，甲乙双方各执贰份（含甲乙双方的监督部门壹份）。

甲方单位：（盖章）　　　　　　　　　　　　乙方单位：（盖章）

法人/授权代表：　　　　　　　　　　　　　法人/授权代表：

地址：　　　　　　　　　　　　　　　　　　地址：

时间：　　年　月　日　　　　　　　　　　　时间：　　年　月　日

第九章　进　度　管　理

第一节　进度管理内容

一、施工阶段的进度协调方法

由于工程整体建设场内参与主体众多，各系统工程技术衔接面复杂，技术及组织界面问题将是进度管理的难点。工程项目进度作为全面反映项目实施状况的综合指标之一，必须采取切实可行的监控措施以达到预定的项目总控进度计划的要求，制定激励引导措施，对于争先并提前完成进度计划的单位，在竣工评优时给予奖励。

进度管理依据：

1. 已签署的各个专业工程合同文本。
2. 招投标文件以及其他补充协议条款中关于本项目进度计划控制内容。
3. 设计合同文本所约定期限要求。
4. 材料设备供应、加工合同。

进度管理原则：

1. 保证工程安全、质量的前提下加快进度。
2. 以工期控制为主线，设置进度监控点，以书面形式加以明确。
3. 以各系统技术层面的协调为基础。
4. 以工程各参与主体（组织）之间配合为保障。
5. 局部服从大局。

二、现场实体进度控制组织构建

1. 专业承包商：各专业承包商派驻项目部的项目经理为主负责人，并指派专门人员负责项目进度协调相关事宜，与项目管理部驻场办公室进行联络。同时，以土建工程为基本配合单元，按时按质提供必要的工作面，保证垂直运输达到施工要求，并做好现场安全文明管理；以安装单位作为内装饰的配合单元。装饰工程是后期进度控制的关键，各机电专业隐蔽工程进度应服从装饰施工要求，与土建单位、水电单位密切协作。

2. 总承包管理：由项目经理为主要负责人，同时，指派总承包管理方的有关人员负责进度协调相关事宜，负责现场监督与协调。

3. 业主、监理：请给予必要的及时决策，并积极配合项目管理部进度协调事宜。

三、进度管理要求

1. 在项目总控进度计划指导下，科学制订阶段性工作目标及计划。按时、准确督促各参建单位提交本专业工程进度月报、周报及相关材料，其中包括工期计划、材料供应与使用计划、劳动力计划、设备进场与使用计划。

2. （每周新计划制订前）及时整理上周各进度计划执行情况，对未完成或未达标的预定计划进行调查，即对存在的主客观原因深入分析总结，在新的周工地例会或周进度协调会议上予以澄清，并由相关方确认。

3. 对存在的问题，根据现有条件制定切实可行的补救措施，并将其作为影响因素在新计划中予以体现。

4. 对下周工作中可能存在的实施障碍进行预测，提出处理措施；有必要与现场各方进行及时沟通，争取各方理解，并在会议上取得确认。

5. 每月进行月进度总结，具体操作与周总结类似。

6. 除工地例会外，每周增加一次进度协调会议，专门处理现场进度协调相关事宜，对上周项目进度概况进行汇总分析，听取各方意见，对迫切事项及时处理，并对下周进度进行合理部署。

7. 在听取各专业施工方进度情况汇报后，应督促相关方对存在的问题采取积极有效的补救措施，并与总承包、业主、监理一道努力对存在的技术问题（如设计变更等）给予及时答复。

8. 对各大宗材料及重要设备的采购进行严加管理，要求申报计划。

9. 必要时可依照合同和有关文件规定采取强硬措施对不积极配合行为予以经济处罚。

10. 每月进行月总结，其操作如周会议。

11. 通过流程渠道与设计方沟通，及时决策。

12. 积极配合各专业承包商做好后勤保障工作。

四、进度管理手段和措施

1. 召开工地例会及进度协调专题会议，如有紧急情况可随时召集相关部门负责人及时协调处理。

2. 按时提交月/周进度计划，应涉及工期、实物工程量、成本、劳动消耗、资源等。

3. 以工期控制为主，对实际进度与计划进度进行对比分析，找出原因，确定责任人。可采用横道图等相关工具表示。

4. 对存在的问题应责令相关单位提交具体可行的补救措施。

5. 对下周可能存在的需协调的界面问题进行预控，协商预防措施，提前部署。

6. 每月根据进度款支付情况，从成本角度对进度执行情况进行分析。

7. 明确各方责任，以书面形式确认，严格按协调会议精神及合同相关条款进行。

五、BIM 施工进度模拟

针对医院建设的公共性、公益性、专业性、系统性、复杂性、不可复制性，以及医院建设的项目管理模式、项目建设团队、建筑全生命周期的技术要求、对内的需求侧管理、对外的干系人管理等问题，如何从系统角度、从管理角度去解决，是医院建设管理者需要思考和解决的。管理是相通的，特别是建筑与医疗的全生命周期和全人生命周期，都是针对一个动态的系统进行管理，而医学诊疗的发展是以医疗新技术、新材料、新方法应用为前提的，目前建筑业的发展也是依靠新技术、新材料、新方法的应用。通过技术应用改变管理难题，是一条可靠途径。

BIM 是建筑"全生命周期"中的一种新技术、新方法与新理念，其几何与非几何信息的集成与连续性应用、跨专业和阶段的立体可视化协同、静态与动态过程信息的实时把控、宏观与微观层次空间的整合等，体现了 BIM 技术具有十分明显的应用优势。在施工方面，BIM 的优势体现在医院建设项目的施工集成，主要是施工阶段的施工单位的组织集成、施工工序的集成、施工资源（人员、材料、机械的统筹安排）的集成和施工信息（施工文档、监理资料、检测报告等）的集成。其中最重要的是施工工序和施工资源的集成。医院项目建设过程中，因平行分包单位、配合医疗设备供应商较多，加之工期紧，往往存在密集交叉施工。在此情况下就需要找到医院建设各工序之间的紧前紧后逻辑关系，建立合理的施工工序统筹规划，同时将各工序所需的人、才、机进行汇总、分析、统筹，通过BIM技术的应用进行科学集成，以满足医院建设工程施工阶段的需要。BIM施工进度模拟如附图-1所示。

最后，当实施进度的计划发生差异时必须及时制订对策。制定保证不突破总工期的措施，包括组织措施、技术措施、经济措施等。制定总工期突破后的补救措施，然后调整其他计划，建立新的平衡。

第二节　进度控制流程

一、进度控制基本步骤

首先，编制或审核项目实施总进度计划，审核项目阶段性进度计划，制订或审核材料供应采购计划，寻找出进度控制点，确定完成日期。

其次，建立反映工程进展情况的日记，进行工程进度检查对比，对有关进度及时计量并进行鉴证，召开现场进度协调会等。

二、加强进度实施

由图9-1可以看出，循环分析是在进度分析总结的基础上对进度实施的反馈，这就要求根据施工的进度，通过项目部生产协调会改善施工组织。

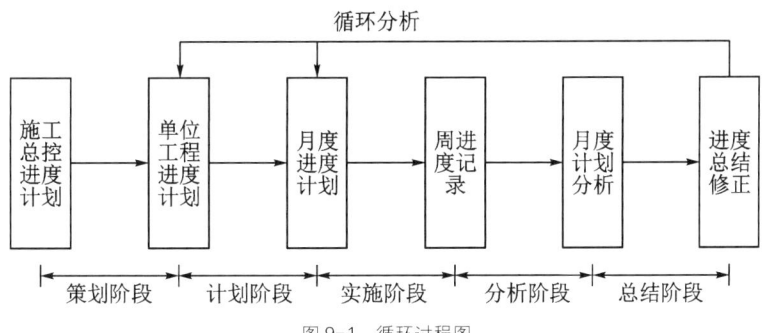

图9-1　循环过程图

改善施工组织的方法如下：

1. 如果出现的偏差是人为造成的，重点要从管理人员及施工人员方面分析原因，改善管理人员工作方式、方法，使之更好地围绕进度工作。

2. 督促承包单位及时调配生产机具、设备、材料供应，并及时调整和补充施工机械或业务人员。

3. 及时改进施工技术，不因技术措施不适用或不合理造成施工的浪费和返工。

三、调整进度计划

由于外部因素影响造成进度无法实施或是计划与现场状况不符，就应及时调整进度计划，同时及时进行施工协调，此项计划一般会在分析的基础上做出。表9-1为进度计划的调整与应对措施。

表 9-1　进度计划的调整与应对措施

序号	进度滞后原因	应对措施
1	政府法规变更	随时注意政府相关法规变更，及时提出对策
2	设计变更	及时提出变更方案
3	材料短缺	随时注意施工材料是否有短缺情况
4	材料设备进场太慢	及时提出采购申请，注意供货商的供货周期
5	自然灾害（不可抗力）	投保保险，加强注意天气状况
6	材料设备品质不良率偏高	加强制造过程的监督
7	材料设备规范未能符合要求	及时更换供货商
8	工人施工技术不足	督促承包商加强岗位教育、使用技术成熟的技工
9	工程监督管理不善	加强内部管理
10	工程界面未能协调好	加强与承包商的协调
11	需求变更	根据医学技术的发展要求及时调整设计

四、项目总控进度计划管理的主要工作

1. 建立以进度计划为龙头的协调体系。计划工作的主要内容包括：深化设计进度计划、主要专业队伍招标及进场最迟时间安排、主要材料设备采购加工周期及进场最迟安排、施工进度计划，其中以施工进度计划为主线。现场各承包单位根据总控进度计划编制工作计划和详细的施工进度计划。

2. 进度管理的报告体系和责任分工。具体内容见表 9-2—表 9-5。

表 9-2　进度管理的报告体系和责任分工表

项目开列	项目管理	监理	总承包商	分包商
开工报告	批准	审批	编制	
项目里程碑进度计划	提出	协助	执行	
施工总控进度计划	审批	审查	编制	执行
各专业详细进度计划	备案	审批	汇总审查	编制
年度/月度进度计划	备案	审批	汇总审查	编制
周进度报告	备案	审批	编制分析	提供资料

表 9-3　施工进度周报表（例）

序号	施工项目（位置）	上周计划	完成情况	备注
装修装饰				
1	吊顶基层龙骨安装	吊顶基层龙骨安装 40%	按计划完成	
2	窗帘盒安装	窗帘盒安装完成 70%	按计划完成	
3	砌墙	新砌墙体砌筑完成 60%（含粉刷），原墙体修补完成 70%	按计划完成	

（续表）

序号	施工项目（位置）	上周计划	完成情况	备注
4	墙面粉刷	原墙体粉刷完成30%	按计划完成	
5	洞口封堵	原楼地面管洞封堵吊模完成	按计划完成	
机电安装				
1	2至3层	三号楼空调水系统试压	已完成2至3层	
2	1至4层	屋面风冷热泵西侧水泵噪声问题处理	已完成，达到理想效果	
3	1至4层	预验收发现问题整改及处理	已完成70%，预计本周全部整改完成	
4	1至4层	新到风盘吊装及配管	未完成，风盘未到	
5	2至3层	主管道保温完成65%	按计划完成	
6	1至4层	冷凝水主管完成	按计划完成	
7	1层	1层生活水主管完成	按计划完成	
智能化安装				
1	1层放射科	会议室信息点移位	100%	
2	负一层	远大机房值班室增加2个信息点	100%	
3	1至18层	熊猫配合信息处对接各楼层护士长，完成意见反馈表的签字确认工作	100%	
4	7至18层	楼层摄像机位置被标示牌遮挡移位	100%	
5	1至18层	部分读卡器不灵敏需更换	100%	
6	1至18层	信息发布系统已调试完成，正常运行	100%	
7	2层信息机房	被污染的静电地板需更换，部分视频监控点位移位或拆除	100%	
8	三号楼4层	门禁开槽布管施工完成	100%	

表 9-4　现场各工种人数统计表

工种	瓦工	水电安装	消防安装	幕墙安装工	机电安装	华丽美登	电梯安装
人数					14	28	

表 9-5　周施工计划表（例）

日期	项目	本周计划完成内容	需协调解决事宜
装修装饰			
4.2—4.8	吊顶基层龙骨安装	吊顶基层龙骨安装完成90%	—
4.2—4.8	窗帘盒安装	窗帘盒安装完成	
4.2—4.8	砌墙	新砌墙体砌筑完成90%，原墙体修补完成95%	—
4.2—4.8	洞口封堵	原楼地面管洞封堵完成	
4.2—4.8	地面找平	地面找平完成50%	—

(续表)

日期	项目	本周计划完成内容	需协调解决事宜
机电安装			
4.2—4.8	1, 4 层	1, 4 层剩余风盘吊装及配管	—
4.2—4.8	1, 4 层	1, 4 层风管漏光、保温	—
4.2—4.8	1 至 4 层	预验收发现问题整改及处理	—
4.2—4.8	2 至 3 层	2 至 3 层房间内冷凝水配管完成 50%	—
4.2—4.8	2 至 3 层	2 至 3 层空调风管、水管主管保温完成	—
智能化			
4.2—4.8	三号楼改造	跟进三层门禁开槽布管施工	—
结构加固			
4.2—4.8	拆除	东侧电梯井梁板拆除完成	—
4.2—4.8	新增结构	电梯基坑钢筋绑扎完成 20%	—

3. 以总项目负责人为现场组织核心。强有力的领导机构是项目进度的重要保证。项目管理部组织项目经理联席会议，定期沟通，做到指挥统一，步调一致。

4. 建立以进度为考核指标的奖罚体系。无奖无罚，现场就没有动力，就没有纪律，进度就得不到保证。

5. 进度控制的重点在于界面的协调。各承包的合同内工作是可以控制的因素。不可控的因素是各方的界面，项目管理的工作重点就是这些界面的协调工作。

6. 把握各阶段项目总控进度计划管理的重点。

五、实体进度控制流程

1. 每周进度协调会议之前各专业承包商需对存在的障碍信息进行收集整理、汇总，对存在的问题提出初步解决方案。

2. 进度会议上各专业承包商向总承包单位汇报相关信息，同时协调总承包单位作总体汇报，并提出问题解决初步方案供各方确认。

3. 初步解决方案确定后以书面文件形式汇报业主、项目管理部、监理解决。

4. 对界面管理工作流程说明如下：

"需协调问题信息"是指对影响本专业工程施工的障碍信息。一是需其他专业单位配合的界面问题，如工作面未及时提交；二是指本专业实施有争议，需总承包、监理、项目管理部或业主确认的问题，如设计变更。

"需协调问题信息"一般来自各专业承包商、供货商。发现后经该方负责人审查，先内部消化解决，若不属于施工障碍，即予以否定而"结束"。确认实属界面问题，则报协调管理单位按"流程"处理。"需协调问题信息"可能由本专业工程人员从审查文件（图纸）或施工过程等环节中直接采集，也可能来自其他相关单位的质疑。

5. 一般的施工障碍问题，由内部审定后，与有关单位协商"提出实施方案"，经"实施""验收"后"结束"。

6. 遇到重大问题和有分歧问题时，上报监理审议，并提交项目管理部或业主决策。召开"组织协调会议"，确定处理原则后，继续按"流程"办理。

7. 负责人员在界面问题处理过程中，随时检查落实情况，及时反馈。

第三节　进度控制阶段

1. 项目策划阶段，项目管理部编制项目总控进度计划，明确项目各专业的进场时间和里程碑节点计划，并且在此基础上编制二次深化设计工作计划、项目采购工作计划。

2. 项目实施阶段，编制各专业、各工种的工作面计划，明确工序之间的逻辑关系、各工作面的流水段的划分和流水方向及持续时间，据此编制材料设备进场计划、劳动力计划，并且根据项目实际进展情况，做好项目的计划跟踪调整工作，明确施工过程的关键工作和实施重点，做好资源的优势安排。

3. 项目收尾阶段，此时进度管理主要是做好查缺补漏的整改工作以及单机调试、联动调试、专项验收、竣工预验收、竣工验收等工作，并列出各工作面的遗留问题清单，逐一加以解决。基建办建设工程进度确保评估见表9-6。

表 9-6　基建办建设工程进度确保评估表

编号	项目（工序）	工期（天）	延期风险描述	延期评估 I	延期评估 II	延期评估 III	解决措施
1	止水帷幕	40	工序协调；材料采购	✓			合理安排工序，减少冷接缝；现场一台三轴深搅桩采用两个水泥罐
2	支护桩	25	人员、机械配置		✓		拟进场10台水钻孔机械，确保安排完成
3	基坑加固	45	工序协调；人员、机械配置	✓			合理安排工序穿插施工，减小对其他工序施工的影响
4	立柱桩	20	工序协调；人员、机械配置		✓		合理安排工序穿插施工，减小对其他工序施工的影响，拟进场10台水钻孔机械，确保安排完成
5	工程桩	65	人员、机械配置			✓	拟进场10台水钻孔机械，确保安排完成
6	降水井	15	工序协调	✓			合理安排工序穿插施工，减小对其他工序施工的影响
7	第一道撑、圈梁、板	50	材料采购；人员、机械配置		✓		加大材料采购力度，确保材料供应及时；增加施工人员，确保施工进度

注：基坑支护工程中夹着其他施工单位的工作，如不按时完成挖土，第一、二道支撑就无法完成。渣土外运单位必须在2014年11月前确定。

说明：延期风险描述：天气变化；资金短缺；工序协调；材料采购；政策法规；人员配置；其他延期评估；I级为一般关注；II级为重点关注；III为高度关注。

第四节　项目进度计划——以住院综合楼为例

项目进度计划如本书附图-2所示。

第十章 造价与投资管理

第一节 投资管理方法

投资管理主要有费用估算和偏差分析。费用估算是工程项目前期根据设计、市场、有关规定估算投资总额。偏差分析（赢得值法）是通过实际完成的工程与计划相比较，分析是否存在偏差并找出偏差原因，以合理控制费用的方法。费用偏差还要结合工程进度分析，这也可以通过赢值法进行。项目管理部将根据批准的项目概算、投资控制基准及工作结构分解（WBS），采用跟踪、监督、对比、分析、预测等手段，以业主变更或项目变更的方式，运用赢得值原理图对计划工作量预算费用（计划值 BCWS）、已完工作量预算费用（赢得值 BCWP）和已完工作量实耗费用（实耗值 ACWP）的变化进行记录、修正或调整，使项目在严格的程序控制下实施，具体如图 10-1 所示。

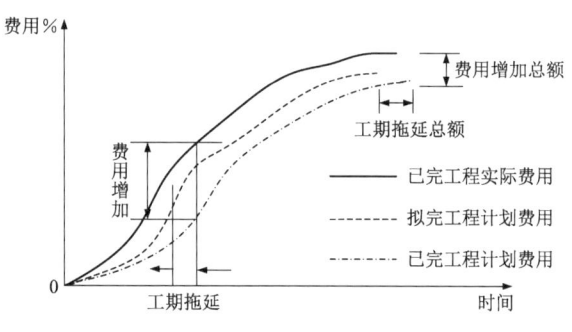

图 10-1 偏差分析法

根据项目管理的经验，在项目建设全过程中，越早进行投资控制，就能以越小的代价获得越大的效果。因此项目投资管理的重点应放在项目计划和设计阶段，通过制定合理的项目投资目标，并在设计方案中采用价值工程方法，采取经济合理的技术方案，使投资控制达到事半功倍的效果。

此外，在项目建设过程中，要求签证一单一算、一月一清。跟踪审计对施工单位上月的签证一个月内审核完毕。合同中对现场签证及补充预算的办理实行严格的时间限制，严禁后补。签证记录确认后两周内，施工单位必须上报现场签证，逾期不予办理。监理、跟踪审计、院审计、基建办及时核量、认价、归档。

第二节 投资管理流程

首先，进行风险预测，采取相应的防范措施。熟悉项目设计图纸与设计要求，分析项目价格构成因素，事前分析费用最容易突破的环节，从而明确投资控制的重点。其次，定期检查和对照费用支付情况，对项目费用超支和节约情况作出分析，提出改进方案。最后，审核信息制度，掌握国家调价范围和幅度。基建办工程项目付款流程见表 10-1。

表 10-1 基建办工程项目付款流程表

流程图	具体事项	责任部门	第一负责人
施工单位申请	提交工程款支付申请（江苏省建设工程监理现场用表（第五版）B.2.3）施工进度证明等材料附件于监理审核	乙方 监理	乙方、监理
监理负责人	1. 对照相关材料附件，检查文明施工情况（如有处罚，当期进度款扣除），审核工程进度	监理	监理
	2. 依据监理合同和监理法规，评定该段工程质量		监理
	3. 审核施工单位文明施工，劳务工工资支付情况，处罚扣款情况		监理
	4. 监理出具《工程款支付证书》，签署意见，并盖项目章		监理
	5. 如满足以上条件，3~7 工作日内完成报跟踪审计		监理
跟踪审计	跟踪审计 3 个工作日内出具《跟踪审计意见书》	监理	跟踪审计
甲方项目负责人	1. 下载"工程进度款支付申请表"	基建办	乙方
	2. 根据合同约定，及审定意见填写"工程进度款支付申请表"		乙方
	3. 审查所有附件的完整性和真实性		项目负责人
	4. 如满足以上条件，在下一工程例会上予以通告		项目管理
	5. 与财务会计核实账面可付账款		项目负责人
	6. 通知施工单位开具发票（发票金额与审计意见书金额一致）		项目负责人
科室主任审批	1. 3 个工作日内审批付款凭证（有发票的填写蓝色凭证、无发票的填写绿色凭证），如 3 个工作日内未见回复，经办人向科室主任催办	基建办	科室主任、项目负责人
	2. 交科室主任助理办理		科室主任助理
院领导审批	1. 科室主任助理负责跟踪办理，院领导审批后交与财务	基建办	科室主任助理
	2. 5 个工作日内，科室主任助理应办理完毕并在《预算执行本》上登记，并科室主任签字		基建会计
财务审批付款	1. 复核进度是否达到付款条件，复核付款金额计算方式是否正确	财务 基建办	财务
	2. 根据有效凭证，按合同及时完成付款		财务
付款确认	系统平台设定每隔 3 个工作日提醒确认，直至完成付款，报知科室主任	基建办	科室主任助理

第三节　投资控制措施

一、组织措施

1. 考虑项目的复杂性和对项目的进度、质量、投资等方面的要求和特点，合理选择项目管理模式。

2. 合同结构是项目上所有合同之间的构成状况和相互联系，对投资控制的效果起关键作用，需要合理确定项目的合同结构，提高效率和专业性。

3. 合理选择相关合作伙伴，倾向考虑具有良好的社会信誉及公德、一定抗风险能力及经济实力及丰富施工管理经验或技术的人员，以提高项目执行力。

4. 合理整合外部专家资源，增强竞争优势，提高管理水平。

5. 建立健全投资控制组织，协调控制工程投资。

6. 完善职责分工及有关制度，落实投资控制的责任。

7. 建立投资控制工作流程，通过动态检查与比较分析，全方位、多层次使得建设工程的投资目标尽可能实现。

8. 完善投资控制相关制度，包括工程项目成本治理各项制度及完善的投资目标体系。

9. 必要时，调整组织结构、管理职责分工、工作流程和项目管理班子人员等，优化组织结构模式和组织分工。

二、管理与合同措施

1. 限额设计，以投资或造价为出发点，优化方案比较措施，严格控制技术设计和施工图设计的不合理变更，强化设计人员工程造价意识，达到动态控制投资的目的。

2. 价值工程，以最少的费用换取所需要的功能，以提高经济效益。

3. 调整投资控制的方法和手段。

4. 按合同支付款项，防止过早、过量的现金支付。

5. 全面履约，减少对方提出索赔的条件和机会，正确地处理索赔等。

三、技术措施

1. 优化设计及施工方案。

2. 重视图纸的经济性审查。

3. 合理确定标底及合同价。

4. 通过质量价格比较，合理确定生产供应厂家。

5. 推广使用各种降低消耗、提高工效的新工艺、新技术、新材料，降低成本。

6. 重视图纸会审，减少施工过程的洽商变更。

7. 审核施工组织设计和施工方案，合理开支施工措施费。

8. 按合理工期组织施工，避免不必要的赶工费。

9. 加强质量控制，一次成优，减少返工，降低成本。

四、经济措施

1. 资金投入控制，对投资构成的每一项费用进行科学合理分解，做到专款专用。

2. 制定节约投资的奖励措施等，调动各方积极性。

五、信息管理措施

1. 及时进行计划费用与实际开支费用的数据处理及比较分析，做到实时控制。

2. 费用预测，生成报告报表。

第四节　投资管理附表

投资管理附表主要有工程付款申请表、工程项目质保金支付申请表、科室付款内部审核查验表、住院综合楼效益分析平衡表，分别见表10-2—表10-5。

表 10-2　工程付款申请表

项目名称		合同编号	
实施单位		合同金额	
申请事由：			
本次申请支付金额：大写　　　　元 　　　　　　　　　小写　　　　元 （单位盖章）		签字：　　　　　　年　月　日	
院基建办意见： 　□同意　□不同意，原因＿＿＿＿＿＿＿＿＿＿＿ 项目负责人：		科室主任：　　　　　年　月　日	
院审计意见：		签字：　　　　　　年　月　日	
分管院领导意见：		签字：　　　　　　年　月　日	

表 10-3　工程项目质保金支付申请表

项目名称		实施单位		项目负责人	
开工日期		合同金额		截至已累计支付	元
竣工日期		审定金额		质保金　　%，共	元
保证金年限：自　　年　月　日至　　年　月　日					
合同付款条件：					
申请单位：					
本次申请支付金额：小写　　　　元 　　　　　　　　　大写　　　　元 （单位盖章）				签字：　　　　年　月　日	
使用部门意见：满意□　较满意□ 　　　　　　　不满意，原因＿＿＿＿＿＿ 科室主任：　　　　　年　月　日					

(续表)

基建办意见：无扣款□ 有扣款□		
因 　　共扣款　　　元 项目负责人：	科室主任：	年　月　日
分管院领导意见： 	签名：	年　月　日

表 10-4　科室付款内部审核查验表

项目名称：　　　　　　　　负责人：　　　　　　　　合同编号：

序号	资料名称	科室主任	项目负责人	协管员
1	报销凭证：金额大小写、内审号、日期			
2	发票：发票专用章不覆盖金额、合同账号和发票账号相同			
3	工程付款申请表：审定金额、小数点两位			
4	跟踪审计建议书：计算正确、前后一致			
5	进度款甲供材情况说明（如施工单位使用甲供材）			
6	出入库单：金额、日期			
7	甲供材料进场验收结算单：金额、日期			
8	甲供材料调试验收合格单/单位工程竣工验收证明书			
9	结算报告：核减额前后一致			
10	第一次付款所需附件：会议纪要、合同、审计意见书、授权等			
	签　字：			

注意：付款申请表上审定金额为结算报告审定金额，申请付款金额保留两位小数；竣工验收证明书上验收日期精确到日，验收时间和竣工时间相同；附件复印件均需盖章。

表 10-5　住院综合楼效益分析平衡表　　　　　　　　（单位：元）

项目名称	批复概算	投标价	中标价	议减费用（中标价-投标价）	报结算	结算审定价	完成投资比（结算审定价/批复概算）	增减率（结算审定价/中标价）	增减内容	备注
气动物流传输系统	11 500 000	11 132 000	11 132 000	0	10 893 638.24	10 833 870.8	94.21%	97.32%	减少1个站点及相应的管道	

第十一章 质量与安全管理

第一节 工程质量管理制度

基建办工程质量管理制度

一、工程质量评定

（一）施工现场的质量管理体系和检查制度

1. 工程质量的验收是对施工单位所完成的半成品或成品的最终质量确认。为提升工程质量，必须加强施工过程中的质量控制。施工单位的质量管理体系和质量管理制度是过程控制的基本保证。

2. 基建办应对施工单位建立、健全和推行的生产控制和合格控制质量管理体系情况进行检查，监督检查内容还应包括施工单位人员质量责任制的落实，施工技术和组织的准备，工程材料的储备和技术交底等。

3. 工程开工前，基建办应结合开工审查等工作，对施工总承包单位的质量管理体系和管理制度落实情况按上述要求进行检查，并做出检查结论。只有通过检查，才能签署开工报告。在施工过程中对重要分部工程的分包单位，也应由基建办在施工总承包单位审查的基础上，按上述要求开展分包单位的质量管理体系和管理制度落实情况检查，并作出检查结论。

（二）施工质量验收重点

1. 建设工程采用的主要材料，半成品、成品、建筑构配件、器具和设备应进行现场验收。凡涉及安全、功能的有关产品，应按各专业工程质量验收规范进行复验，并应经专业工程师检查确认。

2. 对各工序施工质量应按施工技术标准进行质量控制和验收，每道工序完成后应进行检查，并记录检查工作中获得的实际质量数据。检查应按国家和地方颁布的质量验收标准和施工企业标准进行控制，在验收记录上给予明确标识。所使用的控制指标应按照企业标准，同时严于行业和国家标准指标的原则确定。

3. 如涉及隐蔽工程，应于隐蔽前在施工单位自查并通知建设单位进行验收，由专业工程师组织验收，形成书面验收文件，明确验收结论。

4. 各专业工序之间应进行交接检验，并形成记录。未经专业工程师检查认可，不得进行下道工序施工。在施工单位每道工序完成后开展自检、专职质量检查员检查的基础上，专业工程师应对上道工序是否满足下道工序的施工条件和要求、相邻工序之间是否满足施工条件和要求进行交接检验，确保各工序间和各相关专业之间形成一个有机的整体。

5. 专业工程师在验收过程中，除做好隐蔽工程、检验批和分项工程质量验收外，还应根据规范和设计要求，做好涉及工程结构安全的专项检查和涉及工程使用功能的系统综合性能的检查，此项内容的检查结论是工程质量验收的重要依据。

（三）施工质量验收基本要求

工程质量验收必须符合下列基本要求：

1. 工程施工质量应符合相关专业验收规范的规定，符合工程勘察、设计文件的要求。

2. 参加工程施工质量验收的各方人员应具备规定的资质。

3. 质量验收均应在施工单位自行检查评定的基础上进行；隐蔽工程应在隐蔽前由施工单位通知有关单位进行验收，并应形成验收文件。

4. 涉及结构安全的试块、试件以及有关材料，应按规定进行见证取样检测；检验批的质量应按主控项目和一般项目验收。

5. 对涉及结构安全和使用功能的重要分部工程进行抽样检测。

6. 承担见证取样及有关结构安全检测单位应具有相应资质。

7. 工程的观感质量应由验收人员通过现场检查，并共同确认。

（四）建设单位质量行为要求（详见《工程质量安全手册（试行）》）

1. 按规定办理工程质量监督手续。

2. 不得肢解发包工程。

3. 不得任意压缩合理工期。

4. 按规定委托具有相应资质的检测单位进行检测工作。

5. 对施工图设计文件报审图机构审查，审查合格方可使用。

6. 对有重大修改、变动的施工图设计文件应当重新进行报审，审查合格方可使用。

7. 提供给监理单位、施工单位经审查合格的施工图纸。

8. 组织图纸会审、设计交底工作。

9. 按合同约定由建设单位采购的建筑材料、建筑构配件和设备质量应符合要求。

10. 不得指定应由承包单位采购的建筑材料、建筑构配件和设备的生产厂、供应商。

11. 按合同约定及时支付工程款。

基建办建设工程质量控制评估见表11-1。

表11-1 基建办建设工程质量控制评估表

序号	项目	要点描述	设计参数	规范允许偏差	实际参数	材料品牌	规格型号	责任人	质量控制措施
1	钢筋笼制作	根据桩长制作，若干节钢筋笼，钢筋笼由主筋的箍筋加强箍筋构成	抗压桩8/16φ16 抗拔桩20φ22 加强箍16@200 螺旋箍8@100/200	直径±10 mm，螺旋箍筋间距±20 mm，焊接接头主筋错开35d	工程桩：抗压800；抗拔700。支护桩750，1 000，1 050，1 100，1 150	南钢、沙钢、永钢		监理	在钢筋笼制作过程中，清点主筋根数，测量螺旋箍筋间距和钢筋笼直径，螺旋箍筋与主筋的梅花形焊点，发现不合格及脱焊，要求返工

(续表)

序号	项目	要点描述	设计参数	规范允许偏差	实际参数	材料品牌	规格型号	责任人	质量控制措施
2	模板定位筋的焊接	在墙柱钢筋各角边点焊定位钢筋，避免主筋的灼伤。焊接时应与构建的边线齐平，用水平尺进行控制	用16 mm钢筋作为定位筋						在模板定位筋焊接过程中，及时进行复核，并严格控制主筋的焊接处质量

第二节　工程安全管理制度

基建办工程安全管理制度

以"安全第一、预防为主、综合治理"的方针进行安全生产检查，是安全生产工作中的一个重要组成部分，它不仅能依靠群众执行党和国家的安全生产方针和政策，还能揭露生产过程中的不安全因素的存在，明确重点，落实整改，确保生产安全。

一、安全检查要求和形式

1. 安全生产检查要遵循医院相关科室、监理单位、施工单位及有关部门相结合的原则。每次检查要有明确的重点、目的和要求，在检查中发现的问题，能及时解决的要立即解决，一时不能解决的要按问题严重程度制定计划，指定专人限期解决，对危及医疗运行安全的险情，应立即采取应急措施，甚至停产整改，并报告领导处理结果。

2. 安全检查实行定期性检查、随机性抽查、专业性检查、季节性和节假日检查、综合性检查等多种形式。

（1）开工前的安全检查

工程开工前由监理、基建办会同有关部门对项目进行全面的安全检查。检查主要内容包括：施工组织设计是否有安全措施，施工机械设备是否配齐安全防护装置，安全防护设施是否符合要求，施工人员是否经过安全教育和培训，施工方案是否进行交底，施工安全责任制是否建立，施工中潜在事故和紧急情况是否有应急预案等。

（2）定期性安全生产检查

项目各单位安全员日常巡回安全检查每周组织一次由有关职能部门负责人和专职安全员参加的安全生产大检查，并积极配合上一级进行专项和重点检查；每日组织各施工队进行自检、互检、交接班检查。

（3）随机性的安全抽查

每周不固定时间进行抽查，检查重点：施工用电、机械设备、脚手架工程、模板工程、焊接作业、季节性施工等。

（4）专业性的安全检查

针对施工现场的重大危险源，专职安全员负责对施工现场的特种作业和施工技术安全进行检查。动火作业需按院保卫处要求进行备案。

（5）季节性、节假日安全生产专项检查

春秋季检查防风、防火措施落实情况；夏季检查防洪、防暑、防雷电措施落实情况；冬季检查防冻、防煤气中毒、防火、防滑措施落实情况；节假日加班及节假日前后安全生产检查。

3. 安全检查记录。定期性检查按监理要求进行检查、打分、评价；施工队每日的自检、交接检以及随机性性安全生产抽查，可在相应的"工作日志"上记载、归档或使用"安全检查记录表"；专业性安全检查，季节性、节假日安全生产检查，使用"安全检查记录表"或"事故易发点检查表"。

二、安全检查内容

1. 项目部组织的检查，重点是安全措施的落实情况，现场安全、文明生产是否符合标准化、制度化和规范化的要求；检查每个分项目的安全管理状况和施工现场的安全状况，提出整改意见，以便指导基层抓好安全生产管理工作。

2. 分步组织施工单位及有关职能部门与现场负责人对工地进行巡回检查，及时发现问题，提出落实整改措施，督促工地和有关部门及时解决工地上的不安全行为和不安全的设施。

3. 施工队工地负责人组织本工地有关人员对本工地的设施、设备进行检查，及时发现问题，消除不安全的隐患，本级解决不了的，要及时汇报上级有关部门处理。

4. 班组每班检查，检查本班组作业环境及周围环境是否安全，设备、设施是否处于安全状况，自己无法解决的，要及时报告工地负责人处理，做好交底记录工作。

三、建设单位安全行为要求［详见《建筑施工安全检查标准》（JGJ 59—2011）］

1. 按规定办理施工安全监督手续。
2. 与参建各方签订的合同中应当明确安全责任，并加强履约管理。
3. 按规定将委托的监理单位、监理的内容及监理权限书面通知被监理的建筑施工企业。
4. 在组织编制工程概算时，按规定单独列支安全生产措施费用，并按规定及时向施工单位支付。
5. 在开工前按规定向施工单位提供施工现场及毗邻区域相关资料，并保证资料的真实、准确、完整。

基建办建设项目安全风险评估见表 11-2。

表 11-2 基建办建设项目安全风险评估表

编号	项目	风险描述	风险等级 Ⅰ	风险等级 Ⅱ	风险等级 Ⅲ	安全措施	角色	安全器具	责任人
1	施工临时用电	无电工证作业、违章用电、超负荷用电、强行送电			√	持证上岗、安全教育	电工、焊工	灭火器、漏电开关熔断器	
		电线老化、破皮、电器元件损坏		√		更换部件	电工	电缆线、漏电开关	

(续表)

编号	项目	风险描述	风险等级 Ⅰ	风险等级 Ⅱ	风险等级 Ⅲ	安全措施	角色	安全器具	责任人
1	施工临时用电	电线接头未按要求包扎好或未架空，电线浸在水（泥浆）里，配电箱、开关箱未上锁，无防雨措施；无漏电保护或漏保失灵			√	日常检查、整改	电工	胶布、漏电开关锁	
2	施工机械	施工机械外露转动轴轮、皮带等无安全防护装置或存在缺陷		√		日常检查、整改	桩机操作工	防护罩	
		机械设备未定期保养、维修、带病作业		√		日常检查、整改	桩机操作工		
3	灭火设施	是否符合使用性质、是否过期、过检测		√		日常检查、整改	班组长		
4	加固施工	临边、洞口未防护			√	日常检查、整改	加固施工员	防护罩	
		脚手架高空作业		√		配备安全绳、安装施工护栏	加固施工员		
5	恶劣天气作业	高温、低温天气继续作业	√			禁止施工，采取安全保护措施	安全员		
		恶劣天气作业、运输、行车		√		禁止施工，采取安全保证措施	安全员		
		暴雨、台风季节施工无防护措施或措施不当			√	禁止施工，采取安全保护措施	安全员		

说明：风险等级：Ⅰ级为一般关注；Ⅱ级为重点关注；Ⅲ级为高度关注。

第三节　隐蔽工程质量验收管理规定

基建办隐蔽工程质量验收管理规定

隐蔽工程验收是指在构筑物施工过程中，对将被下一工序所封闭的分部、分项工程进行检查验收。为了进一步加强工程的质量管理，避免隐蔽工程可能造成的质量隐患，确保住院综合楼工程质量满足设计和规范要求，特制定隐蔽工程验收管理规定：

1. 验收人员：基建办项目负责人、监理项目部人员、施工单位施工员和质量检查员，必要时审计、跟踪审计参加。

2. 验收时间：隐蔽工程乙方应提前48小时报验。

3. 验收内容：土建工程、安装工程、人防工程、消防工程、电梯工程等所有隐蔽工程。

4. 隐蔽工程验收程序：

隐蔽工程在下一道工序开工前必须进行验收，按照《隐蔽工程验收控制程序》办理，具体包括：

（1）承包人自检

承包人应当对工程隐蔽部位结合规范要求、设计要求和 BIM 模拟的图纸等相关资料进行自检，并经自检确认是否具备覆盖条件。

（2）检查程序

除专用合同条款另有约定外，工程隐蔽部位经承包人自检确认具备覆盖条件的，承包人应在共同检查前 48 小时书面通知监理人检查，通知中应载明隐蔽检查的内容、时间和地点，并应附有自检记录和必要的检查资料。

监理人应按时到场并对隐蔽工程及其施工工艺、材料和工程设备进行检查。经监理人检查确认质量符合隐蔽要求，并在验收记录上签字后，承包人才能进行覆盖。经监理人检查质量不合格的，承包人应在监理人指定的时间内完成修复，并由监理人重新检查，由此增加的费用和（或）延误的工期由承包人承担。

除专用合同条款另有约定外，监理人不能按时进行检查的，应在检查前 24 小时向承包人提交书面延期要求，但延期不能超过 48 小时，由此导致工期延误的，工期应予以顺延。监理人未按时进行检查，也未提出延期要求的，视为隐蔽工程检查合格，承包人可自行完成覆盖工作，并作相应记录报送监理人，监理人应签字确认。监理人事后对检查记录有疑问的，可按重新检查的约定重新检查。

检查期间发包人及监理人必须现场通过图纸、BIM 模拟成果进行检查。

（3）重新检查

承包人覆盖工程隐蔽部位后，发包人或监理人对质量有疑问的，可要求承包人对已覆盖的部位进行钻孔探测或揭开重新检查，承包人应遵照执行，并在检查后重新覆盖恢复原状。经检查证明工程质量符合合同要求的，由发包人承担由此增加的费用和（或）延误的工期，并支付承包人合理的利润；经检查证明工程质量不符合合同要求的，由此增加的费用和（或）延误的工期由承包人承担。

（4）承包人私自覆盖

承包人未通知监理人到场检查，私自将工程隐蔽部位覆盖的，监理人有权指示承包人钻孔探测或揭开检查，无论工程隐蔽部位质量是否合格，由此增加的费用和（或）延误的工期均由承包人承担。

在中间隐蔽工程验收中，监理应严格按验收程序执行，并将验收结果上报委托人。如有质量问题监理人提供限期整改方案并监督其完成整改。

第四节　隐蔽工程验收流程

基建办隐蔽工程验收流程见表 11-3。

表 11-3　基建办隐蔽工程验收流程

流程图	具体事项	责任部门	项目负责人
隐蔽工程 ↓（完工／整改）↓ 施工方自检	1. 按设计图纸施工，按建设工程相关标准及要求进行隐蔽工程报验	施工单位	乙方
	2. 如遇变更签证，在隐蔽前及时通知监理、跟踪审计、甲方现场确认		乙方
	3. 清理施工现场，确保干净、整洁、一目了然		乙方
	4. 标牌、标识与图纸相符，清晰可辨		乙方
	5. 施工现场应与 BIM 模型相符		乙方、监理
	6. 所有隐蔽工程都应摄像并拍照留存		乙方、监理
↓（合格／整改）↓ 工程报验	1. 自检符合提前确定的验收细则	施工单位	乙方
	2. 自检合格，填写"隐蔽工程验收申请表"		乙方
	3. 上传自检验收表，同时提出验收		乙方、监理
↓（合格／整改）↓ 现场验收	1. 隐蔽工程报验（提前 48 小时申报，注明验收范围、内容、参加人员）	施工单位、监理、基建办	乙方
	2. 监理工程师应在 24 小时内给予回复验收时间及地点		监理
↓（合格／二次验收）↓ 完善手续	1. 现场参照 BIM 模型比对验收，进行摄像、拍照留存	施工单位、监理、跟踪审计、基建办	监理、甲方
	2. 重要节点通知设计、建筑行政主管部门单位		监理、甲方
	3. 如验收不合格返工整改，在监理规定时间内整改完毕再次向平台申请报验		监理
	1. 验收合格，各方签字确认、盖章	施工单位、设计单位、监理、跟踪审计、基建办	所有参加人员
	2. 平台上传相关验收资料		监理、甲方、跟踪审计

第五节 建筑工程隐蔽工程验收记录表

建筑工程隐蔽工程验收记录见表11-4。

表 11-4 隐蔽工程验收记录表

工程名称		施工单位	
分项工程名称		项目经理	
隐蔽工程名称		专业工长	
隐蔽工程的质量要求			
隐蔽验收依据			
隐蔽工程部位、规格型号	施工单位自查记录		监理（建设）单位验收记录

施工单位检查意见：

施工单位项目技术负责人：　　　　质检员：　　　　　　　　　　　年　月　日

监理（建设）单位验收结论：

监理工程师（建设单位项目负责人）：　　　　　　　　　　　　　　　年　月　日

第六节 材料验收流程

基建办材料验收流程和工程材料验收记录分别见表 11-5 和表 11-6。

表 11-5 基建办材料验收流程

流程图	具体事项	责任部门	责任人
供应商资质审查	1. 按照合同规定，选择 4~6 家供应商	基建办、供应商、监理	供应商
	2. 提供营业执照、税务登记、检测报告、产品样品等证明		供应商
	3. 确定待考察 2~3 家重点供应商		基建办
厂商考察	1. 组织供应商考察（生产规模，产品性能，估量价格，供应周期，服务承诺）	基建办、供应商、监理	基建办、院领导及监察、审计等相关部门
	2. 组织院相关部门讨论、确定供应商范围		基建办
	3. 撰写考察报告		基建办
材料申报（合格／不合格）	1. 材料进场前，填写材料申报表，材料质量证明文件	供应商	供应商
	2. 需送相关检测检验的应提供相关合格证明材料原件、样本		供应商
	3. 按 BIM 要求提供数码电子资料		供应商
抽样自检（合格／不合格）	1. 检验书面质量保证书原件、接招标文件及合同要求核对实物	供应商、承包商、监理、基建办	供应商
	2. 提供相关样品，试验报告，合同副本交于甲方、监理		供应商
	3. 重要批次资料进场摄像、拍照留存		基建办、监理
	4. 查有不符或质量问题按规定开异常单给乙方		基建办、监理
取样检测及抽查	1. 保证"以料待工"，避免影响施工，负责按规定处罚	承包商、基建办、监理	供应商
	2. 按规定频率抽样自检		监理
	3. 不定期随时进行材料抽检，不合格无条件退货，清出施工场地		基建办
	4. 全部合格批准后，该批材料方可使用		监理
材料进场	1. 全部合格或批准后进入施工场地使用	供应商、基建办、监理	供应商
	2. 基建办随时进行抽查或要求承包商、监理方随时抽检		基建办

后续流程：隐蔽工程验收 | 变更签证流程 | 项目考查细则

表 11-6　工程材料验收记录表

工程名称			
验收项目		验收日期	
验收部位			

验收依据：施工图图号　设计变更/洽商（编号＿＿＿＿＿／＿＿＿＿＿）及有关国家现行标准等。
主要材料名称规格、型号：

验收内容：

检查意见：

检查结论：

复查结论：

　　　　　　　　　　复查人：　　　　　　　　　　　　　　复查日期：

签字栏	监理（建设）单位	施工单位		
		专业技术负责人	项目专业质量检查员	专业工长（施工员）

第七节　重要分部工程质量验收管理规定

基建办重要分部工程质量验收管理规定

根据《房屋建筑和市政基础设施工程质量监督管理规定》(住建部令第 5 号)和《江苏省房屋建筑和市政基础设施监督工作实施细则》(苏建规字〔2011〕2 号)的规定，为有效做好现场工程质量管理工作，配合质量监督站，提高包括建设单位在内的五方责任主体认真履行质量行为，要求各建设、监理、施工单位单位在完成单位工程分部（子分部）质量节点验收合格后，应由建设单位牵头办理材料检测工作，监理单位分部分项工程由将验收的内容告知质监站相应监督抽查科室责任监督员进行备案审查。

一、参建各方工程质量行为要求

1. 建设单位：建设单位应依法承担工程质量责任，并对所建设的工程在设计使用年限内的质量全面负责。

（1）依法办理施工许可证和质量监督手续。

（2）建设单位设立项目专职质量管理机构，项目负责人应具备与工程建设相适应的组织管理能力和实际工作经验，管理机构配备相应的专业技术人员；同时应建立健全与工程项目建设相适应的质量管理制度（如：工程建筑材料采购管理制度、项目质量管理公示制度、工程质量验收管理制度等）。

（3）无明示或者暗示勘察、设计单位、监理单位、施工单位违反强制性标准，降低工程质量和迫使承包方任意压缩合理工期等行为。

2. 监理单位：监理单位按照法律规定和合同要求对所承接的建设工程承担相应质量责任。总监理工程师是工程项目监理工作的直接负责人，总监理工程师应与中标书中相一致。

（1）工程项目的监理机构应按照委托监理合同的约定配备与工程项目规模和技术难度相适应的监理人员，监理人员资格证书与承担任务相符。

（2）在工程质量监理过程中，应细化工程项目监理规划和监理实施细则中相应的工程质量监理工作制度［如：见证取样和送检，平行检验，分项、分部（子分部）工程验收签认，单位（子单位）工程预验收和工程竣工验收等］。

（3）严格履行与建设单位签订的委托监理合同中相应质量控制权利，对现场发现使用不合格材料、构配件、设备的现象和发生的质量事故，及时督促、配合责任单位调查处理。

（4）监理人员应对达不到质量要求的工程不得签字，并责令施工单位进行整改或返工。

（5）严格按照审图机构批准的施工图、设计文件和施工技术质量标准、规范进行精心监管；加强对各检验批、分项、分部工程的过程检查验收；对进场的建筑材料设备均应严格进行检查。

3. 施工单位：施工单位按照法律规定和合同要求对所承接的建设工程承担相应质量责任。施工单位的法定代表人，对所承接的建设工程项目的工程质量负领导责任。

（1）所承担的任务与其资质相符，项目经理与中标书中相一致，有施工承包手续及合同。

(2) 配备与工程项目规模和技术难度相适应的、业务素质高且具有项目质量管理工作实际经验的工程质量管理人员的工程项目部。项目经理、项目技术负责人、质检员等专业技术管理人员具有相应资格及上岗证书。

(3) 项目经理应持有授权委托书，并应在委托书中明确其代表单位法人承担工程项目质量责任，一个项目经理在同一时间段内只能承担一个项目的建筑主体工程施工。发包单位与分包单位对分包工程的质量承担连带责任。

(4) 独立配备与工程项目相适应的技术质量管理组织机构，有经过批准的施工组织设计或施工方案并能贯彻执行。施工单位应依照国家和地方相关法律、法规和管理规定，必须严格按照设计文件和施工技术质量标准和规范进行施工。制定相应的质量管理制度，对于重要分部（子分部）工程，以及单位（子单位）工程竣工验收前必须由施工单位技术质量负责人组织单位技术质量部门人员进行现场检查，并形成检查记录，签字认可，合格后方可报送监理单位总监理工程师进行检查、验收并签字认可。

4. 勘察、设计单位：勘察、设计单位必须按资质等级及业务范围承担相应的设计任务，对设计使用年限内的质量负责。

(1) 依法承揽的工程勘察、设计任务与本单位资质相符。

(2) 主要项目负责人执业资格证书与承担任务相符。

(3) 图纸及设计变更勘察、设计人员签字出图章手续齐全。

(4) 设计单位无指定材料、设备生产厂家或供应商的行为。

5. 工程质量检测机构：依据有关检测、试验规程，按合同委托要求及内容，对试验或结构检测承担责任。

检测机构所承担的任务与其资质相符，必须保证检测工作的公正性，并对其出具的检测报告的真实性、准确性负责。检测机构不得伪造检测数据、出具虚假检测报告或鉴定结论。检测试验机构应当将测试过程中发现及涉及结构安全不合格的测试结果及时上传或报告工程质量监督机构。

二、重要分部（子分部）工程质量验收备案要求（附件暂无）

1. 桩基子分部工程质量验收备案具备条件及提供资料见附件 1 内容。
2. 地基与基础（含地下室）分部质量备案具备条件及提供资料见附件 2 内容。
3. 主体结构质量验收备案具备条件及提供资料见附件 3 内容。
4. 建筑节能分部工程质量验收具备条件见附件 4 内容。
5. 单位工程竣工验收管理制度见附件 5 内容。

三、避免违规注意事项

根据《江苏省房屋建筑和市政基础设施工程质量监督工作实施细则》的规定要求，质量监督站将采取事先不定点、不定期、不定检查内容，不提前告知的随机抽查方式。

1. 质量监督站对抽查中发现有违规行为的，将签发《工程质量监督整改通知书》或《工程局部停工（暂停）通知书》，责令改正；对违反法律、法规、规章依法对责任单位进行行政处罚。

2. 质量监督站对抽查中发现有不良行为的，有权按有关规定向社会公布。工程竣工验收有违反工程质量管理规定行为、强制性标准的，责令改正或要求整改后重新验收。

第八节 基建办竣工验收管理规定

基建办竣工验收管理规定

建设工程完工后，承包单位应当按照国家竣工验收有关规定，向建设单位提供完整的竣工资料和竣工验收报告，提请建设单位组织竣工验收。建设单位收到竣工验收报告后，应及时组织设计、施工、工程监理单位参加的竣工验收，检查整个建设项目是否已按设计要求和合同约定全部建设内容，是否已符合竣工验收条件。有时为了提前发挥项目效益，也可对工程进行单项验收，即在一个总体建设项目中，一个单项工程（应为具备独立的施工条件和使用功能的子单位工程）已按设计要求建设完成，能满足生产要求或具备使用条件，建设单位也可组织正式验收，办理交工手续。在整个项目进行全部验收时，对已验收过的单项工程，可以不再进行验收和办理验收手续，但应将单项工程验收单作为全部工程验收的附件而加以说明。

一、建设工程竣工验收的条件

根据相关规定，建设单位收到建设工程竣工报告后，应当根据施工图纸及说明书、国家颁发的施工验收规范和质量检验标准，及时组织设计、施工、工程监理等有关单位进行竣工验收。交付竣工验收的建设工程，应当符合以下条件：

1. 完成建设工程设计和合同约定的各项内容

建设工程设计和合同约定的内容主要是指设计文件所确定的、在承包合同"承包人承揽工程项目一览表"中载明的工作范围，也包括监理工程师签发的变更通知单中所确定的工作内容。

2. 有完整的技术档案和施工管理资料

工程技术档案和施工管理资料是工程竣工验收和质量保证的重要依据之一，主要包括以下档案和资料：

（1）工程项目竣工报告。

（2）分项、分部工程和单位工程技术人员名单。

（3）图纸会审和设计交底记录。

（4）设计变更通知单，技术变更核实单。

（5）工程质量事故发生后调查和处理资料。

（6）隐蔽验收记录及施工日志。

（7）竣工图。

（8）质量检验评定资料等。

（9）BIM模拟成果。

(10) 合同约定的其他资料。

3. 有材料、设备、构配件的质量合格证明资料和试验、检验报告

对建设工程使用的主要建筑材料、建筑构配件和设备的进场，除具有质量合格的证明资料外，还应有试验、检验报告。试验、检验报告中应当注明其规格、型号、用于工程的哪些部位、批量批次、性能等技术指标，其质量要求必须符合国家规定的标准。

4. 有勘察、设计、施工、工程监理等单位分别签署的质量合格文件

勘察、设计、施工、工程监理等有关单位依据工程设计文件及承包合同所要求的质量标准，对竣工工程进行检查和评定，符合规定则签署合格文件。竣工验收所依据的国家强制性标准有土建工程、安装工程、人防工程、管道工程、桥梁工程、电气工程及铁路建筑安装工程验收标准等。

5. 有施工单位签署的工程质量保修书

施工单位同建设单位签署的工程质量保修书也是交付竣工验收的条件之一。

工程质量保修是指建设工程在办理交工验收手续后，在规定的保修期限内，因勘察、设计、施工、材料等原因造成的质量缺陷，由施工单位负责维修，由责任方承担维修费用并赔偿损失。施工单位与建设单位应在竣工验收前签署工程质量保修书，保修书是施工合同的附合同。工程保修书的内容包括：保修项目内容及范围，保修期，保修责任和保修金支付方法等。

二、竣工验收的程序

按照建设部《房屋建筑工程和市政基础设施工程竣工验收暂行规定》要求，工程竣工验收应当按以下程序进行：

1. 工程完工后，施工单位向建设单位提交工程竣工报告，申请工程竣工验收。

2. 建设单位收到工程竣工报告后，对符合竣工验收要求的工程，组织勘察、设计、施工、监理、BIM 等单位和其他有关方面的专家组成验收组，制定验收方案。

3. 建设单位应当在工程竣工验收 7 个工作日前将验收的时间、地点及验收组名单书面通知负责监督该工程的工程质量监督机构。

4. 建设单位组织工程竣工验收。

（1）建设、勘察、设计、施工、监理、BIM 单位分别汇报工程合同履约情况和在工程建设各个环节执行法律法规和工程建设强制性标准的情况。

（2）审阅建设、勘察、设计、施工、监理、BIM 单位的工程档案资料。

（3）实地查验工程质量。

（4）对工程勘察、设计、施工、设备安装质量和各管理环节等方面作出全面评价，形成经验收组人员签署的工程竣工验收意见。

5. 负责监督该工程的工程质量监督机构应当对工程竣工验收的组织形式、验收程序、执行验收标准等情况进行现场监督，发现有违反建设工程质量管理规定行为的，责令改正，并将对工程竣工验收的监督情况作为工程质量监督报告的重要内容。

6. 以上是院基建办对建设工程竣工验收的有关规定，除此之外，建设单位还应取得规划部门、公安

消防部门以及环保单位出具的认可文件或准许使用文件，并在建设工程竣工验收合格之日起 15 日内按建设工程项目分级管理权限向建设行政主管部门办理备案手续。

三、工程竣工验收备案及附件

建设单位应当自工程竣工验收合格之日起 15 日内，依照 2009 年建设部第 2 号令《房屋建筑和市政基础设施工程竣工验收备案管理办法》的规定办理工程竣工验收备案。办理备案时应当提交下列文件：

1. 工程竣工验收报告，附竣工验收报告表。
2. 建筑工程施工许可证。
3. 施工图设计文件审查意见、建设工程施工图设计文件审查合格书。
4. 单位（子单位）工程质量竣工验收记录（《建筑工程施工质量验收统一标准》表 G.0.1-1）。
5. 房屋建筑工程有关质量检测和功能性试验资料［单位（子单位）工程安全和功能检验资料核查及主要功能抽查记录、工程质量控制资料检查记录］。
6. 规划、环保、建筑节能、城建档案等部门出具的认可文件或者准许使用文件。
7. 法律规定应当由公安消防部门出具的对大型的人员密集场所和其他特殊建设工程验收合格的证明文件。
8. 施工单位签署的工程质量保修书。
9. 法规、规章规定必须提供的其他文件。

四、医疗专项工程竣工备案及附件

（一）静脉配置中心验收

按照江苏省卫生健康委规定，静脉配置中心的申报和验收程序基本如下：其他省份可参照所属地卫生健康委的相关规定进行申报和验收。

1. 投入运行半年后，由医院填写"江苏省医疗机构静脉用药集中调配中心（室）初审申报表"，主要填写内容包括：静脉配置中心的基本信息、工作人员情况、仪器设备情况、洁净环境与条件、药品储存信息等，经属地市级卫生健康部门同意后上报。同时，医院应提供静脉配置中心完整施工图纸、区域平面设计图（不小于 A3 纸，含层流柜、生物安全柜等设备设施布局，送、回、排风系统风管走向，设计参数等）、风量平衡表。

2. "江苏省医疗机构静脉用药集中调配中心（室）初审申报表"中，填写申报表中的各项内容应实事求是，认真填写。"医疗机构名称"请填写卫生行政部门批准《医疗机构执业许可证》上的名称；"调配中心名称"医疗机构设置多个静脉用药集中配置中心（室），请分别说明其承担的调配范围、设置的地点和建设的时间；"联系电话（手机）"为了便于对申报表中的内容进行核实，填写具体负责人员的手机号码。

3. 相关材料申报至江苏省卫生健康委医疗管理服务指导中心，由江苏省卫生健康委组织相关专家对申报材料和现场进行验收。

附件1

江苏省医疗机构

静脉用药集中调配中心（室）初评申报表

医 疗 机 构 名 称：_____

医 疗 机 构 等 级：_____

所 在 科 室：_____

调配中心(室)负责人：_____

联 系 电 话（手 机）：_____

申 请 日 期：_____ 年 月 日

江苏省卫生计生委制

填表说明：

　　静脉用药集中调配，是指医疗机构药学部门根据医师处方或用药医嘱，经药师进行适宜性审核，由药学专业技术人员按照无菌操作要求，在洁净环境下对静脉用药物进行加药混合调配，使其成为可供临床直接静脉输注使用的成品输液操作过程。静脉用药集中调配是药品调剂的一部分。填写申报表中的各项内容应实事求是，认真填写。

　　1."医疗机构名称"请填写卫生行政部门批准《医疗机构执业许可证》上的名称。

　　2."调配中心名称"医疗机构设置多个静脉用药集中配置中心（室），请分别说明其承担的调配范围、设置的地点和建设的时间。

　　3."联系电话（手机）"为了便于对申报表中的内容进行核实，填写具体负责人员的手机号码。

医疗机构名称							
申请机构地址					邮政编码		
调配中心名称		调配范围		设置地点		建设时间	
调配中心名称		调配范围		设置地点		建设时间	
调配中心名称		调配范围		设置地点		建设时间	
专业软件和信息化系统支持		有□ 无□		软件系统名称			
拟承担住院病人床位数（张）				拟调配输液总量（瓶、袋/年）			
总面积（m²）		核对间面积（m²）			净化操作间面积（m²）		

人员情况	负责人学历			专业技术职称			
	药学专业技术人员情况						
	总数	本科以上学历	5年以上调配经验	副高以上职称	中级职称	初级职称	
	护理专业技术人员情况						
	总数	本科以上学历	5年以上临床经验	副高以上职称	中级职称	初级职称	
	接受净化原理培训人员数（名）			对设备进行维护保养人员数（名）			

仪器、设备	生物安全柜	数量（台）		型号	
		生产企业			
	层流净化台	数量（台）		型号与层流方式	
		生产企业			

洁净环境与条件	采风口周围30 m内易造成的污染源		无□ 有□	采风口离地高度	
	温度、湿度、气压等监测设备和通风换气设施			无□ 有□	
	温度（℃）		相对湿度（%）		
	净化操作间空调系统		使用所在建筑内中央空调系统□ 独立系统□		
	净化操作间是否设置独立的送排（回）风系统			有□ 无□	
	抗菌药物、危害药品调配间压力差（Pa）			舱回风口高度（cm）	
	一次更衣室压力差（Pa）		二次更衣室压力差（Pa）		
	营养药品调配间压力差（Pa）				
	一次更衣室压力差（Pa）		二次更衣室压力差（Pa）		
	各功能室净化级别	一次更衣室、洗衣洁具间是否达到十万级标准		是□ 否□	
		二次更衣室是否达到万级标准		是□ 否□	

药品储存	设置区域	冷藏区域 无□ 有□	阴凉区域 无□ 有□	常温区域 无□ 有□
	排药间面积（m²）		温度（℃）	
	二级库面积（m²）		相对湿度（%）	

(续表)

其他需要说明事项	
申请单位保证	以上内容及所有提交资料均真实、准确。如有与实际不符情况,承担一切后果。 盖章(签字)　　　　　　　年　月　日
市级卫生计生行政主管部门意见	盖章(签字)　　　　　　　年　月　日
省级卫生计生行政主管部门意见	盖章(签字)　　　　　　　年　月　日

附件2

江苏省静脉用药集中调配中心(室)风量平衡表

填报单位:　　　　　　　　　　　　　　　　　　　　　　年　月　日

1. TPN普通调配舱

房间名称	房间面积(m^2)	吊顶高度(m)	洁净等级	换气次数(次/h)	总送风量(m^3/h)	送风口型号	数量(个)	风量(套)	总回风量(m^3/h)	回风口型号	数量(个)	风量(套)	新风量(m^3/h)	室内正压值(Pa)
一更														
洗衣洁具间														
二更														
TPN普通调配间														
汇总														

2. 抗菌药物和危害性药物舱

房间名称	房间面积（m³）	吊顶高度（m）	洁净等级	换气次数（次/h）	总送风量（m³/h）	送风口型号	数量（个）	风量（套）	总回风量（m³/h）	回风口型号	数量（个）	风量（套）	总排风量（m³/h）	排风口型号	数量（个）	风量（套）	新风量（m³/h）	室内正压值（Pa）
一更																		
洗衣洁具间																		
二更																		
抗菌药物调配间																		
危害药物调配间																		
汇总																		

（二）放射科医疗专项申报

1. 环境评价验收

序号	项目名称	内容	时间	负责部门
1	射线装置及机房设计	提供计划使用的射线装置的相关型号及参数，设计拟建机房相关图纸（包括平面设计图、机房防护材料），计划新增的辐射工作人员信息	/	医院及设计单位
2	环境影响评价	根据射线装置类比分别编制： 1. 环境影响评价登记表（Ⅲ类射线装置、Ⅴ类密封源）； 2. 环境影响评价报告表（Ⅱ类射线装置、Ⅱ、Ⅲ类密封源、乙级及丙级非密封放射性工作场所）； 3. 环境影响评价报告书（Ⅰ类射线装置、Ⅰ类密封源）	材料齐全15个工作日出具报告，5个工作日完成评审	评价机构
3	机房建造、防护用品及人员配置	针对设计图纸及环评报告对机房进行建造，购置防护用品，增加相关辐射工作人员	/	医院及施工单位
4	辐射安全许可证申请	编制辐射安全许可申请材料，完成办理辐射安全许可证手续	按审批流程完成	医院及评价机构
5	环保竣工验收	现场检测、完成环保竣工验收报告，及组织专家评审	满足要求及材料齐全15个工作日出具报告，按审批流程完成评审	评价机构

注：1. 第1项常规由医院基建办牵头，联合设计单位确定设计图纸。
2. 第2项常规由环评价机构负责。
3. 第3项常规由医院基建办负责管理，放射防护专业施工单位实施。
4. 第4—第5项常规由医院医务处负责完成。

竣工验收清单：

(1) 本次验收的核技术项目环评文件及批复。

(2) 单位原有核技术项目环评文件及批复、验收报告及验收行政批复。

(3) 辐射安全许可证正副本复印件。

(4) 本次验收项目配备辐射人员最近一整年的个人剂量监测报告、职业病健康体检合同或相关证明、辐射安全与防护培训证书等。

(5) 建立的辐射安全管理规章制度：单位成立的辐射安全与防护管理机构正式文件以及相应的职责、辐射防护和安全保卫制度、放射源和射线装置操作维护规程、设备检修维护制度、放射性同位素或射线装置使用登记、台账管理制度、岗位职责、辐射工作人员培训计划（包括内部培训、外部培训）、辐射监测方案（个人监测计划、辐射环境监测计划，包括企业自主监测和有资质部门组织的年度监测）、射线装置及联锁定期检查维修制度、辐射事故应急方案。

(6) 辐射巡测仪与个人剂量报警仪发票（数量应与环评要求数量一致）。

(7) 填报相关竣工验收调查表格。

2. 卫生评价验收

序号	项目名称	内容	时间	负责部门
1	射线装置及机房设计	提供计划使用的射线装置的相关型号及参数，设计拟建机房相关图纸（包括平面设计图、机房防护材料），计划新增的放射工作人员信息	/	医院及设计单位
2	职业病危害放射防护预评价	完成职业病危害放射防护预评价报告，组织专家评审	材料齐全15个工作日出具报告，5个工作日完成评审	评价机构
3	机房建造、防护用品及人员配置	针对设计图纸及预评报告对机房进行建造，购置防护用品，增加相关放射工作人员	/	医院及施工单位
4	职业病危害放射防护控制效果评价	现场检测（性能及防护），完成职业病危害放射防护控制效果评价报告，组织专家评审	满足要求及材料齐全15个工作日出具报告，按审批流程完成评审	评价机构
5	放射诊疗许可证申请	协助医院编制放射诊疗许可申请材料，完成办理诊疗许可证手续	按审批流程完成	医院及评价机构

备注：1. 第1项常规由医院基建办牵头，联合设计单位确定设计图纸。
2. 第2项常规由卫生评价机构负责。
3. 第3项常规由医院基建办负责管理，放射防护专业施工单位实施。
4. 第4—第5项常规由医院医务处负责完成。

竣工验收清单：

(1) 申请放射诊疗建设项目职业病放射防护设施竣工验收（备案）的公函。

(2) 放射诊疗建设项目职业病放射防护设施竣工验收（备案）申请书。

(3) 放射诊疗建设项目职业病危害控制效果放射防护评价报告。

(4) 放射诊疗建设项目职业病危害预评价报告审核同意证明材料（复印件）。

(5) 放射诊疗建设项目职业病危害预评价报告审核同意证明材料（复印件）。

(6) 放射诊疗建设项目职业病危害控制效果放射防护评价工作委托书（复印件）。

(7) 委托申报的，应提供委托申报证明。

五、建设工程经竣工验收注意事项

无论是单项工程提前交付使用，还是全部工程整体交付使用，都必须经过竣工验收这一环节，并且还必须验收合格，否则，没有经过竣工验收或者经过竣工验收确定为不合格的建设工程，不得交付使用。如果建设单位为提前获得投资效益，在工程未经验收即提前投产使用是违法的，由此所产生的质量问题，建设单位要承担责任。

1. 办理备案手续过程中，备案机关发现建设单位在竣工验收过程中有违反国家有关建设工程质量管理规定行为的，应当在收讫竣工验收备案文件 15 日内，责令停止使用，重新组织竣工验收。

2. 避免违规注意事项：

(1) 建设单位在工程竣工验收合格之日起 15 日内未办理工程竣工验收备案的，备案机关责令限期改正，处 20 万元以上 50 万元以下罚款。（建设部第 2 号令《房屋建筑和市政基础设施工程竣工验收备案管理办法》第九条）

(2) 建设单位将备案机关决定重新组织竣工验收的工程，在重新组织竣工验收前，擅自使用的，备案机关责令停止使用，处工程合同价款 2％以上 4％以下罚款。（建设部第 2 号令《房屋建筑和市政基础设施工程竣工验收备案管理办法》第十条）

(3) 建设单位采用虚假证明文件办理工程竣工验收备案的，工程竣工验收无效，备案机关责令停止使用，重新组织竣工验收，处 20 万元以上 50 万元以下罚款；构成犯罪的，依法追究刑事责任。（建设部第 2 号令《房屋建筑和市政基础设施工程竣工验收备案管理办法》第十一条）

(4) 备案机关决定重新组织竣工验收并责令停止使用的工程，建设单位在备案之前已投入使用或者建设单位擅自继续使用造成使用人损失的，由建设单位依法承担赔偿责任。（建设部第 2 号令《房屋建筑和市政基础设施工程竣工验收备案管理办法》第十二条）

3. 质量保修注意事项：

工程竣工验收前，施工单位应当与建设单位签订《房屋建筑工程质量保修书》。在保修范围和保修期限内出现质量缺陷，施工单位应当履行保修义务。

在正常使用条件下，建设工程的最低保修期限为：

(1) 基础设施工程、房屋建筑的地基基础工程和主体结构工程，为设计文件规定的该工程的合理使用年限。

(2) 屋面防水工程、有防水要求的卫生间、房间和外墙面的防渗漏，为 5 年。

(3) 供热与供冷系统，为 2 个采暖期、供冷期。

(4) 电气管线、给排水管道、设备安装和装修工程，为 2 年。

(5) 根据《山东省民用建筑节能条例》的规定，围护结构保温工程的保修期限为 10 年。

(6) 其他项目的保修期限由发包方与承包方约定。建设工程的保修期，自竣工验收合格之日起计算。施工单位不履行保修义务或者拖延履行保修义务的，责令改正，处 10 万元以上 20 万元以下的罚款，

并对在保修期内因质量缺陷造成的损失承担赔偿责任。(《建设工程质量管理条例》第六十六条)

4.质量监督站权利

工程项目质量监督人员在对工程质量监督过程中有权采取下列措施,请所有参建单位严肃对待,积极配合:

(1)要求被检查单位提供有关工程质量的文件和资料。

(2)进入被检查单位的施工现场进行检查。

(3)发现有影响工程质量的问题时,责令改正。

工程验收证明书

工程名称:　　　　　　　　　　　　　　　　　　　　　　　　验收日期:

建设单位			监理单位		
供货单位			安装单位		
安装区域/数量		设备/货物金额		开工日期	竣工日期
验收意见					
供货单位		安装单位		监理单位	建设单位
项目负责人: 日期: (项目章)		项目负责人: 日期: (项目章)		监理人员: 日期: (项目章)	项目负责人: 日期: (项目章)

第九节　施工现场应急预案

施工现场应急预案

一、目的

为有效、及时地抢救伤病员,防止事故扩大和减少经济损失。

二、依据

根据《安全生产法》和有关法律、法规,制定本项目部应急救援预案。

三、项目部应急救援组织概况

1. 项目经理（　　　　）：负责事故现场总指挥和内外协调。

联系电话：

2. 施工员（　　　　）：负责控制现场局势，指挥布置进行抢救。

联系电话：

3. 安全员（　　　　）：负责现场抢救的具体实施。

联系电话：

4. 急救员（　　　　）：负责抢救伤员。

联系电话：

5. 电工（　　　　）：负责切断危险电源，保证应急用电。

联系电话：

项目部班组长及职工是应急救援体系中的当然成员，在发生事故时，负有当场进行抢救及报告、配合的责任和义务。

应急电话：救护中心120；火警119。

四、应急物资

抢救伤员常备药品、消毒用品、急救物品（绷带、无菌敷料）及担架等。

五、应急救援预案类型与实施

（一）触电致伤应急救援预案

1. 立即脱离电源，尽可能切断总电源（关闭电路），亦可用现场得到的干燥木棒或绳子等非导电体移开电线或电器。

2. 立即拨打120救护中心与医院取得联系（医院在附近的直接送往医院），应详细说明事故地点、严重程度，并派人到路口接应。

3. 触电急救分秒必争，立即就地迅速用心肺复苏进行抢救，并持续进行，同时及早与医疗部门联系，争取医务人员接替救治前，不应放弃现场抢救，更不能只根据没有呼吸或脉搏自判定伤员死亡，放弃抢救。

4. 触电急救，首先要使触电者迅速脱离电源，越快越好。因为电流作用的时间越长，伤害越重。

5. 脱离电源就是要把触电者接触的那一部分带电设备的开关、刀闸或其他断路设备断开，或设法将触电者与带电设备脱离。在脱离电源中，因有触电的危险，救护人员不应直接用手触及伤员。如触电者处于高处，脱离电源后会自高处坠落，因此，要采取预防措施。

6. 触电者触及低压带电设备，救护人员应设法迅速切断电源，如拉开电源开关或刀闸，拔除电源插头等；或使用绝缘工具、干燥的木棒、绳索等不导电的东西解救触电者，救护人员也可站在绝缘垫上或干木板上。

7. 触电者触及高压带电设备，救护人员应迅速切断电源，或用适合该电压等级的绝缘工具（戴绝缘手套、穿绝缘靴并用绝缘棒）解救触电者。救护人员在抢救过程中应注意保持自身与周围带电部分必要的安全距离。

8. 触电伤员如意识丧失，应在10 s内用看、听、试的方法，判定伤员呼吸心跳情况。看——看伤员的胸部、腹部有无起伏动作；听——用耳贴近伤员的口鼻处，听有无呼气声音，试——试测口鼻有无呼气的气流，再用两手指轻试近侧（左或右）喉结旁凹陷处的颈动脉有无搏动。

9. 若看、听、试结果，既无呼吸无颈动脉搏动，可判定呼吸心跳停止。

10. 触电伤员呼吸和心跳均停止时，应立即按心肺复苏法支持生命的三项基本措施，正确进行就地抢救。①通畅气道；②口对口（鼻）人工呼吸；③胸外挤压（人工循环）。

11. 触电伤员呼吸停止，重要的是始终确保气道通畅。如发现伤员口内有异物，可将其身体及头部同时侧转，迅速用一个手指或用两手交叉从口角处插入取出异物，操作中要注意防止将异物推到咽喉深部。

12. 通畅气道须用仰头抬颌法，用一只手放在触电者前额，另一只手的手指将其下颌骨向上抬起，两手协同将头部推向后仰，舌根随之抬起，气道即可通畅，严禁用枕头等其他物品垫在伤员头下，因头部抬高前倾，会加重气道阻塞，且使胸外按压时流向脑部的血流减少，甚至消失。

13. 在保持伤员气道通畅的同时，救护人员用放在伤员额上的手指捏住伤员鼻翼，救护人员与伤员口对口紧合，在不漏气的情况下，先连续大口吹气两次，每次1～1.5 s。如两次吹气后试测颈动脉仍无搏动，可判断心跳已经停止，要立即同时进行胸外按压。

14. 除开始时大口吹气两次外，正常口对口（鼻）呼吸的吹气量不需过大，以免引起胃膨胀。吹气和放松时要注意伤员胸部应有起伏的呼吸动作。吹气时如有较大阻力，可能是头部后仰不够，应及时纠正。

15. 触电伤员如牙关紧闭，可口对鼻人工呼吸。口对鼻人工呼吸时，要将伤员嘴唇紧闭，防止漏气。

16. 按压部位：胸骨的下半部。

17. 按压姿势：使触电伤员仰面躺在平硬的地方，救护人员在伤员一侧肩膀，救护人员一手掌根部放于按压部位，另一手平行重叠于该手手背上，手指并拢翘起，只以掌根部接触按压部位，双肘关节伸直，利用上身重量垂直下压。按压深度：胸骨压陷5～6 cm（婴儿约为4 cm，儿童约为5 cm），每次按压后使胸廓充分弹回。

18. 按压必须有效，有效的标志是按压过程中可以触及颈动脉搏动。胸外按压要以均速度进行，每分钟100～120次，每次按压和放松的时间相等；胸外按压与口对口（鼻）人工呼吸同时进行，其节奏为：单人抢救时，每按压30次后吹气两次，反复进行；按压与人工通气5个循环（大约2 min）后，应用看、听、试方法在5～10 s内完成对伤员呼吸和心跳是否恢复的再判定。

19. 若判定颈动脉搏动但无呼吸，则暂停胸外挤压，再进行2次口对口人工呼吸，接着每5 s吹气一次（即每分钟12次）。如脉搏和呼吸均未恢复，则继续坚持心肺判定时间均不得超过5～7 s。在医务人员未接替抢救前，现场抢救人员不得放弃现场抢救。

20. 心肺复苏应在现场就地坚持进行，不要为方便而随意移动伤员，如确需移动时，抢救中断不得超过30 s。

21. 移动伤员或将伤员送医院应使伤员平躺在担架上并在其背部垫以平硬阔木板，移动或送医院过程中应继续抢救，心跳呼吸停止者要继续心肺复苏抢救，在医务人员未接替救治前不能中止。

22. 应创造条件，争取心肺脑完全复苏。如伤员的心跳和呼吸经抢救均已恢复，可暂停心肺复苏法操作。但心跳呼吸恢复的早期有可能再次骤停，应严密监护，不能麻痹，要随时准备再次抢救。

（二）坍塌事故应急救援预案

1. 抢救休克的伤员

（1）休克伤员的症状是：皮肤苍白或发青，咬舌、口齿不清，发冷，皮肤潮湿或出汗，瞳孔放大，眼睛凹陷，恶心、颤抖、口渴，心脏跳动加快。

（2）抢救方法：①可把休克的伤员（头部、胸部、腹部或大腿外骨折者除外）双腿抬高离地面 0.2～0.3 m，让其背部朝下躺着，再使用合适的物体把双腿垫起。这样能使血液顺畅地流动，达到各器官维持生命所必需的程度。②如果休克的伤员呼吸困难，应让其斜倚或侧卧，使其呼吸顺畅。③如果伤员有一只腿受伤，可将另一只腿垫高直至使其他器官获得维持生命所必需的血液。④如果伤员出现呕吐，应让其侧卧，并给些饮料。

2. 抢救骨折者

（1）骨折包扎应包括包扎骨折处的肌肉、腱、血管和韧带。

（2）有的骨折容易发现，有的骨折在皮肤的肌肉里面不容易发现，应通过观察伤员的肢体组织有无变形和伤员自我感觉来判断。

（3）处理骨折的主要方法是把骨折断面加以固定，并在较长时间内保持良好的固定状态。简易固定方法有：①就地取材，如使用薄木板、笔直的棍棒等；②将护垫用布或毛巾放于薄木板和伤口之间；③两片薄木板之间用领带或布条系紧；④不能用绷带正对伤口包扎。

3. 止血：

（1）对一般流血伤口的控制：①把伤口的衣服移开；②用无菌或消过毒的纱布、清洁干净的吸收性能好的材料放于受伤肢体部位，并系紧；③如伤口在手上，应使用清洁干净的吸收性能好的材料止血。

（2）控制严重的出血，如果伤员伤口流血严重，应在"挤压处"进行直接挤压。这样能阻止动脉直接向伤口供血，如果血从下胳膊处的伤口流出，可直接挤压上胳膊处，即抓住伤员的胳膊上部，挤压内侧。如血从腿部的伤口流出，挤压点在大腿根部。

（三）停电应急救援预案

1. 混凝土浇捣时的应对措施

混凝土柱浇捣时确定在柱顶设施工缝，混凝土梁板浇捣时确定在轴线间的 1/3 梁跨内设施工缝，混凝土现浇楼梯浇捣时确定在 1/3 跨内设施工缝，混凝土浇筑到此后暂停，停电期间工人休息，来电后继续施工，混凝土施工班组浇筑临时改为一个班组进行浇筑施工，另一个班组进行人工拌和混凝土，人工振捣时应确保混凝土的密实度整混凝土配合比，改用人工拌和混凝土配合比，混凝土张度等由原设计强度提高一级。

2. 对施工机械的处理

（1）对滞留在搅拌机内的混凝土、砂浆立即组织专人进机清理，防止混凝土硬结后损坏搅拌机。搅拌机电源闸刀处应挂上"设备清理,严禁合用"的安全警示牌。

(2) 对吊运材料的塔吊,应在其吊钩的垂直下方设置一定范围的预警范围,防止坠物伤人。

(3) 正在运作中的机电设备应确保其在停机状态,同时挂上安全警示牌。

3. 后勤保卫

后勤部门准备好晚上的照明设备、项目部食堂提前准备好晚上施工人员的夜间饭菜。安全保卫人员,加大巡视的人数、范围及频度。

(四) 中暑应急救援预案

1. 中暑有三种类型

(1) 先兆型

在高温闷热环境下工作一段时间后,出现大量出汗、口渴、全身疲乏、头晕、胸闷、心悸、注意力不集中等症状,体温往往超过37.5℃,这时如果及时休息,离开高温环境,短时间内症状就会消失。

(2) 轻型

凡是有先兆中暑症状并且不能继续劳动的人,属于轻度中暑,通常体温在38℃以上、脸色发白、胸闷、皮肤灼热、恶心呕吐、大量出汗、皮肤湿冷。轻度中暑者,经过治疗,一般在4~5 h身体可以恢复正常。

(3) 重型

通常体温40℃以上,出现昏倒或痉挛,脸色发白、胸闷、皮肤灼热、恶心呕吐。重度中暑后,一般都需要经过治疗,不要寄希望于自动好转,以免耽误治疗,导致其他严重后果。

2. 中暑急救

(1) 迅速转移

应将中暑者迅速移到阴凉通风的地方,解开衣服,脱掉鞋子,让其平卧,头部不要垫高。

(2) 降温

用凉水或50%酒精擦洗全身,直到皮肤发红,以促进散热,有条件的可在病人头部、腋下、腹股沟等处放置冰袋,必要时可将病人放入凉水中浸浴降温。降温时必须加强护理,密切观察体温、血压和心跳状况,当体温降到38℃左右时,应立即停止降温,以免患者虚脱。

(3) 补充水分和无机盐类

对能喝水的患者,应鼓励他喝足加盐凉开水或其他饮料。对不能饮水的患者,应马上送医院输液。

(4) 口服人丹、十滴水、藿香正气水,涂抹清凉油等,以消毒解暑,也可采用民间刮痧法。

(五) 高空坠落、物体打击应急救援预案

1. 现场职工发现发生高空坠落、物体打击事故,应就地进行抢救及呼救,并立即通知项目经理或工地负责人。项目负责人知晓发生事故后,应立即通知救援组织进行抢救,并指示各班组立即停止作业。

2. 立即拨打120救护中心与医院取得联系,并详细说明事故地点、严重程度、本部门的联系电话,并派人到路口接应。

3. 施工人员从高处坠落,现场急救不可盲目,不然会导致伤情恶化,甚至危及生命。应首先观察其

神志是否清醒，并察看伤员着地及伤势，做到心中有数。

4. 伤员如昏迷，但心跳和呼吸存在，应立即将伤员的头偏向一侧，防止舌根后坠，影响呼吸。

5. 将伤员口中可能脱落的牙齿和积血清除，以免误入气管，引起窒息。

6. 对于无心跳和呼吸的伤员应立即进行人工呼吸和胸外心脏按压，待伤员心跳、呼吸好转后，将伤员平卧在平板上，及时送往医院抢救。

7. 如发现伤员耳朵、鼻子出血，可能有颅脑损伤，切不可用手帕、棉布或纱布去堵塞，以免造成颅内压力增高和细菌感染。

8. 如外伤出血，应立即用清洁布块压迫伤口止血，压迫无效时，可用布鞋带或橡皮带等在出血的肢体近躯干处捆扎，上肢出血结扎在上臂上 1/3 处，下肢出血结扎在大腿上 2/3 处，到不出血即可。注意每隔 30～60 min 放松一次，每次放松 2～3 min。

9. 伤员如腰背部或下肢先着地，下肢有可能骨折，应将两下肢固定在一起，并应超过骨折的上下关节；上肢如骨折，应将上肢挪到胸前，并固定在躯干上，如果怀疑脊柱骨折，搬运时千万注意要保持躯体平伸位，不能让躯体扭曲，然后由 3 人同时将伤员平托起来，即由一人托及脊背，一人托臀部，一人托下肢，平稳运送，以防骨折部位不稳定，加重伤情。

10. 腹部如有开放性伤口，应用清洁布或毛巾等覆盖伤口，不可将脱出物还原，以免感染。

11. 抢救伤员时，无论哪种情况，都应减少途中的颠簸，也不得翻动伤员。

（六）食物中毒应急救援预案

1. 立即通知全体职工停止就餐，并由厨师、现场安全员立即封存食堂内所有可疑食物、配料，听候卫生防疫部门的检验。

2. 将伤员立即脱离危险地方，组织安全员、急救员进行抢救。

3. 项目经理立即拨打 120 救护中心与医院取得联系，详细说明事故地点、严重程度，并派人到路口接应。随即应报告主管部门及公司。

4. 中毒局势得到控制后，及时协助有关部门对封存样本进行化验。

（七）机械伤害应急救援预案

1. 发生机械伤害后，在医护人员到来之前，应检查受伤者的伤势、心跳及呼吸情况，视不同情况采取不同的急救措施。

2. 对被机械伤害的伤员，应迅速小心地使伤员脱离伤源，必要时，拆卸机器，移出受伤的肢体。

3. 对发生休克的伤员，应首先进行抢救。遇有呼吸、心跳停止者，可采取人工呼吸或胸外心脏按压法，使其恢复正常。

4. 对骨折的伤员，应利用木板、竹片和绳布等捆绑骨折处的上下关节，固定骨折的部位；也可将其上肢固定在身侧，下肢与下肢缚在一起。

5. 对伤口出血的伤员，应让其以头低脚高的姿势躺卧，使用消毒纱布或清洁织物覆盖伤口上，用绷带较紧地包扎，以压迫止血，或者选择弹性好的橡皮管、橡皮带或三角巾、毛巾、带状布巾等。对上肢出血者，捆绑在其上臂上 1/3 处，对下肢出血者，捆绑在其大腿上 2/3 处，并每隔 30～60 min 放松一次，每次放松 2~3 min。

6. 对剧痛难忍者，应让其服用止痛剂和镇痛剂。采取上述急救措施之后，要根据病情轻重，及时把伤员送往医院治疗。在转运医院的途中，应尽量减少颠簸，并密切注意伤员的呼吸、脉搏及伤口等情况。

（八）抗台抢险应急救援预案

1. 对一般险情，由公司或项目部自行抢救；对台风造成危害程度较大的险情，由项目部报告公司及主管部门组织抢救。

2. 应急小组通知电力部门断电（电力 110）。

3. 项目负责人、施工员负责与有关部门配合迅速疏散工地人员。

4. 施工员、班组长与有关部门负责控制人员在危险区域 10 m 以外。

5. 项目负责人或安全员与有关部门负责做好抢险安全监护，抢救现场受伤人员，及时与 120 救护中心联系，送医院救治。

6. 影响场外交通的首先分派人员维护交通秩序，并通知 110 前来处理。对有可能危及附近居民安危的情况，应立即疏散居民，采取措施，确保安全。

7. 项目经理组织落实现场值班人员，防止意外事故再次发生。

（九）火灾应急救预案

预案一：火势猛，项目部无力扑灭时

1. 工地起火发现火势猛，项目部无力扑灭时，应由电工立即切断总电源；项目经理应立即报警 119（详细报告火情地点、位置、引燃物、着火事件、火情等）。

2. 由施工员对火灾附近区域所有人员进行疏通，并由各班组负责清点本班职工。对缺少人员应立即查找去处，报告项目经理。

3. 消防队救出伤员外，将伤员立即脱离危险地方，安全员组织人员进行抢救。

4. 项目经理立即拨打 120 救护中心与医院取得联系，详细说明事故地点、严重程度、本部门的联系电话，并派人到路口接应。

5. 及时报告主管领导，并配合查找火灾的原因。

预案二：火势刚起，项目部有能力扑灭时

1. 现场火势刚起时，要立即组织现场人员进行扑救，救火方法要得当，灭火前必须先切断蔓延材料，针对不同类型，采用不同灭火方法。

（1）油料起火可用泡沫灭火器或采用隔离法，灭火源不宜用水救。

（2）电气设备起火时，应尽快切断电源，用二氧化碳灭火器灭火，千万不要盲目向电器设备上泼水，这样容易造成触电、短路、爆炸等并发事故。

（3）如果化学材料起火，更要慎重，要根据起火物性质选择灭火方法，同时要注意救火人员的安全，防止中毒。

（4）密闭的地下室起火时采用窒息灭火法，这些部位发生火灾的初期，在火场上运用窒息法扑灭火灾时，可采用石棉布、浸湿的棉被、帆布、海草席等不燃或难燃材料覆盖燃物或封孔洞；利用建筑物原有的门以及生产设备上的部位,阻止新鲜空气流入,以降低区内氧气的流量,从而达到窒息灭火的目的。采取窒息法灭火后,必须确认已熄灭时,方可打开孔洞进行检查,严防早打开封闭的房间或生产装置,而使新鲜空气流入燃烧区,引起新的燃烧,导致火势猛烈发展。

(5)扑救各种固体、液体和气体火灾采用隔离灭火法,就是将燃烧物体与附近的可燃物质与火源隔离或疏散开,使燃烧失去可燃物质而停止。采取隔离灭火法的具体措施有:

① 将燃烧区附近的可燃、易燃、易爆和助燃物质,转移到安全地点。

② 关闭阀门,阻止气体、液体流入燃烧区。

③ 设法阻拦流散的易燃、可燃液体或扩散的可燃气体。

④ 拆除与燃烧区相毗连的可燃建筑物,形成防止火势蔓延的间距。

2. 现场火险扑救时,工长判断要准确,当不能马上扑灭时要及时报警,请消防部门协助灭火。在消防队到现场后,工长要及时而准确地向消防人员提供电器、易燃、易爆物的情况。

3. 火灾区内如有人等,要尽快组织力量,设法先将人救出,然后再全面组织灭火。

4. 灭火以后,要保护火灾现场,不得留有暗火,并设专人巡视,以防死灰复燃。保护火灾现场是查找火灾原因的重要措施。

预案三:火灾区内人员急救措施

1. 保持镇静,明辨方向。突遇火灾,面对烈火浓烟,首先要强令自己保持镇静,迅速判断危险地点和安全地点以决定逃生办法。撤离时要注意,朝明亮处或外面空旷地方跑,要尽量往楼层下面跑,若通道已被烟火封阻,则应通过阳台、气窗等往室外逃生或跑到屋顶等待救援。

2. 简易防护,捂鼻匍匐。逃生时经过充满烟雾的路线,要防止烟气中毒、预防窒息,可采用湿毛巾、口罩捂鼻、匍匐撤离的办法。

3. 善用通道,莫入电梯。发生火灾时,要根据情况选择进入相对较为安全的楼梯通道。在高层建筑中,普通电梯的供电系统在火灾时会断电或因热的作用电梯变形而使人被困在电梯内,同时由于电梯井犹如上下贯通的烟囱,有毒烟雾会直接威胁被困人员的生命安全,因此,千万不要乘普通电梯逃生。

4. 缓降逃生,滑绳自救。高层、多层公共建筑内一般都设有高空缓降器或救生绳,人员可以通过这些设施安全地离开危险的楼层。在没有专门设施、安全通道又已被堵和救援人员不能赶到的情况下,你可以迅速利用身边的绳索或床单、窗帘、衣服等自制简易救生绳,并用水打湿,从窗台或阳台沿绳缓滑到下一楼层或地面,安全逃生。

5. 避难场所,固守待援。假如用手摸房门已感到烫手,可采取自创避难所、固守待援的办法。首先关紧迎火的门窗,打开背火的门窗,用湿毛巾、湿布塞堵门缝,或用水浸湿棉被蒙上门窗,然后不停地用水淋透房间,防止烟火渗入。固守在房内,直到救援人员到来。

6. 暴露自己,寻求援助。被烟火围困无法逃离的人员,应尽量站在阳台、窗口等易于被人发现且能避免烟火的地方。在白天向窗外晃动鲜艳衣物,或外抛轻型耀眼的东西,在晚上可以用手电筒不停地在窗口闪动或者敲击东西,及时发出求救信号,引起救援者的注意。

7. 火若烧身,切勿惊跑。火场上的人如果发现身上着了火,千万不可惊跑或用手拍打,因为跑或拍打时会形成风势,助长火势。当身上着了火时,应赶紧脱衣服或就地打滚压灭火苗,及时跳进水中或让人向身上浇水、喷灭火剂。

(十)抢救传染病应急救援预案

1. 对与确诊传染病人或疑似病人直接接触人员或根据流行病学调查和现场情况由卫生防疫人员综合评定的人员进行重大观察和隔离。

2. 项目负责人发现符合实施重点观察人员,应在半小时内报告市疫病预防控制机构(或拨打120)和市主管部门及公司负责人。

3. 及时为相关人员配备全套隔离用具,做好个人防护。

4. 可疑疫点内的人、动物和物品应留在原地,严禁移动或外出。

5. 听候并积极配合防疫部门的处理。

6. 按有关规定设置警戒范围。

7. 落实 24 h 值班和保障人员。

8. 项目部应负责配合相关单位做好可疑疫点的后勤保障工作。

9. 严格执行消毒隔离制度,疫点内的人员生活垃圾每天消毒后,由环卫部门用专车运至指定的焚烧炉内及时焚烧。

第十二章 变更与结算管理

第一节 工程变更签证管理规定

基建办工程变更签证管理规定

一、总则

1. 为规范工程建设管理，加强投资控制，杜绝（减少）工程争议和索赔，特制定工程变更和签证管理办法。

2. 本办法适用于新建、改建、扩建等所有建设项目。本办法涉及的范畴是指建设立项、批复中没有涵盖而需要增补的、设计图变更的等所有涉及工程内容、工程量、工程造价变化的变更及签证。

3. 工程变更及签证工作须坚持效益原则、规范原则和"集体决策、逐级负责"的原则，相关的施工单位、设计单位、监理单位、勘测单位等各负其责，密切配合。

4. 基建办应加强对设计及勘测单位资质、委托书、各项合同、设计审查及技术交底等管理，严格遵守建设管理程序，科学、合理、完整地编制和划分标段内容，认真组织招标答疑工作，减少工程变更和签证。

5. 严格按照"基建办工程变更签证流程"（表12-1）办理变更及签证手续，"工程变更单"（表12-2）"工程签证单"（表12-3）在每个环节的审批时间不得超过5个工作日。

6. 工程项目竣工结算送审前，基建办组织项目总投资内审（含工程变更、签证项目），在未超投资计划总批复时，变更、签证的相关资料作为审计结算的依据；超出投资计划时，申报追加投资计划请示，变更、签证的相关资料作为追加投资计划的依据，也作为审计结算的依据。

二、工程变更管理

（一）工程变更的类型

1. 小型变更：不改变设计原则，对合同工期、质量、进度无影响，且不增减工程费用的变更事宜。

2. 一般变更：不改变设计原则，且对合同工期、质量、进度无影响、一次变更费用在3万元以内的变更事宜。

3. 重大变更：或改变设计原则，或对合同约定的工期、质量、进度有影响，或一次变更费用3万元（含）以上的变更事宜。

（二）正常情况下的工程变更审批程序

1. 工程变更可以由基建办、监理、施工、设计单位之中的任何一方提出。提出单位提交"工程变更单"［附"工程变更投资预算表"（表12-4）、附变更原因、部位、内容、变更工程量、造价、对工期及质量的影响等，并附图和有关文件]。

2. 小型变更：由监理项目部、基建办项目负责人审核。

3. 一般变更、重大变更：经相关监理工程师和总监理工程师、基建办主任及分管领导审查同意（属于设计变更的，尚需征得设计单位同意）。变更由基建办或委托监理工程师下达变更指令后，承包商方可施工。

（三）特殊情况下的工程变更审批程序

遇到不可预见因素、现场停工等特殊情况时，由总监理工程师会同施工方对现场情况作出梳理（附变更的原因、部位、内容、变更工程量、造价、对工期及质量的影响等，并附图和有关文件），请示基建办主任审批同意后，可以边实施变更，边补办手续。

（四）工程变更的实施

监理单位、基建办监督工程变更的落实情况，按程序办理好"工程签证单"，验收时把工程变更作为重点，并做好验收记录。

（五）工程变更的质量、费用和工期的处理

1. 未经本管理办法程序办理的工程变更一律无效。

2. 在审批阶段需审核变更工程的质量、造价和工期。

3. 工程变更不改变合同约定的工程质量目标。

4. 原则上工程变更不改变工期目标，只有处于关键节点上的工程发生了变更，才按增减的工程量的百分比例相应地增减工期。

5. 变更预算造价含在"工程变更投资预算表"中一起审批，由承包商编制，经相关监理工程师、基建办审核确认后，按照本办法的程序报审批，作为追加投资计划、结算审计的控制依据。

6. 工程变更增减的造价以审计结果为准，审计结果不得超过变更"工程变更投资预算表"预算造价。

三、工程签证管理

（一）工程签证审批程序

变更的"工程签证单"需现场管理人员、基建办主任及监理项目部总监理工程师签字，涉及隐蔽工程，设计单位也须签字，工程变更签证作为追加投资计划、审计决算的依据。

（二）签证项目的质量、费用和工期

1. 未按程序办理审批的签证一律无效。

2. 需明确签证项目的质量、工期、费用。

3. 签证项目的质量目标应与主合同保持一致。

4. 不得因合同范围外的零星项目而改变工期目标。

5. "工程签证单"预算造价不得超过"工程变更投资预算表"造价，由承包商编制，经监理造价工程师、院主管部门审核、确认后，按照本办法的程序报审批，作为立项请示、结算审计的控制依据。

6. "工程签证单"增减的造价以审计结果为准，审计结果不得超过"工程签证单"的造价。

（三）"工程变更单""工程签证单"及附件的管理

1. 批准的"工程变更单"，统一编号管理、一式四份，分别由施工单位、监理单位、设计单位留存。

2. 批准的"工程签证单",统一编号管理、一式三份,分别由施工单位、监理单位留存。

3. 项目完工,施工方部门统计已完工程变更及签证单,编制"工程变更、签证单统计表"(表12-5),并整理变更资料归档,随竣工资料一并报医院备存。

(四)其他

1. 不得肢解项目后进行签证,不得以工程签证代替合同或补充协议,不得以工程签证代替工程变更。
2. 原则上只签工程量,定价的必须参照国家定额及市场行情为依据。
3. 承包商在投标时承诺的优惠条件、现场闲置的设备及机具,不列入签证范围。
4. 凡涉及承包商为评定优质工程等需要,而增加的施工管理、技术设施和部分材料、人工的费用,应由其自行承担。

表12-1 基建办工程变更签证流程

流程图	具体事项	责任部门	负责人
变更申请	1. 乙方提出变更,依据会签的技术核定单填写变更申请表(附原因、工程量、预算) 2. 甲方提出变更,附医院会议纪要等相关资料 3. 至少提前3天提交变更签证申请 4. 重大变更组织专题会议协调解决 5. 第一时间通知跟踪审计现场确认	变更实施单位	项目负责人
变更初审（同意/不同意）	1. 变更单位如实申请,查有不实按规定开异常单 2. 相关设计院、监理、造价咨询3个工作日内予以初审完成	变更单位、设计院、监理、造价咨询部门	变更单位 设计、监理、造价咨询
变更确认	1. 甲方项目负责人审核签字 2. 工程例会上予以讨论,报医院确定 3. 5个工作日内给予明确答复 4. 确认的变更由基建办以甲方指令单通知实施 5. 现场突发应急情况需立即处理的,口头报备同意立即实施,相关流程同步办理	基建办、监理	项目负责人 项目负责人 项目负责人 基建办主任 项目负责人
项目实施	1. 项目实施完成后7个工作日内将实际实施工程量、结算在工程例会上汇报 2. 监理、造价咨询及时予以确认审核	实施单位	实施单位 监理、造价咨询
付款流程	1. 每月按实际发生的工程量上报(含变更) 2. 按规定程序各方进行审核确认 3. 资料齐备办理付款	实施单位、监理、造价咨询、基建办	实施单位 造价咨询、监理、基建办 实施单位、基建办

注:上述工程变更流程主要针对甲方指令,设计变更(设计院)、技术核定单(乙方),相关流程如下。
1. 现场签证单、技术核定单
   工作流程:施工单位──▶报送监理专业工程师、业主专业工程师、造价咨询师现场计量──▶审核意见报送甲方。
2. 设计变更单
   工作流程:业主或设计方提出变更──▶设计院确认出图盖章──▶甲方以指令单形式确认实施──▶施工方施工完毕。

表 12-2　××单位项目签证（变更）申请表

年　月　日

项目名称		施工单位	
		变更申请部门	
变更原因及内容			

施工单位签字：

原中标总额		增项预算	
增项占原中标总额比例（%）		审核人员确认	
需求科室确认		报相关部门认可： □ 监察 □ 审计 □ 财务	
项目负责人确认			
基建办意见			
基建办分管院领导审批 （增项金额过万或超过原中标价的5%）			

附件：增项预算明细表。

表 12-3 工程签证单

项目名称		编　号	
单位工程		分项工程	

事由：　　　　事宜
参与人员：施工单位、监理单位、建设单位、跟踪审计单位（以上单位人员缺一不可）
测量日期：　　年 月 日；　　年 月 日
测量地点：
内容：

涉及工程量：

后附相关照片
以上共计产生费用合计：　　　　　元，预算附后

施工单位 签字：（盖章） 年 月 日	监理单位 签字：（盖章） 年 月 日	审计单位 签字：（盖章） 年 月 日	建设单位 签字：（盖章） 年 月 日

说明：1. 签证单要附前期的变更单及相关附图及资料。
　　　2. 工程量及造价的签证，不得超过变更单的预算数量，核实后才签订。
　　　3. 施工单位、监理单位、审计单位、基建办须盖章。

表 12-4 工程变更投资预算表

工程名称：　　　　　　　　　　　　　　　　　　　　　时间：

序号	变更内容	单位	工程量	单价（元）	合价（万元）	备注
一						
1						
...						
二						
1						
...						

监理项目部审核人：　　　　　　　　　　　　　　　监理项目部总监：
建设单位审核人：　　　　　　　　　　　　　　　　科室主任：

表 12-5　工程变更、签证单统计表

工程名称：　　　　　　　　　　　　　　　　日期：

序号	工程变更单编号	工程签证单编号	变更、签证内容	预算金额（万元）	日期

编制人：　　　　　　　　　　　　　　　　　负责人签字盖章：

说明：此表作为追加投资计划的附件。

第二节　工程项目结算审计规定

基建办工程项目结算审计规定

第一条　为加强对医院基本建设、修缮工程的依法监督和管理，确保工程质量，控制工程成本，提高医院资金使用效益，根据《中华人民共和国审计法》《卫计委关于加强和规范建设工程项目全过程审计的通知》《卫生系统内部审计工作规定》《江苏省建设工程造价编制与审核暂行办法》等法律法规和政策，结合医院实际情况，制定本规定。

第二条　凡使用国家拨款、医院自筹资金、社会捐赠资金、各级组织的共建资金及其他资金进行的基建、零星修缮工程项目，均应依照本规定要求接受审计监督。

第三条　工程项目竣工验收合格后，相关职能部门将工程决（结）算、合同等相关资料送交审计处，审计处审核后委托外部审计机构进行审计并出具审计报告，相关职能部门凭审计报告方可办理结算手续。

第四条　工程竣工决（结）算报审的条件和要求：

1. 预算金额达到人民币100万元（含）以上的工程项目，由医院委托的招标代理机构办理招标事宜；预算金额在人民币5万元（含）以上、100万元以下的工程项目，由招标管理办公室组织招标；预算金额在人民币5万元以下的工程项目，由项目管理部门按照管理规定自行组织派工。

2. 为保证工程决（结）算审计的顺利进行和建设资金的安全，在工程决（结）算审计前，总付款进度不得超过合同价款的70%。工程正式竣工验收合格三个月内凭竣工结算审计报告支付至工程价款（审定价）的97%，其余3%作为工程质量保证金在合同约定支付。

第五条　竣工决（结）算送审时需提供如下资料：

1. 审计委托书；

2. 工程招投标文件，工程相关合同；

3. 施工图纸、设计变更图纸及设计变更签证单；

4. 工程预、决（结）算书；

5. 工程量计算清单；

6. 工程竣工图纸及验收资料；

7. 甲供材清单及工程预付款清单；

8. 超预算（合同）的审批手续；

9. 工程竣工验收合格证明资料；

10. 零星修缮工程派工单；

11. 与工程相关的其他资料。

第六条 工程项目竣工审计的内容主要包括以下方面：

1. 签证记录的真实性和合规性；

2. 工程量计算规则和结果是否正确；

3. 定额套用、换算规则和结果是否准确；

4. 取费基数、取费标准、取费计算程序和计算结果是否准确；

5. 主要材料消耗量是否准确，材料预算价格计取是否正确；

6. 工程结算的编制是否符合招标和投标文件规定，是否符合工程承包合同和补充协议的约定，是否符合施工过程中的核定、签证和会议纪要达成的一致意见，是否符合工程造价管理部门的规定和有关文件精神。

7. 其他与工程造价有关的内容。

第七条 医院所有基建、零星修缮工程项目竣工决（结）算审计由审计处统一管理。审计处在工程项目审计中的主要职责如下：

1. 参与工程项目的招投标、工作量核定、工程竣工验收等过程。

2. 对送审材料进行登记、审核。项目的审批手续是否完备，报送资料是否完整、真实。对材料有错漏的项目予以退回并要求整改。

3. 委托具备相应资质的外部审计机构对工程决（结）算进行审计，并负责对外联系和内外的协调工作。

第八条 外部审计机构在收到审计处送交的材料后，于 90 个工作日内出具审计报告。如遇特殊情况适当顺延。

第九条 本规定由审计处负责解释。

第三节 医院基建项目竣工结算管理办法

医院基建项目竣工结算管理办法

第一章 总则

第一条 根据国家、住建部、江苏省及南京市有关工程竣工结算的规定，为规范、有序、高效地完成医院基建工程竣工结算工作，为了合理有效控制造价，减低工程成本，维护医院利益，结合医院的实际情况，特制定本办法。

第二条 本办法适用于基建项目的工程结算等相关建设造价活动。

第三条 竣工结算的基本目标是要做到工程完毕账目清晰，账账相符，账物相符，对甲供的设备、材料按要求逐项清点核实。对各种往来款项及时全面清理，为编制竣工决算提供准确的基础资料。

第二章 定义

第四条 竣工结算是指工程竣工验收后，根据国家对工程造价的规定，承发包双方以合同为基础，结合合同执行中发生的变更情况，确定合同的最终结算价格。它是承发包双方结算合同价款的依据，也是建设项目竣工决算和核定固定资产的基础资料和依据。

第三章 编制依据

第五条 编制依据。

1. 合同及补充协议；
2. 变更资料；
3. 竣工图及验收文件；
4. 其他资料。

第四章 竣工结算编制原则

第六条 项目竣工结算一般应在预验收或（子）单位工程竣工验收完成后编制。

第七条 工程量的确定。

1. 工程量计算必须以施工图和经业主批复的变更指令为依据。

2. 工程量计算必须符合合同规定的计量规则。

3. 单价包干项目，竣工结算数量应为合同工程数量加上已批复变更指令中的工程数量（需提交详细计算书），并应与竣工图数量一致。

4. 合价包干项目，其中，合同范围内部分以合同数量作为结算数量，合同范围外以已批复变更指令中的数量作为结算数量。

5. 对未经业主批复的变更、擅自更改设计和竣工验收不合格的项目不予结算，已计量的必须相应扣除，待返修或返工合格后再按合同原则结算、计量。

第八条 结算价格。

1. 合同结算清单

合同价格清单中已有的项目按合同单价执行，新增项目单价按双方确认调整后的单价执行。

（1）单价包干项目：合同清单内的项目以结算数量乘以合同单价作为该项目的价款。合同清单外（新增）项目以已批准的变更指令审定的单价乘以数量计算。

（2）合价包干项目：合同范围内部分以合同工程数量乘以合同单价作为该项目结算价款，合同范围之外以已批复变更指令中的金额作为该项目结算价款。

（3）合同中列有暂定金或暂估价的项目，暂定（暂估）金额应以业主批准的金额计算。

（4）对于合同中明显异常的单价（明显偏高或偏低，与市场价或招标控制价中单价比较）处理办法，如合同中没有约定，可参考工程量清单计价规范对应条款执行。

2. 设备材料超欠供

（1）设备安装工程甲供设备超供

甲供设备超用部分按照合同约定办法扣回，合同无约定的其超用部分甲供单价按实际价格扣回，如属于承包商故意超领，承包商尚应承担超领甲供设备的资金占用费用，以上费用应在结算价格中予以扣除。

（2）甲供材价差

甲供材应根据综合单价表中甲供材料含量和工程结算数量计算理论用量和实际领用量，当实际领用量超出或少于工程结算理论用量时，应扣除甲供材价差，具体按合同约定办法处理，合同无约定的可按以下办法处理：

① 理论用量确定：

合同内工程量部分按承包商投标时单价分析表中材料含量计算理论用量；变更增加工程量部分按承包商投标时单价分析表中材料含量计算理论用量，但不得超出投标时采用的定额含量。

② 当实际领用量大于理论用量，且合同暂定价小于业主实际采购价时，甲供材价差＝（实际领用量－理论用量）×（业主采购价－合同暂定价）。

③ 当实际领用量小于理论用量但大于或等于工程结算数量时，不再扣除甲供材价差。当实际领用量小于工程结算清单数量时，甲供材价差＝（结算清单数量－实际领用量）×合同暂定价。

④ 其他情况下的甲供材价差不计算。

⑤ 业主采购价的确定：

a. 以面积为计量单位的顶面材料实际采购价以标准单板的价格为准。

b. 其他材料的实际采购价以供货合同价为准。

3. 各种奖罚费用调整

根据合同及有关文件的规定，由于承包商的行为所引起的各种奖罚，在结算费用中按实计列。

立功竞赛、百日大干评比、优质优价奖金（优质优价奖金＝考核奖金－合同约定扣减费用）等所有以业主文件形式发出的奖罚金均纳入竣工结算。

合同中对获得省、市文明工地有约定的，对符合规定的，措施费在结算中给予调整，但不得重复计取。

4. 甲供材料和甲供设备税金

根据《关于全面推开营业税改征增值税试点的通知》（财税〔2016〕36号）及《省住房城乡建设厅关于建筑业实施后江苏省建设工程计价依据调整的通知》（苏建价〔2016〕154号文）规定，甲供材料和甲供设备费用应在税前扣除，承包商在上报结算时在税前自行扣除甲供材料和甲供设备费用。

5. 结算价格的认定

根据国家对建设项目竣工结算审计的有关规定，合同最终结算价款以财政、审计部门最终核定为准，结算核减（或增加）的费用在最终支付中扣除（或追加）。

第五章 竣工结算文件

第九条 竣工结算文件由封面、目录、结算说明及有关结算表格等组成。

1. 封面、目录（表 JS-1）。封面格式详见附表。封面需由承包商项目经理（负责人）签字并加盖单位公章。

2. 竣工结算说明。

3. 竣工结算报表：

（1）期终支付证书（表 JS-2）；

（2）竣工结算费用汇总表（表 JS-3）；

（3）竣工结算分项费用汇总表（表 JS-4）；

（4）工程竣工结算明细表（表 JS-4-1）；

（5）工程量计算单［JS-4-1（附）］；

（6）甲供设备超供情况一览表（表 JS-5）；

（7）甲供材料差价计算表（表 JS-6）；

（8）人工调差计算表（表 JS-7）；

（9）各种奖励费用统计表（表 JS-8）；

（10）各种罚款费用统计表（表 JS-9）；

（11）合同已批复变更统计一览表（表 JS-10）；

（12）合同支付统计一览表（表 JS-11）；

（13）实物资产移交清单（表 JS-12）（用于甲供材、设备安装、智能化等专项合同）。

第十条 竣工结算文件份数

承包商申报竣工结算文件一式四份，竣工图、对应的电子文件（U 盘或光盘）各一套。承包商必须随结算文件向基建管理部门提交一套完整的竣工图，竣工图应符合业主颁发的《竣工资料编制办法》有关规定。

第六章 竣工结算的办理程序

第十一条 预验收或（子）单位工程竣工验收合格后，承包商应按医院基建项目要求，列明实物资产清单（表 JS-12）。

第十二条 承包商按照本办法编制完成竣工结算文件，上报监理单位，监理单位应对整套结算书面资料的完整性、数据的准确性和真实性进行全面审查，不合格的结算文件必须退还承包商重新修正，审查合格后签署审核意见。

第十三条 条竣工结算文件经监理单位审查后上报本院基建办，院基建办相关人员对结算文件进行审核，签署意见，并对结算资料真实性负责。

第十四条 院基建办审核后转交院审计处，院审计处将组织相关人员或专业造价咨询机构对结算文件进行全面审查，并出具工程结算审核征求意见稿或工程造价咨询意见书。

第十五条 院审计处将经承包方及院基建办项目负责人确认的初审结果上报分管院长审批。

第七章 结算费用支付

竣工结算文件报经分管领导批准后，医院将在合同约定时间内办理竣工结算价款支付。结算支付时应扣留合同规定的保留金（包括质量保证金等）。

附件　结算文件格式

附件 1　封面

××单位

扩建一期工程住院综合楼项目
××工程

结算书

××有限公司（施工单位）
二〇一八年××月××日

附件 2　工程竣工结算报审表

JS-1
工程竣工结算报审表

致××单位：　　××（标段号），　　××项目（工程）已按合同约定完成全部工作内容，并通过预验收/（子）单位竣工验收，现呈报竣工结算文件，竣工结算金额：_____（小写），_____（大写）元，请予批复。　　附件：1. 竣工结算说明；　　　　　2. 竣工结算报表。		
	承包单位（章）：项目负责人/经理：	日期：
监理单位意见	说明：　　　　　　　　□同意　□不同意　　　　　　　　　　　　　监理单位（章）：　　　　　　　　　　　　　总监理工程师：	日期：

(续表)

基建办意见	说明：	□同意　□不同意 负责人： 日　期：	审计处意见	说明：	□同意　□不同意 负责人： 日　期：
分管院长意见	说明：	□批准　□不批准 分管领导： 日　期：	院长意见		□批准　□不批准 领导： 日期：

附件3　竣工结算审核单

工程结算审定单

建设单位			咨询类型			
施工单位			专业			
工程名称						

序号	单位工程名称	合同价（元）	送审价（元）	审定价（元）	核增额（元）	核减额（元）	核增率（%）	核减率（%）
	合计							
审定总价金额（大写）								
备注								

建设单位（章）： 经办人： 日期：　年　月　日	施工单位（章）： 经办人： 日期：　年　月　日	咨询企业（审计单位）（章）： 项目负责人（签字盖章）： 签发人： 日期：　年　月　日

附件4　竣工结算说明

竣工结算说明是竣工结算文件的重要组成部分，应包括：

1. 工程概况，应反映：本合同工程范围，工程规模，开竣工情况，验收合格情况等。

2. 结算编制依据和原则（应符合本办法的要求）。

3. 合同执行情况，应反映：①原合同金额；②合同变更情况；③合同支付情况；④甲供设备（材料）超欠供情况；⑤合同执行过程中存在的主要问题及处理建议。

4. 工程遗留问题等。

附件5 竣工结算报表

工程量清单计价规范附表：

一、工程竣工结算资料要求（封面加盖公章）

1. 施工合同及附件、协议书（原件备查）；
2. 补充协议（若有）（原件备查）；
3. 中标通知书（原件备查）；
4. 施工企业规费计取标准；
5. 建设项目安全文明施工评价得分及措施费费率核定表；
6. 图纸会审纪要（签字盖章手续齐全且清楚）；
7. 开、竣工报告及工期延期联系单（签字盖章手续齐全且清楚）；
8. 竣工验收记录（签字盖章手续齐全且清楚）；
9. 招标文件及招标工程量清单及电子盘、招标答疑纪要、招标补遗（甲方提供）；
10. 投标文件商务标及电子盘（甲方提供）；
11. 投标文件技术标电子版（甲方提供）；
12. 承包人编制的结算书及电子盘（结算编制说明、结算汇总表）；
13. 地勘报告（桩基单位提供）；
14. 招标图、施工图（电子盘）；
15. 承包方、监理方按规定签字认可的竣工图纸；
16. 经审定的施工组织设计、施工方案或专项施工方案（签字盖章齐全且清楚）（提供电子版，原件备查）；
17. 原始地貌标高抄测记录（涉及土石方工程单位提供）；
18. 材料、设备认质核价单（需有连续编号，签字盖章齐全且清楚）；
19. 设计变更单、技术核定单（需有连续编号，签字盖章手续齐全且清楚、附件完备），并及时办理签证；
20. 现场签证单（需有连续编号，签字盖章手续齐全且清楚，附件完备）；
21. 甲供材料（设备）收货验收签收单（如有）；
22. 隐蔽工程验收记录（签字盖章手续齐全且清楚）（原件备查）；
23. 吊装工程记录、安装工程调试记录、调试报告（签字盖章手续齐全且清楚）；
24. 与工程结算有关的"发包方通知、指令、会议纪要、往来函件、工程洽商记录等"（提供原件）；

25. 建设单位付款情况表（附进度支付审核报表封面）；

26. 各标段、各专业施工单位涉及交叉的施工范围确认文件（施工单位、监理、基建办）；

27. 结算资料报送承诺书；

28. 其他有关影响工程造价、工期等资料；

29. 现场照片［提供电子版，并每张照片标注时间、地点、事项，如作为签证依据，明确标注签证单编号，如：2015.7.11-地下室底板-承台扩大（签证单 ZT-TJ-001）］；

30. 移交资料签收表［提供一份装订（无需胶装）竣工资料提交，待审核竣工资料齐全待通知后，胶装一式四份］。

二、甲供材料/设备竣工结算资料要求（封面加盖公章）

1. 施工合同及附件、协议书（原件备查）；

2. 补充协议（若有）（原件备查）；

3. 中标通知书（原件备查）；

4. 开、竣工报告、材料进场入库四方验收单（签字盖章手续齐全且清楚）；

5. 竣工验收记录（签字盖章手续齐全且清楚）；

6. 招标文件及招标工程量清单及电子盘、招标答疑纪要、招标补遗（甲方提供）；

7. 投标文件商务标及电子盘（甲方提供）；

8. 投标文件技术标电子版（甲方提供）；

9. 承包人编制的结算书及电子盘（结算编制说明、结算汇总表）；

10. 承包方、发包方、监理方按规定签字认可的竣工图纸及电子盘；

11. 材料、设备认质核价单（需有连续编号，签字盖章齐全且清楚）；

12. 设计变更单、技术核定单（需有连续编号，签字盖章手续齐全且清楚、附件完备），并及时办理签证；

13. 现场签证单（需有连续编号，签字盖章手续齐全且清楚，附件完备）；

14. 材料检测报告；

15. 与工程结算有关的发包方通知、指令、会议纪要、往来函件、工程洽商记录等；

16. 建设单位付款情况表（附进度支付审核报表封面）；

17. 结算资料报送承诺书；

18. 其他有关影响工程造价、工期等资料；

19. 现场照片；

20. 移交资料签收表（一式四份）。

三、工程竣工结算资料报送承诺书

××单位：

我们对送审的工程竣工结算资料进行如下郑重承诺：

一、在本工程的结算审核过程中，我们将积极主动配合相关审核部门及机构勘查现场，核对资料等相关审核工作，保证审核工作的顺利进行。

二、我们对报送的与审核相关的"工程竣工结算书"及"工程竣工结算资料"的真实性、完整性及有效性负责（详见资料移交清单）。若存在弄虚作假及违法违纪等行为，我们应承担相应的经济责任和和法律责任。

三、保证竣工结算资料一次性送至审核部门，审核部门在竣工结算审核过程中不再接受任何经济性资料。并承诺：

1. 如在审核过程中发现所提交的"工程竣工结算资料"存在遗漏，我们将放弃遗漏资料部分的结算金额；

2. 如在审核过程中发现所提交的"工程竣工结算书"存在漏项和少计工程量，我们将放弃漏项和少计工程量部分的结算金额。

四、审核部门送达的审核报告征求意见稿，我们将及时组织核对，并于送达之日起 10 个工作日内将书面意见反馈你们，逾期不反馈视为无异议。

五、对于结算审核最终净审减率超过5%（含5%）和净审增额的，施工单位自愿承担审核费用。

特此承诺！

  施工单位（盖章）：

  经办人（签字）：

                    年　月　日

竣工结算报表：

院楼总承包 \ 设备安装 \ 装饰工程

承包单位：　　　　　　　　　　　　　　　　　　　　　标段号：
监理单位：　　　　　　　　　　　　　　　　　　　　　编　号：

期终支付证书（××标段号，××项目）　　　　　　JS-2

序号	项目名称	金额（元）			备注
		上期末累计完成	本期（期终）完成	截至本期累计完成	
一	结算金额				表 JS-3
二	应付款				
1	工程结算				表 JS-4
2	各种奖励				表 JS-8
三	应扣款				
1	预付款				
2	审计费（合同约定比例）				累计扣留（%）

(续表)

序号	项目名称	金额（元）			备注
		上期末累计完成	本期（期终）完成	截至本期累计完成	
3	质保金（合同约定比例）				累计扣留（%）
4	违约金				需注明原因
5	各类罚款				表JS-9
6	甲供材料款（总承包\装饰工程）				
7	甲供材料差价（总承包\装饰工程）				表JS-6
8	甲供材料税金（总承包\装饰工程）				
9	甲供设备超供费用（设备安装工程）				表JS-5
四	期终付款（二～三）				

院楼总承包\设备安装\装饰工程

承包单位：　　　　　　　　　　　　　　　　　　合同号：
监理单位：　　　　　　　　　　　　　　　　　　编　号：

1. 竣工结算费用汇总表　　　　　　　　　　　　　　　　　　JS-3

序号	项目名称	申报金额（元）	监理审核金额（元）	业主项目部审核（元）	备注
1	工程结算金额				表JS-4
2	各种奖励费用				表JS-8
3	违约金				
4	各种罚款费用				表JS-9
5	甲供材料款（总承包\装饰工程）				
6	甲供材料差价（总承包\装饰工程）				表JS-6
7	甲供材料税金（总承包\装饰工程）				
8	甲供设备超供费用（设备安装工程）				表JS-5
9	工程保险理赔费用				不计入结算总价
10	其他				
	结算总价				

院楼总承包\设备安装\装饰工程

承包单位：　　　　　　　　　　　　　　　　　　标段号：
监理单位：　　　　　　　　　　　　　　　　　　编　号：

1-1　工程竣工结算分项费用汇总表　　　　　　　　　　　　　JS-4

序号	工程项目名称	结算金额（元）	备注
1	分部分项工程（含招标图至施工图变更）		
2	措施及其他项目（含招标图至施工图变更）		
3	变更部分（招标图至施工图变更除外）		
	合计（结转至"表JS-3"中）		

院楼总承包＼设备安装＼装饰工程

承包单位：　　　　　　　　　　　　　　　　　　　　　标段号：
监理单位：　　　　　　　　　　　　　　　　　　　　　编　　号：

1-1-1　工程竣工结算明细表　　　　　　　　　　　　　　JS-4-1

序号	项目名称	项目特征	单位	单价（元）	合同		申报结算		监理审核		项目部审核		备注
					数量	合价（元）	数量	合价（元）	数量	合价（元）	数量	合价（元）	
1	分部分项工程												
	……												
2	措施及其他项目												
	……												
3	变更部分（招标图至施工图变更除外）												
	……												
	小计（结转至"JS-4表"中）												

注：1. 分部分项工程及措施及其他项目，工程量清单应包含招标图至施工图变更的工程量变化和新增项目。
　　2. 变更部分，按变更指令编号顺序填写，并逐一列明详细清单，清单项目顺序应与变更指令一致。

院楼总承包＼设备安装＼装饰工程

承包单位：　　　　　　　　　　　　　　　　　　　　　标段号：
监理单位：　　　　　　　　　　　　　　　　　　　　　编　　号：

附表：工程量计算单　　　　　　　　　　　　　　　JS-4-1（附）

序号	项目编码	项目名称	项目特征	部位	图名、图号	单位	计算式	工程量合计	备注

注：1. 此表为JS-4-1表附表，适用于单价包干合同。
　　2. 工程量计算必须以经监理、业主审定的竣工图和业主已批复变更指令（在备注栏中注明指令编号）为依据，按照合同规定的计量规则，列出详细计算式，并注明所用图纸的名称和图纸号，必要时可附计算示意图。
　　3. 竣工图无法反映的非实体工程量，应按照已批复变更指令中的数量计算工程量，并附现场签证资料，列出详细计算式。
　　4. 计算结果保留两位小数。

院楼总承包 \ 设备安装 \ 装饰工程

承包单位：   标段号：
监理单位：   编　号：

1-2　甲供设备超供情况一览表（设备安装工程适用）　　　　　　　　　　JS-5

序号	设备名称	随机附件说明	单位	安装结算数量	领用（或采购）数量	超供情况说明	超供费用	供货商	备注
1	配电箱								
2	水泵								
	小计（结转至"JS-3表"中）								

注：1. 本表仅适用于安装合同，只需列出存在超欠供现象的项目，不必列出所有清单。
　　2. 甲供部分仅填写各类设备总数量（不必区分规格型号）。

院楼总承包 \ 设备安装 \ 装饰工程

承包单位：   标段号：
监理单位：   编　号：

1-3　甲供材料差价计算表（装饰工程适用）　　　　　　　　　　　　　　JS-6

项目编号	项目名称	单位	工程量	石材		陶土板		智能坐便盖板		洗手盆		……	
				含量	数量（m²）	含量	数量（m²）	含量	数量（套）	含量	数量（套）	含量	数量
一	××工程												
	小计												
1	理论用量合计												
2	清单数量												
3	实际用量												
4	甲供暂定价												
5	业主采购价												
6	结算甲供材价差												

院楼总承包\设备安装\装饰工程

承包单位：　　　　　　　　　　　　　　　　　　标段号：
监理单位：　　　　　　　　　　　　　　　　　　编　　号：

1-4　人工调差计算表（总承包\设备安装\装饰工程适用）　　　　　　　JS-7

序号	项目名称	项目特征	单位	含量	2015年3月以前		2015年3—9月		2016年9月—2017年3月		2017年3—9月		…	
					计量数量	数量	计量数量	数量	计量数量	数量	计量数量	数量		
一	分部分项工程量清单													
（一）	××工程													
二	累计数量													
三	合同基准期价格													
四	当期价格													
五	价差金额													

注：本表仅适用于总承包\设备安装\装饰工程合同，合同中有约定的除外。

院楼总承包\设备安装\装饰工程

承包单位：　　　　　　　　　　　　　　　　　　标段号：
监理单位：　　　　　　　　　　　　　　　　　　编　　号：

2. 各种奖励费用统计表　　　　　　　　　　　　　　　　　　JS-8

序号	项目名称	奖励内容	金额（元）	备注
	小计（结转至"JS-3表"中）			

院楼总承包\设备安装\装饰工程

承包单位：　　　　　　　　　　　　　　　　　　标段号：
监理单位：　　　　　　　　　　　　　　　　　　编　　号：

3. 各种罚款费用统计表　　　　　　　　　　　　　　　　　　JS-9

序号	项目名称	罚款内容	金额（元）	备注
	小计（结转至"JS-3表"中）			

院楼总承包 \ 设备安装 \ 装饰工程

承包单位：　　　　　　　　　　　　　　　　　　　　标段号：
监理单位：　　　　　　　　　　　　　　　　　　　　编　号：

4. 变更签证汇总表（A3 表）　　　　　　　　　　　　　　　　JS-10

项目名称：　　　　　　　施工单位：　　　　　　第　　页/共　　页

序号	签证单号	项目	分部分项工程	特征描述	变更原因	费用	附件	备注
项目汇总	共计　　元	施工单位费用汇总	共计　　元	审计审定金额汇总：	共计　　元			

　　本单位承诺：以上变更签证为本项目自　年　月　日始至　年　月　日止的全部内容，无其他任何变更签证内容尚未申报。如有，视为优惠让利。

　　　　　　　　　　　　　　　项目负责人：　　　　　　施工单位（盖章）：

监理单位	跟踪审计	业主单位
		基建办：
总监理工程师： （单位盖章） 年　月　日	项目负责人： （单位盖章） 年　月　日	审计处： （单位盖章） 年　月　日

注：按变更指令编号顺序填写，并附相应变更指令和清单复印件。

结算分析表

序号	项目编码	项目名称	项目特征描述	单位	结算清单 工程量	综合单价	合价	中标清单 工程量	合价	对比 量差比例	量差	价差	备注

注：本表仅需提供电子版及一份纸质版。

中标/结算价对比

序号	项目（分部工程）	中标值	结算值	增项	减项	价差	比例	备注

注：本表仅需提供电子版及一份纸质版。

院楼总承包 \ 设备安装 \ 装饰工程

承包单位：   标段号：
监理单位：   编　号：

5. 合同支付统计一览表（A3表）   JS-11

序号	支付时间(年/月)	预付款(元)	应付款（元）			应扣款（元）				实际付款(元)
			合同清单付款	变更付款	各种奖励	工程预付款	审计费	质保金	各种罚款	
合计										

注：1. 按支付时间先后顺序填写，包括预（首）付款、月度计量支付（进度付款）、到货付款等，不含期终支付。
　　2. 本表应附各期中支付证书复印件。

医院楼总承包 \ 设备安装 \ 装饰工程

承包单位：   标段号：
监理单位：   编　号：

6. 实物资产清单（A3表）   JS-12

编号	资产名称	规格、型号	位置/楼层	单位	数量	资产单价（元）	资产合价	品牌/产地	甲供设备(√/×)	固定资产(√/×)

注：本表可另册装订。

第四节　工程项目结算审计流程

基建办工程项目结算审计流程见表12-6。

表 12-6　基建办工程项目结算审计流程

流程图	具体事项	责任部门	责任人
竣工验收	1. 验收资料齐全（工序、分部工程验收资料）	施工单位	项目负责人
	2. 通过项目竣工验收合格（1个月内）		项目负责人
	3. 签证手续齐全（施工单位、监理、跟踪审计、甲方签字盖章）		项目负责人
项目单位申请	1. 结算申请表	竣工单位	竣工单位
	2. 施工单位下载标准结算模板		竣工单位
	3. 项目结算书（依次为结算申请表、目录、具体内容）		竣工单位
监理	监理结算审核意见书	监理	监理
跟踪审计审计、基建	1. 跟踪审计单位在规定时间内审核完毕，并与施工单位核对结束（如遇争议性问题，开会协商解决）	跟踪审计、基建办	跟踪审计
	2. 审核初稿与甲方审计处沟通		跟踪审计
	3. 签证部分完成变更签证汇总表		
	4. 出具核定单，施工单位盖章		跟踪审计
	5. 科室负责人审核、院领导及审计处审核		项目负责人
	6. 跟踪审计盖章并出具审核报告		跟踪审计
审计	财务审计	审计	
科室审核	项目负责人及科室主任签字审核签字（2个工作日）	基建办	项目负责人
报审	1. 审计处审核（1周）	审计处、基建办	院领导
	2. 事务所签字盖章（1个月）		审计处
	3. 院领导审核		项目管理
	4. 往返材料登记在"基建办工程结算登记表"		
审核完结	1. 取回审计报告并登记在"基建办工程结算登记表"	基建办	科室主任助理
	2. 通知施工单位取报告并开具发票（3个工作日内）		科室主任助理
	3. 资料齐全按《基建办付款流程》办理		科室主任助理
基建办付款流程			

第十三章 组织与协调管理

第一节 合作单位办事指南

合作单位办事指南

一、投递材料

企业资质、类似业绩、主营业务范围、联系人名片等,请放在指定地点。

二、投标注意事项

详见招标公告、招标文件。

三、中标后

1. 办理合同：中标单位中标后,携带中标通知书办理合同签订,文本合同带回3天内签字盖章并返还至基建办,同时需签订"廉政协议书"。

2. 处罚规定：基建办对施工方及其他服务单位的质量、进度、安全进行科学的管理及严格的监督,明确施工方相应行为的奖励和处罚规定,详见《施工质量安全管理制度》。同时对项目参建单位进行月度考核,考核不及格（满分100分,低于90分）的相关单位当月进行通报并处罚。

四、开工前手续办理

1. 签订院内安全协议：请到院保卫处办理施工单位临时人员登记（附身份证复印件）,如有动火作业必须办理动火证并做好消防防护措施。

2. 开工报告需递交材料：

（1）施工单位应递交项目经理执业资格证书、公司资质及组织机构代码证明；

（2）开工报告、施工总进度计划表、场区平面布置图、施工组织设计,分部、分项、检验批划分表；

（3）项目负责人及以下管理、技术人员（安全员、质检员等）身份证、执业资格证及特殊操作工种的操作证、上岗证复印件（原件核查）,均需单位盖章确认,见表13-1。

表 13-1 施工人员确认表

项目名称： 施工单位：
项目负责人： 手机：

姓名	职称/工种	身份证号	上岗证/操作证	备注

（基建办将组织不定期抽查，如现场施工人员与上表中信息不符时，立即勒令换人，每发现一次处罚 500 元/人·次。）

（4）递交施工临时用水用电申请，附断路器/线径规格、用电负荷容量具体参数。

（5）向基建办递交需甲方协调的其他相关具体内容（临时水电注明）。

（6）以上所有资料均需同步提交电子文件。

第二节　咨询服务类单位管理办法

咨询服务类单位管理办法

为更好地发挥项目设计、招标代理、监理、跟踪审计等在工程建设实施过程中的监督、管理作用，严格落实各服务单位委托合同及国家法律法规规定的责任及义务，确保本工程的质量、安全、进度、投资符合相关法律法规、施工合同、图纸设计及业主的一些具体要求，根据工程建设需要对设计、招标代理、监理单位、跟踪审计单位、律师单位、BIM 咨询单位的工作进行管理并进行考核，具体内容如下：

一、设计单位管理办法

1. 设计协调管理

（1）基建办委派专人负责对项目所涉及的各项设计进行归口、统筹管理。各设计单位按合同相关要求，为本项目提供设计服务。

（2）基建办负责为设计单位提供项目实施阶段的相关设计基础资料，并负责全面监督和管理项目全过程的设计活动。

（3）基建办设计管理负责人对本项目的设计单位的设计人员、设计过程、设计进度、设计成果实施全方位的协调和管理，设计单位应积极主动配合项目的设计工作，各设计单位在提交设计成果前应完成内部各专业的协同工作，各家设计单位之间应在基建办设计管理负责人的统筹下，做好图纸设计的协同融合工作，避免因设计问题产生的返工。

（4）设计单位按照设计合同及基建办要求及时完成设计任务、提交设计成果、进行设计交底。在工程实施过程中，负责相关设计配合工作。

2. 设计进度管理

（1）在项目实施阶段，根据工程总体进度，基建办编制项目总设计计划。

（2）设计单位按动态控制原则，在确保不影响现场施工的前提下，制订详细的设计工作计划，并报基建办审批。

（3）设计计划执行过程中，若因受外界条件的制约而影响方案稳定的，可以根据具体情况申请进行适当调整。计划的调整须先由设计单位提出调整申请，并说明调整理由，经设计单位负责人审查并给出具体意见后，报基建办审批。

（4）项目相关设计师需参加周工程例会，及时掌握工程的动态变化，如出图计划是否与工程进度匹配，若由于拆迁、变更等原因需要调整工程进度的，由基建办上报医院确定同意后组织调整。

（5）为确保设计计划的落实，基建办组织建立月度设计例会制度，动态跟踪设计计划的执行情况；建立设计周报、月报制度和季度、年度总结分析制度，及时通报设计计划执行情况，对未能完成计划任务的，要认真分析计划滞后原因、存在的问题，提出相应补救措施和相关建议。设计周报、月报分别在每周五、每月最后一个工作日前上报基建办。

3. 设计质量管理

（1）设计单位应对设计方案进行科学比选、优化，在保证安全的前提下，选择技术成熟、工艺先进、经济合理的技术方案，做到适用、安全、经济。

（2）设计单位根据审查批准的勘察文件进行设计。设计单位提交的设计文件应符合国家的相关标准和规范，满足合同规定的深度要求，并及时提供。

（3）设计单位负责制定和完善本项目的设计技术标准，提供本工程设计文件、图纸等资料的格式和标准，会同基建办针对如图例、功能间、材料选型等进行标准化设计。在设计过程中设计单位应严格执行本项目的设计技术标准。

（4）设计单位对所编制的设计文件质量负全责。设计单位负责把控设计文件的质量，落实施工图预审意见、BIM优化后的修改意见、各类专家评审意见。

（5）设计单位在详细核查相关边界条件和地质、环境资料后，应加强和测绘、勘察单位及各专业的联系、沟通，做到设计的有机统一，避免出现功能缺陷或因前段设计缺陷而导致后续施工工序返工等现象，避免因设计单位原因引起的变更。

（6）设计文件必须逐级审核，签章确认，避免和减少差错碰漏和设计错误。

（7）设计单位应接受医院组织的各类设计审查；配合基建办接受市规划委员会进行的设计方案及初步设计审查，接受审图机构对施工图设计文件进行审查，并及时按要求落实整改意见，出具变更和答复。

（8）由基建办会同监理单位组织对施工图的可实施性、施工图设计阶段方案变更和投资变化情况等进行审核。设计单位应当参考施工单位及监理单位的意见。

（9）图纸会审时基建办设计管理负责人或监理单位应核对施工图与施工现场条件的差异，并将差异情况报基建办。对基建办、施工及监理等单位提出的意见，设计单位应认真落实，并及时回复。

（10）施工图、设计文件的逐级审查和签署必须是上报的有资质的人员，不得委托其他人员签署。当主要设计人员有变化时应以书面形式上报基建办认可，有设计人员交接记录方可变更，确保过程控制、过程管理严格到位。

（11）设计单位应充分重视设计接口的质量控制，所提供的设计接口资料要经过严格审查后提出。

（12）设计院应根据经批准的初步设计概算，严格把关，对必须增加的投资须经医院审定后方可列入概算。

（13）设计单位应高度重视设计质量工作，若因设计单位原因造成功能、质量缺陷或后续工序返工现象，医院按合同约定和有关规定追究相关法律责任。

4. 限额设计管理

（1）施工图设计阶段，管理的重点是对本阶段限额设计指标的控制，以实现节约投资为目的。

（2）设计人员须在各阶段设计中进行技术方案比较的同时要进行投资分析和经济比较，并将各项经济指标和相关资料报送基建办。

（3）设计单位通过优化设计对降低投资作出较大贡献，或者功能有较大提高的，基建办可上报医院对设计单位进行奖励；因设计单位原因超出限额设计指标的，基建办将按照合同条款根据超出的额度，扣减设计单位设计费。基建办组织专家会对设计单位投资控制情况进行评价，其奖惩额度将按设计合同及业主基建办制定相关管理文件执行。

（4）设计单位进行专项设计时，各专项设计单位必须进行投资分析，并向基建办提交符合市场行情的投资分析报告。

5. 施工配合管理

（1）在项目实施阶段，设计单位必须按设计合同及基建办要求，选派主持或参与该项目施工图设计的主要技术人员常驻现场，完善和优化设计，及时解决施工中出现的设计问题，做好施工配合工作。

（2）施工配合需按照设计合同、相关法律法规及项目管理部的要求进行，主要有以下职责：

① 根据工程进展情况，在基建办组织下，及时进行设计交底。

② 负责对设计文件进行解释，及时处理施工过程中的相关设计遗留问题，协助处理与设计相关的问题。

③ 按照基建办设计变更程序，及时出具工程变更设计文件，确保不因设计单位的原因而影响变更工程的实施。

④ 按时参加相关质量验收工作、现场相关例会、四方会议等，及时协助解决施工中存在的问题。

⑤ 设计单位有权督促施工单位按审核后的施工图文件施工，对发现不按施工图文件施工的，应及时通知基建办和监理单位。

⑥ 设计单位在施工配合阶段的协调和管理，定期现场巡检，参加每周工地现场综合检查，并将巡检结果报基建办备案。

6. 对设计人员管理

（1）依据设计合同，进入施工图设计阶段前，设计单位可根据施工图设计阶段设计任务情况，对设计人员进行局部调整，调整人员的资质不得低于原设计人员资质。具体调整程序为：设计单位结合本工程实际提出人员调整申请，报基建办审批。调整后的人员，在基建办审批完成后一周内到现场完成调整人员的备案手续。

（2）在施工配合阶段，设计单位必须选派合格的设计代表进行现场施工配合。选派的设计代表必须是主持或参与该项目施工图设计的主要设计人员，报基建办进行审批，并办理备案手续。

（3）在项目施工阶段，基建办组织对设计人员进行考勤管理。

（4）由政府、医院等组织的相关会议，设计单位应根据会议要求指派项目负责人或相关专业负责人参加，不得擅自缺席，若有特殊情况需更换参会人员时，需提前征得基建办主同意。

7. 设计工作奖惩条例

（1）按照相关管理工作流程，设计图纸、施工相关表格材料、工程量清单（招标代理）、工程概（预）算书等相关文件，按照合同规定答复时间超过 3 个工作日的，第一次开具项目异常跟踪单予以提醒，第二次同时予以 500 元/（次·天）处罚。

（2）基建办组织的相关工程例会、工程协调会通知而未参加的第一次开具项目异常跟踪单予以提醒，第二次同时予以 500 元/次处罚。

（3）相关的技术认定工作，需要时通知而未能到现场实地勘察的予以 1 000 元/次处罚。

（4）设计图纸、文本、项目清单等相关材料与事实不符、漏项或有明显错误不予以明示的，一般情况予以 500 元/次处罚，有重大失误或重大不合理漏项的按合同规定扣除。

以上处罚均按照基建办开具的"项目异常跟踪单"作为审计付款依据从合同款中扣除。

二、招标代理及跟踪审计单位管理办法

1. 防范法律风险，指导基建办工作，以保证与相关法规相符。

防范法规风险是造价咨询服务单位需帮助和提醒基建办关注的工作，避免整个项目在政府审计审核和其他部门审查时存在法规风险。

项目建设的招投标和合同管理是存在较多法律风险的两个环节，应按国家法规来进行相关工作，如有与政策相违的客观情况，也应按国家相关法规开展工作，招标代理单位应详细了解掌握国家相关法律法规，协助甲方防范法律风险，并提供合理的建议。

2. 招投标阶段注意造价的合理控制。

招投标阶段应注意工程量清单的编制质量，清单的特征、计算规则应在招标文件中明确列出并详细描述，为结算工作顺利进行打好基础。注重对不平衡报价的审核，防范施工单位通过不正常手段来获取不当的利益。

3. 完善合同商务条款，督促各方履行合同义务。

在合同商务条款中对工作范围、工作内容、合同价款结算、支付方式、合同变更及索赔的确认、违约金等方面的条款制订给予专业意见，协助基建办完善合同条款。

在订立完成后，分析施工单位的工作范围，及其与基建办、各方的法律关系，以及进度、质量、造价控制的权责界限，以合同及法规为依据，协助基建办履行义务，督促承包单位履行合同。避免在合同执行过程中产生较大的造价控制风险。

4. 注重供材管理。

材料供应管理是工程实施阶段的重要一环，也是工程造价的重要因素。加强对供材管理的造价监控，是过程中造价控制的重要方面。主要应注意下订单前基建办应审核材料清单，其品牌、规格、型号、数量、价格是否符合图纸设计的要求，订单发出后应确定材料实际的生产、到货计划是否与工程施工进度相匹配，材料进场前应确定材料的卸货堆场位置和保管负责单位，材料进场后基建办应组织监理、审计

等相关人员进行抽样验货,并尽快安排厂家技术人员组织现场施工工艺交底培训,材料安装完毕,基建办应会同监理部及时进行现场验收。

5. 发挥造价工程师的跟踪审计作用。

在项目实施过程中,现场造价控制需要造价工程师及时合理的审批。做好现场跟踪工作,应做到:审核施工组织设计方案,防止不合理的方案造成措施费用的失控;按合同规定进行工程款的支付,避免资金的风险;现场可能发生的变更进行预测,计算变化额度,向基建办提供基础数据和参考意见;现场发生签证,应参与签证,并监督其真实性和及时性;加强对索赔的前瞻性,避免和减少索赔的发生和持续发生,当索赔发生后,应公正评审,及时审结;过程中对材料价格的确定也是投资控制重点,以保证材料价格与市场价值相符,签证审核在7个工作日完成交基建办。

6. 结算审核时,跟踪审计人员准确划分各标段工作内容,保证项目不重复和不漏项。

7. 按照相关管理工作流程,设计图纸、施工相关表格材料、工程量清单,工程预算书等相关文件,按照合同规定跟踪审计人员答复时间超过3个工作日的,第一次开具项目异常跟踪单予以提醒,第二次同时予以500元/(次·天)处罚。

8. 基建办组织的相关工程例会、工程协调会通知而跟踪审计人员未参加的第一次开具项目异常跟踪单予以提醒,第二次同时予以500元/次处罚;

9. 相关的技术认定工作,需要时通知而跟踪审计人员未能到现场实地勘察的予以1 000元/次处罚;

10. 设计图纸、文本、项目清单等相关材料与事实不符、漏项或有明显错误不予以明示的,一般情况予以跟踪审计人员500元/次处罚,有重大失误或重大不合理漏项的按合同规定扣除。

以上涉及处罚的条例均按照基建办开具的"项目异常跟踪单"作为审计付款依据从合同款中扣除。

三、监理单位管理办法

1. 监理人员日常管理办法

(1) 根据监理合同内容的有关规定配备总监理工程师、土建监理工程师、土建监理员、资料员以及电气、水暖专业工程师等人员,严格督查人员的到岗率,离场到基建办履行请假手续。未履行请假手续,查出人员不在施工现场的,第一次开具项目异常跟踪单予以提醒,第二次同时予以500元/(次·天·人)处罚。

(2) 监理人员上下班、值班时间应严格遵守或配合基建办规定的考勤制度,工作期间不得无故离岗、迟到、早退、酗酒,如有特殊情况应向基建办请假,否则第一次开具项目异常跟踪单予以提醒,第二次同时予以500元/次处罚。监理部应合理排班,确保工程期间监理人员满足工程建设需要,如监理人员不能满足工程需要的予以1 000元/次处罚,并要求立即整改。3日内未整改的,书面形式向其公司反映,并要求书面回复。

(3) 监理人员应熟悉工程图纸及设计变更的相关内容,了解法律法规的相关规定。各项报表填写内容符合要求。监理日志、月报填写内容齐全、真实、清晰、可追溯,本人审核的资料及填写的表格要签字齐全,数字准确。如有漏缺项等错误,予以100元/次处罚,如未及时记录补填的视为数据造假,予以500元/次处罚。

（4）监理人员应按时向基建办提供监理规划、监理细则、监理月报及现场各种报告资料等，召开监理周例会，并组织好相关人员参会，对未参会人员的单位及时予以处罚，认真书写监理例会纪要并于监理周例会后的两日内下发例会纪要（不得手写），未及时传发以上资料的，第一次开具项目异常跟踪单予以提醒，第二次同时予以 500 元/次处罚。

（5）相关监理应准时参加基建办组织的相关会议，无故未参加的，第一次开具项目异常跟踪单予以提醒，第二次同时予以 500 元/（次·天·人）处罚。

（6）针对监理单位的工作职责，施工现场的安全管理不到位的，被监理单位以外的人发现，一般情况罚款 500 元/次，重大安全隐患予以警告，并罚款 1 000 元/次，如发生安全事故，视情节轻重，医院有权责令监理公司更换监理总监，或解除与监理单位的合同。

（7）在服务期内，监理人员应保持相对稳定，以保证服务工作的正常进行，监理人员的更换，必须书面征得基建办同意；基建办有权要求更换包括总监在内的不称职人员，对于未能履行监理职责的不称职监理人员，要求 2 日内更换到位。

（8）不准泄露与本工程有关的技术和商务秘密，对监理人员在责任期内如果有重大失职，造成经济损失的按合同有关规定予以赔偿。

（9）监理人员不准向施工单位索取钱物，不准向施工单位报销任何消费票据，不得接受施工单位、供货商的吃请或接受回扣。

（10）监理人员应注意维护监理形象，遵守项目现场各项管理制度；不准相互推诿、无理拒绝或拖延本职工作；对现场存在的质量问题、安全隐患应及时发现并及时发出整改通知单。监理人员不得故意刁难施工单位，现场验收不得拖延，工程资料应及时签认，一经发现违反规定，处罚 500 元/次。

2. 监理人员质量管理办法

（1）积极审核各专业施工方案，使之符合规范及标准、强制性条文的规定，并监督施工单位按批准的方案施工，发现问题应及时解决。如发现未按照批准方案施工而不及时处理的，处罚 200 元/次；出现审查错误导致质量受到影响，处罚 500 元/次。

（2）材料进场验收手续齐全，质量证明资料与实物核验符合设计及规范要求。发现不及时或发现使用未经批准的材料监理不采取措施制止的，处罚 500 元/次。

（3）监理人员应清楚监理控制程序、工程质量控制标准，掌握工程现场情况及有关数据，满足工程施工中对各项工序、参数的理解和需求。

（4）严格执行质量过程控制措施，在过程控制及工程验收时，要按规定进行实测实量。经验收合格的工程，不得再有质量问题。不符合以上规定的，处罚 500 元/次。

（5）督促施工单位按计划完成施工任务，在施工过程中，监理人员应加强过程检查、主动发现问题并敢于指出，对施工过程中明显违反施工规范、与图纸不符、有严重错误的问题，应及时发现并要求施工单位整改，组织复查，必要时签发监理通知，未及时履行以上职责导致工程质量问题的，处罚 500 元/次。重大质量问题不得隐瞒并私自处理，否则发现处罚 2 000 元/次。

（6）按职责做好见证取样、监理抽检工作；实施监理时，应在施工现场对关键部位和关键工序的施工质量实施全过程跟班旁站监督；抽查发现旁站不到位，处罚2 000元/次。

（7）监理人员在没有收到书面验收通知的情况下，每天应根据施工现场的施工状态进行检查，检查下列情况但不限于以下情况：

① 检查施工单位现场质检人员的到岗、特殊工种人员持证上岗及施工机械、建筑材料的准备情况。

② 关键部位、关键工序的施工是否执行了已获批准的施工组织设计、方案以及工程建设强制性标准。

③ 核查进场建筑材料、构配件、设备和商品混凝土的质量检验报告等，并可在现场监督施工单位进行检验。

④ 施工操作人员的技术水平、操作条件是否满足工艺操作要求。

⑤ 正在施工的部位或工序是否存在质量缺陷或质量隐患，对较大质量问题或隐患，监理人员应采取录制视频、现场拍照等手段予以记录。

⑥ 监理人员在巡视和旁站过程中要善于及时发现问题并予以纠正，必要时签发"监理工程师通知单"，并将所发现的问题及处理过程记入监理日志。当发生下列情况之一时，监理人员应口头要求工程暂停施工后，立即向总监理工程师汇报，由总监理工程师签发"暂停施工令"，否则处罚500元/次：

- 未按图纸施工；
- 施工出现安全隐患；
- 工程质量出现的缺陷可能引发工程质量事故。

（8）监理单位应严格工序报验制度，对施工单位报验的工序，监理员应协同监理工程师首先检查施工方自检资料，齐全后再进行工序验收；凡关键部位或工序未履行签字验收程序就进行后续施工的，一经发现处罚500元/次。

3. 监理人员进度管理办法

（1）监理单位须配合施工进度，根据总进度计划，要求施工单位提出各分部、分项工程的季度、月度的具体计划安排，组织各专业监理工程师审查其可行性并提出意见。

（2）监理工程师审核施工方按工程进度提交的形象进度和已完成工程量月报，对工程量增减变化的设计变更及工地洽商等内容执行情况审查，同时检查是否满足质量要求，如不合格不予签认并及时汇报基建办。

（3）在施工过程中监理人员应深入工地，了解承包人的工、料、机的投入情况，对进度计划滞后的工程提出分析意见，采取有效的控制措施，并督促施工单位按工程进度完成。

（4）对各种质量检验报告单、中间交工证书、中间计量表等符合要求的及时准确签证，杜绝漏签、错签；对承包人上报的资料的审核准确到位；计量方法、原则掌握严格、正确，对计量支付的理解透彻。

以上要求，履行不到位导致进度延误的，处罚2 000元/次。

4. 监理人员现场安全文明生产管理办法

（1）监理项目部应定期组织现场安全文明生产的检查，发现问题应及时要求施工单位整改，并将整改结果上报基建办。

（2）做好日常安全监护及督促工作，所有人员应自觉遵守并严格执行安全文明管理制度及《施工质量安全管理制度》，发现但不限于下述情况，不按照要求提出整改直至制止的，对监理公司处罚200元/次。

① 工程标牌未设置，或设置在不醒目位置，或发生破损未及时修复；高层建筑无明显的楼层标识牌。

② 施工现场成品、半成品及原材料未按规定堆放。

③ 施工现场扬尘对院区、公共场所造成环境严重污染。

④ 发现生活区、办公区、施工区有随意倾倒垃圾现象，办公区域场地未定期打扫，损坏的设施不及时修复。

⑤ 发现施工现场高空抛物或从高处倾倒物体。

⑥ 外墙脚手架未保持整洁、美观，发生破损，钢管、扣件、栏杆颜色标识不清楚，围墙及周边道路、工地出入口未保持清洁，绿化、广告、灯箱等发生破损未及时修复。

⑦ 施工单位未建立安全生产责任制，未落实安全生产的组织保证体系，安全员缺岗或不到位；施工单位安全管理台账未及时建立并完善，未对施工作业人员进行安全生产教育或分部分项工程的安全技术交底，施工单位特种作业人员未持证上岗。

⑧ 施工现场消防设施未按要求配置的，施工脚手架未按规范搭设、报验不及时及未能满足安全防护要求的，现场安全帽、安全网、安全带等未按要求佩带或配置的，拒不整改。

⑨ 现场出入口、通道口、楼梯口、井道口、预留洞口、临边洞口、基坑边缘等容易发生坠落的地方未设置安全警示标志，临边防护未及时设置，现场塔吊、架桥机、吊车及其他施工机具未按要求配备有效的保险、限位等安全设施和装置或超过质检期违规使用。

⑩ 施工现场用电设备、配电箱、开关箱未采用TN-S接零保护系统，未实行三级配电、两级保护系统，施工电缆随意拖拉，未架空或埋地，接头未保护，绝缘层有破损，现场用电设备漏电保护装置未按要求配置或失灵。

⑪ 发现生活区、职工集体宿舍、食堂违规使用电器，电线私拉乱接及未配设防火设备。

5. 其他有关说明

（1）监理管理办法执行时间：自与监理单位合同签订后至服务周期结束。

（2）基建办将严格按此管理办法进行检查，并有权对监理单位进行相应的处罚。

（3）最终解释权归属基建办，并根据工程实施现场情况予以修订本办法。

施工质量安全奖罚细则

基建办对施工方及其他服务单位的质量、进度、安全进行科学的管理及严格的监督，对施工方做出以下奖励和处罚规定。同时对项目进行月度考核，考核不及格（满分100分，低于90分）的，同样按标准扣除"安全管理廉洁诚信保证金"。监理及总包单位对纳入总包管理的各分包单位参照奖罚条例和细则奖罚，见表13-2和表13-3。在项目从中标后至竣工验收交接后，如无以下奖励细则和处罚细则中任一现象发生，则工程竣工结束后全额返还安全管理廉洁诚信保证金。

表 13-2 奖励细则

序号	奖励内容	奖励对象	奖励金额（元）
1	突发情况下能舍己救人	当事人	500～1 000
2	对各类机械设备，能经常检查、及时发现重大隐患并避免了事故（有鉴定）	当事人	500～1 000
3	工程中发现重大质量隐患并及时提出整改，避免事故发生的重大立功行为，给予物质奖励和精神鼓励	当事人	500～1 000
4	为了集体财物免遭损失见义勇为及时举报	当事人	100～1 000
5	为了安全，自发维护修补防护设施	当事人	100～200
6	为了他人的安全能相互督促	当事人	50～100
7	敢于检举、揭发"三违"现象	当事人	50～100
8	有主人翁思想，积极提出合理化建议，每采纳一条	当事人	50～100
9	在工程例会上得到表扬或在现场巡视时获得院级以上领导当场表扬	当事人	100～500

表 13-3 处罚细则

序号	违章罚款内容	处罚标准
	一、质量类	
	（一）现场质量管理违章行为处罚标准	
1	发生重大质量事故，处理不得当，给医院造成重大影响的	5万～10万元
2	在省部级质量检查中被停工整改或通报批评的	5万～10万元
3	发生模板支撑系统、支护围护及外架系统倒（坍）塌，造成人员伤亡的	5万～10万元
4	发生较大质量事故，处理得当，未给医院造成重大影响的	1万～5万元
5	发生直接经济损失2万元以上（含2万元）10万元以下或重伤2人以下的一般质量事故的	1万～5万元
6	施工过程中，因违反建筑施工质量和建筑市场有关法律法规，被各级建设行政主管部门及建筑业相关监管单位行政处罚或通报批评的	1万～5万元
7	在市级质量检查中被停工整改或通报批评的	1万～5万元
8	由于项目部管理等原因，造成不能按合同工期竣工的	1万～5万元
9	发生模板支撑系统、支护围护及外架系统倒（坍）塌，但未造成人员伤亡的	1万～5万元
10	发生重大质量事故隐瞒不报的	1万～5万元
11	因工程质量问题，工程连续二次不能通过竣工验收或当地质监部门不予办理备案手续的	1万～5万元
12	工程施工过程中，未按图施工，或发生重大结构变更、手续不全继续施工的	1万～5万元
13	发生直接经济损失5 000元以上、2万元以下的一般质量事故的	1 000～5 000元
14	正式开工前7天内，项目部项目经理、技术负责人、施工员、质检员配备不齐全或岗位证书不到位的	1 000～5 000元
15	各项质量技术管理制度未上墙的	1 000～5 000元
16	施工前7天内，未及时编制施工组织设计及施工专项方案的；施工组织设计及施工专项方案未经审批就擅自施工的	1 000～5 000元
17	建设单位及监理单位给施工公司发函通报批评的	1 000～5 000元
18	对技术质量检查中提出的质量问题整改不力的	1 000～5 000元
19	对专业分包单位审查不严、资质不符的	1 000～5 000元
20	混凝土、砂浆试块不合格，试块超龄期或经数理或非数理统计达不到要求的	1 000～5 000元

(续表)

序号	违章罚款内容	处罚标准
21	进场的 A 类材料（钢材、水泥、外加剂、防水材料）合格证、复试报告不齐全，擅自使用的	500~1 000 元
22	检验批、分项及分部工程施工验收未按施工程序进行的	500~1 000 元
23	主体结构验收实体检测不符合要求的	500~1 000 元
24	主体结构验收实体检测不符合要求，经处理后仍未达到设计要求的	1 000~2 000 元
25	主体结构未经验收先行粉刷的	500~1 000 元
	(二) 分部分项工程违章行为处罚标准	
	土方工程	
1	回填土土质不符合要求的	100 元
2	基槽与房心回填不按要求进行分层夯实者	100 元
3	灰土未经过筛、配比不准确，拌合不均匀，湿度不适宜，未分层夯实	100 元
	砌筑工程	
1	砌筑用材料不按规定浇水	100 元/处
2	砌墙不立皮数杆或不按皮数杆砌筑	100 元/处
3	组砌方法不正确	100 元/处
4	砌筑不按规范要求留斜槎、留直槎	100 元/处
5	砌体砂浆饱满度低于 80%	100 元/处
6	砌体灰缝过大，瞎缝、透明缝、通缝	100 元/处
7	墙垂直度偏差大于 15 mm 者	100 元/处
8	利用过夜砂浆砌筑，或墙体砂浆强度低于设计强度 95%	500~100 元/处
9	木砖和防腐木楔不做防腐处理，不按规定放置或少放	50 元/处
10	不按规定放置拉结筋	50 元/根
11	配置砂浆没有配合比，通知单每发现一次	500 元
12	配置砂浆计量不过磅，外加剂无准确计量	50 元/车
	钢筋工程	
1	使用未经复试合格的钢筋	500~1 000 元/处
2	钢筋半成品制作达不到规范、设计要求，如主筋锚固长度不足，弯起点位置不对，箍筋弯钩不够 135°抗震要求，平直段不足 10 d	20 元/处
3	结构钢筋绑扎成型后浇筑前无保护层垫块	20 元/处
4	成排独立柱、组合柱的钢筋在浇筑前，不做横竖拉线位置固定，导致轴线位移	200 元/根
5	凡竖向钢筋，上口在浇混凝土前不做锁口箍筋导致钢筋偏移出现明显弯折	50 元/根
6	受力筋、架立筋、支座钢筋等搭接位置不正确，搭接倍数不够	50 元/处
7	绑扎后的钢筋受油污污染	100 元/处
8	箍筋绑扎有松扣者	20 元/处
9	绑扎后的钢筋模板内有杂物，如绑丝、卡扣、木块、松散混凝土、锯末、纸、尼龙袋、土块等，浇筑前每发现一处罚款 20 元，并责令其清理干净重新验收后方可进行下道工序；如发现未清理干净已进行施工	500 元/根
10	绑扎好的钢筋，不准随意踩踏，必须搭设施工走道，出现钢筋踩乱变形	100~500 元/处

(续表)

序号	违章罚款内容	处罚标准
11	钢筋绑扎必须达到纵横通顺，横向平直，间距均匀，绑扎牢固，箍筋竖向不垂直，横向不水平，间距不均匀，绑扎不牢固，观感不清晰、整洁	100元/处
12	预留洞口、施工洞口不按规定加设钢筋	200元/处
模板工程		
1	支设组合柱模板必须对柱脚清理干净，未清理者每发现一处	50元/处
2	支模堵洞严禁用砖头、加气块、泡沫块、尼龙块等，每发现一处	50元/处
3	支模找平、找正必须拉通线，发现做"眼活"	50元/处
4	模版支设位置、标高不符合设计、施工要求	200元/处
5	支模方法必须按规程支设，保证刚度、强度和稳定性，出现崩模、胀模等情况	500~1 000元/处
6	模板拆模未经项目部技术负责人审核同意者，私自拆模	1 000元/处
混凝土工程		
1	配置混凝土必须有试验室配合比通知单，无配合比通知单的，停工并罚款	500~1 000元/次
2	混凝土胀模大于20 mm	100元/处
3	混凝土漏振，出现蜂窝、孔洞、露主筋	50元/处
4	混凝土施工缝施工时未铺垫砂浆，产生夹渣现象	50元/处
5	混凝土断面小于设计尺寸1 cm以上	200元/处
6	混凝土表面棱角损坏严重	50元/处
7	混凝土表面未二次压面	50元/处
8	组合柱混凝土产生漏振、断节者返工	200元/处
9	成排独立柱横竖不顺线，位移垂直≥10 mm	200元/处
10	混凝土不按规定养护	200元/处
11	擅自向混凝土运输车及泵车料中加水，改变混凝土水灰比	200元/处
预制构件工程		
1	外购预制构件，如空心板、梁等，必须有合格证，无合格证或合格证到场不及时	100元/处
2	现场预制构件必须有配合比，无配合比	100元/处
装饰工程		
1	门窗洞口必须按施工规范或设计要求做护角，不做或做得不合格	50元/处
2	外墙大檐，窗口、外门口上沿，雨篷檐等凡出墙大于6 cm的出檐，都必须做滴水线，不按要求做	100元/处
3	所有装修项目必须严格按施工工艺流程施工，违反操作规程	100元/处
4	阴阳角不顺直，不方正	20元/处
5	墙面面砖破损	10元/处
6	抹灰污染门窗、箱盒、管道等不清理，或落灰不清理	20元/处
7	门框与墙体缝隙不按规定塞实	50元/处
8	外墙面、有防水要求的房间不得渗漏	100元/处
9	房间净开间、净进深极差（实测值中最大值与最小值之差）超过2 cm	200元/处
10	楼层净高与设计高度相差超过2 cm	200元/处
11	楼层高度极差（实测值中最大值与最小值之差）超过2 cm	200元/处

(续表)

序号	违章罚款内容	处罚标准
12	临空高度在24 cm以下时,栏杆高度不应低于1.05 m,临空高度在24 m及24 m以上(包括中高层住宅)时,栏杆高度不应低于1.10 m	200元/处
13	防护栏杆的栏杆垂直净间距不应大于0.11 m	100元/处
14	普通楼地面(墙面)出现空鼓、起砂、裂缝、周边不对称、斜边、缝隙不顺直;磨石地面出现空鼓、黑斑、断条;板材地面出现色彩不协调、色差明显,超过标准规定	100元/处
15	地面(墙面)空鼓面积大于400 cm^2,且每自然间多于2处	200元/处
16	有排水要求的建筑地面面层与相连接各类面层标高差不符合设计要求	200元/处
17	地面水平度,当开间(进深)5 m以内不超过20 mm,当开间(进深)超过5 m时每延米不超过5 mm	200元/处
18	门窗框安装固定间距大于施工规范规定	50元/处
19	油漆污染小五金	10元/处
20	木门窗的上下侧边漏刷油漆	50元/处
21	铝合金门窗外侧不打长扁形出水孔,框内侧连续缝隙处不打胶	50元/处
22	门窗安装好后,经检查不方正,罚款100元并责令返工重新安装	100元/处
23	窗台净高不应低于0.90 m,如低于0.90 m应采取防护措施	200元/处
24	门窗玻璃无安全认证标志	200元/处
25	六层及六层以下住宅,一边设有栏杆的梯段净宽不应小于1.00 m,六层以上不应小于1.10 m	200元/处
26	楼梯平台宽度不应小于梯段宽度,并不得小于1.2 m	200元/处
27	扶手高度不应小于0.90 m	200元/处
28	电梯门净宽不得小于0.80 m	200元/处
29	首层疏散外门净宽必须大于1.1 m	200元/处
30	走廊和公共部位通道净高不应小于1.2 m	200元/处
31	走廊和公共部位通道净高不应低于2.00 m;机动车库车道净高不应低于2.20 m,车位净高不应低于2.00 m;自行车库净高不应低于2.00 m	200元/处
32	墙体保温材料未按要求进行检测	500元/处
33	外墙保温现场检测不合格	1 000元/处
34	保温专项验收不合格	2 000元/处
屋面工程		
1	屋面防水不按施工规程施工的	100元/处
2	凡高出屋面的女儿墙、管道、烟道以及基础等根部阴阳角处,在做找平层、防水层时,必须做出$R \geqslant 150$ mm的圆弧,做得不合格	100元/处
3	防水卷材粘贴不牢、空鼓、翘边	50元/处
4	卷材收头处理不细致、不美观	50元/处
5	屋面保护工作不到位,每发现一处垃圾、积水,或者各类物品堆放	50元/处
6	屋面出现渗漏	100元/处
暖卫工程		
1	使用不合格的材料和管材、器具、附件	500～1 000元/次
2	使用无合格质量证明的材料、未按要求复试合格就使用的、未进行工序验收就隐蔽或进入后续施工的,验收不合格未及时整改	200～1 000元/次

(续表)

序号	违章罚款内容	处罚标准
3	穿楼板、墙体的热水管不加钢套管、保温不连续	50元/处
4	套管安装位置、高度不符合要求、套管内封堵不合格	50元/处
5	丝扣连接外漏麻丝不清掉	20元/处
6	镀锌钢管丝扣连接外漏丝扣不刷防锈漆	10元/处
7	钢管焊接后不合格	50元/处
8	角钢支架用气割且不磨光,外头不做45°、防腐不到位	50元/处
9	用冲压弯头代替煨制弯头	50元/处
10	穿墙、楼板管道不做预留洞,任意开洞	100~300元/处
11	地漏做法不合格或周围地面倒坡	100元/处
12	管道背后银粉漆漏刷	50~200元/处
13	支架、卡子、挂钩、拉杆数量不够、不垂直、不做防锈漆和面漆	20元/处
14	各种管道出现渗漏、防结露或保温管线出现冷凝管水等	100元/处
15	出屋面的各种管道高度未符合规范要求、未做好防水处理的、未预先留置套管后开孔	1 000元/处
电气工程		
1	钢管流体管暗配接头不加套管	50元/处
2	暗配管凸出墙面	50元/处
3	钢管不按要求防腐	100元/处
4	灯具等安装不牢固脱落	200元/处
5	预留管路不通者,开放型剔凿	500元/处
6	钢管管口不打喇叭或不加护口	50元/处
7	不按要求安装吊装、卡子等预埋件	20元/处
8	所有导线、灯具、盘柜、开关、插座、管材必须有合格证,使用残次品	500元/处
技术保证资料		
1	工程技术资料签字非本人所签或资料整理较乱、不符合要求	500元/次
2	原材料质保单、合格证不齐全,或与现场实际情况不符	500元/次
3	原材料复试报告以及其他试验报告不全或弄虚作假者,混凝土、砂浆试块漏做(质量)	500~1 000元/次
4	工程开工一个月后无标准试块养护室,或者有养护室但达不到标准要求	500元/次
5	计量器具配置不符合要求	500元/次
6	工程资料与现场实际不符,或签章手续不及时不齐全与工程进度不符等原因,造成不良影响	500元/次
7	对专业分包单位资料保管不严、造成残缺	500元/次
8	技术资料不及时上交或上交不齐全	500~1 000元/次
二、安全类		
1	进入施工现场不戴或未正确佩戴安全帽(管理人员加倍)	100/(元·人)
	现场5人以上不戴安全帽	各400元
	2 m以上高空作业不系安全带	200元
2	项目部未提供安全带	各500元
	2 m以上高空作业安全带挂扣不符合要求	200元

(续表)

序号	违章罚款内容	处罚标准
3	高空作业向上或往下抛掷材料、工具等物件	1 000 元/次
	粗心大意、蛮干造成高处落物	500 元
4	安排无证人员操作机械设备	1 000 元
	无证操作机械设备	1 000 元
5	私拉乱接电线、灯头	200 元
(三)高处作业		
1	高空作业穿高跟鞋或带钉易滑鞋	100 元
2	架子工、塔吊起重工登高穿皮鞋、易滑鞋	200 元
3	脚手架无登高设施	100 元
4	任意攀爬脚手架	200 元
5	随意拆除防护设施	500 元
(四)脚手架及防护		
1	脚手架无顶部高于施工面(点)防护(高度不低于1.2 m)	5 000(500)元/处
2	高层建筑外脚手架外侧未满挂安全网	5 000 元/处
3	靠近道路侧的外脚手架外侧未满挂安全网	500 元/处
4	外脚手架搭设不符合规定(如与建筑物锚固不牢、立杆太小、横杆间距过大、平桥不安全等)	5 000 元/处
5	外脚手架不按经审批的搭设方案搭设	500 元/处
6	不按规定或方案要求搭设斜挡板	2 000 元/处
7	锚固点的间距大于规定,锚固材料小于规定	500 元/处
8	立杆不埋地或未设扫地杆	500 元/处
9	使用人字梯、单边梯而缺挡;或垫高使用;人字梯无拉底脚	200 元
10	施工现场的脚手架、模板支撑、防护设施、安全标志和警告牌,未经同意擅自拆动	1 000 元
11	脚手架搭设不按施工方案、不符合规范	100 元
12	脚手架无登高斜道或不符合要求	1 000 元
13	落地脚手架立杆无底座(槽钢)	2 000 元/处
14	脚手架少拉接、少隔离	5 000 元/处
15	脚手架未经验收就投入使用	5 000 元
提升设施		
1	不按施工方案操作	5 000 元/次
2	违反操作规程和操作程序	5 000 元/次
3	不使用安全保险装置或使用不正确	各 5 000 元
4	少用或漏用插销、开口销、保险销	2 000 元/次
5	操作过程中无跟踪检查、验收	2 000 元/次
	无验收、检测就使用	400 元
6	每次提升或下降无申请审批	1 000 元/次
	每次提升或下降无检查验收	1 000 元/次

(续表)

序号	违章罚款内容	处罚标准
7	缺乏检查维护、操作层有漏空	200元
8	任意拆卸脚手架上的零部件	1 000元
9	钢管落地式脚手架无防雷接地	1 000元
10	热天在脚手架上午睡或乘凉	500元/人
11	擅自进入正在提升或下降的脚手架	500元
12	对擅自进入正在提升或下降脚手架的人不制止	每人500元
	未按要求使用电动升降设施	2 000元
(五)"四口五临边"防护		
1	无防护设施方案	500元
2	不按防护设施方案要求搭设防护	500元
3	临边防护搭设不符要求、存在缺口	500元
4	电梯井未采用隔离防护	500元
5	电梯口防护不严、达不到标准	500元
6	楼梯口防护不及时、不标准	500元
7	预留洞口防护不严、不牢固、不规范	500元
8	通道口防护不规范、不安全、不美观	500元
9	各类机械防护棚未按要求搭设	500元
10	楼层、楼面防护不严密、不规范、未标楼层标识	500元
11	基坑防护不严密、不规范、无警示标志	500元
12	上下基坑无临时上下扶梯	500元
13	临边处未设置护栏或无警示标志	500元/处
14	上下交叉作业时无有效的隔离防护设施	5 000元
15	有扶梯而不经过扶梯上下	200元
16	翻越各类围栏、脚手、阳台、窗户	200元
17	任意拆卸、损坏防护设施及零部件	500元
(六) 各类机械、机具		
1	大型机械装、拆无方案或未经审批	各500元
2	大型机械未经验收、检测投入使用	各200元
3	大型机械无保养、运转、交接班记录	300元
4	各类起重钢丝绳断丝超标	300元
5	违反操作规程操作	1 000元
6	塔吊斜拉斜吊重物、地下物	各1 000元
	指挥擅离岗位	300元
7	双笼电梯超载（超重使用）	300元
	双笼电梯乘人（10人）：每超载1人	200元

(续表)

序号	违章罚款内容	处罚标准
8	钢井架物料提升机缺下列防护装置的或失灵不及时更换，不能有效使用的： （1）首层进料口安全门 （2）进料口防护棚 （3）层间安全检查门 （4）前、后吊笼安全门（吊挂不用的按50%计罚） （5）吊笼顶防护 （6）吊笼侧部防护（低于1 m的按50%计罚） （7）防冲顶限位装置 （8）防断绳装置 （9）吊笼停层支承装置 （10）平台周边护栏	每例500元
9	提升机存在下列情况之一者： （1）卷扬机无操作棚，无上下联络信号，无紧急断电开关，钢丝绳无过路保护 （2）高层提升机（提升高度31~150 m无可靠的闭路双向电气通信系统） （3）用钢筋代替钢丝绳作缆风绳，地锚不符合要求，井外侧无安全防护，不按规定设置附墙架 （4）架体刚度及节点板、构件不符合要求 （5）提升机总电源无设置短路及漏电保护装置，使用倒顺开关作为卷扬机的控制开关（即操作开关）	每例500元
10	工地有下列情况之一者： （1）砂轮、电锯、转轴、皮带轮、明齿轮、联轴节、搅拌机等转动的危险部位无安全防护装置，或防护装置失灵 （2）混凝土搅拌机料斗升高后非作业时无挂保险钩 （3）圆盘锯无锯片轮带防护罩，无面板或随机使用胶壳闸刀开关作电源开关，用倒顺开关作控制开关	每例500元
11	塔吊存在下列情况之一者： （1）无力矩、超高、变幅、行走限位器，或不灵敏的；行走限位器无碰触装置 （2）吊钩和卷扬机滚筒无保险装置的；未安排专人指挥或指挥人、司机、司索无证上岗	每例500元
12	钢井架、塔吊安装好后，未经验收就投入使用	每例500元
13	货梯楼层平台安全门：每有一层不关	500元
14	中小型机械进场无验收，未定人定机	各300元
15	中小型机械使用无随机配电箱	200元
16	中小型机械使用达不到两级漏电保护	200元
17	中小型机械各类限位保险护罩不齐全	200元
18	木工机械使用连体（多功能）机械	各500元

(续表)

序号	违章罚款内容	处罚标准
19	戴手套使用绞丝机	500元
20	戴手套使用钻床钻孔	500元
21	把砂轮切割机当砂轮机使用	500元
22	戴手套使用调直机	500元
23	塔吊机座积水	500元
24	无关人员随意动用机械设备，擅自开动或损坏机械设备者	2 000元
25	塔吊基础不符合设计要求	10 000元
26	塔吊附墙和附墙加长焊接不符合要求	10 000元
27	附着式升降脚手架轨道铁脚坠落	10 000元
28	大型机械平时检查保养不及时，造成未遂重大事故	10 000元
（七）临时施工用电		
1	在建工程或临时设施与邻近高压线的距离少于规定安全要求又无防护措施	500元
2	电焊机的电源线、焊接电缆、焊钳的绝缘破损，焊机的初、次级接线柱无护罩；无二次防护	300元
3	电气设备的电源不使用开关或插头而直接把导线插入电源插座或钩在闸刀开关的保险丝上，电气设备的电源破损裸露出金属导线	300元 500元 300元
4	电器设备接入地体采用螺纹钢筋，接零（接地）线采用单支金属蕊线，接地线与接地体联结不用螺栓拧紧	300元 500元
5	220 V（含220 V）以上电源电压的电源线采用花线	300元
6	在电缆电线上晾挂衣服	300元
7	无临时施工用电方案	500元
8	不符合三相五线制	300元
9	不符合一机、一闸、一漏、一箱标准	500元
10	电箱、机械设备接地接零不符合要求	每项500元
11	支线架设不符规范要求	500元
12	现场电线不架空随地拖、车碾人踏	500元
13	电源线绑在钢脚手架上	500元
14	小太阳灯无接零保护（使用二芯电缆）	每盏200元
15	使用拖线板、一保多用（发现一个）	200元
16	不按规定使用熔丝、或用铜丝代替	每只500元
17	无每天测试、试跳记录和维修记录	500元/天
18	配电间不整洁、不规范、有杂物（备用品也算杂物）	500元
（八）其他		
1	在木工棚和堆放易燃易爆物品的仓库吸烟、明火	500元

(续表)

序号	违章罚款内容	处罚标准
2	工地重点部位无消防器材	500元
3	消防器材无检查无保养	500元
4	用明火及小太阳灯取暖	500元
5	乙炔气瓶无防止回火安全装置或失灵	200元
6	各种气瓶放在阳光下曝晒无遮挡或离火距离小于10 m	200元
7	操作时嬉戏、违反安全纪律	300元
8	酒后操作	500元
9	随意挪动、有意损坏、配备不足或未配备合格消防器材	每只500元
10	未按规定使用液化气罐	500元
11	食堂卫生检查脏、乱、差	各500元
12	食堂无卫生许可证、炊事员健康证	100元/项
13	食品无留样	500元
14	在施工楼层中随地大便	400元
15	在施工楼层中随地小便	200元
16	值班人员擅离岗位、睡觉	500元
17	职工因晚归翻大门或翻围墙进入工地	300元
18	在宿舍内吸烟	300元/次
19	私自使用电饭煲、电炒锅、电磁炉等自炊	500元
20	使用"热得快"烧水	500元
21	打架斗殴	1 000元
22	偷盗集体财物（逐出项目部或移交公安机关）	1 000元
23	专业承包发生事故处理，总包单位承担连带责任	1 000元/次
24	月度考核扣分（90分以下）	200元/分
25	施工中产生纠纷有涉黑背景	2 000元
26	施工现场非规定区域内，发现烟头或抽烟现象	200元/个
27	施工延期	按合同条款
28	不经监理验收，就进行下道工序	1 000元/次
29	验收不合格处，在规定时间不进行整改	1 000元/处
30	故意违反规范、施工组织设计中条款施工	500元/次
31	提出违规后仍我行我素的，直到整改为止	1 000元/次
32	申报施工资料中，发现有弄虚作假	500元/次
33	主要结构拆模后，如果截面尺寸超出规范要求，或者结构表面缺陷超出规范要求，尽管施工方无条件整改	500~2 000元/次
34	施工过程中，对业主、监理、跟踪审计等人员态度恶劣	2 000元/次
35	施工现场进口处未设置"五牌二图"	500元/图
36	总包、分包单位、供应商等不服从监理管理	500元/次
37	分包单位、供应商不服从总包管理	500元/次

四、处罚程序

1. 在执行处罚时,检查人员应对违章行为进行取证作为处罚依据。

2. 检查人员在检查、取证和处罚过程中,任何人不得以任何方式阻碍、干扰,否则将加倍处罚。

3. 由检查人员对违章行为出具处罚单。处罚单一式二联,一联交被处罚项目部作为处罚的凭据;一联基建办留底,在工程例会上通报处罚。

4. 检查人员对现场进行质量检查的同时,应对违章人员进行纠正或者追究其质量事故责任同步实施,及时发出整改通知书或停工通知书。

5. 在执行项目部质量检查时,项目部存在质量隐患的,检查人员应出具整改通知书,整改通知书一式两份,并由执行人和被查的项目部经理或项目负责人签名确认,一份由医院基建办录入档案,作为对项目部复查时的凭证,另一份留项目部作为整改的依据。若项目部经理或项目负责人不在现场或拒绝签名确认,执行人双签见证。

6. 平时巡查及每月质量检查时,对工地存在的质量隐患下发整改通知书,工地必须在通知书所要求的整改期限内完成整改,复查中对拒不整改或整改不彻底的项目部进行处罚,并继续整改;第二次复查时仍未整改的要加倍处罚,依此类推,直到整改落实为止;同时对在第二次复查时仍不合格的项目部,将暂停工程款的拨付及其他相关事务的办理,直至整改合格为止。

五、附则

1. 检查人员应做到:坚持原则、秉公办事、事实清楚、证据充分。

2. 检查人员在执行处罚中玩忽职守、滥用职权、徇私舞弊的,视情节轻重,分别给予内部批评、通报批评和调岗等处分。

3. 本办法由基建办负责解释,并自 2020 年 1 月 1 日起实施。

第三节 基建办工程项目考核评分细则

基建办工程项目考核评分细则

每项工程考核总分为 100 分,其中廉洁自律 10 分,诚实守信 10 分,施工进度 15 分,施工质量 15 分,施工规范 15 分,施工变更 10 分,施工安全 15 分,文明施工 10 分,表彰加分 5 分。

各家施单位每月月底的考评中,低于 90 分的,按照每低 1 分处罚 200 元。

月度考核的等级划分应符合下列规定:

1. 优

(1) 分项检查评分表无 0 分;

(2) 汇总表得分值应在 95 分及以上。

2. 合格

（1）分项检查评分表无 0 分；

（2）汇总表得分值应在 95 分以下，90 分及以上。

3. 不合格

（1）当汇总表得分值不足 90 分时；

（2）当有一分项检查评分表得 0 分时。

当月度考核为不合格时，业主方应通过书面告知施工方，要求相关单位在规定期限内整改达到合格，并在工程例会通告。

一、廉洁自律

在业务往来中，应严格遵守国家有关的法律法规和廉洁从业规定，坚持公平、公开、公正、诚实信用的原则，绝不损害国家和医院利益。

1. 工程期间发现施工单位有违规违纪的、或类似不良事件发生，扣除 5 分。

2. 施工方行为侵害医院利益，对医院造成不良影响的，扣除 10 分，并列入医院建设单位的黑名单。

二、诚实守信

1. 工人持假上岗证、操作证或无证上岗的，每查出一人扣 3 分，上限 10 分，连续两个月发现上述情况，加倍处罚。

2. 材料到场后，未及时通知业主方、监理方验收的，扣 3 分。

3. 未经业主方同意更换施工材料的，扣 5 分。

4. 未及时申报各项隐蔽工程验收的，扣 3 分。

5. 擅自不参加监理或者业主方主持的工程例会、工程项目协调会、技术交底的，第一次扣 2 分，第二次扣 5 分。

6. 项目负责人或主管人员未经同意私自离开工地的，扣 3 分。

7. 施工单位应积极响应基建办、监理部的管理要求，及时对存在问题进行整改，整改完成后应及时反馈完成情况。若出现处理滞后、推诿、多次反复等情况，第一次出现扣 1 分，第二次出现扣 3 分，第三次出现扣 5 分。

三、施工进度

此条依据施工单位进场时上报的施工进度计划进行考核。

1. 每月施工进度未按既定计划期完成的，扣 5 分。

2. 因自身原因引起其他平行分包单位进度滞后的，扣 5 分。

3. 因进度滞后，影响医院建设总工期或正常工作的，扣 10 分。

4. 各施工单位每日应在工程协同管理平台上报当日工作计划的完成情况。如无故未上报，每缺报一次扣 1 分，经提醒后再次无故漏报扣 3 分，如出现第三次无故漏报，该项当月扣 10 分。

四、施工质量

施工每发现一处质量问题扣 2 分；每发现一处未按图施工扣 2 分，扣满 10 分则为当月考核不合格；

如本项目施工质量在施工期间内连续 2 月为 0 分的，列入医院建设单位的黑名单并报建设主管部门备案。

此条适用于满足第五条要求，但因施工人员专业素质问题或施工方主观因素造成的质量问题，如出现与第五条的共性问题，不重复扣分，按扣分多者计算。

五、施工规范

工程施工应严格按照各专业法律法规、国家规范、行业标准、医院要求执行，施工过程中，每发现一处不符合上述规定要求的，扣 1 分。

六、施工变更

1. 变更内容未与院方沟通，未履行变更手续，擅自进行变更的，扣 5 分，变更内容不予确认。

2. 变更内容与院方口头确认，但变更手续未及时办理，变更施工时或施工完成后补办的，扣 2 分。

3. 施工变更内容应与实际相符，不得虚报工程量，申报工程量与最终审定工程量误差较大的（申报工程量大于监理核定工程量 15%），扣 2 分。

4. 施工单位提出的优化施工变更，经确认，为医院节约工程投资或工期的，加 2 分，该项目满分 10 分。

七、施工安全

按照《施工质量安全管理制度》进行管理及处罚，出现以下情况的，按照 3-5-10 的档次月度考评另行扣分。如（包括但不限于下列情况）：

1. 临时施工用电未办理手续和现场确认私拉乱接的，扣 3 分。

2. 施工过程中，引起意外断电、爆管的，每出现一次扣 5 分。

3. 未经允许，擅自拆除脚手架等情节严重的，扣 5 分。

4. 施工过程造成安全事故的，扣 10 分，并责令立即停工检查。

5. 其他类似情况，按照造成后果的严重程度，对应上述 4 点进行扣分。

各类改大型专项工程，安全施工考核还应参照《建筑施工安全检查标准》（JGJ 59—2011）执行，相应分数按比例扣除。

八、文明施工

参照《南京市工程施工现场管理规定》，结合本院工程实际，出现以下情况的，按照"3-5-10"的档次在月度考评扣分。如（包括但不限于下列情况）：

1. 随地大小便、乱扔烟头的，扣 3 分。

2. 赌博、偷盗的，扣 5 分。

3. 因施工噪声、扬尘、建筑垃圾或相关防护措施不当，造成投诉的，扣 5 分。

4. 打架斗殴扣 10 分。

5. 施工单位编制施工计划时应充分考虑施工过程（特别是改造工程）对日常运营的区域造成的影响和对安全风险进行全面评估。施工进场前应将详细的围护防护方案应报基建办审核批准后进行。未申报或未按申报方案擅自施工的，每发现一次扣 3 分；造成后果的扣 10 分。

6. 所有参建单位应团结协作，遇事应友好协商，各单位人员不分身份应相互尊重。如出现顶撞、辱骂、争吵等情况，责任人所在单位一次扣 5 分，情节严重的扣 10 分。

7. 其他类似情况，按照造成后果的严重程度，对应上述 4 点进行扣分，涉及违法犯罪的，将依法移交公安机关处理。

九、表彰

1. 因施工单位个人或项目部工作突出，基建办受医院表扬的，相应个人和单位按照同等标准加 2 分。
2. 如当月进度、质量、安全等优质、达标的，提供照片、视频等资料，每次加 3 分。
3. 在工程例会和医院相关会议受到表扬的，每一次加 2 分。
4. 提供的合理化建议，一经采纳，每条建议加 2 分。

该项满分 5 分。

十、打分

考核评分表格的测评单位一般为监理单位、审计单位、基建办公室，针对施工单位各项细则进行每月评分。此外，对于复杂工程，施工总承包单位应对整个工程进行协调管理，对整个建筑物的施工质量、进度、安全、文明施工，和谐施工与绿色施工负有协调管理的责任，总承包方应对各家平行分包单位进行月度考评。考核评分见表 13-4。

院内各项工程应严格按照上述考核细则执行。

表 13-4 考核评分表

项目名称	单位	廉洁自律	诚实守信	施工进度	施工质量	施工规范	施工变更	施工安全	文明施工	表彰	合计	日期	签字确认
		10	10	15	15	15	10	15	10	5			

备注：参与评分人员为监理单位（总监理工程师、专业监理工程师）、审计单位（专业审计师）、建设单位（科室主任、项目负责人等）及其他相关人员，总包项目对平行发包单位或分包单位进行打分（项目经理）。

第四节　基建办项目意见反馈表

基建办项目意见反馈表

同志：

您好！为了更好地改进基建办的规范化工作，提升工程改造的质量和效果，及时发现解决科室提出的问题及合理化建议，请您如实填写答卷，在您认为合适的选项□内或数字上打"√"。感谢您的支持！

江苏省妇幼保健院基建办公室

投诉与建议电话：8853

项目基本信息：

① 项目名称＿＿＿＿＿＿＿＿＿＿　　　② 实施单位＿＿＿＿＿＿＿＿＿＿

② 甲方项目负责人＿＿＿＿＿＿＿　　　④ 乙方项目负责人＿＿＿＿＿＿＿＿

⑤ 项目服务科室＿＿＿＿＿＿＿＿

参加调查人员　　工号＿＿＿＿　　科室＿＿＿＿　　职务＿＿＿＿

调　查　表

序号	内容	很好	较好	一般	较差	很差
1	对整个项目您的总体感受	5	4	3	2	1
2	对基建办人员工作的认可	5	4	3	2	1
3	对基建办管理、流程的认可	5	4	3	2	1
4	对实施单位工作的认可	5	4	3	2	1
5	对实施单位项目经理工作的认可	5	4	3	2	1
6	对实施工期的满意度认可	5	4	3	2	1
7	对施工现场安全管理的认可	5	4	3	2	1
8	对施工现场垃圾处理及时性的认可	5	4	3	2	1
9	对以上内容的合理建议或批评：					
10	对强电线路系统安装的认可	5	4	3	2	1
11	对照明系统安装的认可	5	4	3	2	1
12	对插座系统安装的认可	5	4	3	2	1
13	对开关系统安装的认可	5	4	3	2	1
14	对排风扇系统安装的认可	5	4	3	2	1
15	对设备带系统安装的认可	5	4	3	2	1

（续表）

序号	内容	很好	较好	一般	较差	很差
16	对以上内容的合理建议或批评：					
17	对弱电线路系统安装的认可	5	4	3	2	1
18	对呼叫器系统安装的认可	5	4	3	2	1
19	对门禁系统安装的认可	5	4	3	2	1
20	对以上内容的合理建议或批评：					
21	对冷水系统安装的认可	5	4	3	2	1
22	对热水系统安装的认可	5	4	3	2	1
23	对排水系统安装的认可	5	4	3	2	1
24	对感应龙头安装的认可	5	4	3	2	1
25	对淋浴器安装的认可	5	4	3	2	1
26	对蹲坑安装的认可	5	4	3	2	1
27	对马桶安装的认可	5	4	3	2	1
28	对小便池安装的认可	5	4	3	2	1
29	对以上内容的合理建议或批评：					
30	对空调系统效果的认可	5	4	3	2	1
31	对空调安装效果的认可					
32	对布局设计的合理性认可	5	4	3	2	1
33	对装潢风格的认可	5	4	3	2	1
34	对吊顶平整度的认可	5	4	3	2	1
35	对墙面颜色/材料的认可	5	4	3	2	1
36	对踢脚线的认可	5	4	3	2	1
37	对地面处理的认可（如瓷砖、地贴等）	5	4	3	2	1
38	对卫生间整体效果的认可	5	4	3	2	1
39	对以上内容的合理建议或批评：					

第十四章　信息与档案管理

第一节　建设项目档案管理规范

建设项目档案管理规范

（中华人民共和国档案行业标准 DA/T28—2018

2018 年 4 月 8 日发布 2018 年 10 月 1 日实施）

1　范围

本标准规定了建设项目档案工作的组织及职责任务，确立了建设项目文件的形成、归档要求与项目档案管理的原则与方法。

本标准适用于新建、改建、扩建和技术改造等建设项目。

2　规范性引用文件

下列文件对本文件的应用是必不可少的。凡是注日期的引用文件，仅注日期的版本适用于本文件。凡是不注日期的引用文件，其最新版本（包括所有的修改单）适用于本文件。

《技术制图复制图的折叠方法》（GB/T 10609.3—2009）；

《照片档案管理规范》（GB/T 11821）；

《科学技术档案案卷构成的一般要求》（GB/T 11822）；

《电子文件归档与电子档案管理规范》（GB/T 18894—2016）；

《全宗卷规范》（DA/T 12—2012）；

《磁性载体档案管理与保护规范》（DA/T15）；

《纸质档案数字化技术规范》（DA/T 31—2017）；

《电子文件归档光盘技术要求和应用规范》（DA/T 38）；

《数码照片归档与管理规范》（DA/T 50）。

3　术语和定义

下列术语和定义适用于本文件。

3.1　建设项目（construction project），指建筑、安装等形成固定资产的活动中，按照一个总体设计进行施工，独立组成的，在经济上统一核算、行政上有独立组织形式、实行统一管理的单位。

3.2　单位工程（unit of project），指具有独立设计文件、可独立组织施工，但建成后不能独立发挥生产能力或工程效益的工程。

3.3 分部工程（part of project），指单位工程中按工程的部位、结构形式的不同等划分的工程。

3.4 建设单位（project owner），指对项目实施进行组织管理，并在项目建设过程中负总责的组织。

3.5 参建单位（project participant），指参与项目建设并承担特定法律责任的所有单位，主要包括勘察、设计、施工、总承包、监理、设备制造、第三方检测等单位。

3.6 项目文件（project record），指在项目建设全过程中形成的文字、图表、音像、实物等形式的文件材料。

3.7 前期文件（record of the prophase），指项目在筹备、立项、招标投标、合同协议、勘察设计、征地拆迁、移民安置及工程准备过程中形成的文件。

3.8 施工文件（record of the construction process），指项目施工过程中形成的反映项目建筑、安装情况的文件。

3.9 竣工图（as-built drawing），指工程竣工后真实反映工程施工结果的图样。

3.10 监理文件（record of the supervision），指工程监理单位在履行建设工程监理合同过程中形成或获取的，以一定形式记录、保存的文件。

3.11 竣工验收文件（record of test on completion），指项目竣工验收过程中形成的文件。

3.12 项目电子文件（digital project record），指在数字设备及环境中生成，以数码形式存储于磁带、磁盘、光盘等载体，依赖计算机等数字设备阅读、处理，记录和反映项目建设和管理各项活动的文件。包括文本电子文件、图像电子文件、图形电子文件、视频电子文件、音频电子文件等。

3.13 项目文件归档（filing of the project record），指建设单位工程管理相关部门及参建单位将办理完毕且具有保存价值的项目文件经系统整理交建设单位档案管理机构的过程。

3.14 项目档案（project archive），指经过鉴定、整理并归档的项目文件。

3.15 项目电子档案（digital project archive），指项目建设过程中产生的、具有保存价值并归档保存的一组有联系电子文件及其相关过程信息的集合。

3.16 项目档案移交（transfer of the project archive），指建设单位根据合同、协议或规定将有关项目档案交运行管理单位、项目主管部门或有关档案管理机构的过程。

3.17 项目档案管理卷（descriptive file of the project archive），指档案管理机构在管理某一项目过程中形成的，包括项目概况、标段划分、参建单位归档情况说明、档案收集整理情况说明、交接清册等说明项目档案管理情况的有关材料组成的专门案卷。

4 总则

4.1 建设单位对项目档案工作负总责，实行统一管理、统一制度、统一标准。业务上接受档案行政管理部门和上级主管部门的监督和指导。

4.2 建设单位与参建单位应加强项目档案管理，配备项目档案工作所需人员、经费、设施设备等各项管理资源。

4.3 项目档案工作应融入项目建设，与项目建设管理同步，纳入项目建设计划、质量保证体系、项目管理程序、合同管理和岗位责任制。

4.4 建设单位及各参建单位应加强项目文件过程管理，通过节点控制强化项目文件管理，实现从项目文件形成、流转到归档管理的全过程控制。

4.5 项目档案应完整、准确、系统、规范和安全，满足项目建设、管理、监督、运行和维护等活动在证据、责任和信息等方面的需要。

5 项目档案工作组织及职责任务

5.1 项目档案工作的组织

5.1.1 建设单位应明确项目档案工作的分管领导，设立或明确与项目建设管理相适应的档案管理机构，配备满足项目档案工作需要的档案人员，在项目建设期间应保持档案人员的稳定。

5.1.2 项目档案人员应具备档案专业知识和技能，掌握一定的项目管理和相关工程技术专业知识，经过项目档案管理培训。

5.1.3 建设单位工程管理相关部门、各参建单位应配备专人或指定人员负责项目文件管理工作，在项目建设期间不得随意更换。

5.1.4 建设单位应建立以档案管理机构为核心，工程管理相关部门和参建单位参与的项目档案管理工作网络，并建立沟通协调机制。

5.2 项目档案工作职责任务

5.2.1 建设单位

（1）贯彻执行国家有关项目档案工作的法律、法规和标准规范。根据项目建设管理实际，制定、完善项目文件管理和档案管理的制度、规范、程序，并组织协调工程管理相关部门和参建单位实施。

（2）与参建单位签订合同、协议时应设立专门章节或条款，明确项目文件管理责任，包括项目文件形成的质量要求、归档范围、归档时间、归档套数、整理标准、介质、格式、费用及违约责任等内容。监理合同条款还应明确监理单位对所监理项目的文件和档案的检查、审查责任。对参建单位进行合同履约考核时，应对项目文件管理条款的履行情况做出评价，合同款支付审批时应审查项目文件的归档情况，并将项目文件是否按要求管理和归档作为合同款支付的前提条件。

（3）项目开工前制定项目档案工作方案，对参建单位进行项目文件管理和归档交底。

（4）建立项目文件管理和归档考核机制，对项目文件的形成、积累和归档情况等进行考核。

（5）将项目档案信息化纳入项目管理信息化建设，统筹规划，同步实施。

（6）按档案行政管理部门和主管部门相关规定，进行项目档案管理登记，做好项目档案验收的准备和整改工作。

5.2.2 建设单位档案管理机构

（1）监督、指导本单位工程管理相关部门及参建单位项目文件的形成、收集、整理和归档工作，审查参建单位制定的针对该项目的文件管理和归档制度、规范。

（2）组织项目管理相关人员和档案人员档案业务培训。

（3）参加项目建设的重要会议、重大活动、阶段性检查验收、竣工验收。

(4) 负责审查项目文件归档的完整性和整理的规范性、系统性。

(5) 负责项目档案的接收、整理、保管、鉴定、统计、利用和移交工作。

5.2.3 建设单位工程管理相关部门

(1) 对工程技术文件的规范性提出要求，组织对勘察、设计、监理、施工、总承包、检测、供货等单位归档文件的完整性、准确性、有效性和规范性进行审查。

(2) 对本部门形成的项目文件进行收发、登记、积累和收集、整理、归档。

(3) 机构和人员变动时，应及时清点交接项目文件，办理交接手续。

5.2.4 参建单位

(1) 建立符合建设单位要求的文件管理制度，报建设单位确认。

(2) 负责所承担工程的文件收集、整理和归档工作。

(3) 监理单位负责对所监理项目的归档文件的完整性、准确性、系统性、有效性和规范性进行审查。

(4) 实行总承包的项目，总承包单位负责项目总承包范围内项目文件的收集、整理和归档工作的组织协调。并按照 5.1，5.2.1，5.2.2，5.2.3 规定，建立总承包范围内的项目档案工作组织，履行项目档案管理职责任务。各分包单位负责其分包部分文件的收集、整理，提交总承包单位审核，总承包单位应签署审查意见。

(5) 应配备满足工作需要、符合安全保管要求的设施设备，采取措施确保项目文件的安全。

6 制度规范建设

6.1 建设单位制度规范体系要求

项目开工前，建设单位应遵循相关法律法规、规章制度和标准规范，按照职责明确、流程清晰、措施有效、要求具体的原则，建立覆盖项目各类文件、档案的管理制度和业务规范体系。

6.2 项目文件管理业务规范内容

项目文件管理业务规范中应包含但不限于下列内容：

6.2.1 项目文件管理流程、文件格式、编号、归档要求等；

6.2.2 竣工图的编制单位、编制要求、审查流程和责任等；

6.2.3 照片和音视频文件摄录的责任主体、阶段、节点、部位、内容、技术参数、归档要求等。

6.3 档案管理业务规范内容

建设单位档案管理业务规范中应包含但不限于下列内容：

6.3.1 项目档案管理办法；

6.3.2 档案分类方案；

6.3.3 归档范围和档案保管期限表；

6.3.4 整理编目细则。

6.4 纳入项目管理制度规范

建设单位在项目管理相关制度、规范中应提出档案管理的要求。

6.5 参建单位制度规范体系要求

参建单位项目部应制定与建设单位的要求相适应的项目文件管理制度和业务规范。

6.6 修订完善要求

建设单位和参建单位应适时对管理制度和业务规范进行修订完善。

7 项目文件管理

7.1 项目文件形成

（1）项目前期文件、管理性文件应符合国家有关法律法规、相关行业的规定；工程技术文件应符合国家、行业有关技术规范和标准的规定。

（2）重要活动及事件、原始地形地貌、建设过程中的工程形象进度、隐蔽工程、关键节点工序、重要部位、地质及施工缺陷处理、工程质量、安全事故、重要芯样等应形成照片和音视频文件。

（3）项目文件应格式规范、内容准确、清晰整洁、编号规范、签字及盖章手续完备并满足耐久性要求。

（4）归档的项目文件应为原件。因故用复制件归档时，应加盖复制件提供单位公章或档案证明章，确保与原件一致。

7.2 竣工图编制

7.2.1 竣工图的编制要求

（1）工程竣工时应编制竣工图，竣工图一般由施工单位负责编制。

（2）竣工图应完整、准确、规范、清晰、修改到位，真实反映项目竣工时的实际情况。

（3）应将设计变更、工程联系单、技术核定单、洽商单、材料变更、会议纪要、备忘录、施工及质检记录等涉及变更的全部文件汇总后经监理审核，作为竣工图编制的依据。

（4）竣工图应依据工程技术规范按单位工程、分部工程、专业编制，并配有竣工图编制说明和图纸目录。竣工图编制说明的内容应包括：竣工图涉及的工程概况、编制单位、编制人员、编制时间、编制依据、编制方法、变更情况、竣工图张数和套数等。

（5）按施工图施工没有变更的，由竣工图编制单位在施工图上逐张加盖并签署竣工图章（见本节附录 A 图 A.1）。

（6）凡一般性图纸变更且能在原施工图上修改补充的，可直接在原图上修改，并加盖竣工图章。在修改处应注明修改依据文件的名称、编号和条款号，无法用图形、数据表达清楚的，应在图框内用文字说明。

（7）有下述情形之一的均应重新绘制竣工图：

① 涉及结构形式、工艺、平面布置、项目等重大改变；

② 图面变更面积超过 20%；

③ 合同约定对所有变更均需重绘或变更面积超过合同约定比例。重新绘制竣工图按原图编号，图号末尾加注"竣"字，或在新图标题栏内注明"竣工阶段"。重新绘制竣工图图幅、比例和文字大小及字体应与原图一致。

（8）施工单位重新绘制的竣工图，标题栏应包含施工单位名称、图纸名称、编制人、审核人、图号、比例尺、编制日期等标识项，并逐张加盖监理单位相关责任人审核签字的竣工图审核章（见附录 A 图 A.2）。

（9）行业规定设计单位编制或建设单位、施工单位委托设计单位编制竣工图，应在竣工图编制说明、图纸目录上和竣工图上逐张加盖并签署竣工图审核章。

（10）同一建筑物、构筑物重复的标准图、通用图可不编入竣工图中，但应在图纸目录中列出图号，指明该图所在位置并在竣工图编制说明中注明；不同建筑物、构筑物应分别编制竣工图。

（11）建设单位应负责组织或委托有资质的单位编制项目总平面图和综合管线竣工图。

（12）用施工图编制竣工图的，应使用新图纸，不得使用复印的白图编制竣工图。

（13）竣工图章、竣工图审核章应使用红色印泥，盖在标题栏附近空白处。

（14）竣工图应按 GB/T 10609.3 的规定统一折叠。

7.2.2 竣工图的审核和签署

（1）竣工图编制完成后，监理单位应对竣工图编制的完整、准确、系统和规范情况进行审核。

（2）竣工图章、竣工图审核章中的内容应填写齐全、清楚，应由相关责任人签字，不得代签；经建设单位同意，可盖执业资格印章代替签字。

（3）涉外项目，外方提供的竣工图应由外方相关责任人签字确认。

7.2.3 竣工图套数

（1）竣工图套数应满足项目建设单位、运行管理单位、有关部门或项目主管单位的需要。

（2）竣工图套数应按合同条款约定和有关规定执行。

7.3 项目文件的收集与整理

7.3.1 收集

（1）项目建设过程中形成的、具有查考利用价值的各种形式和载体的项目文件均应收集齐全。

（2）建设单位应依据本节附录 B 的归档范围和保管期限表，结合项目建设内容、行业特点、管理模式等特征制定符合项目实际的归档范围和保管期限表。

（3）项目文件在办理完毕后应及时收集，并实行预立卷制度。

7.3.2 整理

（1）项目文件应由文件形成单位或部门进行整理。整理工作包括项目文件价值鉴定、分类、组卷、排列、编目、装订等内容。

（2）项目文件整理应遵循项目文件的形成规律和成套性特点，保持卷内文件的有机联系，分类科学，组卷合理，便于保管和利用。

（3）项目文件应依据归档范围进行鉴定，确定其是否归档。

（4）项目文件应按照形成阶段、专业、内容等特征进行分类。

（5）项目文件组卷。项目前期文件、项目管理文件按事由结合时间顺序组卷，其中招标投标、合同文件按招标的标段、合同组卷，勘察设计文件按阶段、专业组卷；施工技术文件按单位工程、分部工程或装置、阶段、结构、专业组卷；信息系统开发文件按应用系统组卷；设备文件按专业、系统、台套组卷；监理（监造）文件按监理的合同标段、事由结合文种组卷；科研项目文件按科研项目（课题）组卷；生产准备、试运行、竣工验收文件按工程阶段、事由结合时间顺序组卷。卷内文件一般印件在前，定稿在后；正件在前，附件在后；复文在前，来文在后；文字在前，图样在后。

（6）项目案卷排列。项目前期文件、项目管理性文件按主题、事由排列；施工文件按综合管理、施工技术支撑、施工（安装）记录、检测试验、评定验收排列；信息系统开发文件按需求、设计、实施、测试、运行、验收排列；设备文件按质量证明、开箱验收、随机文件、安装调试、检测试验和运行维修排列；监理（监造）文件按依据性、工作性文件顺序排列；科研项目文件按开题、方案论证、研究实验、阶段成果、结题验收排列；生产准备、试运行、竣工验收文件按主题、事由排列。

（7）案卷编目、案卷装订、卷盒、表格规格及制成材料应符合 GB/T 11822 的规定。采用整卷装订的案卷，应对卷内文件连续编页号。

（8）纸质照片的整理应符合 GB/T 11821 的规定；数码照片可参照 DA/T50 的规定。

（9）录音带、录像带等磁性载体文件的整理应符合 DA/T15 的规定。

（10）实物档案依据分类方案按件进行整理。芯样的整理应符合行业规范规定。

7.4 归档

7.4.1 项目文件应及时归档。前期文件在相关工作结束时归档；管理性文件宜按年度归档，同一事由产生的跨年度文件应在办结年度归档；施工文件应在项目完工验收后归档，建设周期长的项目可分阶段或按单位工程、分部工程归档；信息系统开发文件应在系统验收后归档；监理文件应在监理的项目完工验收后归档；科研项目文件应在结题验收后归档；生产准备、试运行文件应在试运行结束时归档；竣工验收文件在验收通过后归档。

7.4.2 归档文件质量应符合 7.1 和 7.2 的相关规定。

7.4.3 施工文件组卷完毕经施工单位自查后（实行总承包的项目，分包单位应先提交总承包单位进行审查），依次由监理单位、建设单位工程管理部门、建设单位档案管理机构进行审查；信息系统文件组卷完毕后提交监理单位、建设单位信息化管理部门、档案管理机构进行审查；监理文件和第三方检测文件组卷完毕并自查后，依次由建设单位工程管理部门和档案管理机构进行审查。每个审查环节均应形成记录和整改闭环。

7.4.4 建设单位各部门形成的文件组卷完毕，经部门负责人审查合格后，向建设单位档案管理机构归档。

7.4.5 归档单位（部门）应按建设单位档案管理机构要求，编制交接清册（含交接手续、档案数量、案卷目录），双方清点无误后交接归档。

8 项目档案管理

8.1 项目档案整理

8.1.1 建设单位应结合有关规定、行业特点和项目实际制定项目档案分类方案。档案分类方案应符合逻辑性、实用性、可扩展性的原则并保持相对稳定。

8.1.2 建设单位档案机构依据项目档案分类方案对全部项目档案进行统一汇总整理和排列上架。记录工程部位的音像档案，宜与该单位工程的纸质档案统一编号，与其他音像档案集中存放保管。

8.1.3 建设单位档案机构应编制项目档案案卷目录，并参照 DA/T12 的规定建立项目档案管理卷。

8.2 项目档案的鉴定

8.2.1 建设单位档案机构应依据保管期限表对档案进行价值鉴定，确定其保管期限，同一卷内有不同保管期限的文件时，该卷保管期限应从长。

8.2.2 项目档案保管期限分为永久和定期二种，定期一般分为 30 年和 10 年。

8.3 项目档案的保管

8.3.1 建设单位和参建单位应为项目档案的安全保管提供必要的设施设备，确保档案安全。

8.3.2 建设单位档案库房应符合防火、防盗、防水、防潮、防高温、防紫外线照射、防尘、防有害生物（霉、虫、鼠）的要求。档案管理机构应建立档案库房管理制度，加强日常库房管理。

8.4 项目档案的利用

8.4.1 建设单位应建立档案利用制度，对利用的范围、对象、审批办法等做出规定。

8.4.2 利用档案原件一般在阅览室查阅，并反馈利用效果。

8.4.3 建设单位档案管理机构应根据项目建设和运行管理的需要编制必要的编研材料，如专题文件汇总等。

8.5 项目档案的统计

建设单位档案管理机构应对档案接收、保管、利用等情况进行统计并建立统计台账。

9 项目电子文件归档与电子档案管理

9.1 项目电子文件的归档

9.1.1 项目管理信息系统应当具备电子文件管理及归档功能，并能够对项目电子文件形成与流转实施有效控制，保障其真实、完整和安全；能够在形成、流转过程中及时跟踪、检查和补充与项目设计、设备、材料、施工等变更相关的项目电子文件及其原数据。

9.1.2 建设单位应当根据纸质文件归档范围，结合项目实际情况，确定项目电子文件归档范围。

9.1.3 项目电子文件形成部门负责电子文件的归档工作；档案管理机构负责项目电子文件归档的指导、协调和电子档案接收、保管、利用等工作。

9.1.4 项目电子文件在办理完毕后，应当按照归档要求实时收集完整；项目电子文件整理时，应当按照项目档案分类方案并参照 7.3.2（5）的规定分别组成多层级文件信息包，文件信息包应包含项目电子文件及过程信息、版本信息、背景信息等元数据。

9.1.5 项目电子文件归档一般采用物理归档。在纸质项目文件归档时采取在线归档或离线归档的方式向档案管理机构移交经过整理的项目电子文件，并在内容、格式、相关说明及描述上与纸质项目档案保持一致，且二者应建立关联。

9.1.6 项目电子文件应当采用符合国家标准或能够转换成符合国家标准的文件格式，利于信息共享和长期保存。项目电子文件归档保存的文件格式应符合国家规定的电子档案长期保存的格式要求。

9.1.7 项目电子文件完成整理后，由形成部门负责对文件信息包进行鉴定和检测，包括内容是否齐全完整、格式是否符合要求、与纸质或其他载体文件内容的一致性等。

9.1.8 项目电子文件信息包经过形成部门鉴定和检测后，由相关责任人确认归档，赋予归档标识。归档标识中应当含有归档责任人、归档时间、文件信息包名称等信息。

9.1.9 采取离线方式归档时，应将带有归档标识的电子文件拷贝至耐久性好的存储介质上，存储介质应设置成禁止写入的状态。存储介质的选择依次为光盘、磁带、硬磁盘等。

9.1.10 存储电子档案的介质或装具上应贴有标签，标签上应注明载体序号、类别号、案卷起止号、密级、保管期限、存入日期等。存储介质为光盘的，归档标签应符合 DA/T38 的规定。

9.1.11 项目电子文件归档时应由档案管理机构进行检验，并填写"电子文件归档登记表"（格式参见 GB/T 18894），检验合格后，办理交接手续。

9.1.12 图像电子文件、视频电子文件应主题突出、曝光准确、影像清晰。图像电子文件分辨率应达到 300 dpi 以上，视频电子文件宜采用 200 万以上像素拍摄。

9.1.13 对反映同一内容的数码照片应选择有代表性的输出纸质照片。所选数码照片应主题鲜明、影像清晰、完整。

9.2 项目电子档案管理

9.2.1 项目电子档案可参照纸质档案的分类方案进行整理。

9.2.2 项目电子档案的保管、有效性保证、鉴定和利用应符合 GB/T 18894 的规定。

9.2.3 建设单位应建立项目电子档案管理系统，管理项目全部电子档案，系统应具备接收登记、分类组织、鉴定处置、权限控制、检索利用、安全备份、统计打印、移交输出、系统管理等基本功能。

9.2.4 接入内部网的项目档案信息管理系统，应建立操作日志，通过身份认证、访问控制、信息完整性校验、防火墙、入侵检测等技术手段和管理方法确保档案数据得到有效保护，防止因偶然或恶意的原因使网络数据遭到破坏、更改、泄露，杜绝网络系统上的信息丢失、篡改、失泄密、系统破坏等事故发生。

9.2.5 项目电子档案保存实行备份制度，重要电子档案应当异地异质备份。

9.2.6 在计算机软、硬件系统更新前或数据格式淘汰前，档案管理机构应将项目电子档案迁移到新的系统或进行格式转换，保证其真实、完整和在新环境中完全兼容。

9.2.7 项目电子档案失去保存价值后，应在履行销毁审批手续后，采取有效技术措施进行信息清除工作。属于保密范围的电子档案，其销毁应按国家保密法规实施。

9.3 项目档案数字化

9.3.1 数字化范围根据实际情况，可包含但不限于以下内容：项目立项、勘察设计、征地移民、合同协议、项目管理文件，重要隐蔽工程验收、缺陷处理文件、竣工图、单位工程验收、合同验收、竣工验收文件，重要设备文件等。

9.3.2 委托第三方进行数字化加工的建设项目，委托单位应与数字化加工单位签订保密协议，明确保密要求、责任及失泄密的处置措施。采取建立安防系统、加强数字化存储设备管理和数字化人员管理等措施，确保档案信息安全。

9.3.3 档案扫描、图像处理、图像存储、目录建库、数据挂接等应符合 DA/T31 的规定。

10 项目档案移交

10.1 移交要求

竣工验收后，建设单位应按有关规定向运行管理单位及其他有关单位办理档案移交。

10.2 移交手续

项目档案移交时，应办理项目档案移交手续，包括档案移交的内容、数量、图纸张数等，并有完备的清册、签字等交接手续。

10.3 电子档案移交

项目电子档案的移交参照《电子档案移交与接收办法》的有关规定执行。

10.4 停、缓建移交

停、缓建的项目，档案由建设单位负责保存；建设单位撤销的，项目档案应向项目主管部门或有关档案机构移交。

附录A 规范性附录

竣工图章、竣工图审核章式样

图 A.1 和图 A.2 给出了竣工图章、竣工图审核章的式样。

单位：毫米

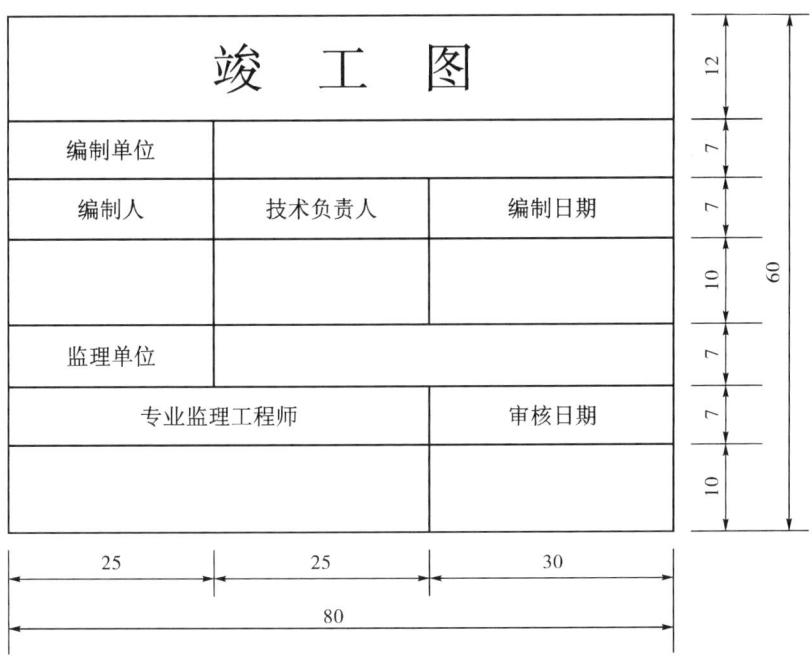

图 A.1 竣工图章式样

单位：毫米

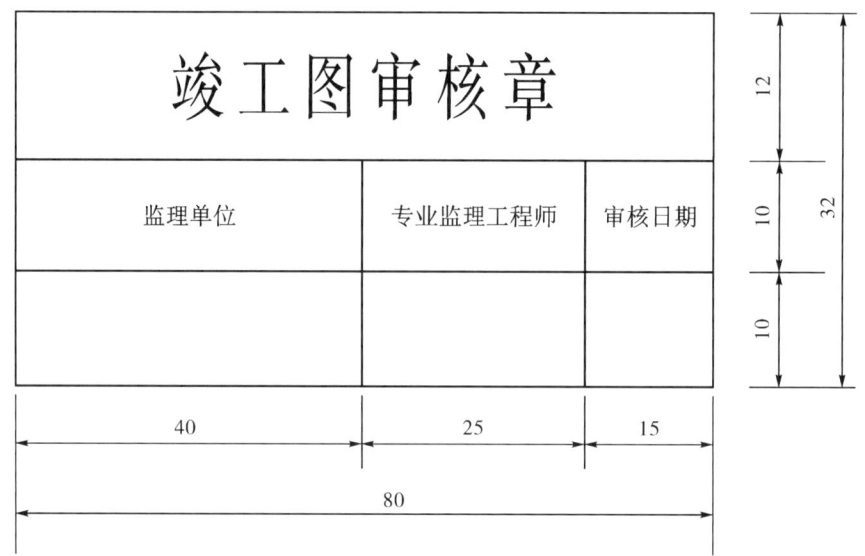

图 A.2　竣工图审核章式样

附录 B　规范性附录

建设项目文件归档范围和保管期限表

表 B.1 给出了建设项目文件归档范围和保管期限。

表 B.1　建设项目文件归档范围和保管期限表

序号	归档文件	保管期限
1	立项文件	
1.1	项目策划、筹备文件	永久
1.2	项目建议书、预可行性研究报告、可行性研究报告、初步设计及投资概算审批文件	永久
1.3	项目咨询、评估、论证文件	永久
1.4	项目审批、核准、备案申请报告及批复、补充文件、项目变更调整文件	永久
1.5	文物、地震安全性评价、压覆矿产资源、林地、水资源等专项报审和批复文件	永久
1.6	水、暖、电、气、通信、排水等审批、配套协议	永久
1.7	大宗原材料、燃料供应等协议	永久
2	招标投标、合同协议文件	
2.1	招标计划及审批文件，招标公告、招标书、招标修改文件、答疑文件、招标委托合同、资格预审文件	30年

(续表)

序号	归档文件	保管期限
2.2	中标的投标书、澄清、修正补充文件	永久
2.3	未中标的投标文件（或作资料保存）	10年（或项目审计完成）
2.4	开标记录、评标人员签字表、评标纪律、评标办法、评标细则、打分表、汇总表、评审意见	30年
2.5	评标报告、定标文件、中标通知书	永久
2.6	商的推荐、评审、确定文件，政府采购、竞争性谈判、单一来源采购协商记录、质疑答复	30年
2.7	合同准备、谈判、审批文件，合同书、协议书，合同执行、合同变更、合同索赔、合同了结文件、合同台账	永久
3	勘察、设计文件	
3.1	工程选址、地质、水文、勘察报告、地质图、地形图、化验、试验报告、重要土、岩样及说明	永久
3.2	地形、地貌、控制点、建筑物、构筑物及重要设备安装测量定位、观测监测记录	永久
3.3	气象、地震等其他设计基础资料	永久
3.4	总体规划论证、审批文件	永久
3.5	方案论证、设计及审批文件	永久
3.6	技术设计审查文件、招标设计报告及审查文件	永久
3.7	施工图设计审查文件、供图计划	永久
3.8	施工图、施工技术要求、设计通知、设计月报	30年
3.9	技术秘密、专利文件	永久
3.10	特种设备设计计算书	30年
3.11	关键技术设计、试验文件、设计接口及设备接口文件	永久
3.12	设计评价、鉴定	永久
4	征地、拆迁、移民文件	
4.1	建设征地规划设计报告及审查意见，建设规划用地许可证，国有土地使用证、海域（海岛）使用证、林权证、不动产权证等	永久
4.2	拆迁方案、拆迁评估、拆迁补偿、拆迁实施验收文件	永久
4.3	淹没实物指标调查材料，移民安置规划、方案及审批，移民补偿计划，移民安置合同协议，项目建设的招投标、合同、安置实施、项目验收文件，实物、资金补偿、决算、审计等移民资金管理文件，移民监理文件，移民安置验收文件	永久
4.4	建设前原始地貌、征地拆迁、移民安置音像材料	永久
5	项目管理文件	
5.1	项目建设管理组织机构成立、调整文件	永久
5.2	项目管理人员任免文件	永久
5.3	项目各项管理的管理制度、业务规范、工作程序，质保体系文件	永久
5.4	审核及批复文件	永久

(续表)

序号	归档文件	保管期限
5.5	审计文件	永久
5.6	合同中间结算审核及批准文件,财务计划及执行、年度计划及执行、年度投资报告	30年
5.7	交付使用的固定资产、流动资产、无形资产、递延资产清册	永久
5.8	质量、安全、环保、文明施工等专项检查考核文件、履约评价文件,质量监督、安全监督文件	30年
5.9	重要领导视察、重要活动及宣传报道材料	永久
5.10	项目管理重要会议文件、年度工作总结	永久
5.11	监管部门制发的重要工作依据性文件,涉及法律事务文件	永久
5.12	组织法律法规、标准规范、制度程序宣贯培训文件,信息化工作文件	10年
5.13	通知、通报等日常管理性文件,一般性来往函件	30年
5.14	获得奖项、荣誉、先进人物等材料	永久
6	施工文件	
6.1	建筑施工文件	
6.1.1	器进场报审文件、设备仪器校验、率定文件,开工报告、项目划分、工程技术要求、技术(安全)交底、图纸会审文件	永久
6.1.2	施工组织设计、施工方案及报审文件,施工计划、施工技术及安全措施、施工工艺及报审文件	永久
6.1.3	工地实验室成立、资质、授权文件,外委试验协议、资质文件,原材料及构配件出厂证明、质量鉴定、复试报告及报审文件,试验检验台账	30年
6.1.4	方案、试验成果报告、锚杆检测报告、地基承载力检测记录及报告、压实度检测记录及报告、桩身及桩基检测报告、防水渗漏试验检查记录、节能保温测试记录、室内环境检测等技术试验检测记录和报告,成品及半成品试验检验台账等。	永久
6.1.5	设计变更通知、变更洽商单、材料代用核定审批、技术核定单、工程联系单、备忘录、工程变更台账	永久
6.1.6	交桩记录,施工定位、测量放线记录及报审文件	永久
6.1.7	施工勘察报告、岩土试验报告、地基验槽记录、工程地基处理记录等	永久
6.1.8	各类工程记录及测试、监测记录、报告	永久
6.1.9	质量检查、评定文件,事故处理报告、缺陷处理记录及台账	永久
6.1.10	隐蔽工程检查验收记录、交工验收记录、验收评定、验收评定台账	永久
6.1.11	竣工图及竣工图编制说明	永久
6.1.12	施工日志、月报、年报,大事记	30年
6.1.13	施工总结、完工报告、交工报告、验收证书、遗留问题清单	永久
6.1.14	施工音像材料	永久
6.2	设备及管线安装施工文件	
6.2.1	器进场报审文件、设备仪器校验、率定文件,开工报告、项目划分、工程技术要求、技术(安全)交底、图纸会审文件	永久

(续表)

序号	归档文件	保管期限
6.2.2	施工组织设计、施工方案及报审文件，施工计划、施工技术及安全措施、施工工艺及报审文件	永久
6.2.3	工地实验室成立、资质、授权文件，外委试验协议、资质文件，原材料及构配件出厂证明、质量鉴定、复试报告及报审文件，试验检验台账	30年
6.2.4	设计变更通知、变更洽商单、材料、零部件、设备代用审批、技术核定单、工程联系单、备忘录、工程变更台账	永久
6.2.5	焊接工艺评定报告，焊接试验记录、报告，施工检验记录、报告，探伤检测、测试记录、报告，管道单线图（管段图）	永久
6.2.6	强度、密闭性等试验检测记录、报告，联动试车方案、记录、报告	30年
6.2.7	隐蔽工程检查验收记录、交工验收记录、验收评定、验收评定台账	永久
6.2.8	管线标高、位置、坡度测量记录	永久
6.2.9	管线清洗、试压、通水、通气、消毒等记录	30年
6.2.10	安装记录、安装质量检查、评定，事故处理报告、缺陷处理记录及台账	永久
6.2.11	竣工图及竣工图编制说明	永久
6.2.12	施工日志、月报、年报，大事记	30年
6.2.13	施工总结、完工报告、交工报告、验收证书、遗留问题清单	永久
6.2.14	施工音像材料	永久
6.3	电气、仪表安装施工文件	
6.3.1	器进场报审文件、设备仪器校验、率定文件，开工报告、项目划分、工程技术要求、技术（安全）交底、图纸会审文件	永久
6.3.2	施工组织设计、施工方案及报审文件，施工计划、施工技术及安全措施、施工工艺及报审文件	永久
6.3.3	工地实验室成立、资质、授权文件，外委试验协议、资质文件，原材料及构配件出厂证明、质量鉴定、复试报告及报审文件，试验检验台账	30年
6.3.4	设计变更通知、变更洽商单、材料、零部件、设备代用审批、技术核定单、工程联系单、备忘录、工程变更台账	永久
6.3.5	绝缘、接地电阻等性能测试、校核	30年
6.3.6	材料、设备明细表及检验记录、施工安装记录、质量检查评定、电气试验检验台账	永久
6.3.7	系统调试方案、记录、报告，电气装置交接记录	30年
6.3.8	交工验收记录、质量评定、验收评定台账、事故处理报告、缺陷处理记录及台账	永久
6.3.9	竣工图及竣工图编制说明	永久
6.3.10	施工日志、月报、年报，大事记	30年
6.3.11	施工总结、完工报告、交工报告、验收证书、遗留问题清单	永久
6.3.12	施工音像材料	永久
7	信息系统开发文件	
7.1	设计开发文件	

(续表)

序号	归档文件	保管期限
7.1.1	需求调研计划、需求分析、需求规格说明书、需求评审	30年
7.1.2	设计开发方案、概要设计及评审、详细设计及评审文件	30年
7.1.3	设计、应用支撑平台、应用系统设计、网络设计、处理和存储系统设计、安全系统设计、终端、备份、运维系统设计文件	30年
7.1.4	信息系统标准规范	10年
7.2	实施文件	
7.2.1	实施计划、方案及批复文件,源代码及说明、代码修改文件、网络系统、二次开发支持文件、接口设计说明书	30年
7.2.2	程序员开发手册、用户使用手册、系统维护手册	30年
7.2.3	安装文件、系统上线保障方案、测试方案及评审意见、测试记录、报告,试运行方案、报告	30年
7.3	信息安全评估、系统开发总结、验收交接清单、验收证书	30年
8	设备文件	
8.1	工艺设计、说明、规程、试验、技术报告	永久
8.2	自制专用设备任务书、设计、检测、鉴定	永久
8.3	设备设计文件、出厂验收、商检、海关文件	永久
8.4	设备、材料装箱单、开箱记录、工具单、备品备件单	30年
8.5	设备台账、备品备件目录、设备图纸,设备制造检验检测、出厂试验报告、产品质量合格证明、安装及使用说明、维护保养手册	永久
8.6	设备制造探伤、检测、测试、鉴定的记录、报告	永久
8.7	设备变更、索赔文件	永久
8.8	设备质保书、验收、移交文件	永久
8.9	特种设备生产安装维修许可、监督检验证明、安全监察文件	永久
8.10	设备运行使用、检修维护文件	永久
9	监理文件	
9.1	监理(监造)项目部组建、印章启用、监理人员资质,总监任命、监理人员变更文件	永久
9.2	施工监理文件	
9.2.1	监理大纲、监理规划、监理实施细则	永久
9.2.2	施工单位资质报审,施工管理人员、特种作业人员报审,施工设备仪器报审	永久
9.2.3	施工组织设计、施工方案、专项措施报审,施工计划进度、延长工期报审,开工、复工报审,开工令、暂停令、复工令	永久
9.2.4	原材料、构配件、设备报验	30年
9.2.5	单元工程检查及开工签证、分部分项工程质量验收,混凝土开盘鉴定(开仓签证)、混凝土浇灌申请批复	30年
9.2.6	监理检查、复检、实验记录、报告	30年

（续表）

序号	归档文件	保管期限
9.2.7	旁站记录、见证取样、平行检验、抽检文件，质量缺陷、事故处理、安全事故报告	永久
9.2.8	测量控制成果报验及复核文件，质量、施工文件等检查报验、质量检查评估报告、阶段验收、竣工验收监理文件	永久
9.2.9	工程计划、实施、分析统计、完成报表	30 年
9.2.10	工程计量、支付审批、工程变更审查、索赔文件	永久
9.2.11	监理通知单、回复单、工作联系单，来往函件	永久
9.2.12	监理例会、专题会等会议纪要、备忘录	永久
9.2.13	监理日志、月报、年报	30 年
9.2.14	监理工作总结、质量评估报告、专题报告	永久
9.3	设备监造文件	
9.3.1	监理大纲、监理规划、监理实施细则	永久
9.3.2	设备制造单位质量管理体系报审，设备制造的计划、延长工期报审，开工、复工报审，工艺方案、控制节点、检验计划报审	30 年
9.3.3	原材料、外购件等质量证明文件报审，分包单位资格报审文件，试验、检验记录及报告	30 年
9.3.4	开工令、暂停令、复工令	永久
9.3.5	监造通知单、回复单、工作联系单，来往函件	永久
9.3.6	变更报审	永久
9.3.7	关键工序、零部件旁站记录、见证取样、平行检验、独立抽检文件	30 年
9.3.8	质量缺陷、事故处理、安全事故报告	永久
9.3.9	设备制造支付、造价调整、结算审核、索赔文件	永久
9.3.10	监造例会、专题会会议纪要、备忘录、来往文件、报告	永久
9.3.11	设备出厂验收、交接文件	永久
9.3.12	监造日志、月报、年报	永久
9.3.13	设备监造工作总结、专题报告	永久
9.4	监理（监造）工作音像材料	永久
10	科研项目文件	
10.1	科研项目（技术咨询服务）立项文件，科研项目计划、批准文件	永久
10.2	科研项目（技术咨询服务）合同、协议、任务书	永久
10.3	研究方案、计划、调查研究、开题报告	永久
10.4	试验方案、记录、图表、数据、照片、音像	永久
10.5	实验计算、分析报告、阶段报告	永久
10.6	实验装置及特殊设备图纸、工艺技术规范说明书	30 年
10.7	实验操作规程、事故分析报告	30 年

(续表)

序号	归档文件	保管期限
10.8	技术评审、考察报告、研究报告、结题验收报告，会议文件	永久
10.9	成果申报、鉴定、获奖及推广应用材料	永久
10.10	获得的专利、著作权等知识产权文件	永久
11	生产技术准备、试运行文件	
11.1	技术准备计划、方案及审批文件	永久
11.2	试生产、试运行管理、技术规程规范	30年
11.3	试生产、试运行方案、操作规程、作业指导书、运行手册、应急预案	30年
11.4	试车、验收、运行、维护记录	30年
11.5	试生产产品质量鉴定报告	30年
11.6	缺陷处理、事故分析记录、报告	永久
11.7	试生产工作总结、试运行考核报告	永久
11.8	技术培训材料	10年
11.9	产品技术参数、性能、图纸	永久
11.10	环保、水保、消防、职业安全卫生等运行检测监测记录、报告	10年
12	竣工验收文件	
12.1	项目各项管理工作总结	永久
12.2	设计工作报告、监理工作报告、施工管理报告、采购工作报告、总承包管理报告、建设管理报告、运行管理报告	永久
12.3	项目安全鉴定报告、质量检测评审鉴定文件、质量监督报告	永久
12.4	同行评估报告、阶段验收文件	永久
12.5	环境保护、水土保持、消防、职业安全卫生、档案、移民安置、规划、人防、防雷等专项验收申请及批复文件，决算审计报告	永久
12.6	竣工验收大纲、验收申请、验收报告	永久
12.7	验收组织机构、验收会议文件、签字表、验收意见、备忘录、验收证书	永久
12.8	验收备案文件、运行申请、批复文件、运行许可证书	永久
12.9	项目评优报奖申报材料、批准文件及证书，	永久
12.10	项目后评价文件	永久
12.11	项目专题片、验收工作音像材料	永久

参考文献

[1] 国家档案局，关于印发《电子档案移交与接收办法》的通知（档发〔2012〕7号）
[2] 国家档案局、国家发展和改革委员会，《建设项目电子文件归档和电子档案管理暂行办法》（档发〔2016〕11号）

基建办具体工作内容，见本书第二章。

××项目档案目录

根据项目管理类型建目录：

1. 手续类：各项申请、审批、往来文件、相关情况说明材料；
2. 服务类：评估、设计、BIM、监理合同、招标代理、跟踪审计、绿建、律师；
3. 工程类：××合同类至授权委托书、变更（三方协议、变更通知书、院内会议纪要、报价单/核价单、招议标单、合同等）、结算书-施工单位申报（包括合格证书）、结算报告书-审计审核结果、工程竣工资料（竣工报告、竣工验收证明书、合格证）；
4. 图纸类：施工图（建筑、结构、机电、暖通、给排水、装饰、幕墙、景观、智能化）设计修改、技术核定单、竣工图（建筑、结构、机电、暖通、给排水、装饰、幕墙、景观、智能化）；
5. 管理类：会议纪要（推进会、工地例会）、联系单（工作联系单、工程联系单）、监理（监理通知单、监理工程联系单、监理月报等）。

科室管理文档目录

1. 往来文件：项目相关的请示、汇报、批复、回函文件，接收的政府部门文件、上级主管部门文件、医院文件、部门间文件及发出去的文件（联系单如总务、信息、保卫等）；
2. 计划总结：年度工作计划、年度工作总结、培训工作计划、培训工作总结；
3. 工程管理：会议纪要/会议纪要签到表（科室例会、专题会）、联系单（机电设备工程、消防工程等）、基建办工程项目考核表、月度现场照片（电子版）、情况汇报说明（Word、PPT、Excel）、晴雨表、安全隐患清单、不良事件登记情况、改造工程回访问题汇总、PDCA案例；
4. 人员管理：人员信息一览表、业务培训签到表、培训课件/照片、考核试卷、绩效考核、外出参观学习（邀请函等）、接待参观考察、培训学分证书；
5. 制度规范：医院建设相关规范、基建办管理手册、规章制度汇编（行政篇）、突发事件应急预案汇编、江苏省三级综合医院评审标准实施细则；
6. 其他：各类汇报、交流PPT，科室日常接触的临时性需存档的文件。

第二节　基建档案管理办法

基建档案管理办法

（2019年09月制定）

为加强基本建设项目文件材料的管理工作，确保医院基本建设档案的完整、系统和安全，充分发挥其在项目建设、使用、改建、扩建及维护工作中的作用，依据《中华人民共和国档案法》《建设项目档案管理规范》(DA/T28—2018)、《重大建设项目档案验收办法》(档发〔2006〕2号)等相关规定,结合医院实际工作情况,现制定本办法。

一、医院基建档案管理范围

医院基建档案是指建筑物、地上地下管线等基本建设工程在可行性研究、规划审批、勘察设计、施工监理、设备安装、竣工验收、预算决算过程中形成的文字、图纸、图表、声像等形式与载体的文件材料。

医院基本建设项目中的新建工程、原有建筑的改建扩建工程及水暖、电气、消防等管网改造工程形成的文件材料属基建档案管理范围;不改变房屋原有建筑结构及管线设计的屋面防水、墙面粉刷、门窗更换等零星工程产生的文件材料不属于基建档案的管理范围,应纳入文书档案管理。

二、医院基建档案的所有权

基建档案属医院所有,任何个人不得据为己有,不得无故拒绝归档,不得私自将其转借、买卖或销毁。

三、基建档案管理原则

1. 实行集中统一管理的原则,以确保医院基建档案的完整、系统、安全和有效利用。

2. 基建档案管理工作要纳入医院基建计划、管理制度和岗位职责中,做到档案管理与项目进程同步。项目申请立项时,即应开始进行文件材料的收集、整理、预立卷及归档工作。

四、基建档案归档原则

1. 归档材料必须对医院当前与长远工作具有参考价值和凭证作用。

2. 必须反映基建管理和项目建设的全过程,保证材料完整、准确、系统。

3. 必须遵循档案的自然形成规律,保持材料间的有机联系。

五、基建档案归档范围

主要包括项目审批、可行性研究、勘察设计、工程管理、施工组织、设备安装、竣工验收、预算决算过程中形成的文字、图纸、图表、声像等形式与载体的文件材料。

不归档的文件材料:

1. 正式施工前的草图、未定型图纸;

2. 重份文件和重份图纸;

3. 无参考价值的临时性、事务性文件。

六、基建档案归档要求

1. 归档的文件材料必须原件,做到移交手续齐全、格式统一、字迹清楚,不得使用纯蓝墨水、圆珠笔、红色、铅笔等易褪色的书写材料。

2. 具有法律依据和凭证效力的文件材料,领导签字和单位印鉴必须齐全,请示与批复要同时归档,缺一不可。建设过程中使用文件材料不允许随意更改,如有更改,必须填写变更通知单,并履行批准手续。

3. 应根据基建文件材料的形成规律和便于查考的原则进行组卷,各类材料按文件性质分别组成案卷。

4. 声像资料应保证载体的有效性，长期存储的电子文件必须使用不可擦除型光盘。

5. 归档份数：竣工图归档两套，文字材料、底图和声像材料各归档一套。

6. 基建项目档案的保管期限分为永久、定期两种。

七、基建档案验收

1. 档案验收是基建项目竣工验收的重要组成部分，未经档案验收或验收不合格的项目，不得进行或通过项目竣工验收。基建档案验收应在工程竣工验收前 3 个月完成。

2. 成立以基建办公室、院办档案室等科室共同组成的基建档案验收组，并召开验收会议。项目设计、施工、监理等单位的相关人员列席会议。

3. 档案验收时，采用质询、现场查验、抽查案卷的方式，重点验收项目前期管理、隐蔽工程、竣工验收、质量检验、重要的合同及协议等文件材料。

4. 档案验收组半数以上成员同意的为合格，由验收组出具验收意见；不合格的，由档案验收组提出整改意见，并进行复查；复查仍不合格的，不得进行竣工验收。

八、基建档案归档程序

1. 基建办公室、信息处、保卫处、总务处等涉及后期运行管理科室的兼职档案员及设计、施工、监理单位负责人应按照归档范围，分别做好基建文件材料的收集、整理、预立卷工作。

2. 各施工承包单位应在项目实体完成 3 个月内将应归档的文件材料向基建办公室、相关科室移交归档；有尾工的，应在尾工完成后及时移交。

3. 填写基建档案移交目录，一式两份，连同案卷经院办公室专职档案员核查合格后，交接双方在移交目录上签字，各执一份存查。

九、基建档案归档时间

凡具有法律依据和凭证作用的重要文件材料（审批文件、产权证明等）在办理、处理完毕后应及时归档；竣工图、施工文件、声像材料在项目竣工验收后 6 个月内归档；管理性文件材料在每年 12 月底前归档。

十、基建项目档案的查阅利用

1. 档案原则上不外借，查阅者一般应在档案室内查阅。如确需借出者，须经主管领导同意并办理有关借阅手续后方可借出。

2. 查阅档案时，只准查阅自己需要的部分，不准随意翻阅其他部分内容，阅后要当面交点清楚。

3. 查阅者查阅案卷不准拆卷、涂改，不准在档案上乱划或做标记；如需复制，需经主管领导批准。

第三节　基建办收发文件工作流程

基建办收发文件工作流程见表 14-1。

表 14-1　基建办收发文件工作流程

流程图	工作内容	责任人
收文	1. 按规范检查核对收到的文件材料 2. 确认收到的文件数量	项目负责人
登记	1. 在科室相关登记本上登记具体信息、签名，字迹清楚，填写完整 2. 各类登记本放置固定位置	项目负责人
扫描	1. 原件扫描 PDF 格式，电子版保存、备份 2. 纸质版原件分类放置，标识清晰	项目负责人
发文	1. 文件及时发放给监理、施工、设计、审计等相关责任人 2. 未发出的文件做好标记，后续完成发放	项目负责人
登记	1. 在科室相关登记本上登记具体信息、签名，字迹清楚，填写完整 2. 各类登记本放置固定位置	项目负责人
归档	归档文件及时主动交科室档案管理员	项目负责人
	1. 检查核对收到的文件材料，对不符合规范要求的文件材料退回 2. 文件整理、保管，项目档案预立卷 3. 建立工程档案电子目录、备考表	档案管理员
	科室检查验收档案	科室负责人
	医院检查验收档案	院档案负责人

第四节　重大事项汇报确定工作流程

重大事项汇报确定工作流程见表 14-2。

表 14-2　重大事项汇报确定工作流程

流程图	工作内容	责任人
分院汇报	在分院建设领导小组会议上做医院建设重大事项 PPT 汇报	分院基建分管院长
	形成会议纪要，电话通知基建办取会议纪要	分院党政办
总部汇报	在院长书记联席会上做医院建设重大事项 PPT 汇报	分院基建分管院长
	1. 形成会议纪要 2. 相关领导签字确认	院办
会议纪要	到总部取回会议纪要后电话通知基建办	分院党政办
收文	1. 基建办到分院党政办取回会议纪要 2. 原件扫描 PDF 格式，电子版保存、备份 3. 原件交科室档案管理员	项目负责人
扫描	1. 文件整理、保管，项目档案预立卷 2. 建立工程档案电子目录、备考表	档案管理员
归档	科室检查验收档案	科室负责人
	医院检查验收档案	分院档案负责人

第五节　项目往来行文目录

项目往来行文目录

根据《江苏省建设工程监理现场用表》(第六版)，用表分为 A、B、C 三类。A 类表为工程监理单位用表，由工程监理单位或项目监理机构签发；B 类表为施工单位报审、报验等用表，由施工单位项目经理部填写后报送项目监理机构、工程建设相关方；C 类表为通用表，是工程建设相关方工作联系的通用表。

1. A 类表清单

A.0.1　总监理工程师任命书

A.0.2　监理日志

A.0.3　监理规划

A.0.4　监理实施细则

A.0.5　工程开工令

A.0.6　旁站记录表（通用）

A.0.7　会议纪要

A.0.8　监理月报

A.0.9　工程款支付证书

A.0.10　监理通知单（类）

A.0.11　工程暂停令

A.0.12　工程复工令

A.0.13　监理备忘录

A.0.14　监理报告

A.0.15　工程质量评估报告

A.0.16　监理工作总结

A.0.17　工程监理资料移交单

A.0.18　危大工程巡视检查记录表

A.0.19　危大工程安全管理档案

2. B 类表清单

B.0.1　施工组织设计/施工方案报审表

B.0.2　施工现场质量、安全生产管理体系报审表

B.0.3　工程开工报审表

B.0.4　分包单位资质报审表

B.1.1　施工试验室报审表

B.1.2　施工控制测量成果报验表

B.1.3　工程材料、构配件、设备进场/使用报审表

B.1.4　工程质量报验表

B.1.5 混凝土浇筑报审表

B.1.6 分部（子分部）工程报验表

B.1.7 部品部件进场报审表

B.1.8 部品部件安装质量报验表

B.2.1 工程计量报审表

B.2.2 费用索赔报审表

B.2.3 工程款支付报审表

B.3.1 施工进度计划报审表

B.3.2 工程临时/最终延期报审表

B.4.1 施工起重机械设备安装/使用/拆卸报审表

B.4.2 危大工程验收告知单

B.5.1 监理通知回复单（类）

B.5.2 工程复工报审表

B.5.3 单位工程竣工验收报审表

B.5.4 施工单位通用报审表

B.5.5 工程变更申请表

3. C类表清单

C.0.1 工程联系单

C.0.2 索赔意向通知书

第六节 城建档案馆归档要求

城建档案馆归档要求见表14-3。

表14-3 城建档案馆归档要求

一级	二级	三级	城建馆
工程准备阶段文件	立项	项目申请、批复或项目建设通知	原件复印件
		可行性研究报告批复文件	可以原件复印
		可行性研究报告	原件
		专家论证意见、项目评估文件	原件
		有关立项的会议纪要、领导批示	复印件
	地质勘查	工程地质勘查报告	原件
	招投标	勘察、设计、施工（总包、桩基）、监理、项目管理单位中标通知书	原件
		直接发包文件	原件
		勘察、设计、施工（总包、桩基）、监理、项目管理合同（代建单位）	原件
	审批证照	施工图设计文件审查合格证明文件	原件
		专业深化设计施工图审查合格证明文件	原件
		审查施工图	原件
		建设工程规划许可证	原件复印件
		建设工程施工许可证	原件复印件

（续表）

一级	二级	三级	城建馆
监理文件	其他	其他	由档案馆确定
		总监理工程师任命书	原件
		采用新技术、新材料、特殊工艺或危险性较大工程监理规划	原件
	B1	采用新技术、新材料、特殊工艺或危险性较大工程监理实施细则及其汇总表	原件
		专题、例会会议纪要汇总表	原件
		专题、例会会议纪要	原件
		工程暂停令、复工令	原件
		监理备忘录	原件
		监理报告	原件
		工程质量评估报告	原件
		监理工作总结	原件
	B2	施工组织设计/方案报审表	原件
		采用新技术、新材料、特殊工艺或危险性较大的施工组织设计、方案	原件
		专家论证意见	原件
		工程开工报审表	原件
		分包单位资质报审表	原件
		工程临时/最终延期报审表	原件
		监理通知单、回复单汇总表	原件
		监理通知单、回复单	原件
		分部（子分部）工程报验表	原件
		单位工程竣工验收报验表	原件
	B3	工程变更单及其汇总	原件
		项目监理机构向有关主管部门质量安全通知单	原件
	B4	其他	由档案馆确定
	桩基子分部施工文件	桩基工程概况表	原件
		工程项目施工管理人员名单	原件
		桩基工程开工报告	原件
		桩基工程竣工报告	原件
		图纸会审、设计变更、洽商单、技术核定等变更类文件汇总表	原件
		图纸会审记录	原件
		设计交底	原件
		设计变更通知单	原件
		工程洽商记录、技术核定单	原件
		工程测量、定位放线记录	原件
		原材料、构配件出厂质量证明文件汇总表	原件
		原材料、构配件复试报告汇总表	原件
		原材料、构配件进场复试报告	原件
		施工试验报告汇总表	原件

(续表)

一级	二级	三级	城建馆
		施工试验检测报告	原件
		混凝土强度评定汇总表	原件
		砂浆强度评定汇总表	原件
		钢筋焊接工艺评定报告	原件
		隐蔽工程验收记录汇总表	原件
		桩位测量记录（实测）	原件
		钢桩焊接缝探伤检查报告	原件
		桩承载力检测报告	原件
		桩身质量检测报告	原件
		管桩抗弯性能试验报告	原件
		桩基竣工图	原件
	土建工程	土建工程概况表	原件
		施工管理人员名单	原件
		土建开工报告	原件
		工程定位测量验收记录	原件
		轴线、标高复测验收记录	原件
		图纸会审、设计变更、洽商单、技术核定等变更类文件汇总表	原件
		图纸会审记录	原件
		设计交底	原件
		设计变更通知单	原件
		工程洽商记录、技术核定单	原件
		原材料、构配件、器具出厂质量证明文件汇总表	原件
		原材料、构配件、器具复试报告汇总表	原件
		原材料、构配件、器具进场复试报告	原件
		施工试验报告汇总表	原件
		施工试验检测报告	原件
		混凝土强度评定汇总表	原件
		砂浆强度评定汇总表	原件
		钢筋焊接工艺评定报告	原件
		隐蔽工程验收记录汇总表	原件
		地基验槽记录和地基处理记录	原件
		新技术、新设备、新材料、新工艺施工记录	原件
		结构实体安全与功能性检测报告汇总表	原件
		结构实体安全与功能性检测报告	原件
		屋面分部工程质量控制资料核查记录	原件
		装饰装修工程质量控制资料核查记录	原件

（续表）

一级	二级	三级	城建馆
		主体结构工程观感质量检查记录	原件
		屋面工程观感质量检查记录	原件
		装饰工程观感质量检查记录	原件
		建筑物垂直度、标高、全高测量记录	原件
		烟气（风）道工程检查验收记录	原件
		建筑物沉降观测记录（交工验收版）	原件
		基础分部工程安全和功能检验资料核查及主要功能抽查记录	原件
		主体分部工程安全和功能检验资料核查及主要功能抽查记录	原件
		屋面分部工程安全和功能检验资料核查及主要功能抽查记录	原件
		装饰分部工程安全和功能检验资料核查及主要功能抽查记录	原件
		土方子分部工程质量验收记录	原件
		基坑子分部工程质量验收记录	原件
		地基处理子分部工程质量验收记录	原件
		混凝土基础子分部工程质量验收记录	原件
		砌体基础子分部工程质量验收记录	原件
		钢管混凝土子分部工程质量验收记录	原件
		地下防水子分部工程质量验收记录	原件
		混凝土结构子分部工程质量验收记录	原件
		砌体结构子分部工程质量验收记录	原件
		木结构子分部工程质量验收记录	原件
		钢管混凝土子分部工程质量验收记录	原件
		装饰分部工程质量验收记录	原件
		地面子分部工程质量验收记录	原件
		抹灰子分部工程质量验收记录	原件
		门窗子分部工程质量验收记录	原件
		吊顶子分部工程质量验收记录	原件
		轻质隔墙子分部工程质量验收记录	原件
		饰面板子分部工程质量验收记录	原件
		涂饰子分部工程质量验收记录	原件
		裱糊与软包子分部工程质量验收记录	原件
		细部子分部工程质量验收记录	原件
		外墙防水子分部工程质量验收记录	原件
		饰面砖子分部工程质量验收记录	原件
		屋面分部工程质量验收记录	原件
		基层与保护工程子分部工程质量验收记录	原件
		保温与隔热工程子分部工程质量验收记录	原件

（续表）

一级	二级	三级	城建馆
		防水与密封工程子分部工程质量验收记录	原件
		瓦面与板面工程子分部工程质量验收记录	原件
		细部构造工程子分部工程质量验收记录	原件
	建筑给排水及采暖工程	给排水及采暖工程概况表	原件
		图纸会审、设计变更、洽商单、技术核定等变更类文件汇总表	原件
		图纸会审记录	原件
		设计交底	原件
		设计变更通知单	原件
		工程洽商记录、技术核定单	原件
		给水排水与采暖工程质量控制资料核查记录	原件
		水暖工程安全和功能检验资料核查及主要功能抽查记录	原件
		给水排水和供暖工程观感质量检查记录	原件
		材料、配件、器具出厂合格证书、检验报告等文件汇总表	原件
		进场材料、配件、器具抽检或复试报告汇总表	原件
		进场材料、配件、器具抽检或复试报告	原件
		管道、配件及设备强度和严密性试验记录汇总表	原件
		隐蔽工程验收记录汇总表	原件
		安全性功能性检测报告	原件
		建筑给水排水及采暖分部工程质量验收记录	原件
		室内给水系统子分部工程质量验收记录	原件
		室内排水系统安装子分部工程质量验收记录	原件
		室内热水供应系统安装子分部工程质量验收记录	原件
		卫生器具安装子分部工程质量验收记录	原件
		室内供暖系统子分部工程质量验收记录	原件
	建筑电气工程	电气工程概况表	原件
		图纸会审、设计变更、洽商单、技术核定等变更类文件汇总表	原件
		图纸会审记录	原件
		设计交底	原件
		设计变更通知单	原件
		工程洽商记录、技术核定单	原件
		电气工程安全和功能检验资料核查及主要功能抽查记录	原件
		建筑电气工程观感质量检查记录	原件
		材料、设备质量证明文件汇总表	原件
		材料、设备现场抽样检测报告汇总表	原件
		材料、设备现场抽样检测报告	原件
		成套灯具的绝缘电阻、内部接线性能抽样检测报告	原件

（续表）

一级	二级	三级	城建馆
施工技术文件		隐蔽工程验收汇总表	原件
		安全性功能性检测报告	原件
		电气工程质量控制资料核查记录	原件
		建筑电气分部工程质量验收记录	原件
		室外电气安装子分部工程质量验收记录	原件
		变配电室安装子分部工程质量验收记录	原件
		供电干线安装子分部工程质量验收记录	原件
		电气动力安装子分部工程质量验收记录	原件
		电气照明安装子分部工程质量验收记录	原件
		备用和不间断电源安装子分部工程质量验收记录	原件
		防雷子分部工程质量验收记录	原件
	建筑通风与空调工程	通风与空调工程概况表	原件
		图纸会审、设计变更、洽商单、技术核定等变更类文件汇总表	原件
		图纸会审记录	原件
		设计交底	原件
		设计变更通知单	原件
		工程洽商记录、技术核定单	原件
		通风与空调质量控制资料核查记录	原件
		通风与空调工程安全和功能检验资料核查及主要功能抽查记录	原件
		观感质量验收检查记录	原件
		材料、设备出厂质量证明文件汇总表	原件
		材料、设备现场抽样检测报告汇总表	原件
		材料、设备现场抽样检测报告	原件
		设备基础验收记录表	原件
		隐蔽工程验收记录汇总表	原件
		系统功能及安全性检测报告	原件
		通风与空调分部工程质量验收记录	原件
		送、排风系统子分部工程质量验收记录	原件
		防排烟系统子分部工程质量验收记录	原件
		除尘系统子分部工程质量验收记录	原件
		空调风系统子分部工程质量验收记录	原件
		净化空调系统子分部工程质量验收记录	原件
		制冷系统子分部工程质量验收记录	原件
		空调水系统子分部工程质量验收记录	原件
	建筑节能工程	节能工程概况表	原件
		图纸会审、设计变更、洽商单、技术核定等变更类文件汇总表	原件

(续表)

一级	二级	三级	城建馆
		图纸会审记录	原件
		设计交底	原件
		设计变更通知单	原件
		工程洽商记录、技术核定单	原件
		建筑节能分部工程质量控制资料核查记录	原件
		材料、设备、构件的质量证明文件、进场检验记录汇总表	原件
		材料、设备、构件进场复验报告、见证试验报告汇总表	原件
		材料、设备和构件进场复验报告、见证试验报告	原件
		隐蔽验收记录汇总表	原件
		结构实体安全与系统节能性能检测报告	原件
		太阳能热水系统子分部工程质量验收记录	原件
		太阳能光伏系统子分部工程质量验收记录	原件
		地源热泵系统子分部工程质量验收记录	原件
	钢结构工程	钢结构工程概况表	原件
		工程项目施工管理人员名单	原件
		特种施工人员资格证书及汇总表	原件
		图纸会审、设计变更、洽商单、技术核定等变更类文件汇总表	原件
		图纸会审记录	原件
		设计交底	原件
		设计变更通知单	原件
		工程洽商记录、技术核定单	原件
		钢结构工程观感质量验收记录	原件
		原材料、构配件、成品质量证明文件检查汇总表	原件
		钢构件进场验收记录	原件
		钢结构工程见证取样复验报告汇总表	原件
		钢结构工程见证取样复验报告	原件
		隐蔽工程验收记录汇总表	原件
		新技术、新设备、新材料、新工艺施工记录	原件
		新材料、新工艺应用的工艺评定报告	原件
		检验及抽样检测汇总表	原件
		钢结构超声波或射线探伤检测报告	原件
		高强度螺栓连接副施工扭矩检验报告	原件
		钢屋（托）架、桁架、钢梁、吊车梁等垂直度和侧向弯曲检测报告	原件
		钢柱垂直度检测报告	原件
		钢网架安装完成后及屋面工程完成后挠度检测报告	原件
		单层（多层或高层）钢结构主体结构整体垂直度检测报告	原件

(续表)

一级	二级	三级	城建馆
		单层（多层或高层）钢结构主体结构整体平面弯曲检测报告	原件
		其他检测报告	原件
		不合格项的处理记录及验收记录	原件
		钢结构子分部工程质量验收记录	原件
	建筑外装饰（幕墙）工程	外装饰（幕墙）工程概况表	原件
		图纸会审、设计变更、洽商单、技术核定等变更类文件汇总表	原件
		图纸会审记录	原件
		设计交底	原件
		设计变更通知单	原件
		工程洽商记录、技术核定单	原件
		原材料、构配件质量证明书文件汇总表	原件
		原材料、构配件复试报告及汇总表	原件
		隐蔽工程验收记录汇总表	原件
		结构实体安全与功能性检测报告	原件
		幕墙子分部工程质量验收记录	原件
	智能化工程	智能化工程概况表	原件
		图纸会审、设计变更、洽商单、技术核定等变更类文件汇总表	原件
		图纸会审记录	原件
		设计交底	原件
		设计变更通知单	原件
		工程洽商记录、技术核定单	原件
		原材料、构配件、设备质量证明书文件汇总表	原件
		原材料、构配件、设备复试报告汇总表	原件
		原材料、构配件、设备器具复试报告	原件
		信息网络系统安装质量及观感质量验收记录	原件
		建筑设备监控系统安装质量及观感质量验收记录	原件
		火灾报警与消防联动系统安装质量及观感质量验收记录	原件
		安全防范系统安装质量及观感质量验收记录	原件
		系统综合布线系统安装质量及观感质量验收记录	原件
		智能化集成系统安装质量及观感质量验收记录	原件
		电源与接地子分部工程安装质量及观感质量验收记录	原件
		环境子分部工程安装质量及观感质量验收记录	原件
		住宅（小区）智能化系统安装质量及观感质量验收记录	原件
		安全性与功能性检测报告	原件
		智能建筑分部工程竣工验收结论汇总表	原件
		通信网络系统子分部工程竣工验收结论汇总表	原件

(续表)

一级	二级	三级	城建馆
		信息网络系统子分部工程竣工验收结论汇总表	原件
		建筑设备监控系统子分部工程竣工验收结论汇总表	原件
		火灾报警及消防联动系统子分部工程竣工验收结论汇总表	原件
		安全防范系统子分部工程竣工验收结论汇总表	原件
		系统综合布线系统子分部工程竣工验收结论汇总表	原件
		智能化集成系统子分部工程竣工验收结论汇总表	原件
		电源与接地子分部工程竣工验收结论汇总表.	原件
		环境子分部工程竣工验收结论汇总表	原件
		住宅（小区）智能化系统子分部工程竣工验收结论汇总表	原件
		智能分部子分部工程质量控制竣工验收结论汇总表	原件
	电梯工程	电梯工程概况表	原件
		图纸会审、设计变更、洽商单、技术核定等变更类文件汇总表	原件
		图纸会审记录	原件
		设计交底	原件
		设计变更通知单	原件
		工程洽商记录、技术核定单	原件
		电梯工程质量控制资料检查记录	原件
		电梯工程观感质量检查记录	原件
		电梯监督检验报告	可以原件复印
		电力驱动的曳引式或强制式电梯子分部工程质量验收记录	原件
		液压电梯子分部工程质量验收记录	原件
		自动扶梯、自动人行道安装子分部工程质量验收记录	原件
	建筑内装饰工程	参照土建、水、电分部工程文件材料	原件
	消防工程	参照水、电、智能等分部文件材料或相关国家、行业规范	原件
	单位（子单位）工程施工质量验收资料	单位（子单位）工程质量竣工验收记录	原件
		单位（子单位）工程质量竣工验收监督记录	原件
		单位（子单位）工程质量控制资料核查记录	原件
		单位（子单位）工程安全和功能检验资料核查及主要功能抽查记录	原件
		单位（子单位）工程观感质量检查记录	原件
		混凝土试块压报告（标准养护）汇总表	原件
		混凝土试块压报告（同条件养护）汇总表	原件
		钢筋连接检测汇总表	原件
		结构实体安全与功能性检测汇总表	原件
		屋面淋水、蓄水试验记录	原件
		地下室防水效果检查记录	原件

(续表)

一级	二级	三级	城建馆
		厕所、厨房、阳台等有防水要求的地面泼水、蓄水试验记录汇总表	原件
		厕所、厨房、阳台等有防水要求的地面泼水、蓄水试验记录	原件
		建筑深基坑子分部工程质量验收记录	原件
		建筑深基坑子分部工程质量控制资料核查记录	原件
		建筑深基坑子分部工程质量验收监督记录	原件
		桩基（地基处理）子分部工程质量验收记录	原件
		桩基（地基处理）子分部工程质量控制资料核查记录	原件
		桩基（地基处理）子分部工程质量验收监督记录	原件
		地基与基础分部工程质量验收记录	原件
		地基与基础分部工程质量控制资料核查记录	原件
		地基与基础分部工程质量验收监督记录	原件
		主体结构分部工程质量验收记录	原件
		主体结构分部工程质量控制资料核查记录	原件
		主体结构分部工程质量验收监督记录	原件
		民用建筑节能专项工程质量验收记录	原件
		民用建筑节能专项工程质量控制质量核查记录	原件
		其他专项工程质量验收记录	原件
		涉及结构安全和使用功能设计变更情况一览表	原件
		工程建设中严重质量问题（质量事故）一览表	原件
		工程安全、质量事故调查处理文件	原件
		检测不合格相关处理资料	原件
		住宅工程质量分户验收汇总表及整改情况汇总表	原件
	其他	其他	由档案馆确定
竣工验收文件	验收与备案文件	勘察单位工程质量检查报告	原件
		设计单位工程质量检查报告	原件
		施工单位工程竣工报告	原件
		监理单位工程质量评估报告	原件
		单位工程竣工验收报告	原件
		建筑工程五方责任主体项目负责人质量终身责任信息档案	原件
		工程竣工验收会议纪要	原件
		专家组竣工验收意见	原件
		环保验收文件	原件
		规划、消防、人防（备案证明和监督报告）、质监等部门出具的认可文件或准许使用文件	原件
		勘测（测量成果）、消防、防雷、环保、市政等第三方专业检测机构出具的专业测量成果与检测报告	原件

(续表)

一级	二级	三级	城建馆
		地下管线竣工测量电子数据汇交回执单	原件
		房屋建筑工程质量保修书	原件
		建设工程档案专项验收意见	原件
		其他竣工验收与备案文件	原件
	其他竣工验收文件	其他	由档案馆确定
竣工图	专业竣工图	建筑竣工图	原件
		结构竣工图	原件
		给排水及采暖竣工图	原件
		电气竣工图	原件
		通风空调竣工图	原件
		外装饰（幕墙）竣工图	原件
		内装饰竣工图	原件
		钢结构竣工图	原件
		智能化竣工图	原件
		电（扶）梯竣工图	原件
		消防竣工图	原件
		其他专业竣工图	原件
	综合竣工图	总平面布置竣工图	原件
		室外道路竣工图	原件
		室外景观绿化、建筑小品竣工图	原件
		室外管网（地上、地下）综合竣工图	原件
		室外管线专业竣工图一（排水、消防、照明、喷灌、热力等）	原件
		室外管线专业竣工图二（供水、供电、燃气、电讯、电视等）	原件
		竖向布置竣工图	原件
		其他综合竣工图	原件
	其他	其他	由档案馆确定
工程声像文件	开工前原貌	原址、原貌	原件
		周边状况包括已有建（构）筑物情况	原件
		拆迁情况、拟建工程项目的用地界及周边临界关系	原件
	工程项目竣工面貌	工程整体外观和立面状况	原件
		室外环境（绿化、亮化、雕塑、道路等附属及配套设施）	原件
		室内环境（大厅、主要通道、楼梯、消防设施等）	原件
	其他	开工、竣工仪式	原件
		施工现场与施工管理	原件

(续表)

一级	二级	三级	城建馆
		工程质量检查、质量事故及处理情况	原件
		施工建设中的重要活动、事件	原件
		采用新材料、新技术、新工艺等施工情况	原件
		成果、特色宣传片	原件
	一般工程电子文件	与纸质基本同	原件

第七节 医院建设项目档案目录

医院建设项目档案目录见表14-4。

表 14-4 医院建设项目档案目录

序号	公开招标档案	院内招标档案	补充协议档案
1	会议纪要	会议纪要	三方协议/授权委托书
2	工程申请表	工程申请表	变更通知书
3	续签合同申请书	申请招议标函	会议纪要
4	招标文件	招标文件	报价单/核价单
5	资质审查/投标文件	投标文件	签证单（联系单）
6	开标记录表/评标报告	招议标单	招议标单
7	中标通知书	合同	合同
8	合同、廉政协议书	合同审计意见书	合同审计意见书
9	合同审计意见书	授权委托书	授权委托书
10	授权委托书		
11	技术核定单		
12	检测报告		
13	开工报告、竣工报告		
14	竣工验收证明书		
15	竣工图		
16	结算书		
17	结算监理审核		
18	工程造价咨询报告书		

第八节 基建办收发文常用登记表

基建办收发文常用登记见表 14-5—表 14-9。

表 14-5 基建办发文登记表

日期	文件编号	标题内容	经办人	份数	收文单位	签收人	签收日期	备注

表 14-6 基建办图纸登记表　　　　　　　单位：

序号	接收图纸日期	专业	图纸名称	图纸编号	图纸日期	张数	来源	电子版	去向	签字

表 14-7 基建办合同登记表

项目名称	公司名称	合同签收	签收日期	送回日期	送审	送审日期	审计接收	领取	领取日期	院审号	授权委托书	盖合同章	送审日期	审计接收	合同号	领取	领取日期	备注

表 14-8 基建办工程结算登记表

序号	送审项目	施工单位	验收日期	合同价	送审价	增减数	审定价	核减(%)	送审人	收件人	初审盖章验收		终审签收	备注
											建设单位	施工单位		

表 14-9 基建办投递资料登记表

序号	公司名称	注册资金	企业性质	资质	同级品牌	主营范围	可考察业绩	考察要点	产品厂家地址	联系人	电话及邮箱

第十五章 验 收 管 理

第一节 基建办工程设备和材料验收管理规定

基建办工程设备和材料验收管理规定

一、目的

为加强工程管理，规范进场的设备和材料（包括成品、半成品，下同）的检验、保管和发放行为，防止不合格品流入施工现场或误用，特制定本管理规定。

二、工程设备和材料开箱检验和复验

1. 设备和材料的开箱检验程序按照《到货物资开箱检验制度》执行。
2. 设备和材料经第三方制造的，应将制造过程记录文件及报告随质量证明文件同步移交。
3. 新设备、新材料进场报验前应由监理组织专门的验收小组进行验收鉴定。
4. 进口设备和材料进场报验前应由基建办按照国家有关法律规定向国家商检部门报检，进行商检。
5. 设备和材料的第三方抽检按照国家相关检验检测管理规定执行。

三、工程设备和材料报验管理制度

1. 基建办、监理及施工单位负责对工程设备和材料进场的质量控制，对不合格品的处置及紧急放行物品的放行程序的审批，对过程行为质量作出客观评价。
2. 工程所有的设备和材料必须具有符合国家相关标准及技术文件要求的质量证明文件，要求设备和材料供应商确保质量证明文件、技术文件及相关资料随实体一起移交。
3. 承包商或供货商对所采购的设备及材料的质量负责，质量证明文件必须加盖生产厂检验专用章或质量证明专用章，如由供应商提供，需在产品质量证明文件上加盖确认印章，确保设备和材料进场时其质量符合规定要求，并保证实体标识清晰完整。承包商或供货商负责组织对本部门采购的设备和材料进行开箱检验，负责对采购不合格品的处置工作。施工单位负责对进场设备和材料进行妥善管理和保管工作。
4. 基建办、监理及施工单位参与开箱检验工作和其他材料的进场验收工作，签署对设备和材料报验的审查意见。施工单位填写开箱检验记录，各参检人员应在开箱检验记录上签认。基建办及监理有权制止施工单位、检验检测单位的违规行为并提出整改意见。
5. 施工单位应根据设备和材料的具体情况及相关要求确定其检验方式，做好材料和设备检验试验状

态标识并进行分区管理。对特殊的设备和材质材料，在外观质量检验合格后，施工单位按照国家及行业有关施工规范、标准、设计文件等规定要求对其设备和材质及性能等进行检验或复验。经检验、检测合格的设备和材料，施工单位应及时填写"工程材料/构配件/设备报审表"办理报验手续，报请监理单位专业工程师后才能进场使用。未经检验和检验不合格的材料和设备不得进场使用。

6. 做好设备和材料做好保管工作，按相应的设备和材料管理制度，落实责任制，配置必要的硬件设施，根据设备和材料的特性及时做好防潮、防晒、防腐蚀、通风、隔热和温度、湿度等方面的措施，以保证进场设备和材料保持良好状态。

7. 在发放设备和材料时，保管单位应出具在质量证明文件上加盖确认印章的复印件（其用纸规格为A4），并记录材料和设备的领用单位、单元名称或使用部位和数量。

8. 基建办、监理及施工技术人员应对出库材料和设备质量应进行抽查确认，施工单位做好相关记录。

四、施工单位对工程设备和材料管理制度

1. 施工单位全权负责其工程范围内的现场材料管理工作，按照建设单位的要求，向基建办提供电子数据和状态信息，以使现场设备和材料得到有效的汇集、监督和报告。

2. 施工单位应妥善保存辖区内所有进场设备和材料，负责做好设备和材料的进场报验工作和对不合格品保管工作，严禁使用不合格品；负责做好设备和材料的检验、检测与核查记录。并将有关重要检验、检测记录列入交工技术文件移交。

3. 经检验、检测合格的设备和材料，施工单位办理入库手续后，由施工保管部门负责发放；经检验不合格的设备和材料，由采购部门负责处理，经处理合格并经基建办、监理及施工单位确认合格后，方可进行发放。

4. 施工单位自行采购的用于工程实体的设备和材料，应由基建办、监理单位参加对设备和材料进行检验检测，施工单位负责检验检测工作，否则禁止使用。

5. 施工单位在领取设备和材料过程中，若发现无质量证明文件或外观及质量不符合要求的时，应拒绝领取，并及时将情况反馈给基建办、监理工程师。

6. 施工单位应制定相应的设备和材料管理制度，定期检查保管单位对设备和材料的标识、放置情况，并做好记录。

五、工程设备和材料紧急放行管理制度

1. 紧急放行仅限用于可更换部位的设备和材料，且要求更换作业不会损坏邻近的施工成果。一旦发现放行的产品不合格应立即送回和更换。

2. 对因客观条件影响质量证明文件或检验试验报告无法及时提供，质量证明文件和检验试验报告不齐全但经检验、检测符合国家相关标准及技术要求的设备和材料，如因工程急需，经监理单位审核并报基建办同意办理紧急放行或让步接收手续。

3. 对于紧急放行或让步接收进场使用的设备和材料，施工单位和监理除履行正常的检查、验收外，还应同时收查与保存紧急放行或让步接收的程序性批准文件，并做好记录，跟踪其使用部位。

六、工程设备和材料保管、发放和保护制度

1. 在设备和材料进场前，监理单位应检查、确认施工单位各项硬件设施和管理制度是否满足要求。

2. 经开箱检验合格的设备和材料，相关单位应及时办理入库手续。按照物资发放制度，根据批准的领料申请单发放设备和材料，办理物资出库交接手续。

3. 施工单位在施工现场应设置设备和材料管理人员，负责设备和材料堆放场地作业活动及管理工作，并建立物资动态明细台账。

4. 施工单位应按建设单位的要求（指定场所），在设备和材料进场前落实堆放场地的硬件保障设施，做好标识及移交工作，在未进行检验、检测前应放置在待检区内或者在实体上标示明显的待检标识，并根据设备和材料的特性制订相应的保管制度进行发放。

5. 设备和材料管理人员在发放设备和材料交付使用或安装时，应确保设备和材料处于合格状态，或已办理紧急放行、让步接收手续；否则不应发放。

6. 有防雨、防潮、遮阳、隔热、防振动、防泄漏、防磁化、防锈蚀及指向性等要求的设备和材料，应按要求采取相应保护性措施，不得随意放置。

7. 对于危险品（包括化学药品），进入施工现场使用前应设立专用的储备场所和采取警示及防护措施。

8. 对于经检验和复验确定不合格的设备和材料，应放入不合格区或在该批设备和材料实体上标上"不合格"字样、及时清理出场。

9. 不合格品的处理情况和结果应有记录并可追溯。

第二节 基建办分部分项工程验收管理规定

基建办分部分项工程验收管理规定

一、分部工程质量验收应具备的条件

1. 分部工程包括的范围：桩基与基础工程、主体结构工程、装饰工程、屋面工程、机电安装工程、建筑智能化、建筑节能等。

2. 分部验收条件：

（1）所含分项工程质量均应合格；

（2）质量控制资料应完整；

（3）分部工程中有关结构安全与功能的检测结果应符合设计及有关规定；

（4）观感质量应符合要求。

二、分部工程组织验收程序（实施建设工程监理制度的）

由总监理工程师组织施工单位项目负责人、技术负责人及勘察、设计单位项目负责人进行工程验收。

建设单位项目负责人对总监理工程师及工程项目各参与方项目负责人的质量行为给予监督、检查、管理。

三、建筑工程分部、分项工程的划分

建筑工程分部、分项工程的划分见表15-1。

表15-1 建筑工程分部（子分部）工程、分项工程划分

序号	分部工程	子分部工程	分项工程
1	地基与基础	无支护土方	土方开挖、土方回填
		有支护土方	排桩、降水、排水、地下连续墙、锚杆、土钉墙、水泥土桩、沉井与沉箱，钢及混凝土支撑
		地基处理	灰土地基，碎砖三合土地基，土工合成材料地基，粉煤灰地基，重锤夯实地基，强夯地基，振冲地基，砂桩地基，预压地基，预压地基，高压喷射注浆地基，土和灰土挤密桩地基，注浆地基，水泥粉煤灰碎石桩地基，夯实水泥土桩地基
		桩基	锚杆静压桩及静力压桩，预应力离心管桩，钢筋混凝土预制桩，钢桩，混凝土灌注桩（成孔、钢筋笼、清孔、水下混凝土灌注）
		地下防水	防水混凝土，水泥砂浆防水层，卷材防水层，涂料防水层，金属板防水层，塑料板防水层，细部构造，喷锚支护，复合式衬砌，地下连续墙，盾构法隧道；渗排水、盲沟排水、隧道、坑道排水；预注浆、后注浆、衬砌裂缝注浆
		混凝土基础	模板、钢筋、混凝土，后浇带混凝土，混凝土结构缝处理
		砌体基础	砖砌体，混凝土砌块砌体，配筋砌体，石砌体
		劲钢（管）混凝土	劲钢（管）焊接，劲钢（管）与钢筋的连接，混凝土
		钢结构	焊接钢结构，栓接钢结构，钢结构制作，钢结构安装，钢结构涂装
2	主体结构	混凝土结构	模板、钢筋、混凝土，预应力、现浇结构、装配式结构
		劲钢（管）混凝土结构	焊接、螺栓连接、劲钢（管）与钢筋的连接、劲钢（管）制作、安装、混凝土
		砌体结构	砖砌体，混凝土小型空心砌块砌体，石砌体，填充墙砌体，配筋砖砌体
		钢结构	钢结构焊接，紧固件连接，钢零部件加工，单层钢结构安装，多层及高层钢结构安装，钢结构涂装，钢结构件组装，钢构件预拼装，钢网架结构安装，压型金属板
		木结构	方木和原木结构，胶合木结构，轻型木结构，木构件防护
		网架和索膜结构	网架制作，网架安装，索膜安装，网架防火，防腐涂料
3	建筑装饰装修	地面	整体面层：基层，水泥混凝土面层，水泥砂浆面成，水磨石面层，防油渗面底，水泥钢（铁）屑面层，不发火（防爆的）面层；板块面层：基层，砖面层（陶瓷锦砖、缸砖、陶瓷地砖和水泥花砖面层），大理石面层和花岗岩面层，预制板块面层（预制水泥混凝土、水磨石板块面层），料石面层（条石、块石面层），塑料板面层，活动地板面层，地毯面层；木竹面层：基层、实木地板面层（条材、块材面层）、实木复合地板面层（条材、块材面层）、中密度（强化）复合地板面层（条材面层），竹地板面层
		抹灰	一般抹灰，装饰抹灰，清水砌体勾缝
		门窗	木门窗制作与安装，金属门窗安装，塑料门窗安装，特种门安装，门窗玻璃安装

（续表）

序号	分部工程	子分部工程	分项工程
3	建筑装饰装修	吊顶	暗龙骨吊顶，明龙骨吊顶
		轻质隔墙	板材隔墙，骨架隔墙，活动隔墙，玻璃隔墙
		饰面板（砖）	饰面板安装，饰面砖粘贴
		幕墙	玻璃幕墙，金属幕墙，石材幕墙
		涂饰	水性涂料涂饰，溶剂型涂料涂饰，美术涂饰
		裱糊与软包	裱糊、软包
		细部	橱柜制作与安装，窗帘盒、窗台板和暖气罩制作与安装，门窗金制作与安装，护栏和扶手制作与安装，花饰制作与安装
4	建筑屋面	卷材防水屋面	保温层，找平层，卷材防水层，细部构造
		涂膜防水吊面	保温层，找平层，涂膜防水层，细部构造
		刚性防水屋面	细石混凝土防水层，密封材料嵌缝，细部构造
		瓦屋面	平瓦屋面，油毡瓦屋面，金属板屋面，细部构造
		隔热屋面	架空屋面，蓄水屋面，种植屋面
5	建筑给水、排水及采暖	室内给水系统	给水管道及配件安装，室内消火体系统安装，给水设备安装，管道防腐，绝热
		室内排水系统	排水管道及配件安装，雨水管道及配件安装
		室内热水供应系统	管道及配件安装，辅助设备安装，防腐，绝热
		卫生器具安装	卫生器具安装，卫生器具给水配件安装，卫生器具排水管道安装
		室内采暖系统	管道及配件安装，辅助设备及散热器安装，金属辐射板安装，低温热水地板辐射采暖系统安装，系统水比试验及调试，防腐，绝热
		室外给水管网	给水管道安装，消防水泵接合器及室外消火栓安装，管沟及井室
		室外排水管网	排水管道安装，排水管道与井池
		室外供热管网	管通及配件安装，系统水压试验及调试、防腐，绝热
		建筑中水系统	建筑中水系统管道及辅助设备安装，游泳池水系统安装及游泳池系统
		供热锅炉从辅助设备安装	锅炉、燃气机组安装，辅助设备及管道安装，安全附件安装，烘炉、煮炉和试运行，换热站安装，防腐，绝热
6	建筑电气	室外电气	架空线路及杆上电气设备安装，变压器、箱式变电所安装，成套配电柜、控制柜（屏、台）和动力、照明配电箱（盘）及控制箱安装，电线、电缆导管和线槽敷设，电缆头制作、导线连接和线路电气试验，建筑物外部装饰灯具、航空障碍标志灯和庭院路灯安装，建筑照明通电试运行，接地装置安装
		变配电室	变压器、箱式变电所安装，成套配电柜、控制柜（屏、台）和动力、照明配电箱（盘）安装，裸母线、封闭母线、插接式母线安装，电缆沟内和电缆竖井内电缆敷设，电缆头制作、导线连接和线路电气试验，接地装置安装，避雷引下线和变配电室接地干线敷设
		供电干线	裸母线、封闭母线、插接式母线安装，桥架安装和桥架内电缆敷设，电缆沟内和电缆竖井内电缆竖井内电缆敷设，电线、电缆导管和线槽敷设，电线、电缆穿管和线槽敷线，电缆制作、导线边接和线路电气试验

(续表)

序号	分部工程	子分部工程	分项工程
6	建筑电气	电气动力	成套配电柜、控制柜（屏、台）和动力、照明配电箱（盘）及控制柜安装，低压电动机、电加热器及电动执行机构检查、接线，低压电气动力设备检测、试验和空载试运行，桥架安装和桥架内电缆敷设，电线、电缆导管和线槽敷设，电线、电缆穿管和线槽敷线，电缆头制作、导线连接和线路电气试验，插座、开关、风扇安装
		电气照明安装	成套配电柜、控制柜（屏、台）和动力、照明配电箱（盘）安装，电线、电缆导管和线槽敷设，电线、电缆导管和线槽敷线，槽板配线，钢索配线，电缆头制作、导线连接和线路电气试验，普通灯具安装，专用灯具安装插座、开关、风扇安装，建筑照明通电运行
		备用和不间断电源安装	成套配电柜、控制柜（屏、台）和动力、照明配电箱（盘）安装，柴油发电机组安装，不间断电源的其他功能单元安装，裸母线、封闭母线、插接式母线安装，电线、电缆导管和线槽敷设，电线、电缆导管和线槽敷线，电缆头制作、导线连接和线路电气试验，接地装置安装
		防雷及接地安装	接地装置安装，避雷引下线和变配电室接地下线敷设，建筑等电装位连接，接闪器安装
7	智能建筑	通信网络系统	通信系统，卫星及有线电视系统，公共广播系统
		办公自动化系统	计算机网络系统，信息平台及办公自动化应用软件，网络安全系统
		建筑设备监控	空调与通风系统，变配电系统，照明系统，给排水系统，热源和热交换系统，冷冻和冷却系统，电梯和自动扶梯系统，中央管理系统工作站与操作分站，子系统通信接口
		火灾报警及消防联动系统	火灾和可燃气体探测系统，火灾报警控制系统，消防联动系统
		安全防范系统	电视监控系统，入侵报警系统，巡更系统，出入口控制（门禁）系统，停车管理系统
		综合布线系统	缆线敷设和终接，机柜、机架、配线架的安装，信息插座和光缆芯线终端的安装
		智能化集成系统	集成系统网络，实时数据库，信息安全，功能接门
		电源与接地	智能建筑电源，防雷及接地
		环境	空间环境，室内空调环境，视觉照明环境，电磁环境
		智能化系统	火灾自动报警及消防联动系统，安全防范系统（含电视监控系统、入侵报警系统、巡更系统、门禁系统、楼宇对讲系统、住户对讲呼救系统、停车管理系统），物业管理系统（多表现场计量及与远程传输系统、建筑设备监控系统、公共广播系统、网络及信息服务系统、物业办公自动化系统），智能信息平台
8	通风与空调	送排风系统	风管与配件制作，部件制作，风管系统安装，空气处理设备安装，消声设备制作与安装，风管与设备防腐，风机安装，系统调试
		防排烟系统	风管与配件制作，部件制作，风管系统安装，防排烟风口、常闭正压风口与设备安装，风管与设备防腐，风机安装，系统调试
		除尘系统	风管与配件制作，部件制作，风管系统安装，除尘器与排污设备安装，风管与设备防腐，风机安装，系统调试

(续表)

序号	分部工程	子分部工程	分项工程
8	通风与空调	空调风系统	风管与配件制作，部件制作，风管系统安装，空气处理设备安装，消声设备制作与安装，风管与设备防腐，风机安装，风管与设备绝热，系统调试
		净化空调系统	风管与配件制作，部件制作，风管系统安装，空气处理设备安装，消声设备制作与安装，风管与设备防腐，风机安装，风管与设备绝热，高效过滤器安装，系统调试
		制冷设备系统	制冷机组安装，制冷剂管道及配件安装，制冷附属设备安装，管道及设备的防腐与绝热，系统调试
		空调水系统	管道冷热（媒）水系统安装，冷却水系统安装，冷却水系统安装，阀门及部件安装，冷却塔安装，水采及附属设备安装，管道与设备的防腐与绝热，系统调试
9	电梯	电力驱动的曳引式或强制式电梯安装	设备进场验收，土建交接检验，驱动主机，导轨、门系统，轿厢，对重（平衡重），安全部件，悬挂装置，随行电缆，补偿装置，电气装置，整机安装验收
		液压电梯安装	设备进场验收，土建交接检验，液压系统，导轨、门系统，轿厢，对重（平衡重），安全部件，悬挂装置，随行电缆，电气装置，整机安装验收
		自动扶梯、自动人行道安装	设备进场验收，土建交接检验，整机安装验收
10	节能	墙体	主体结构基层，保温材料，饰面层等
		幕墙	主体结构基层，隔热材料，保温材料，隔气层，幕墙玻璃，单元式幕墙板块，通风换气系统，遮阳设施，冷凝水收集排放系统等
		门窗	门，窗，玻璃，遮阳设施等
		屋面	基层，保温隔热层，保护层，防水层，面层等
		地面	基层，保温层，保护层，面层等
		采暖	系统制式，散热器，阀门与仪表，热力入口装置，保温材料，调试等
		通风与空气调节	系统制式，通风与空调设备，阀门与仪表，绝热材料，调试等
		空调与采暖系统的冷热及管网	系统制式，冷热源设备，辅助设备，管网，阀门与仪表，绝热、保温材料，调试等
		配电与照明	低压配电电源，照明光源、灯具，附属装置，控制功能，调试等
		监测与控制	冷、热源系统的监测控制系统，空调水系统的监测控制系统，通风与空调系统的监测控制系统，监测与计量装置，供配电监测控制系统，照明自动控制系统，综合控制系统等

四、分项工程验收应具备的条件

1. 分项工程的范围：如钢筋工程、模板工程、混凝土工程等。

2. 分项验收的条件：

（1）钢筋工程验收条件：

① 按施工图核查纵向受力钢筋，检查钢筋品种、直径，数量、位置、间距、形状。

② 检查混凝土保护层厚度，构造钢筋是否符合要求。

③ 检查钢筋接头，如绑扎搭接，要检查搭接长度、接头位置和数量（错开搭接，接头百分比）；如焊接接头或机械连接，要检查外观质量，取样试件力学性能试验是否达到要求，接头位置（相互错开）、数量（接头百分比）。

（2）模板工程验收条件：

① 每层都要复查，关键轴线及轴线标高一次。

② 检查预留孔、洞及预埋构件的尺寸是否符合要求。

③ 检查模板是否具有足够的强度、刚度和稳定性。

④ 检查模板尺寸偏差是否在规定允许的范围内。

（3）混凝土工程验收的条件：

① 混凝土浇筑前应检查水泥出厂合格证，技术说明，按规定送检的试验报告。

② 检查砂石质量。

③ 钢筋隐蔽验收是否合格。

④ 检查水、电、材料、机械设备、作业人员及施工技术员是否已全部到位。

五、混凝土工程组织验收程序

由监理工程师组织施工单位项目专业技术负责人进行验收。建设单位项目负责人对监理工程师及工程项目各参与方项目负责人的质量行为给予监督、检查、管理。

六、建筑安装工程验收的基本要求

1. 质量应符合统一标准和相关专业验收规范的规定。
2. 应符合工程勘察、设计文件的要求。
3. 参加验收的各方人员应具备规定的资格。
4. 质量验收应在施工单位自行检查评定的基础上进行。
5. 隐蔽工程在隐蔽前应由施工单位通知有关单位进行验收并形成验收文件。
6. 涉及结构安全的试块、试件以及有关材料、应按规定进行见证取样检测。
7. 检验批质量应按主控项目和一般项目验收。
8. 工程的观感质量应由验收人员通过现场检查，共同确认。

七、施工现场质量检查的内容

1. 开工前检查。
2. 工序交接检查。
3. 隐蔽工程检查。
4. 停工后复工前检查。
5. 分部、分项工程完工后，应检查认可、签署验收记录后，才允许其下一道工序施工。
6. 成品保护检查。

验收参照的技术标准或规范附后。

八、分部分项验收内容及要求

基本分类及检查内容见表 15-2。

表 15-2 基本分类及检查内容

序号	验收项	检查内容
1	地基与基础工程	地质、土质情况、标高尺寸、坟、井、坑、塘的处理。基础断面尺寸，桩的位置、数量、打桩记录、人工地基的试验记录、坐标记录
2	钢筋混凝土工程	钢筋的品种、规格、数量、位置、形状、焊接尺寸、接头位置、除锈情况，预埋件的数量及位置，预应力钢筋的对焊、冷拉、控制应力，混凝土、砂浆标号及强度，以及材料代用等情况
3	砌体工程	抗震、拉结、过梁、构造柱配筋部位品种、规格及数量，灰缝厚度，灰缝饱满度，错缝是否符合要求、砌块强度等
4	钢结构工程	原材料及成品进场的检验、钢结构的焊接、紧固件的连接、钢零件的加工、钢构件的组装等
5	建筑地面工程	基层铺设、整体层面铺设、板块层面铺设
6	建筑装饰工程	抹灰、门窗、吊顶、轻质隔墙、饰面板（砖）、幕墙、涂饰、裱糊与软包、细部、外保温工程的质量情况
7	地下室防水工程	屋面、地下室、地下车库的防水层的质量情况
8	屋面工程	保温、找平、防水、细部构造的质量情况
9	水暖工程	位置、标高、坡度、试压、通水试验、焊接、防锈、防腐、保温及预埋件等
10	电气线路工程	导管、位置、规格、标高、弯度、防腐、接头等，电缆耐压绝缘试验、地线、地板、避雷针的接地电阻
11	智能建筑工程	通信网络系统、办公自动化、设备监控、报警消防、住宅智能化系统等

主体工程验收内容见表 15-3。

表 15-3 主体工程验收内容

序号	验收项	检查内容	质量要求
1	钢筋	钢筋搭接位置、搭接长度；主筋随意切割、主筋位移；板负弯矩钢筋；钢筋骨架有效高度；保护层	1. 受力钢筋间距：允许偏差±10 mm； 2. 主筋严禁随意切割； 3. 钢筋骨架宽、高：允许偏差±5 mm，长度：允许偏差±10 mm； 4. 受力钢筋保护层厚度：允许偏差基础±10 mm，柱梁±5 mm，板墙壳±3 mm
2	模板	模板内垃圾、标高、轴线	1. 模板内严禁有垃圾； 2. 标高、轴线：允许偏差±5 mm
3	混凝土	墙面垂直度、墙面平整度、地面平整度	1. 墙面垂直度允许偏差±8 mm； 2. 墙面平整度允许偏差±8 mm； 3. 地面平整度允许偏差±8 mm

(续表)

序号	验收项	检查内容	质量要求
4	结构裂缝	地下室外墙、底板裂缝、楼板裂缝	1. 室内环境，裂缝宽度不大于0.3 mm； 2. 室外及潮湿环境，裂缝宽度不大于0.2 mm； 3. 严禁出现渗透性龟裂
5	楼板厚度	楼板中间厚度、楼板支座处厚度、楼板挠度	楼板厚度允许偏差+8 mm，−5 mm
6	梁柱墙断面	构件断面尺寸	断面尺寸允许偏差+8 mm，−5 mm
7	剪力墙位移	剪力墙位移	剪力墙位移允许偏差±8 mm
8	砌体	表面平整度、垂直度	1. 平整度：8 mm； 2. 垂直度：5 mm
9	混凝土强度、烂根等，试块留置，坍落度、配合比等要求		1. 不得低于设计强度； 2. 接槎平整度≤5 mm； 3. 严格按照国标规定留置标养和同条件试块； 4. 每车必须检查坍落度，不合格坚决退场； 5. 商品混凝土浇筑方量≤1 000 m³，按每作业段、每层进行测量；浇筑方量>1 000 m³，按1 000 m³为批次进行测量。配合比测量必须到混凝土搅拌站现场实测； 6. 外观缺陷应符合规范要求，并按规范要求进行修补
10	混凝土养护要求		1. 平台混凝土结构浇筑完成后，在终凝前，完成二次打抹，并随二次打抹进度覆盖一层塑料薄膜，必须安排专人24小时进行浇水养护，养护时间根据规定进行，气温超过30℃以上时，在塑料薄膜上覆盖一层湿润的棉被或草袋等； 2. 平台混凝土浇筑后，终凝前严禁上人，强度在1.2 MPa前不得堆放施工材料，大模板、大堆料具、材料严禁集中堆放
11	混凝土合同要求		商品混凝土合同签订时应注明下列内容：混凝土运到现场后，由商品混凝土厂家（乙方）及项目部（甲方）共同派代表对混凝土进行现场取样并留置试块（或由厂家签字确认），双方做好签字确认手续，若试块强度不满足合同及设计要求，工程所发生的损失由商品混凝土厂家承担

装修工程验收内容见表15-4。

表15-4 装修工程验收内容

序号	验收项	检查内容	质量要求
1	墙面	墙面平整度、垂直度、阴阳角方正	1. 抹灰墙面平整度、垂直度允许偏差±4 mm；阴阳角方正允许偏差4 mm；墙面空鼓应<20 cm²； 2. 腻子墙面平整度、垂直度允许偏差±3 mm；阴阳角方正允许偏差3 mm；墙面无空鼓、起皮
2	门窗洞口方正	洞口宽度、高度、垂直度、平整度	1. 宽度、高度允许偏差±5 mm； 2. 垂直度、平整度允许偏差±3 mm
3	顶棚	顶棚平整度	平整度允许偏差±3 mm

(续表)

序号	验收项	检查内容	质量要求
4	楼地面	楼地面平整度	平整度允许偏差±3 mm
5	屋面	屋面坡度、泛水构造、水落口等细部做法	1. 屋面排水坡度：不得有积水； 2. 泛水构造：女儿墙泛水高度不小于250 mm，泛水上部墙体及压顶应做防水处理，卷材收头采用金属压条钉压，并密封； 3. 水落口：防水层伸入杯口不小于50 mm
6	防水层	防水高度、卷材搭接宽度及黏结牢固性	1. 防水高度允许偏差±10 mm； 2. 卷材搭接宽度长短边均为100 mm 允许偏差±8 mm
7	管道防水	厨卫间、阳台管道根部	不允许出现渗漏
8	涂料	涂刷遍数、涂膜质量及线条观感	无起皮、不允许出现厚度不够、基层外露
9	外墙保温	材质、固定件、黏结浆	黏结面积：涂料和饰面砂浆系统在40%以上，砖饰面系统在50%以上，每块挤塑板板周边抹宽50 mm 黏结剂
10	装修工程目测观感要求	顶棚、墙面、地面平整、无色差，阴阳角顺直，无污染，地漏管根处无渗漏	

安装工程验收内容见表15-5。

表15-5 安装工程验收内容

序号	验收项	检查内容	质量要求
1	电线盒	电线盒的标高	标高允许偏差±5 mm
2	电箱	电箱箱体垂直度	垂直度允许偏差2 mm
3	桥架	桥架垂直度	垂直度允许偏差3 mm
4	消防箱	消防箱体垂直度	垂直度允许偏差3 mm
5	消火栓	消火栓中心距地面	距地面允许偏差±20 mm
6	管道立管	管道立管垂直度	垂直度允许偏差3 mm
7	预留洞	预留洞的轴线位置	轴线位置允许偏差20 mm
8	风管	金属矩形风管法兰对角线长度之差、金属圆形风管法兰任意两直径之差、金属风管外径或边长	1. 金属矩形风管法兰对角线长度之差允许偏差3 mm； 2. 金属圆形风管法兰任意两直径之差允许偏差2 mm； 3. 金属风管外径或边长允许偏差2 mm
9	其他部分	电线布管间距、走向、固定；线管接头、线盒预埋深浅；穿线预留长度、照明安装；电箱开孔、油漆、接线；桥架防火封堵；接地；卫生洁具安装、上下水预留管口；管道焊接；供暖设备安装、各种阀门；风管制作、法兰平面度、管口平面度；风管安装、保温；水、电、风调试；各种管道支架、套管、油漆、保温；设备的基座、接线、管道支架设置、软接头、标识牌；各种管道的色标、流向标识；材料加工、切割、回收；成品保护等	

第三节　基建办建设工程验收规定

基建办建设工程验收规定

一、根据《房屋建筑和市政基础设施工程竣工验收规定》（建质〔2013〕171号）的第四～七条内容：

第四条　工程竣工验收由建设单位负责组织实施。

第五条　工程符合下列要求方可进行竣工验收：

1. 完成工程设计和合同约定的各项内容。

2. 施工单位在工程完工后对工程质量进行了检查，确认工程质量符合有关法律、法规和工程建设强制性标准，符合设计文件及合同要求，并提出工程竣工报告。工程竣工报告应经项目经理和施工单位有关负责人审核签字。

3. 对于委托监理的工程项目，监理单位对工程进行了质量评估，具有完整的监理资料，并提出工程质量评估报告。工程质量评估报告应经总监理工程师和监理单位有关负责人审核签字。

4. 勘察、设计单位对勘察、设计文件及施工过程中由设计单位签署的设计变更通知书进行了检查，并提出质量检查报告。质量检查报告应经该项目勘察、设计负责人和勘察、设计单位有关负责人审核签字。

5. 有完整的技术档案和施工管理资料。

6. 有工程使用的主要建筑材料、建筑构配件和设备的进场试验报告，以及工程质量检测和功能性试验资料。

7. 建设单位已按合同约定支付工程款。

8. 有施工单位签署的工程质量保修书。

9. 对于住宅工程，进行分户验收并验收合格，建设单位按户出具"住宅工程质量分户验收表"。

10. 建设主管部门及工程质量监督机构责令整改的问题全部整改完毕。

11. 法律、法规规定的其他条件。

第六条　工程竣工验收应当按以下程序进行：

1. 工程完工后，施工单位向建设单位提交工程竣工报告，申请工程竣工验收。实行监理的工程，工程竣工报告须经总监理工程师签署意见。

2. 建设单位收到工程竣工报告后，对符合竣工验收要求的工程，组织勘察、设计、施工、监理等单位组成验收组，制定验收方案。对于重大工程和技术复杂工程，根据需要可邀请有关专家参加验收组。

3. 建设单位应当在工程竣工验收7个工作日前将验收的时间、地点及验收组名单书面通知负责监督该工程的工程质量监督机构。

4. 建设单位组织工程竣工验收。

(1) 建设、勘察、设计、施工、监理单位分别汇报工程合同履约情况和在工程建设各个环节执行法律、法规和工程建设强制性标准的情况；

(2) 审阅建设、勘察、设计、施工、监理单位的工程档案资料；

(3) 实地查验工程质量；

(4) 对工程勘察、设计、施工、设备安装质量和各管理环节等方面做出全面评价，形成经验收组人员签署的工程竣工验收意见。

参与工程竣工验收的建设、勘察、设计、施工、监理等各方不能形成一致意见时，应当协商提出解决的方法，待意见一致后，重新组织工程竣工验收。

第七条 工程竣工验收合格后，建设单位应当及时提出工程竣工验收报告。工程竣工验收报告主要包括工程概况，建设单位执行基本建设程序情况，对工程勘察、设计、施工、监理等方面的评价，工程竣工验收时间、程序、内容和组织形式，工程竣工验收意见等内容。

工程竣工验收报告还应附有下列文件：

1. 施工许可证。
2. 施工图设计文件审查意见。
3. 本规定第五条2，3，4，8项规定的文件。
4. 验收组人员签署的工程竣工验收意见。
5. 法规、规章规定的其他有关文件。

二、从项目建设施工阶段看，建设工程验收包括以下内容，见表15-6。

表15-6 建设工程验收内容

阶段	验收项目	验收节点时间 （满足要求、验收内容）
基础部分	土方开挖条件验收	冠梁制作或支撑达设计要求、基坑监测点布置完成且完成初始观测、检测及监督抽检项目完成且检测合格
	土方中间条件验收	土方开挖至设计坑底标高、超报警值已处理
	深基坑竣工验收	基坑周边土方回填完成
	验槽记录	基坑土方开挖至设计坑底标高（可根据实际情况申请分段验收）
	桩基验收	桩基检测、桩位复核完成
	地下室人防区域（含非人防区域）	土建主体结构完成、后浇带宜封闭
	地基基础	基坑土方已回填、建筑物沉降稳定
主体结构	楼层	钢筋绑扎完成、混凝土检测合格
	正负零规划验收	主体结构出正负零
	主体结构验收	二次结构砌筑完成； 混凝土、砂浆等材料完成检测，主体结构现场验收合格（现场检测须留下痕迹及书面记录）
	屋面	屋面验收必须在主体验收后再开始（部分工程可与主体结构一起验收）

（续表）

阶段	验收项目	验收节点时间（满足要求、验收内容）
专项验收	幕墙专项	玻璃幕墙四性检测、化学锚栓的锚固拉拔、结构胶的相容性检测，及拉伸黏结强度检测等
	节能专项	节能材料复试合格，分部工程施工完成
	钢结构专项	钢结构表面缺陷检测、防火层厚度检测
	装饰装修专项	环境检测合格，消防材料检测，依据装饰验收规范要求主控项目、一般项目验收符合要求（瓷砖空鼓、涂料观感、PVC基层及面层、吊顶面板平整度，各项隐蔽验收等）
	安装专项	机电管线、设备安装完成，单机、联合调试完成，综合效能检测合格
	消防专项	消防系统安装完成，消防第三方检测合格
	人防竣工验收备案	所有人防设施、设备均安装到位
	建设工程规划验收	工程完工、规划验线报告合格
	建设工程档案专项验收	过程资料的完备性
	环保验收	专项工程验收资料的完善
	防雷验收	工程施工完成
	市政污水分流报监	市政管线安装结束，材料复测合格，机器人检测合格
竣工验收	预验收	所有常规检测，功能性及安全性检测合格、室外雨污管线、环保、规划验收通过，施工方自检合格
	竣工验收	所有手续完备

第十六章 开办与交付管理

第一节 开办与交付管理制度

开办与交付管理制度

在基建的所有工作中,验收交付与开办工作属于最后的收尾工作,不仅是对建设工作的再一次总结,也是为后期的医院运维做准备,不仅要确认细节质量的可靠性,也要确保后期使用的方便,起承上启下的重要作用。具体流程如下:

1. 施工单位准备相关的纸质文件资料,包括项目合同、招标文件、竣工验收报告、合格证、使用说明书、质量保证书等。

2. 由基建办组织党政办、总务处、信息处、保卫处、临床工程处等使用管理部门,监理单位和施工单位相关人员,现场调试和验收。

3. 根据医院运行的特点,对楼宇建筑类、设备设施类、环境卫生类等三大项进行分项验收。参会各方对验收内容进行讨论总结,核查项目质量及程序是否符合相关专业规定,项目工程是否已通过各项开业试运行必备的消防、室内环境、环保、防雷等专项验收,若验收合格,则该项目满足开业试运行的基本要求。

4. 验收不合格处,由基建办协调相关施工单位进行限定时间整改,待整改完成且交接部门确认合格后,办理正式的交接签字手续。

5. 交付完成后,由接手的各职能部门负责运维管理。

6. 注意事项:

(1)移交过程要留意各系统管线、各设备设施的标识、操作提示是否到位。

(2)注重项目资料的收集与核对,包括竣工图纸、设备设施技术资料、竣工验收证明等,它是建设工程性能、品质和安全的综合性表述,更是今后维护保修的依据。

(3)移交后的使用过程中也要要注意收集各种文字、图表、影像等资料,及时归档,确保档案的完整与真实。

(4)建筑整体交付后,由总务处接手进行总体运维管理,保卫处、信息处等各职能部门负责相关专业运维管理。自交付后,质保金的使用权限随合同同步交付给管理部门。

第二节 基建办交付与开办流程

基建办交付与开办流程见表16-1。

表 16-1 基建办交付与开办流程

流程图	具体事项	责任部门	第一责任人
项目竣工验收完成	准备项目竣工资料	基建办	项目负责人
试运营调试	1. 分项调试	基建办、施工单位、各交付部门	施工单位
	2. 分项培训		施工单位、各交付部门
交付准备	1. 竣工图（纸质、电子版）	基建办、各交付部门	项目负责人
	2. 合同、招投标文件		项目负责人
	3. 设备合格证、操作手册、产品说明书、维保手册等		项目负责人
	4. 竣工验收证明		项目负责人
	5. 备品备件		项目负责人
交付前验收	1. 楼宇建筑类	基建办、各交付部门	项目负责人
	2. 设备设施类		项目负责人、各交付部门
	3. 环境卫生类		项目负责人、总务处
正式交付	1. 楼宇建筑类	基建办、各交付部门	项目负责人
	2. 设备设施类		项目负责人、各交付部门
	3. 环境卫生类		项目负责人、总务处
保修期	1. 交付部门运维管理	基建办、各交付部门	各交付部门
	2. 施工单位提供维保方案		各交付部门

交付前粗保洁标准见表 16-2。

表 16-2 交付前粗保洁标准

序号	区域	验收标准
1	公共、医技区域	1. 地面清洁无水泥，无垃圾，无死角，无胶渍，无顽固污渍； 2. 墙面、开关及挂件无水泥，无漆渍，无胶渍，无顽固污渍； 3. 天花板、出风口清洁无污迹、无外包装； 4. 办公桌无外包装，无污迹、无破损； 5. 设施设备表面清洁无外包装，无污迹、无破损； 6. 门头、门框无水泥，无垃圾，无死角，无胶渍，无顽固污渍，无外包装； 7. 水池、水龙头无水泥，无垃圾，无胶渍，无顽固污渍、无破损； 8. 窗台、窗槽、窗框无水泥，无污迹、无胶渍； 9. 卫生间小便斗、坐便器、蹲坑清洁无水泥，无垃圾，隔板无乱涂乱画、胶渍、无外包装； 10. 玻璃清洁、无水泥、无污渍、无胶渍、无包装薄膜； 11. 扶手栏杆无水泥，无污渍、无胶渍、无包装薄膜； 12. 楼道地面无水泥，无垃圾，无死角、无胶渍、无顽固污渍
2	病区区域	1. 地面清洁无水泥，无垃圾，无死角、无胶渍、无顽固污渍； 2. 墙面、开关及挂件无水泥，无漆渍、无胶渍、无顽固污渍； 3. 天花板、出风口清洁无污迹、无外包装； 4. 办公桌无外包装，无污迹、无破损； 5. 设施设备表面清洁无外包装，无污迹、无破损； 6. 门头、门框无水泥，无垃圾，无死角，无胶渍、无顽固污渍，无外包装； 7. 水池、水龙头无水泥，无垃圾，无胶渍，无顽固污渍、无破损； 8. 窗台、窗槽、窗框无水泥，无污迹、无胶渍； 9. 卫生间小便斗、坐便器、蹲坑清洁无水泥，无垃圾，隔板无乱涂乱画、胶渍、无外包装； 10. 玻璃清洁、无水泥、无污渍、无胶渍、无包装薄膜； 10. 床单元（床、床头柜、设备带、陪护椅、储物柜）无外包装、无破损； 11. 病房卫生间坐便器无水泥、无垃圾，无死角、无胶渍、无顽固污渍

备注：所有建筑垃圾要全部清理干净，房间内如有其他物件或项目等，要求同上。

第三节　开办进度计划表

开办进度计划见表 16-3。

表 16-3　开办进度计划表

组别	事项	具体任务	责任部门	责任人	11月上	11月中	11月下	12月上	12月中	12月下	1月上	1月中	1月下	2月上	2月中	2月下	3月上	3月中	3月下	4月上	4月中	4月下	5月上	5月中	5月下	6月上	6月中	6月下	7月上	7月中	7月下	8月上	8月中	8月下
医疗组	新楼（启用后）医疗布局确定		医务处		■	■	■	■																										
	新楼启用后医疗服务流程讨论确定		医务处						■	■	■	■	■	■	■	■	■	■	■	■	■	■	■	■	■	■								
	新增诊疗单元及床位设置审批		医务处								■	■	■	■	■	■	■	■	■	■	■	■	■	■	■	■	■	■	■					
	设备辐射安全证和放射诊疗许可证办理		医务处								■	■	■	■	■	■	■	■	■	■	■	■	■	■	■	■	■	■	■	■	■			
	ICU(OICU)建设	运行管理模式讨论确定	医务处								■	■	■	■	■	■																		
		人员队伍组建	医务处																	■	■	■	■	■	■	■	■	■						
护理组	新增诊疗单元护理人力储备	人员招聘	护理部								■	■	■	■	■	■	■	■	■	■	■	■	■	■	■	■	■	■						
		新护士岗前培训与考核	护理部																										■	■	■			
		新护士科室安排	护理部																												■	■	■	
		制定规范化培训计划、轮转计划	护理部															■	■	■														
		规范化培训落实	护理部																												■	■	■	■
		护士注册	护理部																														■	■	■
	特殊护理岗位人力储备	选拔新护理单元护士长	护理部														■	■	■															
		护士长管理培训与考核	护理部																	■	■	■	■	■	■	■	■	■	■	■	■	■	■	■

（续表）

组别	事项	具体任务	责任部门	责任人	11月上	11月中	11月下	12月上	12月中	12月下	1月上	1月中	1月下	2月上	2月中	2月下	3月上	3月中	3月下	4月上	4月中	4月下	5月上	5月中	5月下	6月上	6月中	6月下	7月上	7月中	7月下	8月上	8月中	8月下
护理组	特殊护理岗位人力储备	新开护理单元人员队伍组建	护理部																		■	■													
		制定新开护理单元人员培训计划	护理部																				■	■											
		培训计划落实	护理部																						■	■	■	■	■	■	■				
	护理相关制度、流程梳理与制订	梳理、修定与新楼启用相关工作流程	护理部																		■	■	■	■	■	■	■	■						
		制定新开科室护理工作制度	护理部																				■	■	■	■	■							
		组织安排学习制度及流程	护理部																								■	■	■					
		新大楼搬迁应急预案演练	护理部																												■	■	■	■	■
	消毒供应工作	消毒供应量测算	护理部												■	■																			
		与本部护理部、消毒供应室对接	护理部														■	■																	
		消毒供应日常运行方案制订	护理部																■	■	■														
		消毒供应试运行	护理部																			■	■	■											
信息组	电脑、打印机等硬件配置	配置计划确定	信息处					■	■	■																									
		招标采购（联系协调）	信息处								■	■	■	■	■	■	■	■	■	■	■	■	■	■	■	■	■								
		安装调试	信息处																									■	■	■	■				
	数据中心机房建设	配置方案与分步建设方案确定	信息处							■	■	■																							

(续表)

组别	事项	具体任务	责任部门	责任人	进度要求
					11月上中下 12月上中下 1月上中下 2月上中下 3月上中下 4月上中下 5月上中下 6月上中下 7月上中下 8月上中下
信息组	数据中心机房建设	招标采购（联系协调）	信息处		
		安装调试	信息处		
	软件系统应用	需求确定	信息处		
		在用系统增加使用单元合同续签（跟本部）	信息处		
		新系统招标采购	信息处		
		新系统实施	信息处		
		细化和完善功能需求	信息处		
		实施（监督协调）	信息处		
	智能化工程	智能化工程分项目测试	信息处		
		分项目完善验收	信息处		
		总体联调测试与完善	信息处		
		整体验收	信息处		
	院际光缆建设	制订建设方案与预算	信息处		
		招标采购	信息处		
		实施	信息处		
		测试验收	信息处		

(续表)

组别	事项	具体任务	责任部门	责任人	进度要求
信息组	运营商光缆接入	光缆接入路由确定	信息处		11月下—2月中
		院内第一路由弱电管道预埋	信息处、基建办		2月下—3月中
		双方协议签订	信息处		3月下—4月中
		第一条光缆敷设、测试	信息处		4月下—6月中
		院内第二路由管道预埋	信息处、基建办		6月下—7月中
		第二条光缆敷设、测试、开通	信息处		7月下—8月中
	院内楼宇弱电管网建设	连接现有楼宇内弱电管网方案确定	信息处		12月中—1月中
		院内管道预埋	信息处、基建办		1月下—3月中
		院内光缆布放	信息处		3月下—5月下
		光缆测试验收、开通	信息处		6月上—7月上
	电话通讯建设	确定需求与方案	信息处		2月中—3月下
		编制号码表	信息处		4月上—4月中
		与移动公司商定实施计划	信息处		4月中—4月下
		实施	信息处		5月上—6月下
		测试、验收、开通	信息处		7月上—8月中

(续表)

组别	事项	具体任务	责任部门	责任人	进度要求
					11月上中下 / 12月上中下 / 1月上中下 / 2月上中下 / 3月上中下 / 4月上中下 / 5月上中下 / 6月上中下 / 7月上中下 / 8月上中下
设备组	医疗设备配置	设备配置计划制订	临床医学工程处		
		设备配置计划审定（协调联系）	临床医学工程处		
		设备招标采购（协调联系）	临床医学工程处		
		大型设备场地准备	临床医学工程处基建办公室		
		设备安装	临床医学工程处		
		设备验收启用	临床医学工程处		
	护理车	新增计划制订	临床医学工程处		
		招标采购（协调联系）	临床医学工程处		
		配置到位	临床医学工程处		
	特殊医疗用床（手术床、ICU、产床等）	新增计划制订	临床医学工程处		
		招标采购（协调联系）	临床医学工程处		
		配置到位	临床医学工程处		

（续表）

组别	事项	具体任务	责任部门	责任人	11月上	11月中	11月下	12月上	12月中	12月下	1月上	1月中	1月下	2月上	2月中	2月下	3月上	3月中	3月下	4月上	4月中	4月下	5月上	5月中	5月下	6月上	6月中	6月下	7月上	7月中	7月下	8月上	8月中	8月下
物资组	家具配置	医疗区家具类别、功能、式样、数量确定	护理部		■	■	■	■	■	■	■	■	■	■																				
		非医疗区家具类别、功能、式样、数量确定	党政办		■	■	■	■	■	■	■	■	■	■	■																			
		招标采购（联系协调）	基建办																■	■	■	■												
		现场安装	基建办																										■	■	■			
	床单元配置	普通病床、床头柜类别、功能、数量等确定	护理部		■	■	■	■	■	■	■	■	■	■	■	■																		
		招标采购（联系协调）	基建办																■	■	■	■												
		现场安装	基建办																			■												
	生活及医疗物资配置	床上用品系统申领	各护理单元																									■	■	■	■			
		床单元布置	各护理单元																											■	■			
财务组	新增核算单元设置	系统申领	计财处																															
	相关医疗单元核算模式确定	组织研讨提出方案	计财处																						■	■	■	■	■	■			
		方案落实的组织协调	计财处																								■	■	■	■	■	■		

(续表)

组别	事项	具体任务	责任部门	责任人	进度要求 11月上中下旬 / 12月上中下旬 / 1月上中下旬 / 2月上中下旬 / 3月上中下旬 / 4月上中下旬 / 5月上中下旬 / 6月上中下旬 / 7月上中下旬 / 8月上中下旬
财务组	新增床位物价收费申请	组织与指导实施	资产处		
	现有固定资产转移、报废	梳理和确认需转移或报废的资产	资产处、临床医学工程处、信息处、总务处		
		转移或报废处理的组织实施	资产处		
	新增固定资产入账	组织与指导实施	资产处		
基建组	装饰	装饰工程	基建办		
		设备安装	基建办		
		分项初验与整改	基建办		
		整体验收	基建办		
	工程试运行	试运行	基建办		
		问题整改	基建办		
总务组	供配电系统对接	对接方案拟定	总务处		
		对接准备工作	总务处		
		对接实施与完善	总务处		
	中央空调与生活热水系统对接	对接方案拟定	总务处		
		对接准备工作	总务处		
		对接实施与完善	总务处		
	给排水系统(含雨水)对接	对接方案拟定	总务处		
		对接准备工作	总务处		
		对接实施与完善	总务处		

第二篇·第十六章 开办与交付管理 267

（续表）

组别	事项	具体任务	责任部门	责任人	进度要求																										
					11月			12月			1月			2月			3月			4月			5月			6月			7月			8月		
					上旬	中旬	下旬	上旬	中旬	下旬	上旬	中旬	下旬	上旬	中旬	下旬	上旬	中旬	下旬	上旬	中旬	下旬	上旬	中旬	下旬	上旬	中旬	下旬	上旬	中旬	下旬
总务组	污水处理系统	对接方案拟定	总务处		■	■																										
		对接准备工作	总务处				■	■	■																							
		对接实施与完善	总务处							■	■	■	■	■	■	■	■	■	■	■	■	■	■	■	■	■	■					
	医用气体	对接方案拟定	总务处		■	■																										
		对接准备工作	总务处				■	■	■	■	■																					
		对接实施与完善	总务处									■	■	■	■	■	■	■	■	■	■	■	■	■	■	■	■	■	■	■	■	■
	新大楼运维保障	需求确定与运维方案拟室	总务处							■	■	■																				
		运维公司招标	总务处										■	■	■	■	■															
		运维移交准备	总务处															■	■	■	■	■	■	■	■							
		总务接收与正式运营	总务处																							■	■	■	■	■	■	■
	垃圾站建设	选址与建设方案拟定	总务处							■	■																					
		设备招标采购	总务处					■				■	■	■	■	■	■															
		施工安装	总务处															■	■	■												
		正式启用	总务处																							■						
	太平间建设	选址与建设方案拟定	总务处								■	■	■	■																		
		施工安装	总务处													■	■	■	■	■												
		搬迁启用	总务处																								■	■				
	物业服务（保洁、运行）	需求调研与物业服务方案拟定	总务处							■	■	■																				
		物业公司招议标	总务处										■	■	■	■	■															
		人员进场与培训	总务处																			■	■									
		开荒保洁	总务处																						■	■						

（续表）

组别	事项	具体任务	责任部门	责任人	进度要求
综合组	新大楼标识标牌	确定设计方案	党政办		11月—12月上旬
		统计标识类别、数量	党政办		12月
		招标采购	基建办		1月下旬—2月
		确定版面内容	党政办		2月下旬—3月上旬
		制作（监督联系）	党政办		3月—5月中旬
		安装	党政办		5月下旬—6月
	病区内各类宣传、公示材料	需求调研	党政办		12月中下旬
		内容收集整理	党政办		1月—3月上旬
		制作安装	党政办		3月中旬—5月
	门禁一卡通系统管理	制订管理规则	人事处		2月—3月
		试用与完善	人事处		4月—6月
	新楼启用前评估	评估内容与方案拟定	党政办		6月
		各功能单元评估	各功能单元		6月下旬—7月中旬
		各系统评估	相关职能处室		7月
		完善改进	相关职能处室		7月下旬—8月中旬

（续表）

组别	事项	具体任务	责任部门	责任人	进度要求 11月 上旬	中旬	下旬	12月 上旬	中旬	下旬	1月 上旬	中旬	下旬	2月 上旬	中旬	下旬	3月 上旬	中旬	下旬	4月 上旬	中旬	下旬	5月 上旬	中旬	下旬	6月 上旬	中旬	下旬	7月 上旬	中旬	下旬	8月 上旬	中旬	下旬
综合组	新楼启用前模拟测试	测试方案拟定	党政办、医务处、护理部																										█	█				
综合组	新楼启用前模拟测试	模拟测试	各功能单元相关及能处室																												█			
综合组	新楼启用前模拟测试	完善改进																														█		
综合组	新楼搬迁启用	制订搬迁计划及预案	党政办、医务处、护理部																										█	█				
综合组	新楼搬迁启用	预案演练																													█			
综合组	新楼搬迁启用	搬迁前准备	各功能单元相关及能处室																													█		
综合组	新楼搬迁启用	搬迁																															█	
综合组	新楼搬迁启用	问题整改与完善																																█
综合组	项目总结	撰写项目总结报告	党政办																															█

第四节 住院综合楼模拟演练方案

住院综合楼模拟演练方案

一、演练目的

为全面检验住院综合楼各个系统工作流程，检查住院综合楼各功能区域筹备完善情况，从系统化、规范性、完成度等层面全面测试新老院区搬迁流程，新住院综合楼医疗、护理、药学、检验、放射、信息、后勤（总务、设备）等实际运营水平及能力，积极为大楼投入使用做好最后冲刺准备。

二、演练时间

20___年___月___日上午9:00。

三、各部门演练方案

（一）患者搬迁模拟流程（以乳腺病科为例）

1. 搬迁前准备：前一天确认。

1.1 床单元：向小儿胸心外科确认可调度床位，提前一日准备好乳腺一个病区床单元；床铺准备是否齐备，床头灯、呼叫铃等基础设施设备是否正常使用。

1.2 日常物品：包括急救与非急救物品、药品。

1.3 人员准备：所有护士在岗（除下大夜班），分成三组。一组负责老病区，一组负责新病区，一组负责转运患者；有具体排班。

1.4 硬件系统：信息系统是否流畅；标识标牌指引是否清晰，确定搬迁路线，流程是否顺畅。

1.5 患者准备：评估患者，根据病情进行分级，确定搬迁顺序，制作表单，便于安排。

1.6 路径准备：工作人员走住院流程，确认搬迁具体路径（标识标牌指引是否清晰，人工指引是否到位，路程是否通畅，电梯使用是否流畅）。

1.7 检验检查：前往医技科室路途是否通畅，气动物流运行是否顺利，人工运送标本是否顺利，检查结果查验是否顺利。

2. 搬迁当日。

2.1 病房留守护士：安抚患者及家属，依照既定次序转运，根据评估等级，准备转运物品，叮嘱患者转运前检查个人物品，防遗失。

2.2 转运护士：再次进行"风险评估"，按评估等级转运患者。

（1）绿标：患者能自己行走，安排一名护士每次负责转运3名患者；

（2）黄标：患者不能行走，准备轮椅，安排一名护士每次负责转运一名患者；

（3）红标：患者只能平躺，按"危重患者转运流程"转运，准备急救箱及推床，安排一名医生和一名护士以小组形式，每次负责转运一名患者，且拉好床栏，辅助呼吸机、氧气保障到位。

2.3 新大楼接应护士：与转运护士一起将患者护送到相应床位并安置好，交代病情及转运情况，如转运通道是否顺畅、病历、药物、床位、病情。

2.4 应急队护士：听从搬迁指挥安排，协助转运，安置患者。（详见应急队职责）

2.5 志愿者：安排在搬迁路程中的显要位置，负责指引，疏散人流，万一途中出现意外情况，紧急呼救，拨打院内急救电话"8120"。

2.6 总务处人员：转运期间，专人管理电梯，安排电梯使用。

2.7 病区专人负责医疗、护理文件的转运及清点。

2.8 将所有患者安置在新床位后，由两人清点患者，确认所有患者搬迁到正确的床位，再次核对无误后，由医生开医嘱。

3. 搬迁过程观察。

3.1 所有搬迁小组均安排一名观察员，记录搬迁过程中的问题。

3.2 观察员未观察到部分，请相关人员反馈、补充。

4. 搬迁结束。

汇总搬迁情况，总结经验教训，形成书面报告。

(二) 病重患者入院及手术流程（以乳腺病科为例，非急诊流程）

1. 患者由家属搀扶走进门诊大厅，需要就诊乳腺科。

2. 1楼大厅挂号，门诊2楼就诊，患者因行动不便，办理租用轮椅。

3. 家属推患者坐电梯、去2楼乳腺专科门诊。

4. 医生接诊需住院，医生开立住院证（乳腺1病区15楼）。

5. 外科分诊护士将患者安置在候诊区等待；家属去门诊2楼三号窗口办理住院手续，去一卡通中心办理手续。

6. 外科护士指引家属按照指示牌（具体路线确定）带患者去新大楼15楼乳腺一病区住院。

7. 按指示牌进入新大楼，坐指定电梯上15楼。

8. 用一卡通刷门禁卡，进入病区护士站。

9. 办公护士接诊，办理入院手续，测量生命体征，通知医生及责任护士。

10. 责任护士将患者及家属带至床单元，安置患者，换病员服，入院宣教，门禁卡使用功能。

11. 医生接诊，开立三大常规检查及其他血液检查、心电图、胸部CT、乳腺核磁。

12. 办公护士处理医嘱，通知外勤师傅取预约检查单；责任护士床边采血，发送标本盒。

13. 责任护士采血完毕，使用物流系统，将血标本送至检验科。

14. 检验科报危急值，护士登记，医生下病重，开立输血医嘱，办公护士处理医嘱，更改患者个人电子系统，通知责任护士配血。

15. 责任护士予患者吸氧、心电监护、建立静脉通道、配血，通知外勤师傅，送配血至输血科。

16. 输血科通知病区取血，责任护士携带取血单、取血箱去2号楼2楼输血科取血。

17. 责任护士取血返回，按输血流程要求，为患者输血，观察输血反应及病情变化。

18. 医生开立手术通知单，电话联系手术室护士长，安排手术间；办公护士通知外勤师傅送手术通知单。

19. 医生、责任护士完善术前准备；手术室外勤师傅接患者，医生、责任护士护送患者坐电梯至 3 楼，走连廊至手术间手术。

(三) 病重患者入院流程（以乳腺病科为例，急诊流程）

1. 患者由家属搀扶走进门诊大厅，需要就诊乳腺科。
2. 1 楼大厅挂号，门诊 2 楼就诊，患者因行动不便，办理租用轮椅。
3. 家属推患者坐电梯、去 2 楼乳腺专科门诊。
4. 医生接诊需住院，医生开立住院证（乳腺 1 病区 15 楼）。
5. 外科分诊护士将患者安置在候诊区等待；家属去门诊 2 楼三号窗口办理住院手续，去一卡通中心办理手续。
6. 患者晕厥，立即转入 1 楼急诊抢救室。
7. 急诊室护士通知诊间医生到抢救室，予患者生命体征监护。
8. 患者转清醒，生命体征平稳，抢救室护士电话通知病区护士准备床单元。
9. 医生、抢救室护士使用平车和家属一起按照指示牌（具体路线确定）带患者去新大楼 15 楼乳腺一病区住院。
10. 按指示牌进入新大楼，坐指定电梯上 15 楼。
11. 用一卡通刷门禁卡，进入病区护士站。
12. 办公护士接诊，办理入院手续，通知医生及责任护士。
13. 抢救室护士与责任护士将患者推至床单元，测量生命体征，进行交接。
14. 责任护士安置患者，予吸氧、心电监护，更换病员服，入院宣教，门禁卡使用功能。
15. 医生接诊，开立三大常规检查及其他血液检查、心电图、胸部 CT、乳腺核磁。
16. 办公护士处理医嘱，通知外勤师傅取预约检查单；责任护士床边采血，发送标本盒。
17. 责任护士采血完毕，使用物流系统，将血标本送至检验科。
18. 检验科报危急值，护士登记，医生下病重，开立输血医嘱，办公护士处理医嘱，更改患者个人电子系统，通知责任护士配血。
19. 责任护士建立静脉通道、配血，通知外勤师傅，送配血至输血科。
20. 输血科通知病区取血，责任护士携带取血单、取血箱去 2 号楼 2 楼输血科取血。
21. 责任护士取血返回，按输血流程要求，为患者输血，观察输血反应及病情变化。
22. 医生开立手术通知单，电话联系手术室护士长，安排手术间；办公护士通知外勤师傅送手术通知单。
23. 医生、责任护士完善术前准备；手术室外勤师傅接患者，医生、责任护士护送患者坐电梯至 3 楼，从连廊至手术间手术。

(四) 送餐流程

1. 订餐员订餐完毕，配餐员按订单为新大楼进行送餐。

2. 每一个配餐员负责约 70 张病床，无特殊情况送餐过程中使用餐车专用梯。按流程图时间节点送餐。

3. 每日三次循环工作流程（表 16-4），时间节点与路线固定。

表 16-4　工作流程

时间	工作内容
6:50—7:40 70 张床位配置 1 名配餐员	早餐配送范围： 1. 3 楼重症病区 4 楼新生儿病区 1 名配餐员； 2. 7 楼儿外科病区 7 楼儿科病区 1 名配餐员； 3. 8 楼妇科 1 名配餐员； 4. 9 楼妇科 1 名配餐员； 5. 10 楼产科一病区 12 楼产科病区 1 名配餐员； 6. 11 楼产科二病区 18 楼综合内科 1 名配餐员； 7. 13 楼标准病区 14 楼标准病区 1 名配餐员； 8. 15 楼乳腺一病区 16 楼乳腺二病区 1 名配餐员； 9. 4 楼新生儿重症 17 楼乳腺三病区 1 名配餐员
7:40—8:00	返回食堂进行餐车和餐具清洗工作
11:00—11:40 70 张床位配置 1 名配餐员	午餐配送范围： 1. 3 楼重症病区 4 楼新生儿病区 1 名配餐员； 2. 7 楼儿外科病区 7 楼儿科病区 1 名配餐员； 3. 8 楼妇科 1 名配餐员； 4. 9 楼妇科 1 名配餐员； 5. 10 楼产科一病区 12 楼产科病区 1 名配餐员； 6. 11 楼产科二病区 18 楼综合内科 1 名配餐员； 7. 13 楼标准病区 14 楼标准病区 1 名配餐员； 8. 15 楼乳腺一病区 16 楼乳腺二病区 1 名配餐员； 9. 4 楼新生儿重症 17 楼乳腺三病区 1 名配餐员
11:40—12:00	返回食堂进行餐车和餐具清洗工作
17:00—17:40 70 张床位配置 1 名配餐员	晚餐配送范围： 1. 3 楼重症病区 4 楼新生儿病区 1 名配餐员； 2. 7 楼儿外科病区 7 楼儿科病区 1 名配餐员； 3. 8 楼妇科 1 名配餐员； 4. 9 楼妇科 1 名配餐员； 5. 10 楼产科一病区 12 楼产科病区 1 名配餐员； 6. 11 楼产科二病区 18 楼综合内科 1 名配餐员； 7. 13 楼标准病区 14 楼标准病区 1 名配餐员； 8. 15 楼乳腺一病区 16 楼乳腺二病区 1 名配餐员； 9. 4 楼新生儿重症 17 楼乳腺三病区 1 名配餐员
17:40—18:00	返回食堂进行餐车和餐具清洗工作

此流程根据新大楼开办后实际运行情况进行调整。

具体协调人员：＿＿＿＿＿＿＿＿＿＿＿＿

联系电话：＿＿＿＿＿＿＿＿＿＿＿＿

(五) 中央运送服务流程

根据新楼服务方案，运送工作将采用中央运送模式，通过统筹调度，分别以即时运送、循环运送、计划运送方式完成服务，本方案分别根据这三种服务方式，制定各模块演练流程。演练流程如图 16-1 所示。

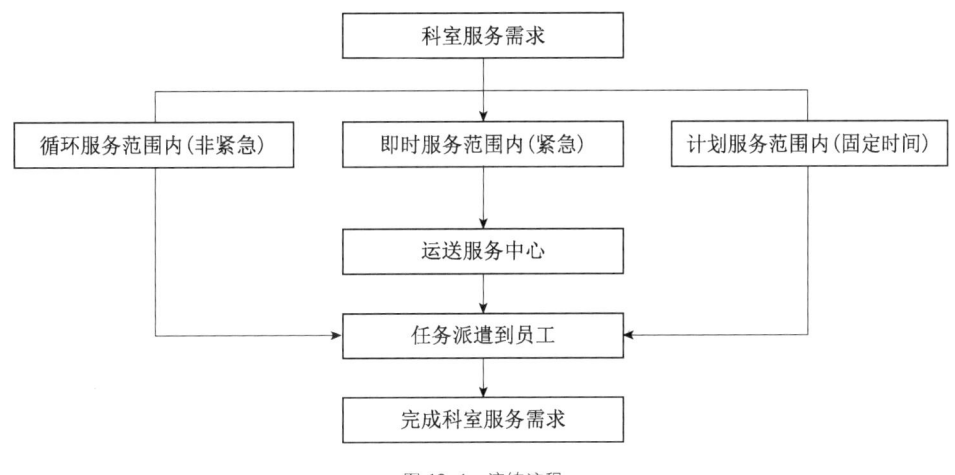

图 16-1 演练流程

1. 中央运送——循环

1.1 服务频次：每 50 分钟巡视 10—12 楼一趟。

1.2 服务范围：定时定点运送医疗文件及标本（无法使用气动物流）等非紧急性物品，所有运送的物品，均需在循环运送工作表上有登记。

1.3 协调事宜。

1.3.1 需医务人员将所需要运送的非紧急物品放至相应的固定区域。

1.3.2 科室熟悉了解循环频次及运送范围。

1.4 循环路线图。

1.4.1 根据新楼病房楼层分布，循环设置为：7—9 楼，10—12 楼，13—15 楼，16—18 楼各 1 名。

1.4.2 选择 10—12 楼为例，用梯路线：11 号梯（消防梯）—12 楼护士站—3 号楼梯（安全通道）—11 楼、10 楼护士站—11 号梯—病理科—3 号楼梯—检验科（如果有送至其他科室的物品、文件等，选择距离护士站较近的 11 号梯）。

1.5 循环工作步骤。

步骤 1：到达病区，与护士沟通需要运送的文件及标本及注意事项；

步骤 2：运送的标本、文件在循环运送登记本上进行明细登记；

步骤 3：拿取标本须佩戴手套，标本竖直放入标本架；

步骤 4：标本使用密闭的标本运送箱，文件需放入文件袋中进行运送；

步骤 5：标本运送至化验室与医护人员进行扫描签收，不合格标本进行退回标本登记；

步骤 6：文件运送到指定地点应与医护人员进行登记签收，结束后洗手。

1.6 循环工作流程见表 16-5。

表 16-5 循环工作流程

时间	工作内容
8:00	签到、打卡，运送中心拿对讲机并签字
8:00—8:50	8:00 准时到达指定的科室送标本，文件运送（会诊单、药单、毒麻单、蛋白单、出院药单等），医护人员交代送一些临时小件物品
8:50—9:40	8:50 准时到达科室，工作内容同上
9:40—10:30	9:40 准时到达科室，工作内容同上
10:30—11:20	10:30 准时到达科室，工作内容同上
11:20—12:00	11:20 准时到达科室，工作内容同上。让科室医护人员知道最后一圈的时间
12:00—14:00	休息
14:00—14:50	14:00 准时到达指定的科室送标本，文件运送（会诊单、药单、毒麻单、蛋白单、出院药单）。医护人员交待送一些临时小件物品
14:50—15:40	14:50 准时到达科室，工作内容同上
15:40—16:30	15:40 准时到达科室，工作内容同上
16:30—17:20	17:20 返回科室物品，准备收尾工作，为完成事项与中心交接班。让科室医护人员知道最后一圈的时间
17:30	运送中心交还对讲机并签字，签退

2. 中央运送—即时

2.1 服务频次：根据科室需求。

2.2 服务范围：所有紧急运送服务（请拨打运送中心电话）。

2.3 协调事宜。

2.3.1 共同明确紧急服务的范围，运送的分级。

2.3.2 非紧急事物请医护人员等待循环运送。

2.4 即时服务流程。

2.4.1 路线图：运送中心（或附近楼层）—11 号梯（消防梯）—护士站（任务发出科室）—根据任务选择便利路线—返回中心或继续下一个任务。

2.4.2 工作步骤：

步骤 1：科室根据需求拨打运送中心电话；

步骤 2：调度员记录科室信息及服务请求，派工；

步骤 3：员工根据调度派工到达指定科室；

步骤 4：与科室老师沟通，取运送物品并登记（具体操作流程参照循环）；

步骤 5：将指定运送物品送至指定地点，原地汇报中心；

步骤 6：根据调度安排，继续接受任务或返回中心。

3. 中央运送—计划（大输液）

3.1 服务频次：大输液运送1次/天（参照本部）；

3.2 服务范围：大输液7—11楼、12—18楼各1人负责；

3.3 协调事宜：

3.3.1 根据特殊科室特殊需求再做调整。

3.3.2 需要科室及时接收并签字。

3.3.3 指定大输液运送电梯。

3.4 大输液运送步骤。

3.4.1 路线图：

7—11楼：药房—12号梯（消防梯）—11楼护士站—12号梯—10楼护士站（路线、用梯不变10—7楼）—12号梯—药房（期间如果药品不能一趟带走，则返回药房，路线、用梯不变）。

12—18楼：药房—11号梯（消防梯）—18楼护士站—11号梯—17楼护士站（路线、用梯不变16—12楼）—11号梯—药房（期间如果药品不能一趟带走，则返回药房，路线、用梯不变）。

3.4.2 工作步骤：

步骤1：8:00准时到达大输液药房；

步骤2：协助老师领取科室申领的输液；

步骤3：装车，确保输液运输途中的安全；

步骤4：将输液送至指定科室；

步骤5：与科室老师当面交接，清点数量，并要求科室签收确认；

步骤6：签收单据返回中心存档，保存1年。

3.5 大输液工作流程见表16-6。

表16-6 大输液工作流程

时间	工作内容
8:00	签到
8:00—12:00	08:00准时到达指定工作科室，运送7—9楼大输液
12:00—14:00	休息
14:00—17:30	14:00准时到达指定工作科室，运送10—12楼大输液
17:30	签退

4. 中央运送—计划（医材物资）

4.1 服务频次：医材物资运送1次/周（参照本部）。

4.2 服务范围：10—12楼，每天平均送3层；服务范围全部科室。

4.3 协调事宜：

4.3.1 根据特殊科室特殊需求再作调整。

4.3.2 需要科室及时接收并签字。

4.3.3 指定医材物资的运送电梯。

4.4 医材物资运送步骤。

4.4.1 路线图：库房—11号梯（消防梯）—12楼护士站—11号梯—11楼护士站（路线、用梯不变10F）—11号梯—库房（期间如果物资不能一趟带走，则返回库房，路线、用梯不变）。

4.4.2 工作步骤：

步骤1：8:00准时到达物资库房；

步骤2：协助库房老师，配货、分装、整理货架；

步骤3：装车，确保运输过程中医材物资的安全；

步骤4：将医材物资送至相关科室；

步骤5：与科室老师清点交接，要求科室签字确认；

步骤6：签收单据返回中心或库房存档，保存1年。

4.5 医材物资工作流程见表16-7。

表16-7 医材物资工作流程

时间	工作内容
8:00	签到
8:00—10:30	08:00准时到达库房，协助科室老师配货、上架、分装
10:30—12:00	按领货单装车，送10楼申领医材物资
12:00—14:00	休息
14:00—16:30	14:00准时到达指定工作科室，运送11楼、12楼医材物资
16:30—17:30	送临时补货医材物资，协助库房收货上架
17:30	签退

5. 中央运送——药品

5.1 服务频次。1小时/次。

5.2 服务范围：药品运送；7—9楼、10—12楼、13—15楼、16—18楼每层各1人。

5.3 协调事宜：

5.3.1 非急用要等待正常运送。

5.3.2 需要科室及时接收并签字。

5.4 药品运送工作步骤。

5.4.1 路线图：

10—12F：药房—11号梯（消防梯）—12楼护士站—12号梯—11楼护士站—12号梯—10楼护士站—12号梯—药房（期间如果药品不能一趟带走，则返回药房，路线、用梯不变）。

5.4.2 工作步骤：

步骤1：药师配发药品，运送员将药品、药单一起放入药箱内；

步骤 2：药箱根据科室分类，在监控下封箱；

步骤 3：到达科室，与科室老师当面清点交接；

步骤 4：科室确认药品无误，签字接收；

步骤 5：签字单据交运送中心，存档 1 年。

5.5 药品运送工作流程见表 16-8。

表 16-8 药品运送工作流程

时间	工作内容
8:00	签到。运送中心拿对讲机并签字
8:00—9:00	8:00 准时到达药房，领取 10—12 楼楼层药品，装箱封箱运送
9:00—10:00	9:00 准时到达药房，工作内容同上
10:00—11:00	10:00 准时到达药房，工作内容同上
11:00—12:00	11:00 准时到达药房，工作内容同上
12:00—14:00	休息
14:00—15:00	14:00 准时到达药房，领取 10—12 楼楼层药品，装箱封箱运送
15:00—16:00	15:00 准时到达药房，工作内容同上
16:00—17:00	16:00 准时到达药房，工作内容同上
17:00—17:30	17:00 准时到达药房，准备收尾工作
17:30	运送中心交还对讲机并签字，签退

注：根据人员编制，每个运送员负责 4 个楼层药品。

6. 中央运送—驻守（手术室）

6.1 服务频次：根据科室需求。

6.2 服务范围：全部病区。

6.3 协调事宜：

6.3.1 医护人员按要求准备好交接手续。

6.3.2 需要科室配合签字。

6.4 运送工作步骤。

6.4.1 路线图：

11F（接送路线不变）：手术室—1~3 号梯—1 楼护士站—1~3 号梯—手术室。

6.4.2 工作步骤（接患者）：

步骤 1：推车至病房后，病房护士与运送员一起至患者床旁进行交接（手腕带、术中用物、影像学资料等）；

步骤 2：核对结束后与病房护士共同在交接本上签字；

步骤 3：运送员携患者及术中用物，患者资料至手术房间；

步骤 4：运送员与手术室护士、麻醉师进行再次核对，完成运送。

6.4.3 工作步骤（送患者）：

步骤1：运送员与手术室护士、麻醉师核对患者信息、确认送回科室，交接需带回的病例等物品；

步骤2：运送员携患者及相关物品，患者资料至病房；

步骤3：告知护士站患者送回，确定患者床位，协助护士进行患者移床；

步骤4：护士与运送员在患者床旁进行交接（手腕带、病例等），完成运送。

7. 中央运送—驻守（产房）

7.1 服务频次：根据科室需求。

7.2 服务范围：全部病区。

7.3 协调事宜：

7.3.1 医护人员按要求准备好交接手续。

7.3.2 需要科室配合签字。

7.4 运送工作步骤：

7.4.1 路线图：

11F：产房—1~3号梯—11楼护士站—1~3号梯—产房。

7.4.2 工作步骤（送产妇）：

步骤1：运送员与产房护士、麻醉师核对患者信息、确认送回科室，交接需带回的病例等物品；

步骤2：运送员携患者及相关物品，患者资料至病房（婴儿由医护人员送回）；

步骤3：告知护士站产妇送回，确定产妇床位，协助护士进行患者过床；

步骤4：护士与运送员在患者床旁进行交接（手腕带、病例等），完成运送。

(六) 保洁服务

1. 保洁服务—日常

本演练方案选择11楼产科为演练科室，保洁流程主要检验，时间安排、打扫频次是否符合科室工作要求。

1.1 服务频次：科室内勤。

1.2 服务范围：11楼日常保洁。

1.3 协调事宜：指定垃圾运输电梯。

1.4 保洁工作流程。

1.4.1 长班（表16-9）：6:00—11:30，14:00—18:00。

表16-9 工作流程

工作时间	工作内容
5:50—6:00	更换工作服，做好岗前准备（配置消毒液）
6:00—8:00	1. 收送垃圾 2. 湿拖治疗室、护士站、医护办公室等 3. 湿拖病房

(续表)

工作时间	工作内容
8:00—10:00	1. 一床一巾的清洁 2. 一厕一巾的清洁
10:00—11:30	1. 巡视护士站、治疗室、病房等 2. 烧开水并清洁保洁工具
11:30—14:00	午休
14:00—15:30	1. 湿拖医护办公室、治疗室 2. 周重点工作 3. 巡视治疗室、护士站、病房等
15:30—18:00	1. 收送垃圾 2. 清洁会议室 3. 巡视病房、清洁污物间 4. 清洁、消毒保洁工具

1.4.2 短班（表16-10）：6:00—11:00。

表16-10 工作流程

工作时间	工作内容
5:50—6:00	更换工作服，做好岗前准备（配置消毒液）
6:00—8:00	1. 清洁治疗室、护士站、医护办公室等 2. 湿拖病房
8:00—10:00	1. 一床一巾的清洁 2. 一厕一巾的清洁 3. 清洁医护值班房
10:00—11:00	1. 巡视护士站、治疗室、病房等 2. 烧开水并清洁保洁工具 3. 终末处理

1.4.3 长白班（表16-11）：7:00—11:00；14:00—17:30。

表16-11 工作流程

工作时间	工作内容
6:50—7:00	更换工作服，做好岗前准备
7:00—9:00	1. 湿拖走廊，大厅，楼道等公区 2. 过道设施清洁 3. 公共卫生间清洁
9:00—10:00	1. 楼梯，窗槽等细节卫生清洁 2. 巡视大厅，走道，楼梯 3. 终末处理
10:00—11:00	1. 集中清洗物品下送，领回 2. 终末处理

（续表）

工作时间	工作内容
11:00—14:00	午休
14:00—15:30	1. 湿拖后楼道，库房 2. 巡视公共区域卫生 3. 卫生间清洁
15:30—17:30	1. 卫生间垃圾及大厅垃圾收集 2. 巡视公共区域卫生 3. 气动物流消毒 4. 清洁、消毒保洁工具

1.5 垃圾运送时间。

生活垃圾：上午：6:30—8:00；中午：11:30—13:30；下午：15:30—17:00。

医疗垃圾：上午：6:30—8:00；中午：11:30—13:30；下午：15:30—17:00。

1.6 垃圾运送路线。

1.6.1 生活垃圾：

1—11楼：11楼—12号电梯—3号楼门前通道—综合楼门前通道—生活垃圾暂存站（目前按原有外围运送路线）。

12—18楼：12楼—10号电梯—3号楼门前通道—综合楼门前通道—生活垃圾暂存站（目前按原有外围运送路线）。

1.6.2 医疗垃圾：

1—11楼：11楼—12号电梯—3号楼门前通道—综合楼门前通道—医疗垃圾暂存站（目前按原有外围运送路线）。

12—18楼：12楼—10号电梯—3号楼门前通道—综合楼门前通道—医疗垃圾暂存站（目前按原有外围运送路线）。

1.7 医疗垃圾运送步骤：

步骤1：戴口罩、手套、帽子、围裙，准备运送车；

步骤2：按照指定医疗废物运输路线，到达科室；

步骤3：与科室制定人员确认垃圾数量（包），填写医疗废物登记本，双签确认；

步骤4：按照指定医疗废物运输路线运输至医疗垃圾暂存点；

步骤5：与暂存点管理人员当面交接，扫码登记重量，双签确认；

步骤6：按照要求分类摆放，完成入库，等待清运；

步骤7：暂存点管理人员与清运方交接，双签确认，出库。

2. 保洁服务—专项1（地面清洗）

2.1 服务频次：1次/天。

2.2 服务范围：7—12楼专项保洁洗地；按服务方案每人负责6层，遵循从上往下的顺序进行洗地。

2.3 协调事宜：指定洗地机可用电梯。

2.4 地面清洗工作步骤：

步骤1：准备、检查机器，确保可正常使用；

步骤2：到达12楼，从上往下进行洗地工作；

步骤3：放置小心地滑牌；

步骤4：按照规范操作流程进行地面清洗；

步骤5：完成后收起小心地滑牌，推机器至11楼，继续工作。

3. 保洁服务——专项2（PVC喷磨抛光）

3.1 服务频次：公区1次/周；病房1次/半月。

3.2 服务范围：新楼。

3.3 协调事宜：指定机器可用电梯。

3.4 喷墨抛光工作步骤：

步骤1：准备、检查机器，确保可正常使用；

步骤2：放置小心地滑牌，用铲刀除去地板上口香糖等粘贴物，尘推地面；

步骤3：调试与安装好地擦机；

步骤4：按照规范操作流程进行地面抛光；

步骤5：清洁整理机器，通往下一层继续工作。

（七）电梯服务

1. 服务频次：按需。

2. 服务范围：配餐、消毒器材、医疗垃圾运送等指定控梯项目。

3. 协调事宜：

3.1 院方规定需控梯提供服务的事项；

3.2 院方指定相关时间段可控制的电梯；

3.3 协调各单位按规定时间使用电梯。

4. 控梯时间表（暂定），见表16-12。

表16-12 控制时间表

控梯服务内容	医疗垃圾运送	餐车运送	消毒器材运送	洗地物品
控梯时间	6:30—8:00 11:30—13:30 15:30—17:00	食堂具体送餐时间	实际收送时间	实际收送时间

（八）洗涤服务

1. 布草洁物送达。

洗涤厂家将清洗后的洁物装载6:30到达医院→物流车到达医院洁物收发室→员工清点到货数量并登记→根据隔天各科申请单配货，多余的洁物放进库房。

2. 手术室辅料包。

根据老大楼现在实行的流程（演练流程图）：辅料按时到货→员工清点辅料数量并检查辅料包的质量→按手术科室需求量分类装入装载车内→填好交接清点，包含数量、车辆号、签名、日期→交接清单放入装载车内→锁好车辆，上传交接清单→新合力车辆运走消毒。

3. 布草收、送。

3.1 服务频次：

病区布草：污物一天二次，洁物一天一次；

工作服：冬季一周一次，夏季一周二次。

3.2 服务范围：新楼综合楼、3号楼。

3.3 收污物演练计划表（使用污物电梯）。

3.3.1 手术室、产房工作流程见表16-13。

表16-13 工作流程

工作时间	工作人数	工作时间	工作人数
6:00	2人	15:00	2人
1:30	1人	18:00	1人

3.3.2 病区布草工作流程见表16-14。

表16-14 工作流程

工作时间	工作人数	工作区域
9:30—12:00	1人	18—13层、3号楼生殖病区
	1人	12—7层
	1人	门诊科室、4层
14:00—17:00	1人	8—12层

注：演练分三次分别进行，走规定的电梯，熟悉线路，做好防护9:30—12:00。第一次：18—13层、3号楼；第二次：12—7层；第三次：门诊科室、4层。

3.4 洁物发放演练计划（11、12号电梯），见表16-15。

表16-15 洁物发放演练计划

工作时间	工作人数	工作内容
6:30—7:30	2人	手术室辅料装载车
6:30—7:45	3人	清点洁物数量、整理、按隔天要货单配货
		现场经理抽查、监督
8:00—12:00	1人	18—13层、8—9层、3号楼生殖病区、急诊
	1人	10—12层、4层、门诊
6:30—17:00（周三、周五）	下午2人	工作服发放

注：演练分二次分别进行，走规定的电梯，熟悉线路，做好防护。8:00—12:00。第一次：18—13层、8—9层、3号楼生殖病区、急诊；第二次：10—12层；门诊科室、4层。

（九）智能化演练

1. 业务网：安排医护人员使用护士站、医生办电脑运行HIS、电子病历等系统，观察是否能够正常登录、查询数据等。

2. 设备网：在一层消控室内调取各监控摄像头，观察能否看到相应的监控画面。

3. 业务网无线：使用平板运行移动护理软件，观察能否正常登录、查询数据等，同时携带平板在病区内各处走动，观察是否有掉线及网速变慢等情况。

4. 电话测试：使用内线电话拨打各层护士站、医生办、值班室等场所电话，观察是否能够接通。

5. 门禁系统测试：使用不同的临时卡进行刷卡，观察各个门是否按照预设权限能够正常开启。

6. 医用对讲系统测试。

6.1 在系统中模拟一个病区床位、患者及排班，观察护士站、病房门口、床头屏上显示信息是否正确。

6.2 使用床头呼叫器进行呼叫，观察相应的病房门口及护士站是否有提示信息。

7. 业务软件测试：安装计算机及打印机后，运行 HIS、电子病历、LIS 等系统，并进行出入院办理、医嘱开立等操作，观察软件及打印机能否正常工作。

8. 外网无线：用手机在登录 Wi-Fi 后测试。

9. 手机信号测试。

（十）医疗设备演练方案

1. 配合医务处、护理部、临床科室做好搬迁启用前准备、场地评估、医疗设备安装与调试。

2. 协助临床科室整理搬迁清单，提前做好报废淘汰设备的处置安置。

3. 完成急救生命支持类设备（呼吸机、除颤仪等）的巡检与保养工作，降低故障概率。

4. 协助临床科室开展设备搬迁前准备工作，提供参考指导意见，降低运输过程中的风险（跌落、震动、遗失等）。

5. 在搬迁开始后，协助指导医用设备转移运输。

6. 待急救生命支持类设备搬迁到指定位置后，通电开机，自检调试，确认设备完好，可正常投入使用；如发现故障，及时处置修复。

7. 搬迁完成后，协助和指导临床科室完成全部设备的开机检验，确认完好性，如有故障，及时进行处置。

8. 及时开展搬迁后新、旧设备的巡检服务，解决临床设备使用方面的问题。

（十一）消防演练

1. 演练内容：演练目的以自救、互救、逃生及消防灭火为主。

1.1 火情报警演练。

1.2 新大楼火灾时的疏散、逃生演练。

1.3 常规的消防灭火演练。

2. 组织机构：成立消防演练指挥小组，由总指挥、副总指挥、演练组长、总务后勤组长、医护人员组长等组成。

3. 基本要求：

3.1 要做好演练前的宣传和准备工作。

3.2 要根据真正火灾发生时进行疏散演练，应根据实际发生火灾情况下，制订疏散计划。

3.3 演练前检查演练区域的电力照明、紧急安全出口和疏散指示牌、送风排烟系统、消防报警系统、消防供水系统等，确保这些设备能正常运作。

3.4 检查消防疏散通道、疏散楼道，以免造成疏散的意外损伤。

3.5 各班组负责人要重视这次消防演练，参加演练的人员要认真对待，疏散时不可中途离场，要注意安全，要做到快而不乱、有条不紊，并通过此次演练吸取经验。

4. 演练程序：现场总指挥宣布演练开始。

阶段一：报警。

假设情景：因新大楼内电气短路自燃引起火情。

演练科目：报火警，电话_____。

应急措施：情况紧急，医院义务消防安全员接到报警迅速赶往现场，将失火情况向总指挥报告，并拨打电话"119"向消防中队报告火情，请求救援；及时利用现场附近灭火器灭火，采取相关应急措施。

总指挥接到火情报告后第一时间赶到现场，向院义务消防员、医护人员和总务后勤保障人员下达命令，要求各岗位人员接通知后迅速在指定岗位待命，做好各项准备。派人到路口迎候消防车辆，通知总务后勤人员立即切断新大楼电源、启动各项消防应急保障设备。

阶段二：火灾时的疏散、逃生演练。

假设情景：火势蔓延扩大，有浓烟人员被困。

演练科目：组织疏散人群。

应急措施：总指挥赶到火情现场后，指挥医护人员、患者和家属向楼外疏散。在义务消防员和医护人员协助下用湿毛巾捂住口鼻，一律靠右顺墙边采用弯腰的低姿态，迅速从楼梯通道疏散至一层楼外；医院后勤保障人员迅速赶到新大楼入口，在火场附近拉起警戒线维护秩序，严禁其他无关车辆和人员进入火场。医护人员、患者疏散到一层楼外后，清点人员，及时向院领导报告。

阶段三：灭火。

根据不同性质的火灾采用不同方法进行灭火演练：生化学药品、可燃气体、带电设备等性质的火灾采取干粉灭火剂灭火演示。对发生木材等性质的火灾时采取水枪灭火，尽量降低财产损失。

四、模拟演练领导小组

组　长：院领导。

副组长：各副院长。

成　员：职能部门及相关科室负责人。

第十七章 医院设施设备建设管理

第一节 医疗设备设施建设管理

随着诊疗技术和医院建设的快速发展，现代化医院所需配置的大型医疗设备、保障系统设备种类越来越多、技术越来越先进、建设期间需要配套满足的条件越来越专业和复杂。医院建设管理中，医疗专项的医疗工艺、大型医疗设备、后勤保障类设备在项目设计、施工、调试、验收各阶段与所需配套各专业之间需进行高效协同、融合和综合调试。此方面的协同管理直接体现医院基建业主方管理的综合水平，也是医院建设项目工程管理是否满足临床要求的重点。

一、医疗设备协同管理

（一）设计融合阶段

1. 医疗设备应与建筑、装饰设计同步招标，否则带来后期结构、机电、装饰、智能化等全系统的大量变更。

2. 医疗设备比较特殊，各厂家尺寸都有所不同，需要装饰阶段核对好科室需求设备的具体尺寸，不能随意在图纸上标注方格替代，水、电、网络均需要根据每个设备需求逐一确定。

3. 大型设备散热量很大或者有保温要求，该区域建议设置独立空调系统，保证设备正常工作。

4. 电源箱和设备电源控制器体积大，位置需提前在建筑设计中考虑。

5. 给排水系统需与设备厂家提前对接，在设备安装前将系统接入总系统，排水管道排布、流量大小均需设计考虑，防止排水回灌。

6. 设备排风需要考虑是否需要处理后达到环保要求后排放。

7. 装饰设计阶段需要统筹确定顶面、墙面的设备、灯、烟感、喷淋、监控、空调、装饰板的合理布局。

8. 深化后的设计图纸等需要给职能部门（总务、保卫、信息、设备、感控等）、使用科室、设备厂家等再次签字确认。

（二）施工协同阶段

1. 在完成医疗设备采购后，应再次书面确定所提需求的水、电、气、承重、尺寸、接地、防光、防潮、防辐射、磁屏蔽等具体参数，并与设计院、施工单位、专业监理等分专业复核检查各专业图纸是否已根据实际参数进行了调整修改。

2. 建议由BIM进行大型医疗设备进出场的路径模拟，并确定设备到场的精确时间，倒排前期各类配合工作的进度计划和工序安排，尤其关注设备吊装的路径、电梯的承重、设备间的隔墙预留等。

（三）综合调试阶段

1. 医疗设备的单体调试前，应断开设备，对设备所处的环境进行水、电、气、接地阻值、温湿度、其他专业配套的单项测试。

2. 医疗设备使用前应由专业的医疗设备安装、维修人员对仪器进行安装与调试，安装应由基建办、设备处、设备厂家、科室设备使用人员共同参加。

3. 医疗设备的单体调试完成后,应与消防系统等大楼主系统之间进行联动调试,测试断电、停水等压力测试下,各项保护措施、应急系统、人员操作等能否顺利运行。

二、影像区域协同管理

X 射线设备:

(一)设计融合阶段

1. 机房主要由扫描室、控制室和其他辅助用房组成。

2. 扫描室的屏蔽电动门要有足够的空间尺寸,整体布局要保证担架或轮椅能够自由的运转和通行,且有相关无障碍设施辅助行动不便的患者使用,电动门尺寸宜设置为1.8 m×2.4 m。

3. 控制室的控制台要与观察床和影像设备结合设置,控制台应能方便直接观察到患者的检查情况,观察窗离地高度宜设置为1.2 m,尺寸设置为1.5 m×0.9 m。

4. 为最大限度提高工作效率,满足技术人员心理需求,设备控制台宜设置在房间内,并且具备自然采光、通风的条件。

5. 一般DR设备厂家不提供吊轨,需由施工单位根据现场情况,经设备厂家确认后实施。

(二)施工协同阶段

1. DR吊架系统采用2根平行的滑动轨道,固定在扫描间的天花板上以悬挂球管吊架,每根轨道由螺栓固定在固定架上,方案设计在施工前由结构工程师核定荷载,以确保人身及设备的安全。

2. 吊架安装必须为活动吊顶,吊顶要高于吊架下表面,最低在同一水平面上,天轨滑车滑动范围内不得有任何低于吊架下表面的装置,以保证天轨滑车滑动顺畅。

(三)联合调试阶段

在机房设计初期和临床工程处交换设计思路,共享设备、机电、给排水、气源等设计图纸,机房内空气、氧气、负压设备带在使用前由临床工程处集中调试,保证气体运行稳定。

MRI设备:

(一)设计融合阶段

1. MRI设备用房宜独立设置,确定排除周围电磁场干扰。

2. 不同厂家磁共振间设备需求各有不同,根据相关资料和调研整理,可以得出MR扫描室最小净尺寸(长×宽×高)为7.5 m×5.5 m×3.6 m;控制室最小净尺寸(长×宽×高)为3.0 m×4.0 m×2.8 m;设备间最小净尺寸(长×宽×高)为3.0 m×6.0 m×2.8 m。

3. 控制室的控制台要与观察床、影像设备、放射科工作人员技术操作结合设置,控制台应能方便直接观察到患者的检查情况,观察窗离地高度宜设置为0.9 m,尺寸设置为1.5 m×0.9 m。

4. 磁共振屏蔽室内地面根据设计图纸须提前进行结构加固处理,由建筑设计院按照设备厂家提供的主机基座的荷载数据提前考虑。

5. 水管、水槽等禁止从扫描室的吊顶经过,以避免水泄露到设备上;扫描室下面应避免设置管道、钢结构、机械停车等构件。

6. 地面C25混凝土楼板、2层SBS防潮层、3 mm厚PVC板绝缘层、镀锌钢板屏蔽层、地面高密度板回填层、橡胶卷材等分别组成后,常会造成室内比室外高出6 cm,而此区域应为无障碍通道,故需提前考虑解决室内外高差的问题,因此在建筑结构施工图深化期间应将设备图纸提供,原结构板降板6 cm,有效解决后期推床及轮椅患者的进入。

7. 氦气排放(失超)管必须能承受12°K(-261℃)的低温,管外必须做保温处理,氦气排放(失超)管排放出口与周围阻隔物(如屋顶)

的距离应至少1 m，特别注意冬季积雪阻塞失超管排出口，氦气排放（失超）管排放出口左右、下方3 m内的窗户及上方6 m内的窗户需封闭，出口处增加警示标志，附近窗户增加警示标志，管道上翻部分需做好加固措施。

（二）施工协同阶段

1. 施工单位按照图纸负责屏蔽室、设备间、控制室的土建基础工程，屏蔽室SBS防潮层的铺设，预留口开洞（进磁体预留口、屏蔽门预留洞、观察窗预留洞、空调进回风口预留洞、信号板洞、电源滤波洞、失超管洞、平衡风口洞）。

2. 扫描室的所有金属物体都需采用非磁性材料、有降噪效果，所有介入扫描室的电线和管道，都必须通过射频过滤器或波导管过滤。

3. 设备从卸货区到设备扫描间的通道根据厂家提供的设备的最极端数据，预留足够的宽度和高度，卸货区应紧贴入口，保证下雨天设备可以马上进楼，此外还应该有足够的室外场地，让吊车、叉车等方便驶入灵活操作。磁体体积大、重量从几吨到十几吨或更大，通常动线尺寸一般厂家要求2.8 m×2.8 m，由于磁共振磁体多数都是冷磁体，在−270℃温度下，金属会很脆，因此磁体的运输一定要小心，不但要考虑动线的尺寸，还需要考虑运输路径长度，越短越好。

4. 冷却水需要每天24小时、一周7天不间断提供，建议提供备用水系统。所有管道须做保温层，材质为不透明材质。水冷机室外机安装在建筑物外，通常基础由混凝土（标号为C25）；厚度不小于20 cm，以达到承重要求。表面做水平及平整处理。基础大小通常为30 cm×250 cm。水冷机基础可以与专用空调的室外机组基础统一考虑。

（三）联合调试阶段

在消防监控集中调试期间，放射科内消防设备同时纳入调试范围，由医院工程师与设备厂家联合组成专项小组，特别是断电情况下，确定医院双电源保证重要设备正常运行。

三、检验区域协同管理

（一）设计融合阶段

1. 检验科平面布局应能清晰地分出清洁区、半污染区和污染区，各区域之间应有隔断隔开，清洁区主要由更衣室、办公室等组成，半污染区主要洗手池、更衣室等辅助功能间组成，污染区主要由生化免疫流水线、检测实验室组成。

2. 实验室布局、功能区划分和硬件设备条件基本符合《实验室-生物安全通用要求》（GB 19489—2008）以及江苏省二级生物安全实验室的基本要求。具有与实验活动相适应的独立区域，配备了生物安全柜、高压灭菌器等生物安全防护设备以及个人防护用品。

3. 检验科应人、物流分开，人员和物品应有独立的出入口，特别是污物应有专用出口，且经医院的污梯送至医院集中的医疗废物存放点，不得走医院的客梯。

4. 为保证检测工作安全，生物安全实验室应符合BSL-2级实验室的要求，在生物安全实验室的出口处应设有非手动洗手装置和紧急洗眼装置，部分高污染风险的工作应在二级生物安全柜内进行，生物安全实验室建议检验地带网配自动手消毒装置，给水材料符合国家相关要求。

5. 在设计生化区时，应重点关注生化机参数，生化机的更新换代速度很快，在设计前应与设备厂家联系，确定设备的摆放位置、规格、重量、功率、用水量等参数。

6. 实验室的出口处应设有洗手装置，洗手装置应使用非手触水龙头。

7. 电话网络终端：在实验室内应设置足够多的电话网络终端，满足实验室信息化管理的要求。

8. 洁净实验室内不应设置地漏，实验室排水应与生活区排水分开,应确保实验室排水进入医院污水处理站。

9. 实验室主要用纯水的设备是生化仪,在设计实验室纯水系统前,应与实验室负责人沟通纯水的用水点,各水点的用水量。

10. 送排风系统需按照 GB 19489—2008 要满足送排风定向气流的要求,关闭近生物安全柜端的送风口,增加核心工作间和缓冲间压力表,缓冲间的压力不得低于 －10 Pa,核心工作间不得低于 －20 Pa。

11. 实验室需设置内外可视、灭火器、洗眼瓶、应急药箱、工作状态指示等设备。需按照 WS 589—2018 增加应急照明设备和逃生指示标识。

(二)施工协同阶段

1. 墙板、顶棚材料要求易于清洗消毒、光滑防水、耐擦洗、不起尘、不开裂,常用材料为双面夹心彩钢板,防火等级不低于难燃 B1 级。

2. 设备工作区域强弱电设置宜结合建筑结构柱网,预埋预留,便于流水线科学有效排布。

3. 地面材料要求无缝的防滑耐腐蚀地面,常用的装饰材料为 PVC 或橡胶地面,铺贴的接缝处需用同色焊条焊接并刨平。

4. 实验室门的要求:应能自动关闭,门上宜设观察窗,要带门锁和闭门器,门头上可加装工作状态指示灯,标明实验室是否有人工作。

5. 实验室窗的要求:墙体上不宜设可开启的外窗,可设密闭观察窗。

6. 实验室的墙体与墙体交接处,墙体与地面交接处,墙体与顶棚的交接处均应用圆弧处理,彩钢板拼接处均应打密封胶处理,以保证实验室的气密性。

7. 实验室吊顶高度以 2.6 m 高为宜,主实验室吊顶不能开设上人孔或设备检修孔。

(三)联合调试阶段

1. 净化实验室应避免多个实验室共用一个空调机组的情况,单独的空调机组可有效地避免交叉污染,节约运行成本。

2. 实验室空调设计参数应参照《生物安全实验室建筑技术规范》相关要求,在设计时还应考虑到生物安全柜、离心机、培养箱等设备的热、湿负荷。

3. 空气净化系统应设置粗、中、高三级空气过滤,粗效过滤器应设在新风口处,中效过滤器应在空调机组的正压段,高效过滤器应设系统的送风末端。

4. 检验科实验室宜按一级负荷供电,并应设置不间断电源,保证主要设备不小于 30 分钟的电力供应。

5. 在进行电气设计时应设置足够多的插座,并应提前了解实验室主要设备的用电功率,并考虑一定容量的预留,生物安全实验室应设置专用配电箱。

6. 生物安全柜开启后噪声应满足低于 67 dB,给实验室工作人员创造舒适的工作环境。

四、病理区域协同管理

(一)设计融合阶段

1. 病理科需进行专项通风设计,并与暖通、电气系统设计融合,排风新风需要纳入大楼总排风系统内,其中排风需要按照环保要求独立设置专用排风井至屋面,屋面需设置专业空气处理设备。

2. 病理科实验室分污染区、洁净区,避免交叉污染。污染区主要包含细胞室、细胞诊断室、取材室、综合技术室、药瓶储藏室、免疫组化室,洁净区包含诊断室、蜡片存储室、男女更衣室。

3. 按照洁污分流要求,以上功能区域需按照合理的工作流程动线分区,保证工作效率和满足感控要求。

4. 因病理科所采用试剂含有甲醛、二甲苯等有害物质,给排水设计按照独立排水的设计思路,排水分支集中汇总至地下负一层污水处理站,经过初步处理后再排入医院总污水处理站进行处理排放。

5. 建议吊顶内配置空气质量传感器，实时监控污染。

（二）施工协同阶段

1. 病理科各房间除去设置局部排风系统外还应设置全面排风系统，一般设置一根排风立柱，排风立柱上设置上部排风口和下部排风口。

2. 施工过程中采用BIM技术，优化管线综合设计，病理科空气专业厂家与机电施工单位有效配合排布管线，科学安排施工流程，合理配管配线，避免了返工并提高了施工效率，节约了施工材料。

（三）联合调试阶段

1. 由于病理科通风柜和取材台的排风量较大，这些设备全部开启时的换气次数远大于全面通风的换气次数，按照全面通风确定新风量在部分房间不能满足使用要求。为合理匹配送排风系统的风量平衡，联合调试期间应考虑新风机组和排风机组的风量均按照二项风量的大值选取，且均采用变频控制，通风柜、取材台等局部排风设备和全面排风立柱及新风机组间应建立联锁和风量主从控制关系，通过自动控制和风机变频实现风量平衡。

2. 在新风管路系统基础上安装粒子净化装置，通过传统的或者柔性材料的新风管道送入病理科污染区域，同时建立空气动力学数学模型进行仔细设计优化室内的气流组织，在良好的气流组织中，通过粒子的作用分解甲醛、二甲苯等有害气体，从而有效改善病理室的空气品质。

五、静脉配置中心协同管理

（一）设计融合阶段

1. 静脉配置中心专业设计在机电施工图设计完成前，由专业设计介入，将专业深化图纸及相关需求提供给项目建筑设计。

2. 设置地点应位于人员流动少的安静区域，且便于与医护人员沟通和成品输液的运送。

3. 设置地点应远离各种污染源，周围的环境、路面、植被等不会对静脉用药调配过程造成污染。其中污染源包括：周边污染的河流、周边临街的马路、有粉尘污染的工厂、污水处理厂、化粪池、公共卫生间、食堂等。

4. 设置地点不应设置于地下室或半地下室。地下室环境和空气质量差，且常常阴冷潮湿、易长霉菌，设置在此则无法通过卫生主管部门的督导审核。

5. 净化区上方不应设置污水管路，且吊顶高度应高于2.5m，顶上预留大于1m的空间用于隐蔽工程的施工及维护，净化区内不设地漏。

6. 药房和静脉配置中心进货、出货区分宜设置专用的物流通道。

7. 静脉配置中心面积应与日调配工作量相适应。

8. 静脉配置中心内不应设置卫生间及淋浴间。

9. 常规设计的物流流向：走廊→二级库→脱包间区→摆药区→调配间→核对区→打包区→发药区→病区；人流流向：走廊→更鞋区→男/女更衣室→摆药区→一更→二更→调配间。

（二）施工协同阶段

1. 强电配电箱不应放置在静脉配置中心区域内。

2. 静脉配置中心的净化机房有室外机组，应统筹综合考虑与其他科室室外机组的排布。

3. 静脉配置中心的施工应符合消防规范，净化区内应设烟感探测器，但不设置喷淋系统，非净化区和辅助工作区应设喷淋系统和烟感探测器。

4. 施工期间，专业厂家定期参加工程例会及专题协调会，对静脉配置中心的施工进展进行汇报，及时与其他单位协调配合。

（三）联合调试阶段

1. 施工结束及设备安装结束后，先按照常规工程竣工验收标准进行验收。

2. 工程验收合格后，应进行全面彻底的清洁卫生和消毒，并做洁净环境检测，合格后方准投入运行。

3. 运行半年后，应由医院组织省级医院静脉用药集中调配质量控制专家组联合现场验收。

综合以上医技科室实施流程，现总结基于BIM的医疗设备全过程管理流程如图17-1所示。

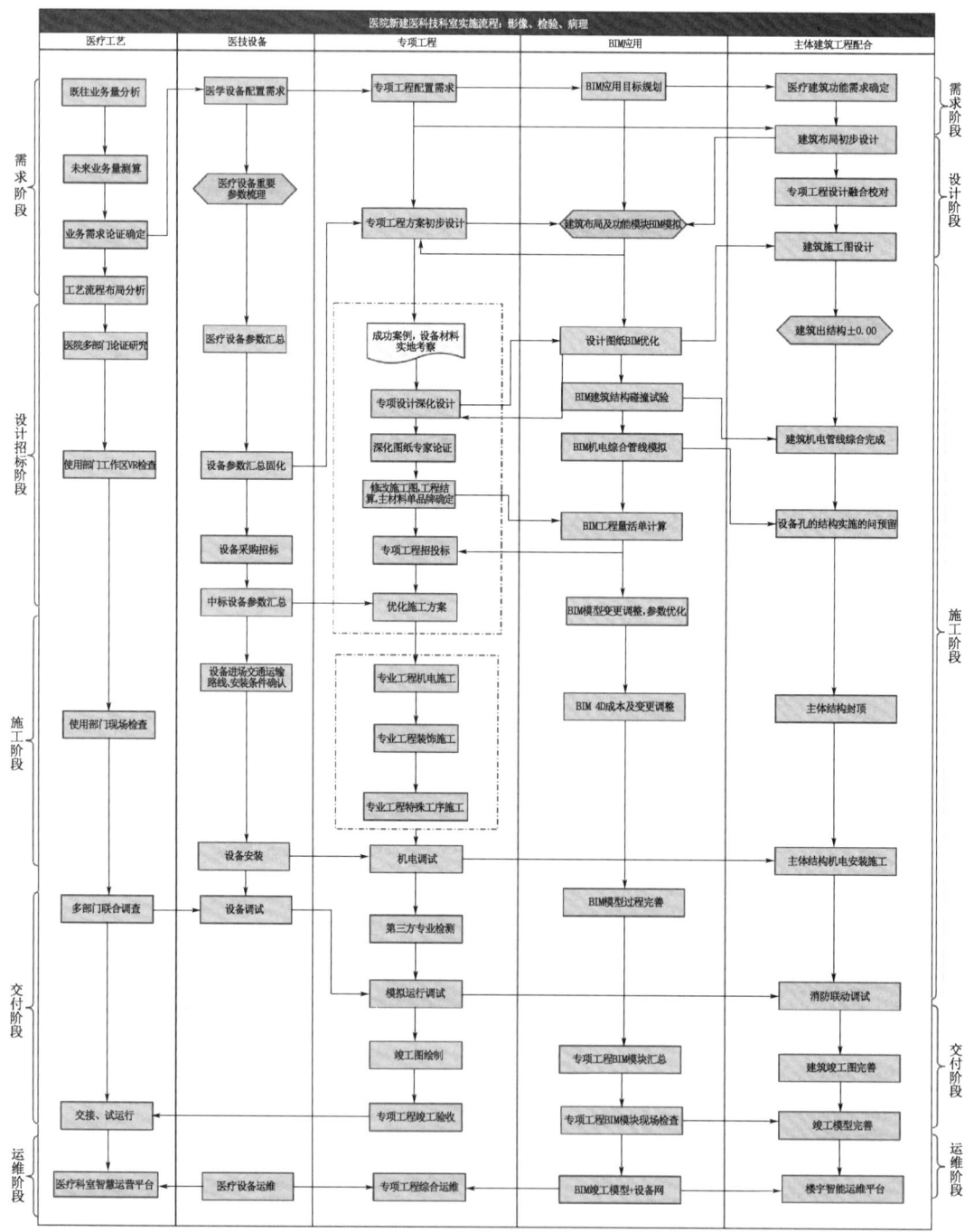

图 17-1 基于BIM的医疗设备全过程管理流程

第二节 医院后勤保障设备设施管理

随着人们对就医环境要求的不断提高，大家对医院保障设备的要求也逐步提高。医院建筑配套保障设备需求种类越来越多，设备功能越来越全面，在前期土建施工过程中需配合协同的要求也越来越高。医院后勤保障设备的优质的设计、建设和管理不仅可以改善医护人员的工作环境、提高患者家属的就医环境的舒适度，保障医疗安全的同时还可以节能减排，为医院的整体高效运行保驾护航。

医院后勤保障设施设备众多，功能不一，如消防系统、配电系统、给排水系统、污水处理系统、电梯、锅炉、通风与空调系统、医用气体系统、物流系统、中央分质用水系统等，这些设备设施不仅仅在前期设计和施工中要统筹考虑设备基础、管线预埋、洞口预留、加固等方面，更重要的是施工过程中如何进行安全有效的管理，现对医院垂直电梯、风冷热泵设备安装主要协同管理的内容阐述如下。

一、垂直电梯协同管理

（一）设计融合阶段

1. 电梯的选择除对电梯本体专业参数进行梳理调研外，建议明确电梯内是否需要空调、是否安装梯控、是否需要电梯厂家提供数据接口，便于与其他专业进行融合设计。

2. 电梯设备招标应尽早完成，主要涉及核心筒的尺寸、小基坑深度、圈梁的高度等参数。

3. 电梯施工单位中标后根据建筑、结构图纸进行电梯施工图深化，主要复核确定的参数包含电梯机房尺寸、高度、电梯井道基坑深度、圈梁位置定位，并反馈建筑、结构设计师进行优化调整。

4. 与机电设计师沟通电梯机房的排风设置和电梯配电复核。

5. 根据医院的后勤需求，考虑配置分体空调或多联机空调，并提前预留冷凝水排放。

6. 与土建单位交接应由土建施工单位、电梯安装单位、监理有关人员共同现场对照图纸检查验收，对有机房的电梯检查其内部、井道土建结构及布置是否符合电梯土建布置图，土建布置图是否与井道实物尺寸相符，各相关尺寸有否误差。

（二）施工协调阶段

1. 电梯施工单位进场施工前应提交电梯供应商的委托安装证明、电梯安装企业资质等级证书、电梯安装企业法人营业执照、管理人员资格证书和特殊工种上岗证、检测仪器、工具的标定证书、施工组织设计或施工方案、图纸会审纪要、技术核定单等资料。

2. 建设单位、专业监理工程师须对电梯安装公司的资质与施工组织设计或方案进行专项审查。

3. 设备到场后组织联合开箱检查，主要检查内容为：出厂合格证、质量保证书、试验检测报告、属进口产品尚需进口海关报关单等，未经同意使用的材料、设备一律不得用于本工程，亦不得存放于现场。

4. 施工过程中工序报验程序，需施工单位自检、监理验收，施工单位在施工中发现不合理、不完善或无法实施等情况，应及时以书面形式具体阐明存在的问题及修改意见报监理和建设单位，通过正式书面渠道申请解决办法。确需变更的，以设计单位变更执行，施工单位不得自行改变图纸施工。

5. 施工过程中需定期关注电梯基坑渗水问

题，尤其做好在暴雨季节注意雨水倒灌防护措施。

（三）联合调试阶段

1. 电梯安装完毕后，由电梯供应商进行必要的调试，调试合格后报当地技术监督局验收、挂牌、使用。调试分慢车运行、快车调试运行，慢车运行主要对各部件进行安装、试验和调整；只有慢车运行调试后才能进行快车调试运行，达到设备性能要求。

2. 调试前若无正式用电，可先接入临时用电，并做好挂牌警示。

3. 电梯调试合格后，监理工程师负责验收工作，施工单位应做好预验收的充分准备，并对预验收中暴露的质量问题及时加以整改。预验收合格后，施工单位要提交准确、完整的竣工资料，电梯的验收一般结合技术监督局的挂牌验收进行。

4. 在进行消防联动调试时，检查各电梯是否满足消防应急要求。

二、风冷热泵协同管理

（一）设计融合阶段

1. 根据使用的需求和整体暖通系统合理选择相应型号的风冷热泵型号，并提前确认设置位置。

2. 功能区域选择过渡季节使用时，如手术室、ICU 等区域需求不一致，手术室散热设备较多，且空间密闭，工人人员较多，室内负荷较高，过渡季节时仍然有制冷需求，而新生儿、产房、ICU 由于使用群体的特殊性在过渡季节时更多的是有制热需求，因此设计双管制的风冷热泵系统建议需将手术室与其他区域分系统设置。

3. 可利用 BIM 技术对风冷热泵的供回水管线，水泵等设备进行综合模拟，确认设备管线布局。

4. 设备确认后，与厂家沟通用电负荷并反馈电气专业进行调整其设计容量、接地位置、就地控制箱位置、桥架位置等。

5. 设备确认后，与给排水专业确认其补水和污水排水等位置。

（二）施工协调阶段

1. 设备材料进场后，不论进货渠道如何（如甲供材等），均应首先由施工单位进行自检，自检内容包括检查三证（出厂合格证、质量保证书、试验检测报告），业主、监理工程师对资料、实物进行核对和必要的检查，是否符合设计要求，作出同意使用或不同意使用的答复。未经同意使用的材料、设备一律不得用于本工程，亦不得存放于现场。

2. 根据设备装箱清单说明书合格证检验记录和必要的装配图和其他技术文件核对型号规格以及全部零件部件附属材料和专用工具。

3. 设备的吊装和运输应符合产品技术文件和相关规范要求，且吊装方案要经监理同意后方可实施。吊运前应核对设备重量，吊运捆扎应稳固，主要承力点应高于设备重心。

4. 安装前应配合有关人员对设备基础进行中间交接验收，主要检查设备基础的标高、位置及预留孔洞数量等是否与设计图纸相符，合格后方可安装。

5. 机组设备周围应按实地安装情况留有一定的通风空间。机组尽可能布置在室外，保持通风。如有阻挡物，机组间的距离应保持在 2 m 以上，机组与主体建筑（或高度较高的女儿墙）间的距离应保持在 3 m 以上。

6. 机组应设置隔震垫，与地面有定位措施。设备附近应预留足够空间用于检修。

7. 管道安装前必须将管内的污物及锈蚀清除干净，安装停顿期间对管道开口应采取封闭保护措施，安装后应进行系统冲洗，系统清洁后方能与制冷设备或空调设备连接。

8. 安装前期与智能化单位交接设备的接口类型、协议文本、电表信息等数据，便于能效系统的对接。

9. 安装完毕后，监理在施工单位自检合格，并提交安装记录单的基础上进行安装验收，检查是否符合设计与施工规范的要求。

（三）联合调试阶段

1. 合理布局调整时期，建议在夏季、冬季进行，并提前做好正式用电的接入工作。

2. 季节转换时，启动风冷热泵机组前要检查风冷热泵机组显示屏上的制冷、制热状态的设置是否正确。

3. 采暖季使用时，建议在水中加防冻液确保机组安全，每次使用完毕后应及时排空屋面风冷热泵机组内部管道及整个空调管道系统内积水。

4. 风冷热泵机组内部供水管道的铜过滤器及机组外部管道的法兰过滤器，每年要清洗一次。

5. 循环水泵初次运行时，关闭风冷热泵机组进出口阀门，开通旁通阀门，水泵运行一段时间后，清洗法兰过滤器，确认外部循环系统内无杂物后，方可打开进、出口阀门，关闭旁通阀，投入正常使用。

6. 项目竣工后需对后勤保障设备进行移交，一般移交对象为医院后勤总务保卫等部门，移交内容包括竣工图纸、设备操作手册、招投标文件、工具等，同时需对后勤运维人员进行培训，培训内容主要为：设备系统原理、管线走向、主要阀门位置、设备操作、简单故障的排查及维修方法。

三、中央分质供水协同管理

（一）设计融合阶段

1. 明确医院的用水类别，具体需要哪种水质；医院使用的是器械清洗用水、冲洗用水、实验室用水和管道直饮水。

2. 设备机房位置选择，不仅要考虑设备承重、用电需求，还要考虑到通风，后期的耗材的运输通道和存储空间等条件，对于部分用水系统需要单独配置辅助机房。

3. 主机房上方不应设置卫生间、浴室、厨房、污水处理间等。除生活饮用水管外的其他管道不得进入净水机房。

4. 净水机房应配有空气消毒装置，可采用紫外线空气杀菌或臭氧杀菌。

5. 净水机房应保证通风良好。通风换气次数不小于8次/h，进风口应远离污染源且室内需安装除湿干燥机，温度在15℃～35℃。

6. 机房的地面、墙壁、吊顶应采用防水、防腐、防霉、易消毒、易清洗的材料铺设，门窗应采用不变形、耐腐蚀材料制成，应有闭锁装置，并应有防蚊蝇、防尘、防鼠等措施。

7. 机房地面应设间接排水设施，若在地下室需与设计师沟通设置集水井。

8. 医院采用实验室用水，需单独配置终端机房，需考虑以下内容：

（1）机房面积需7～8 m^2，机房建议设置双开门，机房内设置排水口或地漏；

（2）位置建议在用水科室旁边，同层避开UPS机房；

（3）机房须有足量空调进风口，排气口，保证设备房通风顺畅，室内需安装除湿干燥机；

（4）设备电源控制箱需设置双电源，可自动切换；

（5）卫生要求：墙面上需安装足够容量紫外光杀菌灯保证主机房卫生；

（6）设置摄像头以便对辅助机房情况进行实时监控。

（二）施工协调阶段

1. 与装饰设计确认直饮水终端机安装的位置并相应的预留电源排水和装饰美化。

2. 管线施工时需将管线布局方案报至机电总包施工单位，综合排布优化。

3. 不同水质的配管和配件、阀门要做好标识，便于与楼层内其他管线区分。

4. 分支供水的阀门一般设置在用水点位末端，要提前考虑其设备台后背安装空间预留等问题。

（三）联合调试阶段

1. 验收合格后，每日定期检查主机房、辅助机房设备的详细参数主要包含水压、电导率、是否有故障报警等。

2. 使用前要进行再次的冲洗工作，建议由医院感控部门进行专业抽样检查水质。

3. 定期消毒，内容主要为更换紫外线灯管、使用过氧乙酸消毒液消毒，具体的消毒工作建议由专业人员进行且提前告知病区，消毒后使用前应检查水质是否满足要求。

4. 设备耗材更换时，根据不同的系统及使用情况，水质检查的通透率、软水硬度作为更换的主要依据。

5. 应测试突发断电后主机房和辅助机房的设备自动恢复和需要人为重启的内容。

四、医用气体系统协同管理

（一）设计融合阶段

1. 需在液氧站附近设计给水点，便于后期的汽化器结冰处理。

2. 空气机房设置位置尽量避免设置在地下室。

3. 医用气体设备电源应考虑双电源或配置应急电源。

4. 医用氧气钢瓶汇流排设置需考虑钢瓶数量相同的两组，且能自动切换和失压报警。

5. 医用氧气钢瓶汇流排间要考虑通风性和设置防爆措施。

6. 医用气体源应为独立的空气系统，不得与机械空气系统、牙科空气系统、供应清洗设备等混用。

（二）施工协调阶段

1. 液氧站位置避免地下管线和污水井。

2. 液氧站的报警器设施若不能设置在室内，需考虑报警器的防雨、防爆和防盗措施。

3. 机房内的温湿度应该满足设备工作环境温湿度要求，必要时需安装空调和设置独立的机械进排风。

4. 机房位置要避免办公室和值班室相邻，且机房装饰设置吸音板。

5. 设备的运行报警器要反馈到值班室内，便于第一时间发现问题。

6. 真空泵的排气应避免与空气进气口相邻，且避免排出的气体转移到生活区。

7. 医用空气机房面积需考虑设备和空气储气罐的安装和维修空间，且主机上方避免有空调水管、雨污水排水管。

（三）联合调试阶段

1. 所有医用气体管路都要进行吹扫，且要在5分钟内白纱布上无污染物。

2. 对于空气设备主机要逐项检查是否在单一故障状态下，能否连续供气。

3. 测试双电源切换过程中医用气体主机是否正常工作。

4. 需对氧气备用气源可否正常自动切换。

5. 分区域对测试医用气体的报警装置，测试内容包含失压、高压、停气。

五、给排水及消防技术要点

(一) 设计融合阶段

1. 在概算允许的范围内，给排水管道设计管径建议尽量大于计算管径 1~2 级，在设计施工过程中尽量减少横管的长度。管材可选择不锈钢材质。

2. 设计期间确认医院的用水类型，并根据使用场所合理的设置机房位置，并保证其适合的工作环境，对于重要的制水设备要考虑预留双电源。

3. 综合性医院按照规范不应设置中水系统。

4. 对于特殊的科室如：病理科、检验科等实验后排水应与科室确认是否可以直接排入医院污水处理系统，按照新的环保要求，应设置二次处理措施后再排入主排污系统，可选择集中二次处理或就地单独处理。此类科室应同步设计独立通气系统，且污染区和正常工作区的给排水管道应分开。楼顶通气管位置的选取时应按照屋面设备设施的综合排布，避开窗户和上风向，建议通过 BIM 管综模拟进行深化设计。

5. 给水、排水管道不应从洁净室、强电和弱电机房、磁屏蔽室、静脉配置中心等重要医疗设备用房上方通过，必要通过时可以设置技术夹层及封闭管井。

6. 手术室、产房等区域的更衣室淋浴间冷水给水管要和卫生间蹲坑给水避免共用一根支管，防止蹲坑使用时补水分流淋浴冷水，导致淋浴水温突然升高。

7. 排污量较大的场所，如公共卫生间、手术室卫生间的排污管，建议设计加大管径并可设置独立排水管至室外污水井。

8. 对于中心（消毒）供应室、食堂等特殊区域要考虑其排放的污水水温，要选择耐高温的管材，并考虑降温处理。中心（消毒）供应室、食堂等不建议设置在正负零以下楼层，避免污水的二次提升带来的不节能、维修困难、安全隐患多。

9. 给排水设计深化时，给水点位的位置、是否需要热水等应精准确定，并做好管道同程的计算，如在装饰设计阶段因布局修改而调整，应再次进行复核，避免因局部水路短路造成热水无法循环，影响使用效果。针对系统选型，还应以末端循环为主，免造成冷水浪费。

10. 治疗室、处置室、中心（消毒）供应室、监护病房、产房、手术刷手池、无菌室、血液科层流病房、烧伤病房、检验科等有无菌要求或防止院内感染场所的卫生器具、用水点应采用非手动开关，并应采取防止污水外溅的措施。

11. 手术室刷手、中心（消毒）供应室、检验科、血透中心等对水质要求较高的场所建议采用分质水供应，分质供水系统宜集中设置，其中部分特殊区域根据设备及科室要求采用二级反渗透供水。同时应增加就地储水消毒装置，避免二次存储水，防止二次污染。

12. 中心（消毒）供应室、口腔科等场所的排水管道的管径，应大于计算管径 1~2 级，不得小于 100.00 mm，支管管径不得小于 75.00 mm；医疗区域排水管道存水弯的水封高度不得小于 50.00 mm，且不得大于 100.00 mm。

13. 手术室的消火栓宜设置在清洁区域的楼梯口附近或走廊，必须设置在洁净区域时，应满足洁净区域的卫生要求，消火栓的布置应保证 2 股水柱同时到达任何位置。

14. 施工图深化设计阶段，消火栓及其管线应通过结合结构图纸的 BIM 模拟，考虑支管预埋套管或者更改消火栓箱位置，避免部分消火栓支管在卫生间等靠近走廊一侧的房间墙角处管道明露的问题。

15. 装饰设计阶段建议明确吊顶是封闭式还是通透式，对于喷头的选型和集热罩的安装都有影响。病房、诊室及公共区域等应采用快速反应喷头，手术室洁净和清洁走廊宜采用隐蔽型喷头，具体应根据消防验收要求，因医疗规范与建筑规范冲突处较多，在满足医疗功能的基础上尽量满足消防规范。

16. 医院贵重的设备用房、病案室和信息中心（网络）机房、配电房、检验科、实验室、放射机房（MRI除外）、药库房等考虑气体灭火。

17. 消防泵房设计配电箱与消防水泵在同一房间内时，应对配电箱加设防水隔离保护措施。

18. 各类水泵房、机房周围四周建议设置排水沟，避免调试、后期运维及突发情况下引起泵房漫水，甚至使电气控制柜受损、受潮，如有条件可设置水位监测传感器并入医院集中监控系统。

19. 除按照节能要求设置分项计量设施，建议在需要分区核算的进户端，增加冷、热生活用水入户智能水表，或暖通系统增加能量计、流量计，并接入能效系统。

（二）施工协同阶段

1. 实际施工过程中应遵循小管让大管，有压让重力的原则，分层安装，并预留一定的空间满足维修、调试及其他专业人员施工的需要。

2. 给水如使用不锈钢管道及配件，管道及配件应选择同一品牌。卫生洁具的选择，应考虑与系统其他设施兼容性较好的品牌，避免减少系统安装完毕后因执行的标准不一样造成大量的返工、费用增加及各类纠纷。

3. 对于不同的管材施工时要组织材料厂家技术人员对施工人员进行针对性培训并提供配套的操作工具，尤其注意管件安装、管道切割、管口处理等问题。

4. 后期运维阶段可能出现阀门垫片处漏水、减压阀渗水、伸缩节破损等问题，在施工阶段尤其注意选择优质垫片、减压阀、伸缩节，并考虑预留检修空间。

5. 对末端排水点位需注意检查本层及下层管路是否均有S弯设置，验收时应逐个检查台盆下端的S弯紧固连接。

6. 管道及桥架穿墙面的洞口，在安装完成后应随完随封并及时由监理方每日完成现场验收。在装饰进行吊顶施工前，墙面上所有的洞口应在其相应工序验收完成的前提下封堵完成，避免影响后续装饰施工。

7. 室内消火栓箱，无论明装或暗装，预留位置及安装管道时，特别注意考虑周边是否有门和其他障碍物，或者消火栓箱门开启是否影响其他设备使用。施工单位在安装操作前应仔细勘察核对现场，如存在问题应报知监理、设计和业主方，及时就近调整，以减轻后期维保的工作量和不必要的损失。

8. 地下室的卫生间不仅要设置污物密闭提升泵还要设置地面清洗污水收集提升泵。

9. 给水管道使用碳素钢管时，应采用焊接法兰连接，管材和法兰根据设计压力选用焊接钢管或无缝钢管，管道安装完先做水压试验，无渗漏现象则为合格。

10. 镀锌管道安装时不得刷漆及污染，局部破损处需做防锈处理。

11. 热水管道的穿墙处均按设计要求加好套管及固定支架，安装的伸缩器按规定做好预拉伸，待管道固定、连接件安装完毕后，除去预拉伸的支撑物，调整好坡度。

12. 给水管道敷设与安装防腐均按设计要求及国家验收规范施工，所有型钢支架及管道镀锌层破损处和外露丝扣要补刷防锈漆。

13. 安装好的管道不得用作支撑或放脚手板，不得踏压，其支架不得用作其他用途的受力点。

14. 自动喷洒消防系统的控制信号阀前，应设阀门，其后不应安装其他用水设备。

15. 消火栓及支管安装要以栓阀的坐标、标高定位甩口，栓口朝外，离地 1.1 m，核定后再稳固消火栓箱，箱体找正稳固后再安装栓阀，栓阀侧装在箱体内时应在箱门开启的一侧，箱门开启应灵活。箱体稳固在轻质隔墙上，应有加固措施。

16. 室内水表外壳距墙 1～3 cm，不得距墙内表面过近或过大，安装完成后注意成品保护。

17. 消防喷头及烟感、温感报警器的设置位置，需要考虑灯具、摄像机、疏散指示牌、标识指示牌、呼叫系统时钟指示牌等专业设备的间距及视野范围，避免交叉重叠。

18. 装修施工阶段，给水管道如非必须，不应埋地敷设，可在吊顶内明装后出吊顶沿墙暗敷，避免后期出现地面渗水。

19. 卫生间的地漏选择，由于医院使用频率高的特殊性，应充分市场调研，选择排水顺畅性且便于维护清理的产品。对于有感控要求的场所，地漏应该具有水封功能。

（三）给排水联合调试阶段

1. 试压前需检查全系统管路、设备、阀件、支架等安装连接处无错漏。

2. 水压测试时，须确保阀门处于全关闭状态，待试压中需要开启时再打开。

3. 用自来水从下往上向系统送水，注水时，将楼内给水系统最高点的阀门打开，待管道系统内的空气全部排净见水后，才可将阀门关闭，此时表明管道系统注水已满。

4. 管道系统注满水后，启动加压泵使系统水压逐渐升高，先升至工作压力 0.20 MPa，停泵检查，观察各部位无渗漏时，将管道压力升至 0.9 MPa 后保持 10 分钟，下降不超过 0.02 MPa，保持 2 小时压力不下降且管道各连接处未发现渗漏现象，再将试验压力缓慢降至 0.20 MPa 后进行较长时间观察，此时全系统的各部位仍无渗漏为试压合格。

5. 检查各排水系统，均应与室内排水系统接通，并且室外排水通畅。

6. 检查室内排水系统，按给水系统的 1/3 配水点同时开放，检查各排水点是否畅通，接口处有无渗漏。

7. 为了避免能耗浪费，热水机房的循环水泵可根据医院的热水使用时段进行启动水泵设置工作时间段，并结合温度差来决定循环泵的启停。

8. 地下室集水坑排水管水锤，建议采用防水锤止回阀。

（四）消防联合调试阶段

1. 水箱和消防水池确认已储满水，且自动补水系统运行为正常状态。

2. 确保消防水泵房及报警阀处、各喷淋管网末端放水装置处和消防电梯井道处的排水设施正常投入使用。并在喷淋管网末端放水装置处和报警阀处放水，确保各水流开关动作正常，放水后相应报警阀的水力警铃正常鸣响。

3. 室内外消火栓系统管网及消火栓、喷淋稳压系统管网设备安装完毕后，需确保试压合格并投入使用，调试时需检查最不利点处的消火栓喷水试射的充实水柱是否符合规范要求。

4. 确保喷淋水泵接合器和消火栓水泵接合器及其管网安装、试压合格，人工模拟消防车水带接入，确认水泵结合器的止回效果及出水压力。

5. 消防泵和喷淋泵需确保试压合格，且水泵工作压力和流量经测试符合要求。

6. 需测试水箱和消防水池在生活用水量最大时，仍能满足消防用水量的要求，并检查液位显示装置的状态。

7. 对所有消防电气设备本体进行带负载试验和配合进行消防联动试验，并检查所有末端双电源箱的双电源切换在发电机供电状态。

8. 检查各末端排烟口和加压送风口的风量，应满足消防规范要求，相关防烟防火阀在报警状态下应确保为关闭状态。

9. 检查消防电梯井底排水装置的手动和自动运行状态，调试时同时检查应急照明与疏散指示标志的安装是否正确。

10. 消防广播系统应正常投入使用，在消防报警时能够从平常状态切换至报警状态。

六、暖通空调

（一）设计融合阶段

1. 相对一般公用建筑，医院工程对房间湿度、新风补给量要求更高，如手术室、ICU 重症病房、医技部门、实验室等区域需选择满足使用需求空调。

2. 根据各房间的功能需求，设计相应的空气洁净度等级及压差需要，对房间内气流组织方式的选择、温湿度的设定需严格按照其相应的设计规范要求。

3. 空调系统末端设计应进行恰当的分区，这样能够满足不同区域对空调的不同需求，同时也有利于节能控制，对洁净度要求高的房间应采用"一拖一"的方式，对其房间的温度、湿度进行独立控制，针对性更强，效果更好，对净化工程来说，细微的温湿偏差也许就会对功能性及舒适感产生很大的影响，所以必须对高等级的手术室空调系统的布置进行重点深化，满足其相应的要求。

4. 绘制平面、剖面综合管线图，并合理采用 BIM 技术，同时与装饰图纸校对，以保证装饰效果与机电安装效果完美结合。

5. 洁净室手术室温湿度控制的精度是为了满足治疗的环境要求。手术室散热设备较多，且空间密闭，工作人员较多，室内负荷较高，过渡季节时仍然有制冷需求，而新生儿、产房、ICU 由于使用群体的特殊性在过渡季节时更多的是有制热需求，因此，若初期设计的是双管制系统则无法共用系统，在有一定体量情况下，可将系统独立分开设计，如果想同时满足供冷供热需求可设计成四管制空调水系统。

6. 关于风管管材的选用，目前市场材质种类较多，如镀锌钢板、不锈钢板、玻璃棉风管、酚醛风管等，医院由于人流较大、卫生清洁度要求高，故推荐采用传统镀锌薄钢板、不锈钢制作的风管。

7. 空调水系统异程式、同程式均符合要求，但目前主干管、水平干管为同程式更利于系统调试和后期运行可靠，这样也可以取消每层水平管道上安装的自力式压差控制阀，以方便最终系统调试的水系统平衡。

8. 根据医院所在地气候条件，空调设计时建议充分考虑冬季加湿、夏季快速除湿需求。

9. 空调末端设备根据装饰设计方案，在有条件情况下采用侧送风方式，有利于提高吊顶整体高度，增加空间舒适度，且降低投资，也减少了风管与喷淋等管线的交叉，方便施工。医院对环境噪音要求相对较高，在末端设备的选型及减震方案需具体明确。

10. 对大厅、中庭等高空区域的气流组织需重点核算，设计上要考虑特殊的送风口，和合理的送风速度，这样才能保证整体空调效果。

11. 在幕墙施工时，应注意外立面百叶的预留。并注意新风取风井、风口，与医院其他区域排风避免形成短路。在医院工程中，幕墙上新排风口的风口安装位置尤为重要，因医院功能科室较多，排放的有毒有菌气体较多，虽然很多排气都经过设备处理，但外开窗的位置及人文角度上考虑，充分考虑医院的室外新、排风口的取点位置。

（二）施工协同阶段

1. 制定各专业管道的相互避让原则，在空调系统安装末端管线和设备时，应配合装修方案实施，即在装修设计出来后，空调专业应结合给排水、电气等专业进行二次设计，管线复杂的区域，应组织相关承建单位进行综合管线布置，避免不必要的返工，在满足各专业管线布置的前提下，保证其观感质量，只有这样才能保证装饰效果与空调效果完美统一，降低现场施工矛盾，确保工程进度。

2. 为了保证主冷热机房安装效果整齐美观，冷冻机房安装前，建设单位牵头对冷冻机房大样进行深化，并对水管绘制双线图，这样既可以解决管线交叉，又可以美化机房。

3. 编制空调施工组织设计及专项方案，依据法规、合同、设计为原则的前提下优化方案，论证建设、医疗主管部门推荐的新工艺、新材料，选择有助于绿色环保的施工方案及设备、材料。

4. 加强内外部接口单位的协调统筹，定期召开机电专业的施工、设计专题会议，现场施工顺序交叉、设计瑕疵、关键部位验收、施工内容遗漏等问题及时予以解决，会议决策也作为推进施工的指令性文件。

5. 预留空调检修口是专门在天花板上开设的孔口，方便后期空调系统运维故障维修时，迅速定位进行维修，提高效率，且不必把整个天花板全部拆卸，从而减少维修成本，节约材料，因此在深化设计及施工完成阶段合理标注及设置。

6. 所有滤网、阀门、执行器和仪表等安装规范，便于操作、拆洗及更换，以保证空调系统运维，设备机房对相应的设备进行必要的散热，满足其能效及运行需求。

（三）联合调试阶段

1. 编制专项调试方案，成立调试小组，明确调试实施方案及实施计划，电气、给排水等专业单位积极配合，定期召开调试专题会议，通报调试过程中出现的问题及协调事项。

2. 严格按照规范要求做调试准备，要求系统吹扫、管路严密性试验、强度试验等试验内容均已完成，隐蔽验收记录齐全，设备材料质保及使用资料完整，调试器具计量精准，需在校准有效期内。

3. 确认具体调试流程，正式风水电供应满足调试条件，单机调试时需设备厂家现场积极指导、配合，无负荷联合调试相应人员全员在场配合，调试过程中如实记录调试数据，履行调试人员会签手续。

4. 考虑手术室、DSA、放射中心等区域医疗设备比较贵重，调试过程中需做好保护，避免损坏医疗设备，并做好应急安全保障措施，如需要请医院相关职能部门予以配合。

5. 调试完成后整理调试数据及验收表格，对需强制性检测的内容委托有资质的第三方专业检测公司进行检测，检测报告及时进行归档。

6. 风阀及防火门启闭状态应按设计要求，调试完成后也应调整成正常使用状态，以保证正常的防火分隔。

七、电气

（一）设计融合阶段

1. 新建或改扩建项目，10 kV 电力外线双电源设计方案应尽早与当地供电公司进行对接，确定两路电源的上级变电站的空余间隔及两路电源是否为真实有效的双电源；同时与规划局管线中心对接到新、扩院区的电力外线的可行路径和可能有交叉的地下管井或管道空间，及时做好供电外线方案规划的征询、许可申报工作。

2. 根据医院总体规划设计方案估算全院包括远期项目的用电容量，便于总用电量和 10 kV 变电站内部配置的规划、设计、预留。

3. 根据医院的高可靠性定位，在可行性研究申报阶段，可将变电站项目单列投资项目，并预留充足投资。

4. 变电站设计应考虑电气系统的综合监控，并可与医院智能化系统集成平台进行可靠对接，设备采购阶段应对接数据接口形式。

5. 需要放置在医疗辅助区的配电柜、配电箱，应考虑对医疗临床使用功能的影响，放射科区域的应放置在设备间，避免放置在 PCR、静脉配置净化区等不利于后期进出运维检修的场所。

6. 类似功能或靠近区域的 UPS、EPS 在考虑可靠性的前提下建议集中放置或在有不间断电源设备需求的楼层强电间旁设置设备间，尽可能集中放置便于后期管理，集中放置区域应考虑结构承重、排风、消防配套，上方不应有水暖管线穿越，邻近房间不能是分质供水机房等。

7. 公共区域可进行智能照明控制，应与病区或后期运维管理部门确定分区、分时控制的管理模式进行合理线路设计；要注意开关位置便于后期管理。智能照明设计流程：电气设计初步设计预留—装饰设计根据吊顶布局进行调整设计—智能照明专业厂家深化设计并确认控制方案。

8. 病房卫生间内照明与排风机电源应分开线路控制。

9. 医技科室布局/设备参数需尽可能准确，防止出现三级配电箱内元器件无法满足设备需求而进行更换调整及因布局调整导致前期开槽布管的返工；大型专业医疗设备要充分与专业医疗厂家对接，电气设计师要广泛征求意见、做好充分沟通，尽可能做到精准把控设备荷载以减少电缆及配电设备的初投资。

10. 低压配电房设计：设计单位应充分考虑用电设备的同时使用系数，用电负荷适当预留即可，防止变压器长期处于低负荷运行状态出现大马拉小车的情况，既增加了设备初投资，又不利于设备长期有效运行。

11. 医院信息机房设计：智能化设计师在确定机房布局后应与建筑与给排水设计师充分沟通防止出现水管穿越机房的情况发生，智能化设计师考虑信息机房用电负荷时，在与医院信息管理部门充分沟通下，还应充分了解国内主流信息设备厂商相关信息，确认信息机房的用电负荷，适当做好远期预留即可。

（二）施工协调阶段

1. 在变电站基础管沟施工时应确定配电柜的间隔尺寸，如采购设备为紧凑柜型，应及时反馈给土建单位变更实施。

2. 电气设计完成后，可请有资质、有经验的专家进行设计方案可靠性、经济性评审。

3. 手术室、中心（消毒）供应室、实验室、检验科、放射科、药库房等医疗专项区域设计完成后，应进行电气负荷及配置的优化校准和反复核对，在采购电缆前由基建办牵头相关设计、监理、审计、施工专业工程师进行系统图重整梳理核对。核对后由 BIM 模拟进行桥架内电缆敷设空间的复核。

4. 楼层配电间内的配电箱位置应由施工单位出具体布置图，由 BIM 模拟优化后实施，主要考虑柜门开启方向、空间，后期运维检修的空间。

5. 全院电气配电柜、配电箱、消防配电箱、水泵控制箱等设备，应统一柜体色号，避免不同厂家设备汇聚在同一机房内颜色各异。

6. 各功能房间在进行二次线路开槽敷设前，应由装饰设计进行各房间内强弱电综合点位的立面精准定位，相关点位应统一高度，面板尽可能统一规格尺寸或做整体面板。

7. 如装饰墙面为有龙骨间距的墙板等材料的，原来预留的暗盒需要按规范进行转接或增加过渡盒引出线路，保证外饰面面板的规范安装。

8. 外露的配电箱、疏散指示、时钟指示器、医用气体压力显示器、显示器等末端强弱电设备，应提供准确设备尺寸给装饰单位进行配合施工。

9. 电视背景墙、卫生间镜面后、电梯厅等医院各区域，不适宜使用半隐藏式灯带和大面积灯膜，灯带暗槽积灰难以打扫，灯带部分故障后维修困难、影响美观。

10. BIM：强电桥架初步设计完成后，后续机电专业深化时应利用 BIM 平台结合弱电桥架做好综合考虑，做到强弱电桥架尽量靠近使用房间，以减少不必要的横向管线穿越、减少对吊顶龙骨安装影响、增加管线安装观感。

（三）联合调试阶段

1. 电气分部工程与智能化分部工程各系统应做好专项验收，验收前应检查分部所含所有分项工程全部过程隐蔽验收资料（防雷隐蔽验收、配管隐蔽验收、穿线隐蔽验收、电缆敷设隐蔽验收等），材料、设备进场验收记录，材料、设备按规范要求进行第三方抽检的专项资料已经齐备并闭合；以及建设工程行政主管部门（建筑安装工程质量、安全监站）要求的监督抽检：如电气系统绝缘电阻测试、接地电阻测试、开关、插座检测、防雷检测报告（以前由防雷办出具验收报告现已调整为有资质的第三方检测机构出具）、智能化信息化点位测试等已全部完成检测，智能化信息点位成果可以应用 FLUKE 等第三方检测机构进行测试以验证其是否达到设计施工所采用光缆的标准，各专项验收完成后进行系统联合调试。

2. 联合调试应包含应急电源（发电机、UPS、EPS）与变配电系统联动调试、消防火灾报警系统与配电系统联动调试、消防报警系统与智能化分项工程的调试（消防火灾时智能化门禁系统是否同步释放逃生通道门禁等）、智能化相关分项工程与配电工程联动调试（智能化的 BA 系统在根据实时监测数据对水泵、风机配电设备实施远程控制以实现相关设备的启动、停止）、消防与信息化系统，并应进行外线停电、消防火情等场景下的应急状况全系统联合调试，此联合调试适宜在基本搬迁完成前后进行空载和满负荷的综合调试。在有条件的情况下，可以利用 BIM 模型，对各种运行状态联合调试数据与前期 BIM 模拟等数据进行比对，以验证相关专业联合调试成果并将相关内容补充完善到 BIM 竣工模型中便于后期运维阶段应用。

八、智能化系统

（一）设计融合阶段

1. 智能化系统设计前应进行充分的前期策划，根据临床需求、医院未来 5～10 年的发展趋势以及智能化行业 5 年内可预期达到的标准、功能进行系统架构搭设和规划，兼顾安全可靠和高效便捷。智能化分项系统多，尽可能优化合并减少重复投资。

2. 在设计阶段按照最新规范，基建办牵头组织信息处、医务处、护理部以及相关的使用部门共同分阶段、分系统讨论需求（等级、档次），明确各子系统建成后的管理、运维、使用部门。

3. 信息中心机房宜设置在靠近室外或屋面可放置净化机组室外机的楼层，并按照规范机房区域上方楼层不能有水管穿越，如在楼内楼层布局进行过调整后，应注意再次复核各专业图纸。

4. 信息中心机房、弱电间等区域应综合考虑承重、接地、空调、防水、防雷、防磁、防震、防尘、恒温恒湿、UPS双路供电、消防联动、通路上下贯通等。

5. 智能化主干系统设计应考虑长远，适当超前。

6. 运营商线路应在机电安装管综排布前融入机电设计中，桥架的设计、中间设备的选型需复核设备尺寸避免桥架或吊顶内无法放置，其他楼层设备建议放置在公共区域的吊顶上方，如放置在弱电间内，因散热量较大应增大排风量或通过其他方式解决。

7. 根据交付后的实际使用场景，房间的功能、点位、配置、人数（权限）等按照类型逐一核对需求，满足使用的前提下，设计适当冗余，避免浪费。按照一般规定，同一办公位内网根据工作需要二选一，设备带、病房内墙面除有明确的设备使用外，不建议再预留点位，同时病区内无线网应全覆盖，以提高设计方案准确性，设计概算的可控性。

8. 装饰设计阶段应根据家具、设备的精确摆放位置再次核对末端点位，尤其注意墙面宣教、投影、呼叫、门禁等弱电点位与强电消防手报、插座、灯与空调开关的同高、间距管线，应由装饰设计师进行绘制定位顶面、墙面的综合布点图。

（二）施工协同阶段

1. 根据智能化设计图纸编制的招标文件，因子系统多，设备类型复杂，各类参数差异导致的价格和性能差异较大。针对专业性强的问题，建议由提出使用需求的部门与信息、基建等综合调研市场，提供相对准确的技术要求，各子系统技术内容完成后建议邀请行业专家进行技术方案的论证，经过论证后再完善各个系统间的融合和技术文件修改工作。技术文件的描述应客观、可实现，因软件系统是持续更新升级的过程，避免招标文件描述的过于完美而实际达不到无法验收交付。

2. 综合布线的暗敷线槽应与其他机电管线敷设同步进行，开槽前应墙面弹线标注点位后，请使用部门根据图纸再次现场核对无误后施工，避免后续的反复开槽与其他工序不合理交叉。

3. 设备网及系统集成（IBMS）在设备采购技术要求中应对各相关专业设备的数据开放接口提出要求，并在报价中包含如需二次开发接口所需的费用，以便于后期综合调试及运维管理。

4. 综合布线系统充分与机电管线综合考虑，利用BIM工具有效布置，以保证综合布线干线通道整洁美观。弱电信息点位开槽布管应与强电统一优化，统一施工，以保证终端点位无错漏及美观。

5. 较大单体建筑背景音乐与消防广播终端尽可能共用，以降低投资，减少公共吊顶空间占用。

（三）联合调试阶段

1. 智能化各分项系统多，施工单位需组织各设备产品供应商完成技术文件的整理汇总，并提交详细的调试验收方案。

2. 智能化各子系统除单独测试、调试外，应组织各子系统与机房环控系统、消防系统、电气系统、能耗系统、BA系统等相关联的进行联动调试。

3. 在交接搬迁前建议再结合医院临床的开办

演练，组织全系统的压力测试，并针对出现的问题进行集中整改。

九、常见渗漏问题的原因分析及处理措施

（一）地下室工程

1. 侧墙、底板板面

渗水原因：

（1）混凝土配比、浇筑及养护不当，致使混凝土成型后存在微孔渗透；

（2）预留构件及管线、降水井等细部防水处理不当；

（3）施工缝、沉降缝处，未按方案及规范要求施工及养护。

堵漏措施：

（1）将渗水部位清理干净，用堵漏剂做堵渗处理或采用高压注浆堵漏处理；

（2）将渗水部位清理干净后，用高分子超强防水浆料等配合聚酯增强布作防水处理。

2. 地下室

大面积严重漏水原因：

（1）混凝土配合比及施工质量不良，存在灌通的孔洞；

（2）由于各种原因使地下室出现裂缝；

（3）防水涂层施工质量不好或防水涂层延伸性不够，而造成防水层拉裂。

堵漏措施：除可采用壁内和壁后高压注浆堵漏，渗漏部位堵漏后清理干净基面，采用高分子超强防水浆料或渗透结晶防水涂料等作防水加强处理。

3. 变形缝、施工缝和新旧结构接头处

渗漏原因：

（1）混凝土质量不良，收缩过大，出现裂缝；

（2）细部防水处理方法欠妥善，如止水带安放位置不当，混凝土灌捣不够严实，嵌缝膏填塞不严等；

（3）密封材料及防水涂层延伸率不够，而被拉裂或脱离黏结面等。

堵漏措施：

（1）在漏水部位表面采用堵漏剂预处理，再采用高压灌浆堵漏机注入聚氨酯预聚体；

（2）在表面采用高分子超强防水浆料或渗透结晶防水涂料等作防水加强处理。

4. 穿墙管和预埋管处

渗漏水原因：

（1）管子或套管安装不严密，周围出现裂缝和缝隙；

（2）细部处理方法欠妥，管外壁及混凝土预留孔壁之间的密封材料填塞不严，外侧防水涂料加强层黏结不良等；

（3）密封材料及防水涂层因延伸率不够，而被拉裂或脱离黏结面。

堵漏措施：

（1）首先采用堵漏剂预处理，再采用高压灌浆堵漏机注入聚氨酯预聚体；

（2）穿墙管与地下室壁面连接根部用高分子超强防水浆料等配合聚酯增强布作防水处理。

（二）楼层及厕浴、洗浴间

1. 板面及墙面

渗水原因：

（1）混凝土、砂浆施工质量不良，存在微孔渗透；

（2）板面、隔墙出现轻微裂缝；

（3）防水涂层施工质量不好或损坏。

堵漏措施：

（1）拆除饰面材料，暴露渗水部位，涂刷高分子超强防水浆料；

（2）如有开裂现象，则应对裂缝进行增强防水

处理；贴缝法：在缝表面涂刷防水浆料，并粘贴聚酯加强布最后再大面积涂刷二遍高分子超强防水浆料，亦可不拆除饰面，在室内采用高压注浆堵漏工艺处理。

2. 卫生洁具周围及穿楼板管、排水管口等

渗漏原因：

(1) 细部处理方法欠妥，卫生洁具及管口周边填塞不严；

(2) 由于振动及砂浆、混凝土收缩等原因，出现裂缝；

(3) 卫生洁具及管口周边未用弹性体材料处理，或施工时嵌缝材料及防水涂料黏结不牢；

(4) 嵌缝材料及防水涂层被拉裂或被拉离黏结面；

(5) 楼层止水坎与幕墙间渗水。

堵漏措施：

(1) 将漏水部位背水面做高压注浆堵漏工艺处理；

(2) 清理堵漏部位涂刷高分子超强防水浆料；

(3) 必要时更换成品淋浴间。

(三) 屋面工程

渗漏原因：

(1) 预制或现浇钢筋混凝土板质量不良，有微孔渗透现象；

(2) 屋面板开裂；

(3) 防水涂层黏结不良，起泡，损坏；

(4) 防水涂层延伸性不够好，随板面开裂而被拉裂，或防水涂层老化龟裂。

堵漏措施：

(1) 局部清理已损坏的旧防水层表面，彻底清除所有杂物，尘灰；涂刷防水浆料，并粘贴聚酯加强布，最后再大面积涂刷2遍高分子超强防水浆料；

(2) 彻底铲除旧防水层，露出屋面结构层或找平层，按板面及墙面渗水堵漏措施的贴缝法，填缝或填缝加贴缝法，对裂缝进行封闭处理，并在一定范围的面积内，涂刷防水浆料并粘贴聚酯加强布。

(四) 女儿墙、山墙

漏水原因：

(1) 防水涂层在墙上收头不严，水倒流入涂层内；

(2) 防水涂层由于延伸性不够好在转角处被拉裂，接缝处嵌缝材料被拉裂或脱离黏结面；

(3) 女儿墙混凝土与屋面板混凝土结构渗水；

(4) 防水涂层及嵌缝材料老化龟裂。

堵漏措施：

(1) 铲除防水涂层、保温层，挖出旧嵌缝材料；如接缝处原未填嵌缝材料，则沿裂缝裂开凿20 mm×20 mm 的 V 形缝；

(2) 清除灰尘，刮填弹性嵌缝材料，在表面用防水浆料及聚酯加强布做一布三涂加强层，或局部注浆处理；

(3) 做好收头及女儿墙散水处理。

(五) 变形缝

漏水原因：

(1) 盖缝的水泥盖板或镀锌铁皮安装不良或被移动；

(2) 缝内未填弹性嵌缝材料或嵌缝材料开裂；

(3) 挡水墙根部处防水涂层及嵌缝材料脱落或被拉裂；

(4) 该部位防水涂层及嵌缝材料老化龟裂。

堵漏措施：

(1) 掀开盖板，缝内灌填弹性嵌缝材料并正确安装盖板；

(2) 铲除挡水墙根部旧防水涂层、保温层，除去旧嵌缝材料；

(3) 清理干净后，刮填嵌缝材料，表面做一布两涂加强层。

（六）天沟、落水管、管道出屋面处

漏水原因：

(1) 天沟与屋面板接缝、落水管口及穿屋面管道与屋面接缝、预制天沟边接缝等部的细石混凝土及砂浆开裂；

(2) 防水涂层及嵌缝材料施工不良，由于起泡、离层、脱落而漏水；

(3) 由于震动等种种原因，防水涂层及嵌缝材料延伸性不够好，而被拉裂或拉脱；

(4) 防水涂层及嵌缝材料老化龟裂。

堵漏措施：

(1) 铲除旧防水涂层、保温层，挖出旧嵌缝材料；

(2) 清理干净后，刮填嵌缝材料，表面做一布二涂加强层。

注：在具体施工中，要因地制宜，根据不同的情况进行积水疏导、堵漏方式、防水涂料的选择，以达到最佳的堵漏效果和经济效率。

第三篇 法律服务

第十八章　概　　述

第一节　建设工程市场法律服务背景

近年来，国家从顶层设计上颁布了一系列法律、法规、规章，以期正确引导和规制建设工程活动的健康发展。法律法规层面，国家先后颁布了《中华人民共和国建筑法》（1998年）、《中华人民共和国招标投标法》（1999年）、《中华人民共和国政府采购法》等法律，并在《中华人民共和国合同法》（1999年）分则中专辟第十六章规定了建设工程各参与方之间的民事关系。国务院也颁布了《建设工程质量管理条例》《建设工程安全生产管理条例》，并颁布了配套的《中华人民共和国招标投标法实施条例》《中华人民共和国政府采购法实施条例》等法规。国务院各部门在各自权限范围内，针对建筑市场的秩序颁布了一系列部门规章和部委规范性法律文件，形成了招标投标、从业资质、发包与承包、质量管理、竣工验收、安全生产管理等为核心的建设市场监督管理体系，并针对体系内的建设工程参与方的权利、义务，颁布了不同的监管、惩处规范性法律文件。对上述体系内的法律、法规、规范性法律文件，地方政府均也颁布了适应当地实际情况的相关管理规定。

建设市场往纵深方向发展的过程中，建设参与主体之间、建设主体与监管主体之间均产生了大量纠纷。为统一裁判尺度，最高人民法院针对性地颁布了《关于审理建设工程施工合同纠纷案件若干问题的解释》（2004年）；之后，最高院为适应新时代下出现的新的建设工程纠纷，在经过近七年的酝酿、调研、讨论后，最高院于2018年12月正式颁布《关于审理建设工程施工合同纠纷案件若干问题的解释（二）》。两部建设工程司法解释的颁布，为人民法院审理建设工程施工合同纠纷提供了完善的制度保障，统一了裁判标准。

建筑市场规范性法律文件纷繁复杂，不仅给人民法院审理建设工程纠纷提供了难度，也为现场施工管理带来了更高层次的要求。明确国家对建设工程管理的原则及细节，是做好工程管理、缓解工程建设各方矛盾、解决工程纠纷的前提。

目前国内工程建设法律服务并未完全融入工程建设形态中，原因是建设工程专业性强，技术更新快，管理规范复杂多样，能为建设工程提供法律服务的法律从业人员屈指可数。同时，工程建设过程中，建设单位、施工单位等参与方重视管理、不重视法律的现状，也是造成工程法律服务难以常态化成为建设工程咨询服务重要组成部分的原因。不管从提供高质量供求的角度，还是培养建设工程参与方的法律需求角度，工程法律服务都是任重道远。

第二节　建设工程全过程法律服务的重要性

建筑业是国民经济发展的支柱产业，在中国

经济发展过程中扮演着不可或缺的角色。随着社会经济及管理的发展,中国建设工程市场逐渐进入转型期。新时期下,政府部门对建设工程的质量、安全问题尤为关注,这对工程建设提出了新的管理和技术要求。

除少数民生项目,建设工程各参与方大部分以盈利的动机参与建设。但历经三四十年的发展,建设工程领域经充分竞争,利润率已足够透明,产生暴利的项目已不多见。在利润率一路走低的现状下,建设工程中的管理、风险防范显得举足轻重,这就为建设工程全过程法律服务提供了现实契机。

律师为建设工程项目提供全过程法律服务,是上述管理要求高、技术发展快、行业利润率低等因素综合作用下的结果,律师从风险防范角度全面参与工程建设是大势所趋。从目前我国工程发展的实际情况看,专业律师参与建设工程全过程法律服务有重要的现实意义:

首先,建设工程项目投资造价高,隐形风险无处不在,律师全过程参与可以有效降低风险,提高建设效益。基础设施和房地产项目投资造价大,投资资金流动复杂,融资手段多样,这不仅是考验建设单位的管理水平,更为建设单位提出从更高层次的法律角度降低风险的要求。同时,在工程建设中,施工参与方之间的签证、索赔,工程事件责任分配与承担,合同违约甚至签订合同时乙方的失误和漏洞,新的法律规范、政策的实施,都给双方带来巨大风险,稍不留神就需要付出重大代价。专业律师能通过熟练运用法律、政策,为项目的开发设计出最佳的规避风险的方案,在项目履行中可以从规范招投标程序、参与合同签订的谈判、变更签证会议谈判、过程工程资料的审查、争议出现后作为中间调解者参与解决纠纷等多维度为降低项目风险提供有效帮助,把风险隐患消灭在萌芽状态。

其次,建设工程领域法律规范纷繁复杂,法律、政策经常更替,需要专业律师对法律的适用、管理提供专业服务。建设工程涉及施工及使用安全,关乎国家、社会公共利益,因此国家行政监管也严格,相关的管理、规制、法律法规层出不穷,不但给建设单位、施工单位造成管理上的难度,更令其在面对法律规定冲突时无所适从。同时,建设工程关系国计民生,国家法律政策调整速度快,如果没有专业律师对其进行专业解读,建设单位、施工单位的管理效率将大大降低,无形中也容易给建设单位、施工单位增加行政责任风险。而从民事权利义务的角度,新的法律法规容易重新分配民事主体的权利义务,比如常见的材料价格调整文件的发布。建设单位、施工单位面对这些规范性法律文件,需专业律师的梳理、帮助,才能很好地保障自身合法利益。

再次,律师可以提供专业的合同管理服务。工程从开工到竣工验收,合同文件、经济文件数不胜数,合同履行过程中也会大量产生针对具体问题的补充协议性质的合同文件。在签订、管理、履行这些合同文件的过程中,律师可以为委托人设置最佳的保障其权利的合同条款,也可以在履行过程中为委托人作对其最有利的解读,规避对方的合同陷阱。

最后,律师可以在短时间内解决建设单位、施工单位的小纠纷,当出现大的争议时,可以为委托人提供最好的争议解决服务。在合同履行过程中出现争议时,律师可以在法律框架内以中立的角色参与调解,解决建设单位、施工单位之间的小分歧,提高矛盾解决效率,提高工程建设效率。当双方矛盾较大且需通过诉讼等渠道解决争议时,专业律师能为委托人争取最大权益。专业律师因为全程参与了工程建设,了解工程实际情况，也深知矛盾的症结，同时在专业律师为项目提供全过程服务过程中，会通过资料管理等手段固定证据，这对争议解决提供极大便利，能充分保障委托人的合法权利。

正因为律师参与建设工程的必要性，很多工程建设项目都有律师的全程参与，特别在经济较为发达的沿海省份，在建设工程项目中委托律师提供全程法律服务已成为常态，这也是国际工程建设的通行做法。

第三节 建设工程全过程法律服务的内容

建设工程全过程法律服务，就是专业律师为建设单位、施工单位的在建工程提供项目建设过程中全过程、全方位的法律服务，服务内容包括招投标阶段的合规性审查、施工合同的谈判与签订、建设工程施工合同履行、建设工程竣工验收结算、缺陷责任期及保修期阶段的法律服务。

一、建设工程招投标阶段

1. 从法律角度对建设单位招投标合规性进行论证，出具法律意见书。
2. 全程协助建设单位/施工单位处理招投标过程中的投诉、争议等事项，参与修订/审查招标文件。
3. 协助建设单位/施工单位在法定期限内按照法律规定签订不违反实质性内容的合同。

二、建设工程合同签订阶段

1. 参与合同谈判，审核/修订施工合同、设备安装合同、材料采购合同、专业分包合同等合同文本及相关补充协议文件。
2. 针对容易出现纠纷及容易产生索赔/反索赔的内容，设置有利、合理的合同条款，确保在合同订立时主动管控风险。

三、建设工程施工阶段

1. 协助做好合同交底工作，并以讲座、讲义的形式将所签合同的风险点向履行合同的管理方进行讲解。
2. 参加工程例会，对工程例会涉及的法律问题，出具专项法律意见并形成会议纪要。
3. 协助建设单位/施工单位按月对工程资料进行整理、移交、归档，及时处理不规范的工程资料的修改工作，催促滞后的工程资料的完善。
4. 参加变更、签证会议，判断核价的合法性、合理性、公正性，并依据合同判断施工单位取得价款的正当性；在因设计变更、工程签证等导致工程价款变更产生争议时，为建设单位/施工单位提供解决方案及出具专业的法律意见。
5. 对工程质量责任争议及费用承担提供专项法律意见，必要时代为委托鉴定。
6. 协助施工单位/建设单位进行索赔/反索赔管理。
7. 调解建设单位、施工单位之间的轻微争议。

四、建设工程项目竣工验收及结算阶段

1. 全程跟踪竣工验收阶段的进行，对竣工验收所需的工程资料的完整性、合法性做形式、实质审查。
2. 对工程竣工验收阶段发生的争议的处理（质量问题或者质量缺陷），提供专项法律意见。
3. 协助建设单位/施工单位解决工程款结算纠纷，参与协商谈判，制订结算协议。

五、建设工程项目缺陷责任期及保修期阶段

1. 协助建设单位提起缺陷责任期延长索赔。
2. 协助施工单位界定是否属于保修范围，是否应当承担保修义务。保修期限届满，协助施工单位及时收回质量保修金。

六、争议解决

1. 指导建设单位/施工单位行使合同解除权，代理建设单位应诉或起诉合同解除权纠纷案件，并主张合同解除后的责任清理事宜。

2. 代理建设单位/施工单位进行价款、工期、质量纠纷的诉讼或仲裁。

3. 处理建设工程侵权纠纷、建设工程领域职务犯罪案件。

当然，依据建设单位要求，专业律师可以在工程项目立案阶段随即介入。此外，专业律师也可以就专门问题提供法律服务，如融资咨询服务、项目合作开发、征地、拆迁等方面的工作。

第十九章 招投标服务要点

第一节 招投标流程

招投标流程如图 19-1 所示。

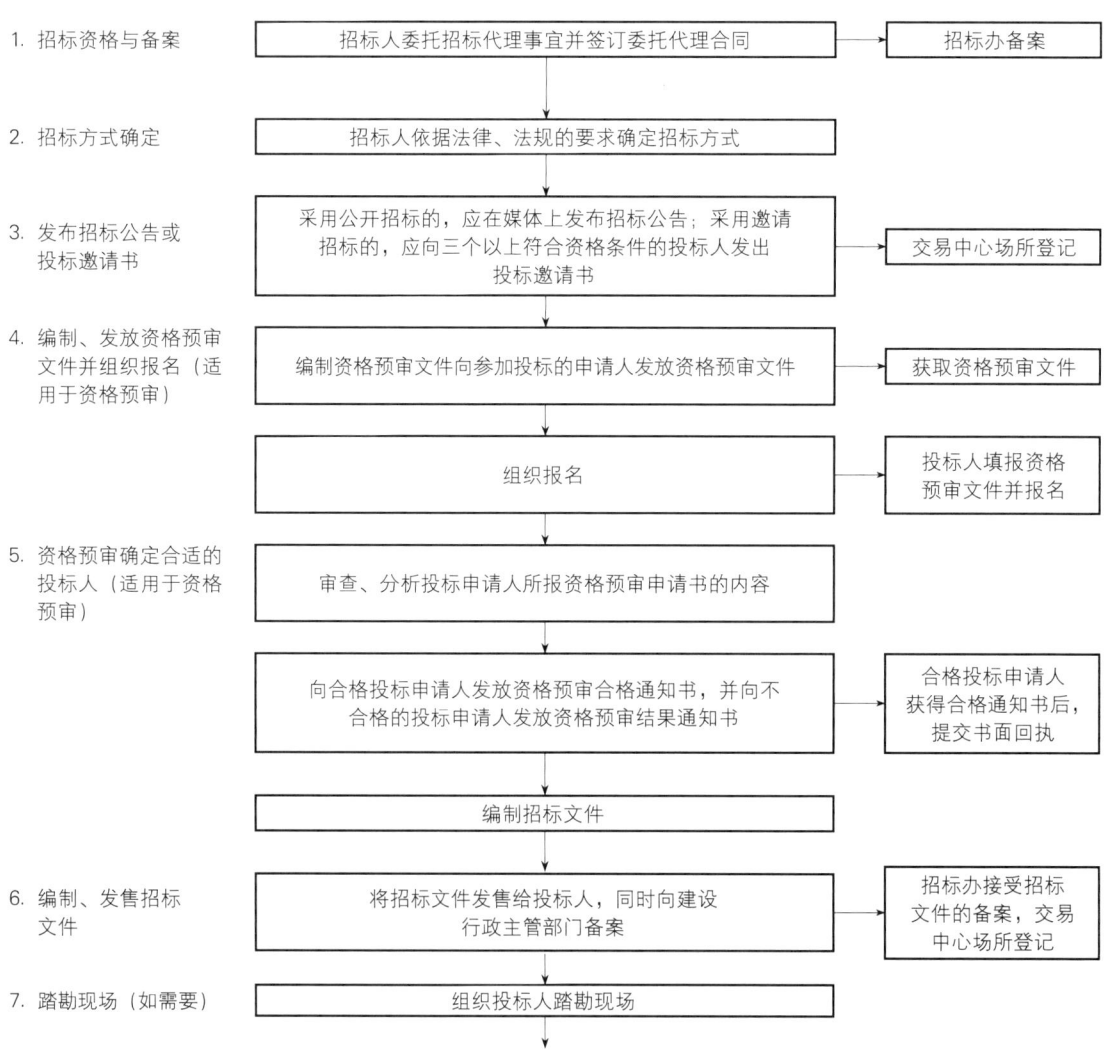

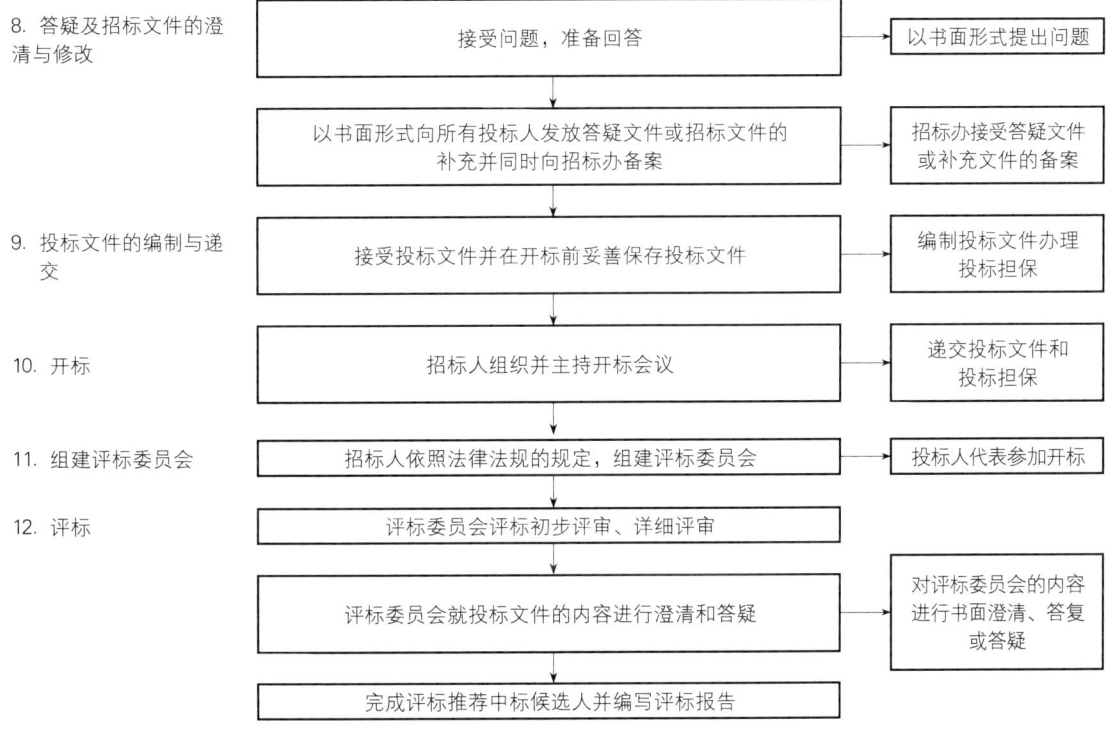

图 19-1 招投标流程图

招投标的工作安排见表 19-1。

表 19-1 招投标的工作安排

序号	招投标工作安排	时间
1	资格预审文件或招标文件发售期	不少于 5 日
2	资格预审文件提交时间	自资格预审文件停止发售之日起不得少于 5 日
3	资格预审文件的澄清或者修改（可能影响资格预审文件编制的）	提交资格预审文件截止时间至少 3 日前
4	招标文件的澄清或者修改（可能影响投标文件编制的）	提交投标文件截止时间至少 15 日前
5	编制投标文件时间	自招标文件开始发出之日起至投标人提交投标文件截止之日，最短不得少于 20 天
6	中标人候选人结果公示	不少于 3 日
7	招标情况备案	确定中标人之日起 15 日内
8	签订书面合同	中标通知书发出后 30 日内
9	招标人退还投标保证金及银行同期存款利息	最迟于签订书面合同后 5 日

第二节　招投标涉及的法律法规

一、国家法律

(1)《招标投标法》(国家主席令九届第 21 号);

(2)《采购法》(国家主席令九届第 68 号)。

二、行政法规

(1)《招标投标法实施条例》(国务院令第 613 号);

(2)《政府采购法实施条例》(国务院令第 658 号)。

三、部门规章

(1)《必须招标的工程项目规定》(国家发展和改革委员会令第 16 号);

(2)《必须招标的基础设施和公用事业项目范围规定》(发改法规〔2018〕843 号);

(3)《房屋建筑和市政基础设施工程施工招标投标管理办法》(建设部令第 89 号);

(4)《水利工程建设项目施工招标投标管理规定》(水利部令第 14 号);

(5)《工程建设项目勘察设计招标投标办法》(八部委令第 2 号);

(6)《招标公告发布暂行办法》(2013 年 3 月 11 日修订版)(国家计委令第 4 号);

(7)《工程建设项目自行招标试行办法》(2013 年 3 月 11 日修订版)(国家计委令第 5 号);

(8)《评标委员会和评标方法暂行规定》(2013 年 3 月 11 日修订版)(七部委令第 12 号);

(9)《国家重大建设项目招标投标监督暂行办法》(2013 年 3 月 11 日修订版)(国家计委令第 18 号);

(10)《工程建设项目货物招标投标办法》(2013 年 3 月 11 日修订版)(七部委令第 27 号);

(11)《工程建设项目施工招标投标办法》(2013 年 3 月 11 日修订版)(七部委令第 30 号);

(12)《公路工程建设项目招标投标管理办法》(交通部令第 24 号);

(13)《建筑工程设计招标投标管理办法》(2017 年 1 月 24 日修订版)(中华人民共和国住房和城乡建设部令第 33 号)。

四、江苏省地方性法规、部门规章和规范性文件

(1)《江苏省工程建设管理条例》(2004 年 8 月 20 日)(江苏省第八届人民代表大会常务委员会第二十一次会议);

(2)《江苏省房屋建筑和市政基础设施工程施工直接发包管理暂行办法》(苏建招〔2001〕318 号);

(3)《江苏省招标投标条例》(江苏省第十届人民代表大会常务委员会第七次会议);

(4)《江苏省房屋建筑和市政基础设施工程施工招标投标人资格审查办法》(苏建招〔2006〕372 号);

(5)《关于进一步规范政府投资房屋建筑和市政基础设施工程项目招标投标活动的若干规定》(苏建招〔2009〕140 号);

(6)《江苏省房屋建筑和市政基础设施工程电子招标投标管理办法》和《江苏省房屋建筑和市政基础设施工程远程异地评标管理办法》(苏建招办〔2013〕4 号);

(7)《关于房屋建筑和市政基础设施工程贯彻招标投标法实施条例的意见》(苏建规字〔2013

4号）；

(8)《江苏省房屋建筑和市政基础设施工程招标投标中串通投标和弄虚作假行为认定处理办法（试行）》（苏建规字〔2014〕2号）；

(9)《江苏省房屋建筑和市政基础设施工程评标专家管理办法》（苏建规字〔2014〕3号）；

(10)《江苏省建设工程招标投标管理办法》（江苏省政府132号令）；

(11)《省招标办关于明确招标投标监管工作有关问题的通知》（苏建招办〔2016〕2号）；

(12)《江苏省装配式建筑（混凝土结构）项目招标投标活动的暂行意见》（苏建规字〔2016〕1号）；

(13)《省住房和城乡建设厅关于开展房屋建筑和市政基础设施工程招标投标改革试点工作的通知》（苏建招〔2016〕260号）；

(14)《江苏省房屋建筑和市政基础设施工程招标投标活动异议与投诉处理实施办法》（苏建规字〔2016〕4号）；

(15)《省招标办关于网上处理房屋建筑和市政基础设施工程招投标异议和投诉试点工作的通知》（苏建招函〔2016〕9号）；

(16)《江苏省依法必须招标项目招标信息发布规定》（苏发改法规发〔2007〕436号）；

(17)《住房城乡建设厅关于调整房屋建筑和市政基础设施工程招标投标改革试点措施和改革调整措施的通知》；

(18)《关于做好政府采购信息公开工作的通知》（苏财购〔2015〕51号）。

第三节　招投标法律问题

1. 哪些项目需要公开招标？哪些项目可以邀请招标？

招标分为公开招标和邀请招标，《招标投标法实施条例》第八条规定，"国有资金占控股或者主导地位的依法必须进行招标的项目，应当公开招标"。由此可以得出，非国有资金控股或主导地位的项目可以选择采用公开招标或者邀请招标的形式。

2. 招标的资格预审文件必要合格条件包括必选条件及可选条件，哪些为必选条件，哪些为可选条件？

资格预审必要合格条件包括必选条件和可选条件，下列属于资格预审必要合格条件中的必选条件（即招标人在资格预审过程中必选的，投标申请人资格预审合格至少应当满足的条件），并在招标公告中明确：

(1) 具有独立订立合同的能力；

(2) 未处于被责令停业、投标资格被取消或者财产被接管、冻结和破产状态；

(3) 企业没有因骗取中标或者严重违约以及发生重大工程质量、安全生产事故等问题，被有关部门暂停投标资格并在暂停期内的；

(4) 企业的资质类别、等级和项目经理的资质等级满足招标公告要求；

(5) 以联合体形式申请资格预审的，联合体的资格（资质）条件必须符合要求，并附有共同投标协议；

(6) 资格预审申请书中的重要内容没有失实或者弄虚作假；

(7) 企业具备安全生产条件，并取得安全生产许可证；

(8) 项目经理无在建工程，或者虽有在建工程，但合同约定范围内的全部施工任务已临近竣工阶段，并已经向原发包人提出竣工验收申请，原发包人同意其参加其他工程项目的投标竞争。

资格预审必要合格条件中的可选条件是指：除上述所列招标人必选的必要合格条件外，招标人可以全部或部分选择、作为资格预审合格的必要条件的条件。

小型工程的资格预审必要合格条件中的可选条件为：

(1) 企业承担过类似及以上工程；

(2) 项目经理承担过类似及以上工程。

一般工程的资格预审必要合格条件中的可选条件为：

(1) 企业承担过类似及以上工程；

(2) 项目经理承担过类似及以上工程；

(3) 企业承担的类似及以上工程获得过市优工程或省优工程；

(4) 项目经理承担的类似及以上工程获得过市优工程或省优工程；

(5) 企业承担的工程获省辖市级建设行政主管部门评定的"文明工地"或"标化工地"；

(6) 项目经理承担的工程获省辖市级建设行政主管部门评定的"文明工地"或"标化工地"；

(7) 项目经理获得过省辖市级建设行政主管部门颁发的"优秀项目经理"称号。

较大工程的资格预审必要合格条件中的可选条件为：

(1) 企业承担过类似及以上工程；

(2) 项目经理承担过类似及以上工程；

(3) 企业承担的类似及以上工程获得过市优工程、省优工程；

(4) 项目经理承担的类似及以上工程获得过市优工程、省优工程；

(5) 企业承担的工程获省辖市及以上建设行政主管部门评定的"文明工地"或"标化工地"；

(6) 项目经理承担的工程获得过省辖市及以上建设行政主管部门评定的"文明工地"或"标化工地"；

(7) 项目经理获得过省辖市及以上建设行政主管部门颁发的"优秀项目经理"称号。

3. 投标文件中出现多处质量保证期条款，该如何处理？

投标文件中投标单位经常会在不同文件中载明多处不同的质量保证期，那么以哪个质保期为准呢？一般认为，质保期条款并不是施工合同的实质性条款，因此在出现多处不一致时，双方可以协商确定质量保证期的长短，但不得低于《建设工程质量管理条例》规定的最低标准。如果招标文件对质保期有规定，并且作为响应条款，则投标文件低于招标文件规定质保期的条款不应被适用。

4. 母子公司、兄弟公司，可否参加同一标段的招标？

母子公司是指存在控股隶属或管理关系，但均为独立法人的两个企业。兄弟公司是指股东中为同一投资人的两家独立的法人机构。《招标投标法》第三十四条"与招标人存在利害关系可能影响招标公正性的法人、其他组织或者个人，不得参加投标。单位负责人为同一人或者存在控股、管理关系的不同单位，不得参加同一标段投标或者未划分标段的同一招标项目投标。违反前两款规定的，相关投标均无效"。由此条可以看出，母子公司不能参加同一标段投标或未划分标段的同一招标项目投标。而兄弟公司并没有法律的限制，可以参加同一标段或者同一招标项目的投标。

5. 投标书中的计算错误的如何处理？

通用招标文件中对于计算错误进行了以下规定：投标报价有算术错误的，评标委员会按以下原则对投标报价进行修正，修正的价格经投标人书面确认后具有约束力。投标人不接受修正价格的，其投标作废标处理。

（1）投标文件中的大写金额与小写金额不一致的，以大写金额为准；

（2）总价金额与依据单价计算出的结果不一致的，以单价金额为准修正总价，但单价金额小数点有明显错误的除外。

6. 经过招投标的工程项目，签订施工合同时，哪些条款属于实质性条款，如变更会产生怎么样的法律后果？

《招标投标法》第四十六条规定，"招标人和中标人应当自中标通知书发出之日起三十日内，按照招标文件和中标人的投标文件订立书面合同。招标人和中标人不得再行订立背离合同实质性内容的其他协议"。何为实质性条款？施工合同中"招标范围、价款、工期、质量"被认为是实质性条款，招标人和中标人另行签订改变工期、工程价款、工程质量、招标范围等影响中标结果实质性内容的协议，导致合同双方当事人就实质内容享有的权利义务发生较大变化的，应认为是违反招投标法第四十六条的行为，违反的条款无效。实践中还会出现在施工合同中并没有变更实质性条款，而是采用其他手段变更了实质性内容，如中标人做出的以明显低于市场价格购买承建房产、无偿建设住房配套设施、让利、向建设方捐款等承诺，也应被认定为变更中标合同的实质性内容。但建设工程开工后，因设计变更、建设工程规划指标调整等客观原因，发包人与承包人通过补充协议、会议纪要、往来函件、签证、洽商记录形式变更工期、工程价款、工程质量的，不应认定为变更中标合同的实质性内容。

7. 工程项目招标过程中，中标通知发出后不签订合同应承担的后果是什么？

招标文件为要约邀请，投标文件为要约、中标通知书为承诺，按照合同法，要约一经承诺，合同成立，但合同法又规定，采用书面形式的合同，自双方签字盖章后生效。施工合同是法律规定需要采用书面形式的合同，因此中标通知书发出后，双方的本约合同即施工合同没有成立，但双方之间为订立本约定合同而签订的预约合同已经成立。因此如果因为一方原因不能签订施工合同，则违约方应赔偿守约方实际损失，即为招投标所支出的实际费用，也可要求赔偿因未能签订合同而导致的机会利益损失，甚至有些案件可以要求违约方承担履行本约合同可能获得的利益。

第四节 招投标异议、投诉处理流程

招标投标异议、投诉处理如图 19-2 所示。

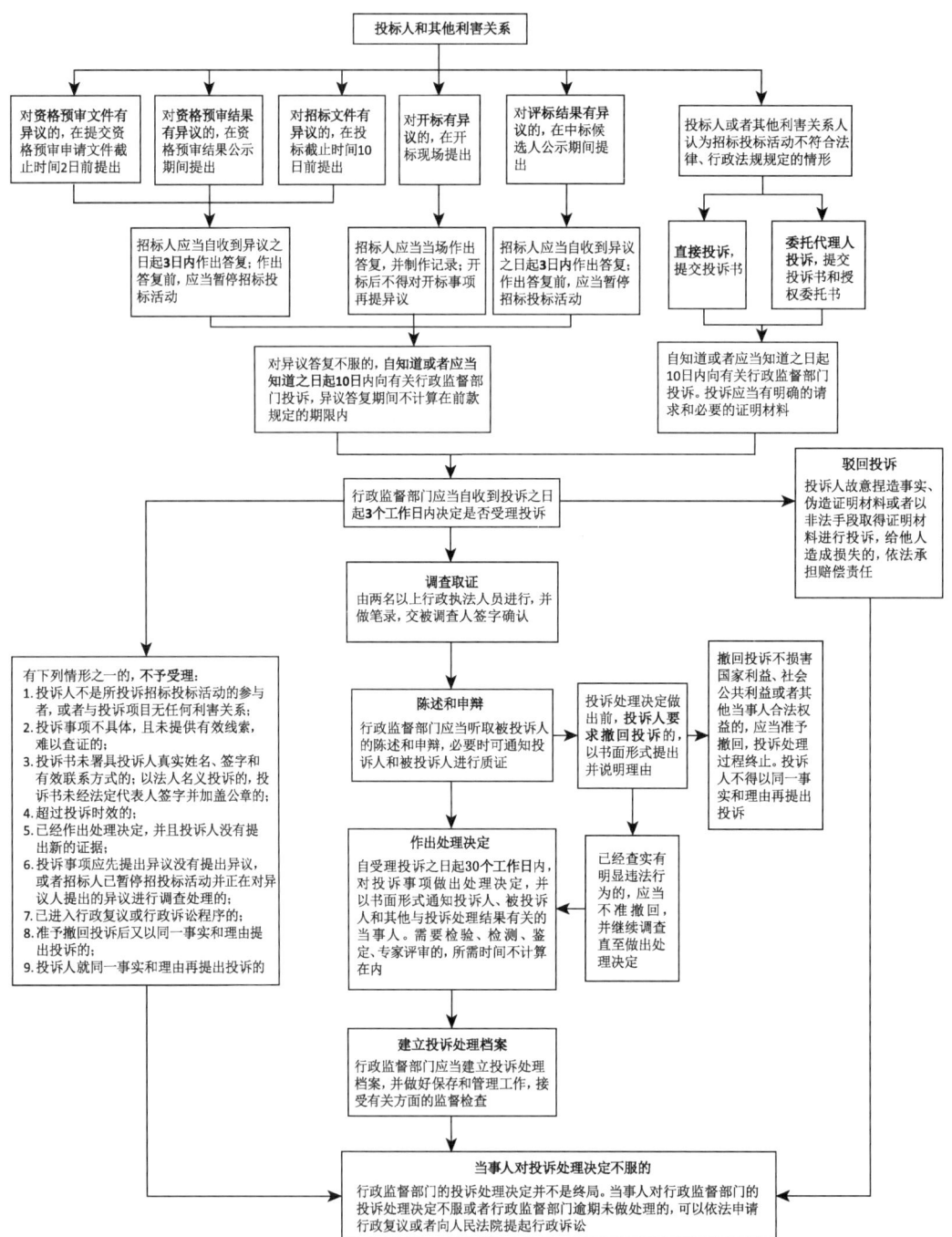

图 19-2 招标投标异议、投诉处理流程图

第五节　招投标投诉处理案例

某招标人委托某招标代理机构就室内装饰工程进行招标，向社会公开发布招标公告及资格预审文件。经评审，8家单位通过资格预审，后向通过资格预审的投标人发放招标文件，经投标、开标、评标，评选出三家中标候选人，A公司为第一名中标候选人。在中标候选人公示期间，招标人接到举报，举报A公司专业能力有限，存在挂靠、围标、串标等违法行为，请求招标人进行查实。

核查过程中，招标人要求A公司提供相应资质及主要管理人员劳动关系等材料，经查实，A公司主要管理人员劳动合同造假。此种情形下，是否可以取消A公司的中标候选人资格？

评析：

1. 伪造劳动合同属于弄虚作假行为，中标无效，应取消中标候选人资格。

投标人不得以低于成本的报价竞标，也不得以他人名义投标或者以其他方式弄虚作假，骗取中标。以其他方式弄虚作假的行为包括：

（1）使用伪造、变造的许可证件；

（2）提供虚假的财务状况或者业绩；

（3）提供虚假的项目负责人或者主要技术人员简历、劳动关系证明；

（4）提供虚假的信用状况等。

依据《招标投标法》第五十四条规定，"投标人以他人名义投标或者以其他方式弄虚作假，骗取中标的，中标无效，给招标人造成损失的，依法承担赔偿责任；构成犯罪的，依法追究刑事责任"。

本案例中，A公司主要管理人员劳动合同造假，属于弄虚作假骗取中标的行为，中标无效，应当取消A公司中标候选人资格。取消其资格后，招标人可以确定第二名中标候选人为中标人，也可以重新进行招标。

2. 中标无效的情形

除上述《招标投标法》第五十四条规定的弄虚作假骗取中标导致中标无效的情形外，《招标投标法》还规定了以下五种导致中标无效的情形：

（1）投标人相互串通投标或者与招标人串通投标的，投标人以向招标人或者评标委员会成员行贿的手段谋取中标的；

（2）招标代理机构违反本法规定，泄露应当保密的与招标投标活动有关的情况和资料的，或者与招标人、投标人串通损害国家利益、社会公共利益或者他人合法权益，影响中标结果的；

（3）依法必须进行招标的项目的招标人向他人透露已获取招标文件的潜在投标人的名称、数量或者可能影响公平竞争的有关招标投标的其他情况的，或者泄露标底的，影响中标结果的；

（4）依法必须进行招标的项目，招标人违反本法规定，与投标人就投标价格、投标方案等实质性内容进行谈判，影响中标结果的；

（5）招标人在评标委员会依法推荐的中标候选人以外确定中标人的，依法必须进行招标的项目在所有投标被评标委员会否决后自行确定中标人的。

第二十章 合同签订与履行服务要点

第一节 建设工程合同概述

根据《合同法》的规定，建设工程合同是承包人进行工程建设、发包人支付价款的合同，发包人与承包人应采用书面形式订立勘察、设计、施工或工程总承包等建设工程合同。建设工程实行监理的，发包人还应当与监理人采用书面形式订立委托监理合同。本章将对勘察合同、设计合同、施工合同、监理合同分别作简要介绍。

一、建设工程勘察合同

（一）定义

建设工程勘察合同，是指工程勘察人接受发包人（委托人）的委托，根据法律法规的要求，结合项目特点，探测、分析、评价建设场地的地质、地理环境特征和岩土工程条件，编制建设工程勘察文件，向发包人（委托人）提供勘察报告、由发包人（委托人）支付价款的合同。

（二）法律法规

国家现行的法律法规，对于规范建设工程勘察合同的有：

《合同法》；
《建设工程勘察设计管理条例》；
《建设工程勘察设计资质管理规定》；
《勘察设计注册工程师管理规定》；
《建设工程勘察质量管理办法》；
《关于勘察设计单位分支机构资格证书有关问题的通知》。

上述法律法规分别从国家监管、从业要求、平等主体间民事关系的调整等几个方面分别对建设工程勘察活动做出规范。

（三）资质要求

1. 资质许可

勘察工作是一项专业性很强的工作，勘察结果的质量也关系建设工程的建设质量，关系公共利益，所以一般应当由专门的地质工程勘察单位完成。根据《建设工程勘察设计资质管理规定》第三条规定，从事建设工程勘察活动的企业，应当按照其拥有的注册资本、专业技术人员、技术装备和设计业绩等条件申请资质，经审查合格，取得建设工程勘察资质证书后，方可在资质许可的范围内从事建设工程勘察活动。

2. 资质分类、分级

勘察企业资质的类别、级别包括：

(1) 综合资质：只设甲级。

(2) 专业资质：一般设甲级、乙级；部分专业可以设丙级。

(3) 劳务资质：工程勘察劳务资质不分等级。

3. 勘察人员资格

根据《勘察设计注册工程师管理规定》第三条规定，未取得注册证书及执业印章的人员，不得以注册工程师的名义从事建设工程勘察及有关业务活动。

（四）合同文本

1. 发改委等九部委于 2017 年 9 月 4 日发布《标准勘察招标文件》，该文件于 2018 年 1 月 1 日实施。依法必须招标的与工程建设有关的勘察项目，必须强制适用上述《标准勘察招标文件》中第四章"合同条款"的相关内容。

2. 住建部、国家工商总局于 2016 年 9 月 12 日发布《建设工程勘察合同（示范文本）》（GF-2016-0203）。该示范文本供参照执行，不具有强制力。

二、建设工程设计合同

（一）定义

建设工程设计合同，是指设计人接受发包人（委托人）的委托，根据相关建设要求，对建设工程所需的技术、经济、资源、环境等条件进行综合分析、论证，编制、提交工程设计文件，发包人支付价款的合同。

（二）法律法规

根据检索国家现行的法律法规，对于专门规范建设工程设计合同的法律法规如下：

《合同法》；
《建设工程勘察设计管理条例》；
《建设工程勘察设计资质管理规定》；
《勘察设计注册工程师管理规定》。

（三）资质要求

1. 从事工程设计，单位需取得资质许可；人员需取得相应的资格。

从事建设工程工程设计活动的企业，应当按照其拥有的注册资本、专业技术人员、技术装备和设计业绩等条件申请资质，经审查合格，取得建设工程设计资质证书后，方可在资质许可的范围内从事建设工程工程设计活动。另外，未取得注册证书及执业印章的人员，不得以注册工程师的名义从事建设工程设计及有关业务活动。

2. 资质的分类、分级。

（1）综合资质：只设甲级。

（2）行业/专业/专项/资质：一般设甲级、乙级；个别行业、专业、专项资质可以设丙级；建筑工程专业资质可以设丁级。

（四）合同文本

1. 发改委等九部委发布的《标准设计招标文件》第四章"合同条款"为必须招标工程项目强制适用。

2. 住建部、国家工商总局于 2015 年 3 月 4 日发布的示范文本：《建设工程设计合同示范文本（房屋建筑工程）》（GF-2015-0209）、《建设工程设计合同示范文本（专业建设工程）》（GF-2015-0210），发包人与设计单位可参照适用，对强制要求适用。

三、建设工程施工合同

（一）定义

建设工程施工合同，是指施工人作为承包人从事土木工程、建筑工程、线路管道和设备安装工程及装修工程的新建、扩建、改建和拆除等施工作业，发包人（建设单位或其他有关单位）支付价款的合同。建设工程施工合同包括施工总承包合同和施工分包合同。施工分包合同包括专业施工分包合同和劳务分包合同。

（二）法律法规

国家现行的法律法规中，专门规范建设工程

施工合同的有：

《合同法》；

《建筑法》；

《城乡规划法》；

《招标投标法》；

《民事诉讼法》；

《必须招标的工程项目规定》；

《必须招标的基础设施和公用事业项目范围规定》；

《建设工程安全生产管理条例》；

《建设工程质量管理条例》；

《对外承包工程管理条例》；

《建设工程消防监督管理规定》；

《建设工程质量检测管理办法》；

《房屋建筑和市政基础设施工程质量监督管理规定》；

《建筑业企业资质管理规定》；

《房屋建筑和市政基础设施工程施工分包管理办法》；

《建设工程施工发包与承包价格管理暂行规定》；

《工程建设项目实施阶段程序管理暂行规定》；

《最高人民法院关于审理建设工程施工合同纠纷案件适用法律问题的解释》；

《最高人民法院关于建设工程价款优先受偿权问题的批复》；

《全国民事审判工作会议纪要》；

《第八次全国法院民事商事审判工作会议（民事部分）纪要》；

《江苏省高级人民法院关于审理建设工程施工合同纠纷案件若干问题的解答》；

《江苏省高级人民法院关于审理建设工程施工合同纠纷案件若干问题的意见》；

《江苏省高级人民法院建设工程施工合同案件审判指南》；

《江苏省高级人民法院建设工程施工合同纠纷案件司法鉴定操作规程》；

《江苏省高级人民法院、江苏省住房和城乡建设厅关于建立化解建设工程合同纠纷案件联动机制的意见》。

（三）资质要求

1. 从事工程施工，单位需取得资质许可；从业人员需取得相应的资格。

企业应当按照其拥有的资产、主要人员、已完成的工程业绩和技术装备等条件申请建筑业企业资质，经审查合格，取得建筑业企业资质证书后，方可在资质许可的范围内从事建筑施工活动。并且从事建筑活动的专业技术人员，应当依法取得相应的执业资格证书，并在执业资格证书许可的范围内从事建筑活动。

2. 资质的分类、分级。

（1）建筑业企业资质分为施工总承包资质、专业承包资质、施工劳务资质三个序列。

（2）施工总承包资质序列设有12个类别，一般分为4个等级，即特级、一级、二级、三级。

（3）专业承包序列设有36个类别，一般分为3个等级，即一级、二级、三级。

（4）施工劳务资质不分类别与等级。

（四）合同文本

1. 住建部于2007年11月1日发布、2008年5月1日实施的《标准设计招标文件》（2013年修订）第四章"合同条款"，适用于一定规模以上，且设计和施工不是由同一承包商承担的工程施工招标。依法必须招标的与工程建设有关的施工项目，必须采用上述"合同条款"。

2. 住建部、国家工商总局于2017年9月22日发布《建设工程施工合同（示范文本）》（GF－2017－

0201），该示范文本供参照执行，不具有强制力。

四、建设工程监理合同

（一）定义

工程监理合同，是指监理人接受发包人（委托人）委托，代表发包人对工程质量、造价、工期、进度、工程款支付等方面进行专业监督、控制并协调施工现场有关各方之间的工作关系，由发包人支付报酬的合同。

（二）法律依据

《合同法》；
《建设工程质量管理条例》；
《建设工程监理范围和规模标准规定》；
《房屋建筑工程施工旁站监理管理办法（试行）》；
《工程监理企业资质管理规定》；
《工程监理企业资质管理规定实施意见》；
《注册监理工程师规定》。

（三）资质要求

1. 监理单位需取得相应资质；监理人员需取得相应的资格。

从事建设工程监理活动的企业，应当按照本规定取得工程监理企业资质，并在资质许可的范围内从事建设工程监理活动。未取得注册证书及执业印章的人员，不得以注册监理工程师的名义从事建设工程监理及有关业务活动。

2. 监理资质的分类、分级

监理资质的类别、级别包括：

(1) 综合资质：不分级别。
(2) 专业资质：一般设甲级、乙级；房屋建筑、水利水电、公路和市政公用工程专业资质可以设丙级。
(3) 事务所资质：不分级别。

（四）合同文本

1. 发改委等九部委于2017年9月4日发布《标准监理招标文件》之第四章"合同条款"，对依法必须招标的与工程建设有关的监理项目强制适用。

2. 住建部、国家工商总局于2012年3月27日发布并实施的《建设工程监理合同示范文本》（GF－2012-0202），供参照执行，不具有强制力。

五、与建设工程相关的其他合同

（一）招标代理合同

招标代理，一般是指具备相关资质的招标代理机构（公司）按照相关法律规定，受招标人的委托或授权办理招标事宜的行为。目前招标代理服务主要包括三类服务：咨询类、文件编制及审核类、程序组织类。招标代理合同的示范文本只有《工程建设项目招标代理合同（示范文本）》（GF－2005-0215），该示范文本不具有强制性。

（二）物资采购合同

物资采购合同，是指采购方（发包人或者承包人）与供货方就建筑材料或设备的供应，签订的明确双方权利和义务的协议。合同的标的是指与工程建设项目有关的重要设备和材料等。一般分为设备采购和材料采购合同。

第二节　合同条款制定要点及风险提示

一、勘察合同

（一）概述

由于建设工程勘察工作的专业性较强，工作量大，囿于勘察方法、技术的有限性，可能存在无法勘察或者勘察不全面的结果，进而影响整个建设工程的工期进展及建设成果，容易引起纠纷。勘察合同条款在设计上应注意以下常见风险的响应及匹配：

1. 勘察合同对勘察事项约定不明，包括工程的范围、勘察深度、提交的成果等内容约定不明确或合同当事人之间未达成一致。

2. 交付时间和方法不明或无约定。对建设工程勘察成果的提交时间、验收时间、标准和方法不明确，可能导致违约金和损失的产生。

3. 质量标准违法或者约定不明或无约定。勘察结果的质量标准低于国家规定的工程建设强制性标准或者不符合合同约定标准，导致修复费用和工期延误损失。

4. 对勘察费用的计算依据和计算方法、支付方式约定不明或者无约定。由于建设工程勘察的专业性和复杂性，其勘察费用计算依据和方法不一，不易达成一致，甚至由于客观情况，可能会导致额外费用。另外，支付方式（一次性或者进度支付）影响勘察方的利益。

5. 合同纠纷的解决约定不明或者无约定，尤其是违约条款约定不明，守约方无法主张违约金，同时损失经常出现举证困难。主要表现为：

（1）迟延支付违约责任不明。发包人未按照合同约定的时间或进度支付勘察工程预付款及进度款。

（2）通知义务不明。特殊情况下通知勘察方停工的义务或者影响提交成果进度的义务不明。

（3）知识产权归属不明。未明确勘察成果的权利归属，容易产生纠纷。

（4）未履行保密义务。将勘察成果泄露、转让、许可给第三方，侵犯权利人的知识产权。

（5）勘察人擅自转包或者分包。

（6）勘察人提交勘察成果迟延或者提交结果质量标准不符合约定。

6. 无正当理由解除合同。

（二）勘察合同重点条款防范

1. 明确勘察合同内容及其质量验收标准，具体适用的法律、法规及标准、规范名称，不得低于国家标准。

2. 勘察费条款。收费要具体明确，收费标准可以自主约定，也可参照《工程勘察设计收费管理规定》。

3. 勘察进度条款。因勘察进度直接影响建设工期，因此根据工程实际情况，可以明确约定阶段勘察，并根据完成情况按照进度付款。

4. 质量条款。勘察合同应明确其勘察行为合法合规，勘察文件质量应符合国家相关法律、法规规定。

5. 明确勘察成果交付时间。

6. 明确发生不可抗力时，双方的利益分配。

7. 明确发生特殊地质情况时，补充勘察费用的承担。

8. 违约情形及违约金的承担要明确、具体、可操作。需要约定的事项应包括：

（1）勘察结果不符合约定质量标准的，要求其返工直至符合合同约定。

（2）迟延履行或者交付、未履行通知义务的，可约定违约金，造成损失的，应予以赔偿。

（3）转包或分包的，发包人有权解除合同，勘察人返还已支付勘察费，并赔偿损失，承担一定的违约金。

（4）勘察人资质不符合法律法规规定且隐瞒事实的，应加大勘察人的违约责任。

9. 对勘察文件的权利归属要明确，以及违反保密义务的违约责任、损失赔偿。

二、设计合同

签订建设工程设计合同时,重点应对下列条款加以明确:

1. 明确是否存在合作设计。若存在两个以上经济主体合作设计的,设计合同应明确设计人各方共同对发包人承担连带责任。

2. 明确设计范围与内容。设计合同签订时应明确约定以下内容:

(1) 项目名称、建设规模、用地性质、建筑功能等。

(2) 委托多个设计人的,应明确各设计人的设计范围与内容之间的界限划分和接口。设计合同范本最好采用住建部制定的《建筑工程设计合同》。

3. 设计费条款。明确约定工程设计费是固定价或可调价。如果是固定价,应明确是固定总价,还是固定单价;如果是可调价,应明确调整标准、方式、程序等。

4. 设计进度条款。因设计进度直接影响建设工期,因此根据工程实际情况,可以明确约定方案设计、初步设计、施工图设计等阶段,并根据完成情况按照进度付款,同时明确存在延迟交付设计文件时违约责任及损失赔偿的承担条款。

5. 质量条款。设计合同签订时应明确质量标准:设计文件质量应符合国家相关法律、法规规定;符合质量、安全、节能、环保等工程建设强制性标准;符合设计任务书或合同中明确约定的所需功能和使用要求;各项标准都存在的,就高标准执行。

6. 设计变更与索赔约定条款。设计合同常见因工程变更与索赔的标准、方法与程序约定不明确而导致的纠纷,为防范此类风险,设计合同签订时应明确约定以下内容:

(1) 工程设计变更的情形;

(2) 工程设计变更程序及形式,其中形式上必须明确经过委托人的书面同意;

(3) 设计人擅自变更的责任:违约金、损失赔偿的承担,发包人解除合同、设计人退还已支付设计费等条款的设计;

(4) 设计变更产生的费用支付。

7. 明确设计成果的归属和责任。设计成果的知识产权归属可在设计合同中约定,一般情况下应约定该知识产权归发包人所有。

8. 设计人职业责任保险条款。因设计缺陷可能造成工程建设的巨大损失,而设计人一般难以独立承担。因此约定设计人投保职业责任保险分散设计责任风险对于大型工程项目设计非常必要。

9. 履约担保条款(如需要)。

10. 负责、主持、参加设计的设计人员的清单和个人信息作为合同附件(设计成果的水平和质量主要在于设计师)。

11. 明确合同不得转包或分包及设计人出现转包、分包时的责任承担。

三、工程施工合同

司法实践中,建设工程施工合同纠纷常见于工程质量、工程价款、工程工期等方面,建设工程施工合同签订时应注意以下风险:

(一) 合同主体资格审查

建设工程质量关系工程安全和公共利益,国家对建设工程执行市场准入制度,对施工单位及施工合同主体提出严格的资质要求,合同主体的审查也是工程施工合同的首要问题。审查主体应把控以下两个方面:

1. 合法身份

审查对方的经营主体资格是否合法,是否真

实存在，一般会查其"三证"（现"三证"并"一证"），并要求对方提供复印件（盖章）留存。

2. 履约能力

（1）审查施工单位现有的、实际的经营情况，除此之外，可以通过"国家企业信用信息公示系统"或者"企查查""天眼查""裁判文书网"等工商信息、信用信息公开平台查询其工商注册基本信息、行政处罚信息、列入经营异常名录信息、列入严重违法失信企业名单（黑名单）信息、以往诉讼信息、执行信息，等等，尤其是失信、诉讼、执行情况。若施工单位存在信用问题，除非其能做出合理解释，否则应充分考察其合同履约能力，谨慎签约。

（2）资质证明文件。由于建设工程施工合同特殊性，包含合同有效的认定，都要求合同主体具备相应的资质，可以判断发包人的发包项目是否合法，承包方是否依法承包、是否存在转包、挂靠的情形。因此审查对方当事人是否取得了建筑法律或行政法规要求的资质种类及其等级，以及上述资质文件是否合法、合规、有效，并要求其提供复印件（盖章）留存，以免合同无效或者施工质量不符合标准造成经济损失。

（3）其他审查。合同上单位名称必须为全称，与营业执照、印章一致；合同对方的地址（包括送达地址）和电话联系方式等信息应当确认无误；明确合同签订人员具有合同对方的书面授权，且授权范围明确、具体，并查询、要求签订人员提供身份证明资料（复印盖章留存）等。

（二）合同是否属于强制招投标范围的审查

工程项目是否属于强制招投标，具体参阅《必须招标的工程项目规定》和《必须招标的基础设施和公用事业项目范围规定》。

（三）注意审查组成合同文件的顺序

合同组成文件及其解释顺序在出现争议时意义重大，应在专用合同条款中予以明确，合同文件在前者优先。

（四）工期条款

1. 明确合同工期的定义、确认程序和时限，合同中应对计划开工日、实际开工日、计划完工日、实际完工日、计划竣工日和实际竣工日进行详细定义和具体约定。一般开工日期以发包方或监理发出的开工通知/开工令为准；实际开工日期与约定日期不一致的，以实际开工日期为准；施工许可证日期和实际施工日期不一致的，以施工许可证日期为准；合同约定开工日期、开工报告载明开工日期、施工许可证上载明的开工日期均不相同的情况下，应以监理单位确认的开工报告中载明的日期作为开工日期。

2. 明确总日历天数的计算方法。工期总日历天数与根据计划开竣工日期计算的工期天数不一致的，以工期总日历天数为准，且这里的天数为日历天数（包括法定节假日），实践中真正的施工时间并不包括春节等节假日，所以承包人在确定工期时须注意节假日时间，为工期安排留足富余时间。

3. 双方应明确约定工期顺延的情形以及相应的违约责任、程序约定。

（1）工期延误的情形一般包括：

① 发包人原因：延误提交图纸，延误移交施工场地，拖延审批图纸、施工方案、计划，拖延支付预付款或工程款，提供的设计数据或工程数据延误，指定的分包商违约或延误，延误提供约定由其提供的材料或设备，拖延隐蔽工程或分段工程的验收时间，设计变更或要求修改图纸，设计、监理的原因视作发包人的原因。

② 承包人原因：施工组织管理不善、施工人

手不足、施工机械故障、质量不符合要求而返工、开工延误、承包人雇佣的分包人或供应商的延误等。

③ 不可抗力原因：人力不可抗拒的自然灾害导致的延误，特殊风险如战争、叛乱、革命、核装置污染等造成的延误，不利的自然条件或客观障碍引起的延误，政府抵制或禁运而造成工程延误。

（2）工期顺延的程序性约定。为规制发承包双方在工期索赔中的效率，双方可在合同中约定工期索赔程序。

（五）工程量条款的确定

明确工程量的计算方法、工程量的调整依据、程序等。

对增加的工程量，应在合同中提前明确重新计量和确认工程量的办法、程序。

（六）工程质量约定的审查

1. 明确工程质量的标准（名称、文号）。
2. 明确验收的依据、程序和范围，及对工程质量有争议、分歧时确认质量是否合格的方法和手段。
3. 工程质量保修范围、保修期和保修金的规定等。

（七）明确价款相关条款及其支付条款

1. 对采用了招标投标方法确定施工单位的工程项目，签约合同价即是中标价；直接发包的工程，签约合同价为双方签约时协商确定的价格。

双方约定工程价款时应明确合同价款是可调价、固定还是成本加酬金等形式。采用固定单价或固定总价的，应当在合同专用条款中约定综合单价包含的风险范围和风险费用的计算方法，在约定的风险范围内综合单价不再调整，风险范围以外的综合单价调整方法，采用可调价格合同方式的，应当在合同有关条款中约定人工、材料、机械等市场价格发生变化时的调整方法。采用成本加酬金形式的合同，为防止施工单位加大项目造价，可通过设置激励条款、投资限额条款等方式，降低建设单位风险，调动施工单位积极性。

2. 合同中必须对价款调整的范围、程序、计算依据和设计变更、现场签证、材料价格的审批、确认做出明确规定。

3. 核算保证金等是否符合法定数额，工程预付款是否合理合规，维修保证金的预留是否符合规范性法律文件的要求。

4. 明确农民工工资支付的方式、条件，对拖欠农民工工资等恶性事件应作为违约处理并在合同中加以约定。

5. 明确支付方式。根据实际情况明确一次性支付还是按照进度款支付。是否明确价款的计算方法、货币种类、支付时间和方式。

6. 无正当理由迟延支付的惩罚措施是否明确、可执行。

第三节　履约保函文本及释义

一、预付款保函

（一）定义

建设工程中的预付款保函是指承包人要求银行向业主（发包人）出具的保证业主所支付的工程预付款用于实施项目的一种信用函件。担保银行应为业主所接受。如承包人将预付款挪作他用或不按照约定执行预付款抵扣条款，业主可凭保函向担保银行索赔。

在工程建设项目中，承包人通常要求业主预先支付项目合同金额的 10%～30% 预付款作为启动资金。业主支付预付款的前提是由银行向其出具以承包商为申请人的预付款还款保函。如承包人未履行或未全部履行项目合同义务，则其应向业主退还全部或相应比例的预付款。承包商拒付的，业主有权向担保银行索赔。担保的时间往往不长，一般为30～90天。

（二）预付款保函内容

预付款保函的内容主要包括委托人、受益人和开立银行的名称和地址、银行的责任承诺、生效条件、保函金额、有效期、管辖的法律等。

（三）审核重点

1. 开立银行。因为预付款保函的保证人即开立保函的银行承担的是第一性、直接的付款责任，所以业主（发包人）应要求出具保函的银行实力雄厚、信誉度高。

2. 生效条款。一般为保函一开出就生效，但是实践中附条件生效情形较多，如部分保函以开立银行收到承包人收到发包人预付款的书面确认后才正式生效，这样的条件业主（发包人）应拒绝接受。因为业主付款后，由于各种原因（如承包人未书面确认），保函不能生效，而承包人违约消极或者不履行合同义务，那发包人就无法凭借凭保函保障自己的利益。

3. 责任承诺。在保函中，开立银行的承诺内容是关键，为保证业主的利益，建议开立银行的承诺必须是"无条件的"和"不可撤销的"。"无条件的"，即发包人仅凭保函书面称承包人未履行或未全部履行项目合同义务，而无须提供其他任何证明，无论实际原因如何，开立银行必须立即无条件地支付保函金额。"不可撤销的"是指保函在开立后，在规定的有效期内是不能撤销的。

4. 保函金额。一般情况保函的金额就是预付款的金额。鉴于工程工期、金额大等实际情况，建议保函的金额为预付款金额加上从预付款支付到买方索偿这段时间的利息，利率双方事先约定。除保函另有声明外，保函担保金额不因合同被部分履行而减少。

5. 索赔条件。索赔条件一般包括两款：

（1）在本保函有效期内发包人（业主）以书面形式送达银行且授权代表（业主）签字并加盖公章；

（2）被保证人（承包人）的违约情况和要求索赔的金额。为规范双方的履约行为，应尽量避免索赔条款过于简单，给受益人（业主）不当索赔提供了便利。

6. 禁止转让。若保函项下的权利可单独转让，会增加了受益人索赔的不确定性，通常情况下应避免，通常开立银行也不会同意转让条款。

二、履约保函

（一）定义

应承包方（申请人）的请求，银行向工程的业主方（受益人）做出的一种履约保证承诺。如果承包方日后未能按时、按质、按量完成其所承建的工程，则银行将向业主方支付一笔约占合约金额5%～10%的款项。它是承包商履约担保的主要形式，通常由银行应承包人的要求向发包人出具，承诺当承包人违约时向发包人支付保函中所列的款项，以保证发包人能得到相应救济的保证文件。担保的时间往往要贯穿整个项目，比较长。

常见的履约保函有两种形式：附条件的保函和无条件保函。附条件的履约保函是指保函中附成就条件，银行只有在这些条件出现时才向发包人支付保函数额，符合承包人的利益。无条件履约保函是指银行在接到发包人以某种约定的通知形式要求时，即支付保函的数额，而不论承包人是否存在异议，符合发包人的利益，该保函又称见索即付履约保函。

（二）履约保函内容

银行履约保函的内容主要包括被保证人（承包人）、受益人（业主）及担保人的名称、地址，工程项目或采购合同名称、招标编号、日期，担保金额，责任条款，包括被保证人、受益人、银行各方的义务，索赔条款，包括受益人向银行提出索赔理由、方式、期限、渠道，应提交要求索赔的书面文件及证明等，保函开出生效期，保函失效期或失效事由，适用法律等。

（三）审核重点

1. 开立银行合法有资质。选择适格保函担保人（开立银行），审查担保人是否在国内注册的有资格的银行，是否具备能够提供规范的保函业务，具有担保能力和担保资格。适格的担保人能够提供规范的保函业务。

2. 与合同主体一致。此为预防工程挂靠或转包行为情形下，挂靠或转包导致保函主体关系复杂化，对发包人保函利益不利。因此发包人在收到银行履约保函时，仔细审核保函符合合同的要求或双方的约定，尤其是名称和注册地址是否和合同的当事人名称和注册地址一致，特别是受益人（发包人）的名称和地址的一致性审查。

3. 审查保函内容是否合法。应当重点审查保函内容是否损害受益人（发包人）的利益，有无瑕疵或隐藏的风险。

4. 审查保函条款是否完备。应根据合同的性质，依据相应的法律法规的规定对保函条款进行认真审查，确定保函条款有无遗漏，各条款内容是否具体、明确、切实可行。

5. 审查保函的担保金额是否明确。审查担保金额是否与合同约定的金额相同，是否按比例到位，建议一次性支付。

6. 审查保函签订的手续和形式是否完备。审查保函生效期限是否届至；是否有保证人的签名和盖公章等。

7. 禁止转让。若保函项下的权利可单独转让，会增加了受益人索赔的不确定性，通常情况下应避免，通常开立银行也不会同意转让条款。

8. 尽一切可能争取无条件履约保函，即见索即付履约保函。

第四节 合同履行注意事项

一、对人工、机械、材料价格浮动的调整

人工费调整的条件包括市场人工工日单价发生变化和定额人工工日单价发生变化，市场人工工日单价发生变化，如果超过合同约定的变化幅度，应对人工费进行调整。定额人工工日单价是指由行政部门（或准行政部门）颁布的建筑业生产工人人工日工资单价，其一般与地区定额配套使用。《建设工程工程量清单计价规范》（GB 50500—2013）规定，人工单价发生变化且符合"省级或行业建设主管部门发布的人工费调整，但承包人对人工费或人工单价的报价高于发布的除外"，发承包双方应按省级或行业建设主管部门或其授权的工程造价管理机构发布的人工成本文件调整合同价款。

根据江苏省建设厅发布的《关于加强建筑材料价格风险控制的指导意见》（苏建价〔2008〕67号），材料费占单位工程费2%以下的各类材料为非主要建筑材料，材料费占单位工程费2%以上，10%以内的各类材料为第一类主要建筑材料；

材料费占单位工程费10%以上的各类材料为第二类主要建筑材料。采用固定价格合同形式的：当工程施工期间非主要建筑材料价格上涨或下降的，其差价均由承包人承担或受益；当工程施工期间第一类主要建筑材料价格上涨或下降幅度在10%以内的，其差价由承包人承担或受益，超过10%的部分由发包人承担或受益；当工程施工期间第二类主要建筑材料价格上涨或下降幅度在5%以内的，其差价由承包人承担或受益，超过5%的部分由发包人承担或受益。而2013年版的工程量清单计价规范与2017年版的建设工程合同示范文本，对于材料价格调整的规则大致相同，合同风险限为单价变化的5%，超过部分据实调整。所以，施工合同中对价格调整的幅度定在5%～10%为宜。

施工期间，因施工机械台班价格波动影响合同价款时，施工机械使用费按照国家或省、自治区、直辖市建设行政主管部门、行业建设管理部门或其授权的工程造价管理机构发布的机械台班单价或机械台班系数进行调整。当施工机械台班单价或施工机械使用费发生变化超过省级或行业建设主管部门或其授权的工程造价管理机构规定的范围时，按其规定调整合同价款。

二、合同价款变更形成的补充协议

建设工程施工过程中，会有很多导致合同单价变更的情况，在工程价款发生变更后，发承包双方针对工程款变更举行认价会议，在此基础上可能形成补充协议。常见的变更原因主要有：设计变更、工程量清单的漏项以及增加工程量等。

在设计变更的情形下，工程项目的设备或材料发生变化导致价格改变，要注意承包方报价是否为设计变更的差价，设计变更的签证价款应为承包人报价扣除原报价的差额，而非承包人新出的报价。

工程量清单的漏项要区分原因和责任，一种情况是发包人提供工程量清单，同时并不要求承包人补充。这种情况一般是因为工程范围比较简单，或发包人对于工程量比较有把握。如果此时发现工程量清单漏项，处理往往比较简单，一般应由发包人负责并补充计入相应费用；另外一种情况是由发包人提供工程量清单，同时允许承包人补充并承担合同工程量及漏项的风险，或者发包人只提供图纸及工作要求，由承包人编制工程量清单，并承担报价风险。比如发包人会要求在合同中明确约定：任何未列入工程量清单报价表，但根据工程规范要求及因完成合同图纸内所有项目而引起的一切费用，均视为已含在工程量清单报价表的其他相关项目价款内；承包人必须承担工程量清单报价表内所有项目及数量的准确性，除根据发包人书面认可的工程调整外，工程造价不因工程量清单报价表内的工程量和实际完成的工程量有差别而做出任何调整。这种情况下，承包人就必须承担漏项的风险。

三、情势变更的适用

通常情况下，适用情势变更原则应当满足以下条件：首先，客观上应有情势变更的事由。一般认为属于合同履行中情势变更的事由应当系非商业风险的重大变化，如物价非正常大幅波动、国家经济政策的变化和对经济的宏观调控措施、国际市场环境发生重大变化、货币大幅升值或贬值等。其次，主观上无法预见且不可避免。这排除了正常范围内的商业风险引致的成本变动情形。再次，情势变更事由应发生在合同生效后至履行完毕前的时间内。最后，在法律后果上，继续履行合同会造成显失公平的结果，导致双方利益关系失衡。

一旦发生情势变更事实，承发包双方应尽量

协商解决，因为基于司法机构审理案件时普遍保守的现状，适用情势变更的诉讼请求目前仍较难获得支持；即使支持，裁判机构也一般以公平原则而非情势变更的理由对双方的利益与风险予以调整。司法机构在审理案件过程中会优先考虑最大限度地维持原有合同关系，对情势变更的适用慎之又慎。

四、工程质量未达合同约定标准

质量是建设工程的生命线，建设工程质量合格与否不仅关系到承包人可否获得工程款，也关系到工程本身的适用性及建设项目投资效果，还关系到公众的人身安全和财产安全。法律法规对工程质量有强制性规定标准，发承包双方在施工合同中也会对工程质量标准进行约定。工程质量符合合同约定及法律法规规定是承包人获得工程价款的前提，因此，承包人应向发包人交付符合质量标准的工程。

若工程质量未达合同约定的标准系承包人原因及处理办法：因承包人未按合同、图纸或技术要求、标准、规范施工，未尽法定或约定的质量义务，使工程质量不符合施工合同约定标准的，发包人有权要求承包人修复，包括但不限于返工或拆除重建，由此增加的费用和延误的工期由承包人承担。如给发包人造成其他损失，承包人应负赔偿责任。如承包人拒绝或无法修复的，发包人可另行委托第三方完成，因此产生的修复费用及损失发包人有权要求承包人承担，且发包人有权扣减承包人不合格工程的工程款。发包人需要注意的是，工程质量缺陷修复原则通常为首先选择修理，不能修理的尽量改建，无法修理和改建的，才考虑拆除重建。但如果返修费用过高，且返修不影响使用的，可以选择不返修，而采取折价补偿的方式。

如工程质量问题系发包人、勘察、设计等非承包人原因所致，则承包人有权要求发包人支付包括但不限于承包人由此增加的返工或拆除重建费用、工期延误费及合理利润等。若承包人明知或其应当知晓发包人提供的图纸、建筑材料、建筑构配件等存在缺陷或不符合强制性标准或合同约定而未提出，或者对发包人提供的建筑材料、建筑构配件等在使用前未按规定或约定检验或检验不合格仍然使用的，承包人须根据过错程度承担相应的责任。

五、保修期内承包人拖延或拒绝修复

质量保修责任是指建设工程竣工验收后，对于在保修期限内出现的质量缺陷，承包人负有予以修复的责任。如果因承包人原因造成工程缺陷或损坏，承包人拒绝修复或未能在合理期限内修复，且经发包人书面催告后仍未修复的，根据相关法律、法规的规定，发包人有权自行修复或委托第三方修复，相关责任及因此产生的修复费用由承包人承担；如发包人因承包人未及时履行修复义务而产生损害的，还有权要求承包人承担损害赔偿责任。

需要注意的是，当保修义务人是建设工程的承包人时，由于其未及时履行保修义务，导致建筑物损毁或者人身、财产损害的，对发包人而言，承包人既存在违反合同约定工程质量保修义务的违约责任，又存在因此造成的侵权责任，系侵权责任与违约责任竞合，对此部分的损失赔偿，发包人可以选择其一来要求承包人承担责任。

发包人要求承包人承担保修责任及修复费用应注意程序，即事先发送修复通知，如未履行该项义务擅自修复或委托第三方修复，事后很难要求承包人承担修复费用。一方面，承包人对存在的质量缺陷不知情且未确认质量缺陷责任人；另一方面，即使是承包人的责任，一般情况下，承包人自行修复的费用比第三方修复费用要低得多，发包人要求承包人承担第三方修复的费用将造成承包人损失的扩大。

六、关于建设施工合同项目章的风险

建立严格的印章使用制度，特别是项目章的使用和管理，应重点关注项目印章使用的程序、范围、权限和失效时间，专人看管，制定、执行使用登记制度，落实责任。

项目章的使用相对风险更大，项目章的印文往往没有备案，因此，项目章的管理显得尤为重要。如果项目管理规范，则项目章的使用具备可溯源及排他性的属性，对责任承担、纠纷解决有重要意义，对减少项目部风险也有裨益。

第二十一章　工程资料管理

第一节　工程资料及资料检查的作用

一、工程资料的作用

（一）工程项目管理的形象窗口

工程资料是对工程立项、设计、施工直至竣工验收的整个建设过程的全面完整的记录，以文字、图纸、图表、声像、电子文件等多种形态展示着工程建设全过程，是工程进度、质量、安全、技术、造价等信息的全面反映，是工程建设活动成果的具体记录载体。

在建设工程的全过程中，按照国家的有关规范规定、行业标准、地方标准而形成一套准确、完整、规范的工程资料，工程资料作为体现标准化水平的重要载体和工程项目管理的形象窗口，能够直接反映工程项目的管理水平。

（二）工程竣工验收和工程评优的必要条件

建筑工程资料是工程质量的见证，也是工程项目建设的依据，直接影响到工程的竣工验收及结算。工程资料不通过城建档案管理部门的预验收，就不能进行工程竣工质量验收。工程资料管理是创优质工程的基础性工作。做好工程资料管理，是证明精品工程的有力证据。在工程评优中，工程资料不合格，则不再具有现场实物评审的资格。作为工程精品中的精品，鲁班奖工程对资料管理的要求更是严格，从立项、审批、勘测、设计、施工、监理、竣工、交付使用到评奖，鲁班奖工程涉及众多环节和部门，必须保证资料的真实性、及时性、完整性、可追溯性。由此可见，准确规范的工程资料是工程竣工验收和工程评优的必要条件。

（三）工程使用、维护和改扩建的主要依据

工程完成投入使用后，很多建筑实物部分被隐蔽或隔离，工程资料将作为工程使用、维护和改扩建的主要依据，为建设管理者提供准确、直接的工程信息。工程资料也应满足建筑物质量追溯的需要，尤其是运营了BIM技术的工程，提供了更为直观的可视化和智能化的信息展示，很大程度上方便了工程使用单位对建筑物的管理。

（四）签证索赔、诉讼请求的重要证据

证据是决定索赔或诉讼成败的基础，没有证据或证据不足，索赔或诉讼难以成功。索赔证据的收集和整理需要完整的工程资料作为支撑，如果没有真实有效的工程资料，就难以形成严密的证据链条，将会因证据不充分而失去争取合法权益的机会，甚至被对方当事人反索赔。所以，完整充分的工程资料可以作为签证索赔、诉讼请求的重要证据，具有重要的法律意义，可以作为直接、真实、确凿的事实证据，是有效的事实凭证。

二、工程资料管理的作用

(一) 项目管理的重要方式

工程项目建设中,建设单位需要从进度、技术、质量、安全、造价等各方面对工程项目进行管理。对于确认施工单位在施工过程中是否全面满足国家法律法规要求、设计要求、建设单位需求,除了建筑物外在状况可以直观判断,内在的、看不见的状况就要通过工程资料查看。工程施工资料能准确地描述该工程全部的内在状况,定期检查工程资料可以及时、动态地了解工程计划各方面的完成情况,发现工程存在的各项问题和风险,提出整改要求,也可以监督、督促相关单位加强项目管理工作,是顺利推进工程建设、实现各项建设目标的重要管理方式。

(二) 工程资料管理的主要手段

工程资料管理是建设、勘察、设计、监理、施工、设备材料供应商多方共同参与的一项工作,需要各方管理人员认真负责、通力配合,将大量证明文件、表格收集、编制、分类分册整理归档在一起。但是因为相关人员管理意识、责任心、素质能力各不相同,对工程资料的理解也就不同,因此在工程资料形成过程中会出现各种问题,建设单位组织工程资料检查可以及时发现工程资料管理中的不及时、不规范、不完整,从而进行必要的整改和完善,最终形成一套完备的工程资料。

(三) 法律风险防范的有效方法

由于建设工程周期长、参加单位多、不确定性大、法律风险较多,通过工程资料检查可以及时发现工程资料存在的欠缺、不规范等问题,也可以通过工程资料检查发现参建单位的违约行为,及时进行索赔主张权利。工程资料检查可以对法律风险有针对性地进行分析,通过证据表面形式和实质内容来审查其真实性、合法性、关联性,并及时建立证据台账、编制证据清单,建立索赔证据档案,为后续的索赔或诉讼做好坚实的基础工作,从而有效防范法律风险。

第二节 工程资料的要求及检查内容

一、工程资料有关术语

(一) 建设工程

经批准按照一个总体设计进行施工,经济上实行独立核算,行政上具有独立组织形式,实行统一管理的建设工程基本单位。它由一个或若干个具有内在联系的单位工程所组成。

(二) 建设工程文件

在工程建设过程中形成的全部文件,包括工程准备阶段文件、监理文件、施工文件、竣工图和竣工验收文件,也可以简称为工程文件。

(三) 工程准备阶段文件

工程开工以前,在立项、审批、用地、勘察、设计、招投标等工程准备阶段形成的文件。

(四) 竣工验收文件

建设工程项目竣工验收活动中形成的文件。

(五) 建设工程档案

在工程建设活动中直接形成的具有归档保存价值的文字、图纸、图表、声像、电子文件等各种形式的历史记录,简称工程档案。

(六)立卷

按照一定的原则和方法,将有保存价值的文件分门别类整理成案卷,亦称组卷。

(七)归档

文件形成部门或形成单位完成其工作任务后,将形成的文件整理立卷后,按规定向本单位档案室或向城建档案管理机构移交的过程。

(八)城建档案管理机构

管理本地区城建档案工作的专门机构,以及接收、收集、保管和提供利用城建档案的城建档案馆、城建档案室。

(九)长期保管

工程档案保管期限的一种,指工程档案保存到该工程被彻底拆除。

(十)短期保管

工程档案保管期限的一种,指工程档案保存10年以下。

二、工程资料的组成

在工程建设过程中形成的全部文件,包括工程准备阶段文件、监理文件、施工文件、竣工图和竣工验收文件。

1. 工程准备阶段文件主要包括:立项文件、建设用地、拆迁文件、勘察、设计文件、招投标文件、开工审批文件、工程造价文件、工程建设基本信息等。

2. 监理文件主要包括:监理管理文件、进度控制文件、质量控制文件、造价控制文件、工期管理文件、监理验收文件。

3. 施工文件主要包括:施工管理文件、施工技术文件、进度造价文件、施工物资文件、施工记录文件、施工试验记录及检测文件、施工质量验收文件、施工验收文件。

4. 竣工图按照专业划分主要包括:建筑、结构、钢结构、幕墙、室内装饰、建筑给水排水及供暖、建筑电气、智能建筑、通风与空调、室外工程、规划红线内的道路、园林绿化等竣工图。

5. 竣工验收文件主要包括:竣工验收文件主要包括:竣工验收及备案文件、竣工决算文件、工程声像资料等、其他工程文件。

三、工程资料管理要求

(一)原则性要求

1. 真实性

工程资料内容应如实填写、真实准确,与工程实际相符,客观反映工程过程状况,严禁代签、补签、冒签情形,盖章应清晰、完整,必要时应采用拍照、录像、录音等电子方式记录工程过程,并保存好电子文件原件。

2. 完整性

工程资料的完整性直接影响及限制到项目的准备、开工、施工、竣工验收各道环节的进展,为此工程资料必须按相关规范、规定编制到位、编目清楚、收集齐全,并且要分门别类地整理归档保存好,方便查看追溯。

3. 规范性

工程资料编制内容应准确、规范,符合现行国家、行业和地方相关工程建设的规范、标准及规程的要求。工程资料应字迹清楚,图样清晰,图表整洁,签字盖章手续完备。

4. 及时性

工程资料应保证与工程进度同步进行,随工程进度及时收集整理,资料内容同步填写,签字盖章同步完成。尤其是有些一次性工作,比如隐蔽工程验收，如果没有同步完成工程资料，未保留原始记录，将失去后补的机会。

(二) 具体管理要求

1. 工程开始之初（最迟工程资料形成之前），应建立工程资料管理体系，规定工程资料管理流程，明确工程资料审批、流转程序，确定相关管理人员职责及权限。

2. 工程开始之初（最迟工程资料形成之前），应确定各参加单位统一使用的工程资料软件及版本，确定工程资料适用的规范、标准及相关表格格式。

3. 施工开始前，根据工程质量目标和工程特点统一确定单位工程、子单位工程、分部工程、子分部工程、分项工程检验批质量验收划分标准。

4. 在工程招标与签订合同时应明确竣工图、竣工资料的编制套数、标准、费用及移交时间。

5. 组织、监督、检查勘察、设计、监理、施工等单位建立工程资料管理制度，定期检查其工程资料的管理工作，并跟踪整改情况。

6. 工程资料报审必须要与工程同步进行，不得滞后。没有前序工作的质量验收合格资料，不得进行后序工作。

7. 工程资料在报送及接收时，双方必须在"文件收发登记簿"上签字，确保资料不出现遗漏，并及时跟踪资料的签字盖章情况及返还时间。

8. 施工方报送监理方审核的全部工程资料，监理单位应按规定期限及时审核、报送或回传，回传之前至少完整留存一份，按形成时间分类保管。

9. 工程资料应内容连贯、前后一致，相互印证，各项原始记录齐全可追溯，形成完整持续的工程信息记录。

10. 工程资料的纸质文件应保存原件，采用碳素墨水、蓝黑墨水等耐久性强的书写材料，不得使用红色墨水、纯蓝墨水、圆珠笔、复写纸、铅笔等易褪色的书写材料。计算机输出文字和图件应使用激光打印机，不应使用色带式打印机、水性墨打印机和热敏打印机。

11. 电子资料必须与其纸质资料一致，应采用下表中开放式文件格式或通用格式进行存储。专用软件产生的非通用格式的电子文件应转换成通用格式。

12. 隐蔽工程验收记录必须全面、准确、翔实地对照设计要求、技术标准、质量验收规范对隐蔽部位进行全面的检查。从隐蔽验收记录中应可以准确知晓已经被隐蔽的、不可见的各个工程部位所使用的材料是否符合设计的要求、施工做法（工艺）是否符合有关技术标准的要求、施工质量是否已达到质量验收规范规定的标准。

13. 创鲁班奖等优质工程项目，工程资料应按照《中国建设工程鲁班奖（国家优质工程）评选办法》《中国建设工程鲁班奖（国家优质工程）复查工作细则》及其他优质工程标准等要求编制组卷，严禁补编。

(三) 立卷归档要求

1. 对属于归档范围的工程资料应进行分类、排列、编目、装订。

2. 应遵循工程资料的自然形成规律和工程专业的特点，保持卷内文件的有机联系，按工程准备阶段资料、监理资料、施工资料、竣工图、竣工验收资料分别立卷。

3. 工程准备阶段资料应按建设程序、形成单位等进行立卷；监理资料应按单位工程、分部工程或专业、阶段等进行立卷；施工资料应按单位工程、分部（分项）工程进行立卷；竣工图应按单位工程分专业进行立卷；竣工验收资料应按单位工程分专业进行立卷。

4. 电子资料立卷时，每个项目应建立多级文件夹，应与纸质资料在案卷设置上一致，并建立相应的标识关系。

5. 声像资料应按建设工程各阶段立卷，重大事件及重要活动的声像资料应按专题立卷，声像档案与纸质档案应建立相应的标识关系。

6. 工程资料的归档范围和质量要求应符合《建设工程文件归档规范》（GB/T 50328—2014）、江苏省《房屋建筑和市政基础设施工程档案资料管理规范》（DGJ32/TJ 143—2012）的要求。

7. 声像资料的归档范围和质量要求应符合《城建档案业务管理规范》（CJJ/T 158）的要求，电子工程资料包含的元数据应符合《建设电子档案元数据标准》（CJJ/T 187）的规定。

8. 勘察、设计、监理、施工等单位移交工程资料时，应编制移交清单，双方签字、盖章后方可移交。实行施工或工程总承包的，各专业承包单位应向总承包单位移交施工资料，总承包单位负责向建设单位移交工程资料。

9. 列入城建档案管理机构档案接收范围的工程，竣工验收前，应将工程竣工资料报送城建档案管理机构进行预验收。

10. 单位工程施工资料应按专业、类别整理归档：

（1）按专业可分为：建筑与结构工程、基坑支护与桩基工程、钢结构与预应力工程、幕墙工程、建筑给水、排水及采暖工程、建筑电气工程、建筑通风与空调工程、智能建筑工程、电梯工程、建筑节能工程。

（2）按类别可分为：施工管理文件、施工技术文件、进度造价文件、施工物资文件、施工记录文件、施工试验记录及检测文件、施工质量验收文件、施工验收文件。

四、工程资料检查内容

（一）统一选用工程资料管理软件

选择工程资料管理软件时，要考虑软件的专业规范性、更新及时性，同时保证资料编制的操作便利，提升工作效率，解决工程资料滞后、缺少、漏项、杂乱、填写不规范等问题，为工程验收、评优提供翔实的资料支撑。建设单位、监理单位和施工单位均使用同一个工程资料管理软件，软件中的各种表格应符合国家法律法规和有关标准的规定。

（二）相关规定文件收集

1. 工程资料管理规定

（1）《建设工程文件归档整理规范》（GB/T 50328—2014）；

（2）《城建档案业务管理规范》（CJJ/T 158）；

（3）《建设电子档案元数据标准》（CJJ/T 187）；

（4）《建筑工程资料管理规程》（JGJ/T 185—2009）；

（5）《建设工程监理规范》（GB 50319—2013）；

（6）《建筑施工安全检查标准》（JGJ 59—2011）；

（7）《施工企业安全生产评价标准》（JGJ/T 77—2010）；

（8）《江苏省房屋建筑和市政基础设施工程档案资料管理规范》（DGJ32/TJ 143—2012）；

（9）《江苏省建筑工程施工质量验收资料》（2015年版）；

（10）《江苏省建设工程监理现场用表》（第五版）；

（11）《江苏省建设工程施工安全标准化管理资料》（2011版）；

（12）《勘察设计注册工程师管理规定》；

（13）《注册监理工程师管理规定》；

（14）《注册建造师管理规定》。

2. 工程质量验收规定（按需要收集）

（1）《建筑工程施工质量验收统一标准》（GB

50300—2013）；

(2)《混凝土结构工程施工质量验收规范》（GB 50204—2015）；

(3)《钢结构工程施工质量验收规范》（GB 50205—2001）；

(4)《砌体结构工程施工质量验收规范》（GB 50203—2011）；

(5)《木结构工程施工质量验收规范》（GB 50206—2012）；

(6)《建筑地基基础工程施工质量验收规范》（GB 50202—2002）；

(7)《建筑地面工程施工质量验收规范》（GB 50209—2010）；

(8)《地下防水工程质量验收规范》（GB 50208—2011）；

(9)《坡屋面工程技术规范》（GB 50693—2011）；

(10)《屋面工程质量验收规范》（GB 50207—2012）；

(11)《建筑装饰装修工程施工质量验收规范》（GB 50210—2001）；

(12)《建筑物防雷工程施工与质量验收规范》（GB 50601—2010）；

(13)《建筑电气工程施工质量验收规范》（GB 50303—2015）；

(14)《智能建筑工程质量验收规范》（GB 50339—2013）；

(15)《固定消防炮灭火系统施工及验收规范》（GB 50498—2009）；

(16)《建筑给水排水及采暖工程施工质量验收规范》（GB 50242—2002）；

(17)《通风与空调工程施工质量验收规范》（GB 50243—2016）；

(18)《自动喷水灭火系统施工及验收规范》（GB 50261—2005）；

(19)《园林绿化工程施工及验收规范》（CJJ 82—2012）；

(20)《人民防空工程质量验收与评价标准》（RFJ 01—2015）；

(21)《钢筋焊接及验收规程》（JGJ 18—2012）；

(22)《江苏省绿色建筑工程施工质量验收规范》（DGJ32/J 19—2015）；

(23)《江苏省细水雾灭火系统设计施工及验收规程》（DG/J 32-J09-2005）。

3. 评奖工程有关规定

(1)《中国建设工程鲁班奖（国家优质工程）评选办法》；

(2)《中国建设工程鲁班奖（国家优质工程）复查工作细则》；

(3)《江苏省优质建筑工程施工质量验收评定标准》（DGJ32/TJ 04—2010）。

（三）工程资料检查常见问题

1. 工程资料管理要求不统一

主要体现在资料表格形式的不统一及表格内容填写的不统一：

(1) 不同参建单位使用的资料表格形式不统一；

(2) 不同的施工阶段所用的资料表格形式不统一；

(3) 同样的资料表格内容填写格式不统一；

(4) 工程名称、结构特征描述不统一。

2. 工程资料内容填写不准确

(1) 表格中标题栏未填写或填写不完整；

(2) 填写的内容有明显错误；

(3) 填写内容表述模糊不清；

(4) 填写内容与资料要求不相符。

3. 工程资料编制不及时

(1) 资料未及时形成，补编弄虚作假，内容失真；

(2) 相关技术、质量、安全管理人员不及时填写资料，由资料员代签名；

(3) 监理验收记录、结论未由监理工程师及时填写，由施工单位人员代签名；

(4) 工程资料审核、审批会签签名盖章不及时。

4. 照搬照抄其他工程资料

(1) 未按照工程实际情况，而是照搬其他工程的资料，将内容直接套用；

(2) 同一个项目中套用同一个单位工程的资料；

(3) 同一个单位工程套用同一个施工部位的数据。

5. 资料内容不完整

(1) 材料设备质量证明文件部分丢失、不齐全，或未注明所在工地名称、部位和数量等；

(2) 施工质量验收文件填写项目不完整，不完全符合质量验收规范要求；

(3) 需复检或送检材料的数量不足或未按规范要求的检验项目检验；

(4) 缺少配套工程资料，如独立设备用房、室外道路、园林绿化等工程资料；

(5) 竣工图缺少施工图会审、设计变更、设计洽商、技术核定单等技术变更文件。

6. 组卷与装订问题

(1) 验收程序不符合规范要求、签字盖章人员不符合规范要求；

(2) 归档内容不清楚。实际操作即前往城建档案馆要归档目录；

(3) 原件、复印件混装的情况，组卷分类不清晰、顺序混乱、卷内文件没有必然联系；

(4) 卷内缺少照片、影像、光盘等音像制品；

(5) 装订单侧厚度超过档案馆要求，页码顺序装订错误。

（四）工程资料检查要点

1. 工程资料用表应统一使用省表或市表，不得混用。

2. 工程资料中的工程名称、规模应与建设工程规划许可证、施工许可证中的内容一致。

3. 工程名称各责任主体名称应写全称，与合同签章上的单位名称相同，项目负责人栏签字人应与合同书委托的代表人签字人一致。

4. 核对各种材料的内容，数据及验收的签字应真实、完整、规范。

5. 工程资料是第一手的原始资料，要求是原件。原件检验批验收记录填写时应具有现场检查原始记录，验收人员必须具有相应的资格，并在原始记录表上签字，工程质量验收、监督抽查应核查原始记录。没有原件时，复印件要清晰，并注明原件存放处（加盖原件存放单位公章）、抄件人签名和抄件日期。

6. 工程资料表格中无项目内容时要打斜线；对定性项目符合规范要求时应打对号标注，不符合规定时应采用打叉的方法标注。

7. 工作联系单及回复应及时、完整。

8. 施工图纸使用版本应完整、有效，图纸会审及设计应按发放流程及时登记发放、分类归档。

9. 材料报验、施工报验审批应真实、及时同步、完整。

10. 施工组织设计及分部工程施工方案施工单位及监理单位应加盖公章、总监理工程师应签名并加盖注册执业印章。编制人、审批人等栏内的签字必须手签，施工单位审批人必须是施工单位技术负责人。

11. 注意抽查关乎结构安全和影响使用功能

结构重点部位施工的监理工作原始记录。

12. 施工单位项目经理（注册建造师）应按照国家有关规定要求在工程质量控制资料上签字并加盖执业印章和单位公章。

13. 监理单位总监理工程师应按照国家有关监理工程师的要求，签字并加盖执业印章。

14. 影响工程结构质量安全的勘察及设计变更，须经原勘察设计单位的注册工程师签字，并加盖执业印章和单位公章。

15. 工程资料的分类应科学合理，原则上都要按照项目-单位工程进行分柜分类、编目、归档。

16. 工程部资料纸质及电子版保管应安全、保密、妥当，纸质台账和电子台账应一一对应。

17. 工程资料的收发、借阅台账登记应及时详尽。

18. 工程资料中的签字盖章手续要完备，不得出现漏签字漏盖章的情况。

（五）监理意见签署示例

1. 施工质量验收技术资料通用表

（1）"开工报告"审查意见填写：施工准备工作完成，同意开工。

（2）"工程项目施工企业主要管理人员名单"审查意见填写：同意资格审查。

（3）"施工组织设计（施工方案）报批表"审查意见填写：经审查该施工组织设计符合有关规范标准和图纸及合同要求，同意按此施工组织设计实施。

（4）"施工技术交底记录"检查结论填写：符合要求。

（5）"新材料、新工艺、新技术、新设备应用申报审批表"审查意见填写：同意。

（6）"隐蔽工程验收记录"验收结论填写：同意隐蔽，进入下道工序。

（7）"工程报验单"意见填写：符合设计要求和规范规定，验收合格。

（8）"工程竣工验收报验单"意见填写：经预验收，本工程符合我国现行法律、法规、设计文件和有关质量验收规范、标准及施工合同要求。本工程预验收合格。

（9）"主要设备开箱检验记录"核查结论填写：同意施工单位检验结果。

（10）"分项、分部（子分部）工程通过验收各方会签表"结论填写：各子分部工程均符合施工质量验收规范要求；质量控制资料及安全和功能检验（检测）报告齐全，合格；观感质量好。

（11）"单位（子单位）工程竣工验收参加各方对工程质量的评价书"结论填写：单位工程竣工验收合格。

（12）"××工程观感质量检查记录"核查结论填写：同意施工单位检查结果，验收合格。

（13）"施工现场质量管理检查记录"核查结论填写：经核查，上述项目符合要求。

（14）"××分项工程质量验收记录"验收结论栏填写：合格。验收结论栏填写：同意施工单位检查结论，验收合格。

（15）"子分部工程质量验收记录"分项工程名称栏验收意见填写：各子分部工程验收合格；质量控制资料栏填验收意见填写：各子分部工程质量控制资料齐全；安全和功能检验报告栏填写：同意施工单位评定；观感质量验收栏填写：同意施工单位评定；监理单位栏填写：各子分部工程均符合规范要求，质量控制资料及安全和功能检验（检测）报告齐全、合格，观感质量良好，同意施工单位评定结果，验收合格。

（16）"单位（子单位）工程质量竣工验收记录"验收结论在分部工程栏填写：经各专业分部工程验收，工程质量符合验收标准；质量控制资料栏填写：质量控制资料经检查共×项符合有关规范要求；安全和主要使用功能及抽查结果栏填写：安全和主要使用功能共检查×项符合要求，抽查其中×项使用工程均满足；观感质量验收栏项填：观感质量验收为好；综合验收栏填写：经对本工程综合验收，各分项分部工程符合设计要求，施工质量均满足有关质量验收规范和标准要求，单位工程竣工验收合格。

(17)"单位（子单位）工程质量控制资料核查记录"结论栏填写：通过工程质量控制资料核查，该工程资料齐全，有效，各种施工试验，系统调试记录等符合有关规范规定，同意竣工验收。

(18)"单位（子单位）工程安全和功能检验资料检查及方案抽查记录"抽查结果填：合格；结论栏填：对本工程安全、功能资料进行核查，基本符合要求，对单位工程的主要功能进行抽样检查，其检查结果合格，满足使用功能，同意竣工验收。

(19)"单位（子单位）工程观感质量检查记录"质量评估栏在"好"或"一般"格内打对号；观感质量综合评价为好；结论填：工程观感质量综合评价为好，验收合格。

2. 工程质量控制资料表

(1)"钢结构××工程质量控制资料核查表"检查结论填写：该工程资料齐全、有效，各种施工试验，施工记录等符合规范要求。

(2)"原材料、钢构件、配件进场检查验收记录汇总表"核验结论填写：合格；检查结论填写：记录汇总齐全，符合要求。

(3)"原此材料、钢构件、配件进场检查验收记录"验收结果填写：合格；核验结论填写：符合设计要求及《钢结构工程施工质量验收规范》GB 50205 的规定。

(4)"原材料、钢构件、配件合格证明文件汇总表"检查结论填写：××合格证明文件齐全，检查合格。

(5)"检验报告、复验、复验报告汇总表"检查结论填写：检查所汇总××质量检验报告文件齐全，复试结果合格。

(6)"钢结构分部（子分部）工程有关安全及功能的检验和见证的检测项目检查记录"核查结论填写：有关安全及功能检验和见证测试项目检查齐全。

3. 建筑与结构工程安全和功能检验或抽查记录

(1)"屋面淋水蓄水试验记录"结论填写：符合设计及规范要求。

(2)"地下室防水效果检查记录"结论填写：符合设计及规范要求。

(3)"卫生间、厨房、阳台及其他有防水要求的地面泼水、蓄水试验记录"结论填写：符合设计及规范要求。

(4)"抽气（风）道检查记录"结论项填写：符合设计及规范要求。

(5)"幕墙及外窗气密性、水密性、耐风压检测报告结论汇总表"对检测报告的结论填写：检测结果合格。

(6)"开工至竣工沉降观察记录"结论填写：符合要求。

(7)"民用建筑工程室内环境检测报告结论汇总表"对检测报告的结论填写：该工程室内环境质量合格。

4. 分项工程检验批质量验收记录

分项工程检验批质量验收记录表验收记录栏填写：经检查，符合设计及规范要求；验收结论栏填写：同意施工单位评定结果，验收合格。

第二十二章 签 证 变 更

第一节 签证变更流程

签证变更流程见《基建办工程变更签证管理规定》。

第二节 常见变更争议解决

一、发包人口头变更，事后不确认

在施工过程中，发包人经常口头对工程事项进行变更，承诺增加价款，结算时又因承包人没有书面变更单，发包人不认账，这种情况较为常见。此时，承包人能否得到变更的工程价款？

2007 年版《标准施工招标文件》第 3.4.3 项规定，"在紧急情况下，总监理工程师或被授权的监理人员可以当场签发临时书面指示，承包人应遵照执行。承包人应在收到上述临时书面指示后 24 小时内，向监理人发出书面确认函。监理人在收到书面确认函后 24 小时内未予答复的，该书面确认函应被视为监理人的正式指示"。如何理解该条款的规定，参见案例：

发包人与承包人签订了一份建造新厂房及设施设计施工总承包合同，约定固定总价，发包人应支付由非承包人原因引起的修改或更正而增加的价款。合同签订后，承包人组织了新建厂房工程的设计、采购、施工和设备搬迁。此后，新厂房投入使用。其间发包人发出口头变更指示，承包人在收到相应口头指示后，书面通知发包人确认，发包人签收后未提出异议，承包人根据相应口头指示施工，这些口头指示共 10 项，需增加巨额工程款。此后，因发包人不同意增加该价款，承包人向某仲裁委员会申请仲裁，要求发包人支付包括该口头指示增加价款在内的工程款。仲裁庭最终裁决发包人支付该增加价款。

该工程款能够得到支持的原因是：首先，虽然合同没有约定，但可参照工程惯例。江苏高院《关于审理建设工程施工合同纠纷案件若干问题的意见》第 8 条可参考作为工程惯例判断依据。按照 2007 版《标准施工招标文件》第 3.4.3 项，应视为发包人确认了该口头指示。其次，发包人签收要求确认其口头指示的书面通知后未提出异议，可以认为发包人同意该口头指示中的变更。最后，按照最高院《建设工程司法解释一》第 19 条的规定，只要发包人同意变更，且相应的工程量可以确定，该增加价款行为有效。

二、没有发包人签证，只有监理人的签证问题

施工过程中，承包人找发包人签证追加价款的难度较大，所以部分承包人会找监理人签证。工程和法律实务上的争议是，没有发包人的签证，只有监理人的签证是否有效？2007 年《标准施工

招标文件》第3.1.1项及第3.1.2项规定，"监理人受发包人委托，享有合同约定的权力。监理人在行使某项权力前需要经发包人事先批准而通用合同条款没有指明的，应在专用合同条款中指明""监理人发出的任何指示应视为已得到发包人的批准，但监理人无权免除或变更合同约定的发包人和承包人的权利、义务和责任"。建设工程施工合同示范文本也有类似权限规定。监理人受建设单位委托监理该工程，在建设单位没有明确告知承包人监理人权限的情况下，承包人完全有理由相信监理人在该工程合同履行过程中有权代为行使建设单位权限，包括发出工程变更指令权限。且《合同法》第49条有关"行为人没有代理权……后以被代理人名义订立合同，相对人有理由相信行为人有代理权的，该代理行为有效"的规定也证明了监理人该代理行为有效，工程签证有效。

有的监理人只在签证单上写"情况属实，请业主酌定"，这样的签证单是否有效？参见案例：

总包人与分包人签订某大楼弱电工程承包合同，约定合同包干总价为人民币593万元。上述合同签订后，分包人组织施工。施工期间就工程量增加项目，总包人在工程签证单的意见为"待报业主后再决定是否予以追加"。8月15日，工程竣工。双方发生纠纷，分包人向法院提起诉讼，经鉴定，这些增加项目造价为30万元。

有观点认为，签证单已注明待报业主后再确定是否追加，故在没有业主同意的情况下不追加该价款。但事实上并非如此，判例中法院判决总包人支付该增加价款。因为首先，总包人在签证单签署"待报业主后再决定是否予以追加"仅是其单方面意思表示，对分包人无约束力；其次，该增加工程已实施且已竣工验收，可认为分包人已完成该增加工程；最后，该增加工程量已确定。更主要的是，分包人在施工增加工程之前已告知总包人，总包人对增加工程显然是明知的，故可认为总包人已同意分包人施工增加工程。依据最高院《建设工程司法解释（一）》第19条的规定，该增加工程应追加价款。承发包关系中的监理人待批签证与上述总分包关系中的总包人待批签证类似，监理人待批签证可以证明监理人已经同意承包人施工该追加事项，也是追加价款的关键依据。

三、没有发包人签证，但有其他证据证明发包人发出变更工程指令

在建设工程施工履行实务过程中，工程指令或工程签证可能以其他名称发出；但是，只要经过要约与承诺，从而改变或补充原施工承包合同的某些内容，均可视为工程变更指令或工程签证。能反映变更工程指令的形式常见有：

1. 会议纪要。例如，由发包人、承包人、监理方等参加的每周工程例会上，与会者共同对在施工过程中的某项问题做出的决定，可视为对施工合同有关内容的一种补充或修正，但是，这种会议纪要必须有承担义务方的签字才能作为直接证据使用。

2. 工程洽商记录。例如，由发包人与承包人为某一特定的施工过程中出现的问题进行洽商所做的记录。

3. 工程检验记录。例如，基础验槽记录、建筑定位放线验收单，这种工程检验记录一般不会涉及价款，但是在一定程度上反映出工程量的变化。

4. 来往电报、函件。严格地说，若这种往来电报或函件形成一个完整的要约和承诺来回，就能认定为一个补充协议。

5. 工程通知资料。发包人变更场地范围、施工作业时间的限定等，一般都是通过工程通知的

形式告知承包人，从中可能显示出发包人对承包人在某些问题上的承诺。

没有正式的工程变更指令，更没有工程签证，但承包人实际已完成了工程变更内容，这种情况对承包人最为不利。但是根据"谁主张，谁举证"原则，只要承包人提供证据证明其实际施工的工程量比施工承包合同的工程量多的部分是由发包人同意或要求进行的，并且该证据经过举证、质证，符合法律关于证据的真实性、合法性与关联性的，是可以作为计算工程量的依据的。最高院《建设工程司法解释（一）》第19条规定，"如果定性问题解决后即肯定的工程量，定量问题则由承包人在施工中实际付出决定，人工费和原材料费用以及实际支出的其他费用，应当按照订立合同时履行地的市场价格确定"。

四、工程签证对工期和价款没有明确约定

有些工程签证仅仅对于发生变更的事实予以肯定，但对于发生变更的成本（工程价款以及工程顺延期限）未予以确定。这种情形下，若承包人要求工期顺延，需证明该工程变更已影响本建设工程施工的关键线路，影响了总工期，则可以提出工期索赔的要求。根据最高院《建设工程司法解释（一）》第16条第2款规定，"因设计变更导致建设工程的工程量或者质量标准发生变化，当事人对该部分工程价款不能协商一致的，可以参照签订建设工程施工合同时当地建设工程行政主管部门发布的计价方法或计价标准结算工程价款"。对于工程变更所增加的工程价款，则可参照签订施工合同时当地建设工程行政主管部门发布的计价方法或计价标准结算工程价款。既然工程签证本质上就是一个合同，而根据《合同法》规定，合同生效后，当事人就价款或者报酬没有约定或者约定不明确的，可以协议补充，不能达成补充协议的，按照合同有关条款或者交易习惯确定，若仍不能确定，则按照订立合同时履行地市场价格履行；依法应当执行政府定价或者政府指导价的，按照规定履行。而当地建设工程行政主管部门发布的计价方法或计价标准是根据本地建筑业市场的建造成本的平均值确定的，属于政府指导价的范畴。

所以，当工程签证对价款没有确定，是参照而不是按照定额计价，并且是按签订合同的定额价而不是发生争议时的定额价，计算其是否符合《合同法》相关规定。不论是可调合同价，还是固定和成本加酬金合同价，只要发生工程变更，将会使签订建设工程施工承包合同的前提条件发生变化。所以一般情况下，建设工程合同价款不完全等同于工程竣工结算造价。此外，建设工程合同价款的计价方式并不自然适用于工程追加合同价部分的计价，追加部分的计价遵循"有约定从约定，无约定从法定"的原则。

五、发包人对变更签证的申请拖延审核

在承包人申请追加合同价格后，以及提交竣工结算报告后，发包人拖而不审、审而不定，会产生怎样的结果？财建〔2004〕369号文第10条规定，"自变更工程价款报告送达之日起14天内，对方未确认也未提出协商意见时，视为变更工程价款报告已被确认"。第16条规定，"发包人收到竣工结算报告及完整的结算资料后，在本办法规定或合同约定期限内，对结算报告及资料没有提出意见，则视同认可"。如何理解与适用该规定，参见案例：

2005年6月及2006年7月，发包人和承包人签订了建设工程施工合同。工程竣工验收合格后，2008年12月，承包人将上述工程的工程结算书提交给发包人，送审价为3000万元，并由其经办人

员签收。2010年1月27日，双方签订协议中，发包人承诺："自本协议日起的70天内负责审核完毕，审核报告送到承包人办公地点，如甲方未能在此事件内审核完毕，同意执行财政部建设部财建〔2004〕369号建设工程价款结算暂行办法规定进行结算。"4月26日，发包人尚未审核完毕，承包人即向法院诉讼，要求按3 000万元送审价支付工程款。5月中旬，发包人审核完毕，发现工程竣工结算价仅为2 300万元。法院判决，依双方约定发包人未审核完成，因此以承包人送审金额为准支付工程款。

法院的判决理由是，尽管369号文作为行政规章，对合同双方没有绝对的约束力，但一旦合同中引用了该规章，该规章即成了合同的一部分，即双方约定发包人未在约定时间内审核完承包人的竣工结算报告的，且未提出意见，即视为认可承包人的送审价。最高院《建设工程司法解释（一）》第20条规定，"当事人约定，发包人收到竣工结算文件后，在约定期限内不予答复，视为认可竣工结算文件的，按约定处理"。承包人请求按照竣工结算文件结算工程价款的，应予支持。因此，发包人在签证时效未签证，就应该按承包人送审价支付工程款。

六、承包人没有及时申请追加价款

施工过程中，承包人忙于赶进度、保质量，有许多清单调价、过程变更、经济索赔、现场签证事项，尚未申请追加价款，且未留下签收凭据，至竣工结算时，发包人因过了索赔时效就不再同意追加，该说法是否成立？2007版《标准施工招标文件》第23.3条规定，承包人"接受了竣工付款证书后，应被认为已无权再提出在合同工程接收证书颁发前所发生的任何索赔"。2017版《建设工程合同示范文本》通用条款的19.1项规定，

"承包人应在知道或应当知道索赔事件发生后28天内，向监理人递交索赔意向通知书，并说明发生索赔事件的事由；承包人未在前述28天内发出索赔意向通知书的，丧失要求追加付款和（或）延长工期的权利"。如何理解与适用，参见案例：

2008年11月28日，发包人将某项目五期工程4号楼发包给个人甲施工，案涉工程于2009年9月22日竣工验收合格。2010年9月13日，甲以项目部的名义向发包人发出《赔偿问题》的函件，该函件认为，"由于甲方（指发包人）原因造成工期大量延误。本着维护从甲方利益出发，为抢工期我项目部增加投入大量的人力、物力和财力，在合同规定的时间内按期竣工验收。根据合同约定，因甲方原因造成我项目部损失由甲方赔偿"。2011年1月14日，发包人向甲发出《回函》，表示不同意甲的索赔主张。发包人在该《回函》中认为，根据国家有关建设工程价款结算办法的规定，双方应在工程完工后按约定的合同价款、合同价款调整内容以及索赔事项进行竣工结算。甲并未在结算时提出涉及索赔的相关事项，故其在结算完成后已无权再提出索赔。法院判决甲未丧失索赔权利。

法院判决的理由是，索赔时效是双方合同约定的，与诉讼时效的法律规定不同。该规定的目的主要在于规范建设工程施工中的索赔程序，促使建设工程双方规范地行使索赔权利以减少以后发生相关纠纷的可能性，而不是旨在排除未规范履行该程序的当事人的实体权利。只要索赔与竣工结算内容不重合，且在两年诉讼时效之内，承包人依然可以索赔。

值得注意的是，最高院《建设工程司法解释（二）》第6条就工期延期索赔期限规定，"当事人约定承包人未在约定期限内提出工期顺延申请

视为工期不顺延的，按照约定处理，但发包人在约定期限后同意工期顺延或者承包人提出合理抗辩的除外"，可见司法解释已重视且有条件地接受了当事人约定索赔程序（期限）的效力，体现了对工程惯例和合同约定的尊重。但该解释并未完全按照即行工程惯例进行规定，工程实务中应注意，法律不保护躺在权利上睡觉的人，承包人逾期索赔失权及发包人逾期答复视为认可承包人索赔要求，是工程惯例的既有规则，也是司法解释肯定索赔期限的应然要求。

七、发包人调整承包人工作内容及工作量

一般来说，发包人如果增加或减少合同中的工作、追加额外工作或进行设计变更，承包人应在收到相应的变更指令后，及时向发包人申报洽商变更费用，这里面既可能包括增项洽商导致的工程价款增加，也可能包括减项洽商导致的单价调增和利润损失补偿要求。在合同约定明确或承发包双方协商气氛平和的情况下，此类事项通常会以工程签证的方式解决。但如果发包人执意拒绝补偿相应费用的，则承包人可能会向发包人提出工程索赔。参见案例：

2011年夏天，某建筑公司中标某房地产公司发包的厂房工程项目，项目主体为钢结构，《建设工程施工合同》约定承包人负责主体钢结构工程的深化设计工作。项目于2011年7月15日正式开工，2011年10月下旬，由于房地产公司上级集团公司的要求，项目钢结构工程出现重大调整，后承包人按调整后的钢结构施工图纸完成项目施工。结算过程中承包人主张，由于正式开工后2个月内承包人已经按原版钢结构施工图纸完成了项目钢结构主体工程的深化设计工作，项目钢结构施工设计调整造成承包人深化设计工作重复，因此承包人要求发包人支付重复深化设计费用16

万元。发包人拒绝承包人的该项主张，承包人诉诸仲裁。考虑到承包人未能就发生两次深化设计履行举证义务，且发包人举证证明承包人在施工初期即获知钢结构必然进行重大设计变更，照常理应停止深化设计工作等待新版钢结构图纸。因此，仲裁庭最终没有支持承包人对该项二次深化设计费用的主张。

工程施工过程中，发生变更通常是导致工程造价变化的主要因素之一，具体来说有些变更是增加工作内容，有些变更是取消工作内容，有些则是改变原有的工艺及做法。发生变更并不必然导致工程费用的增加，相反，有时还会导致工作量的减少以及工程价款的降低。有时发生变更会导致已完工工程的返工，因此在进行变更价款核算时，除了考虑最终工作成果的价值外，还要考虑因变更而导致返工前工作的价值。发包人在承包人在进行此类费用主张时，需要求其提供返工前工作量、工作成果及返工后工作成果的证据保留。

八、施工做法变更签证引起的结算纠纷

建设工程施工时，时常会出现施工做法上的变动，施工做法变更签证如果约定不明确，就会出现工程造价纠纷。参见案例：

北京某房地产开发有限公司与北京某建筑工程有限公司签订建设工程施工合同，约定由建筑公司承包房产公司开发的某小区的土建、安装和部分装饰工程。招投标图纸要求地下车库内墙抹水泥砂浆，后房产公司、设计单位与建筑公司共同确认对上述做法进行变更，将抹水泥砂浆改成腻子。鉴定机构认为各方共同签认的变更单上没有明确取消抹水泥砂浆，而只是对面层调整进行了说明，所以抹水泥砂浆的费用仍应计入工程款。而房产公司认为，既然变更单已明确了内墙的施

工做法，则应取消墙面抹灰层，相关费用不应计入工程造价。

引起这一纠纷的主要原因是，在设计变更或做法变更时，在变更单上没有对做法的具体内容约定明确，没有约定取消什么，增加什么，只是笼统地约定基层、面层改做什么，或许这样的约定在当时施工过程中是不会产生理解偏差的，但是在建筑物施工完毕以后，双方结算时，可能就会对相关费用做出不同的解释。一旦进入诉讼程序，纠纷就在所难免。这种纠纷其实是涉及签证内容管理的问题，因此制定变更单时，文书写作方面应尽量规范、内容明确、文字避免歧义，以免造成不必要的损失。更要注意具体事实的清晰，用语准确、数据翔实、结论明确。如遇歧义，应及时补签。

九、质量问题签证引起的结算纠纷

上述案例在施工过程中还出现了地下车库顶板裂缝的质量问题，双方都就工程质量问题委托了鉴定机构进行鉴定，但鉴定机构没有给出明确的结论，即没有认定造成顶板裂缝的原因到底是施工原因、设计原因或者其他原因。建设单位和施工单位对此质量问题产生了不同意见致使工程停工。当时，房产公司为了赶进度，就对建筑公司提出的对地下车库顶板裂缝的修补方案和相关报价进行了签证，并在签证单上明确签认，同意按此实行。

双方进入仲裁程序后，建筑公司认为房产公司已经对质量问题的修补方案和报价均进行了确认，即表明房产公司已经同意承担修补费用，同时在进度款支付过程中已经列入工程款予以支付。鉴定机构同意建筑公司的意见，将修补费用列入了工程总造价中。房产公司认为，根据合同的约定，在建筑公司不能提供证据证明质量问题是房产公司原因引起的情况下，应当由建筑公司承担修补费用，房产公司的签证只是对修补方案和报价的确认，并没有承诺费用由房产公司承担。房产公司在进度款中支付了修补费用，只是对该费用的垫付，同时也是为了解决双方的僵局，保证工程进度。

引起这一纠纷的原因是房产公司在建筑公司提供修补方案和报价时，仅签署了同意按此实行，而没有对相关费用的承担做出约定，同时在双方口头约定垫付修补费用的情况下，没有书面确认，由此造成双方产生纠纷时互相推诿的情况。发包人如签署"情况属实""已核实""同意按此付款""同意上述金额"等明确同意的内容时需慎重，将作为同意支付承包人相关签证费用的依据。

十、发包人在签证过程中要注意的问题

虽然我国的建筑业市场已经得到了很大的发展，建设单位的管理已经有了长足的进步，但是目前建设单位在签证过程中还存在不少问题。由于在建筑工程领域，我国目前处于卖方市场，各建筑企业不惜以低于成本价进行报价，建设单位也常常以最低价中标的方式进行招标。由于在市场竞争中处于优势地位，建设单位从领导到现场管理人员，对工程签证往往不够重视。一种情况是建设单位对承包方提交的所有签证均拒绝签收，导致承包方无法通过正常途径获得相应的补偿或费用的增加。此类建设单位往往视签证如虎，每当看到与费用有关的签证单，就拒绝签收，或者要求承包方直接找领导处理。这种处理方式累积久了，不仅造成工程结算困难，甚至影响了工程进度和工程质量。另一种情况是建设单位的现场管理人员虽然签收了承包方的签证单，但是往往不按合同约定进行确认。承包方提交的签证单久拖不决，造成的结果与第一种情况相似。还有一

种情况刚好相反，建设单位的现场管理人员工作粗心大意，没有仔细审查签证单的内容便接受签证。

建设单位对签证的管理模式大多是：现场管理人员提出初步意见，然后报项目负责人签字确认，再经科室主任签字确认，最后报分管领导签字。建设单位派往现场的管理人员，一般都是以土建、安装的技术人员为主，很少有建设单位还为现场配备造价工程师的。由于现场管理的技术人员对造价并不十分精通，在现场提出签证意见时不能从造价结算的角度进行考虑，造成出现一些未预想到的费用。科室相关负责人及领导一般很少是造价专业人士，即使原来从事过造价工作，由于工作繁忙，也很难仔细审查签证中的纠纷隐患。在项目规模较大的情况下，医院会与第三方审计机构或咨询公司签署合同协议，但是在实际执行过程中，建设单位将这些人员用作真正的预决算专业人员，即这些人的工作就是预算加决算，建设单位没有把这些专业人员纳入合同履行的造价控制中去。

由于部分建设单位对工程签证的法律意识不强，在建筑行业竞争越来越激烈、利润率越来越低的情况下，承包方必然采取多种方式来增加利润。偷工减料不成的情况下，签证与索赔正是最重要的两种方式。承包方既要保证工程质量，树立自身品牌形象，又要有不错的利润，只能通过合同履行过程中的签证和索赔来增加收入。因此，承包方最愿意深入研究签证与索赔问题。若建设单位对此不重视，最终可能会在造价控制上出现很多漏洞。

第二十三章 结算服务要点

第一节 工程结算概述

工程结算又称为完工结算,是指承包人在完成合同约定的施工内容或双方约定的结算条件成就后,依据合同约定或法律规定的计价方法、计价标准,并结合施工过程中现场的实际情况、图纸、设计变更通知书、现场签证等工程资料,对合同价款计算、调整和确认。除当事人的合同约定外,与工程结算有关的规范性指导文件有《建设工程价款结算暂行办法》[财建(2004)第369号]、《建筑工程施工发包与承包计价管理办法》(住房和城乡建设部令第16号)、《中华人民共和国招标投标法实施条例》(中华人民共和国国务令第613号)、《建设工程工程量清单计价规范》(GB 50500—2013)等,这些法律规范均在一定程度上调整工程结算的规则,是结算过程中建设单位和承包单位应遵守的规则。

工程结算因工程建设的特殊性,呈现出其特有的特点:

1. 阶段性。根据《建设工程工程量清单计价规范》(GB 50500—2013)的规定,工程结算可以分为期中结算、终止结算和竣工结算三类,工程结算的阶段性含义是强调在整个工程建设项目周期中,将期中结算的重要性提高到一个相当高的位置。

2. 全面性。结算是对承包人已施工部分的工程价款的综合清理,包括签证、索赔、违约责任、保证金甚至现场罚款、奖励等有关价款事项的综合确认的过程,因此工程结算有全面性的特点。

3. 程序性。工程实务中,承包人完成工程量的审核由监理单位核实、确定,工程子项的综合单价由发包人或其授权的跟踪设计单位依据招投标文件、合同文件、过程中形成的文件等综合确定。因参与主体不同,各主体之间需要互相配合,因此工程惯例上逐渐形成一定的结算审核程序。《建设工程价款结算暂行办法》《建设工程施工合同(示范文本)》(GF—2017—0201)等规定,合同完工后,承包人应在提交竣工验收申请前编制完竣工结算文件,并在提交竣工验收申请的同时向发包人提交竣工结算文件。承包人根据办理的竣工结算文件向发包人提交竣工结算款支付申请,发包人应在收到承包人提交竣工结算款申请后7天内予以核实,并向承包人签发竣工结算支付证书。发包人签发竣工结算支付证书后的14天内,按照竣工结算支付证书列明的金额向承包人支付结算款。

然而,工程结算的现状是,大量工程存在拖而未结、结算审核次数多、结算纠纷多的问题,这是工程建设普遍现象。结算的这些问题,不但容易引起诉讼纠纷,也易降低社会整体效率,个别争议甚至会给建筑市场造成消极的负面影响。因此,我们将在江苏省妇幼保健院工程结算中遇到、处理的问题进行描述及一定程度的升华、总结，以期对以后自己单位及同行的相关工程建设提供借鉴。

第二节 结算流程

结算流程见《工程项目结算审计流程》。

第三节 结算争议

一、结算争议的产生原因及解决方式

（一）结算争议的产生原因

建设工程结算中经常产生争议，争议主要发生在建设单位和承包人、承包人和分包人或实际施工人之间。从司法实践上观察，建设工程结算纠纷主要原因可概括为：

1. 合同签订漏洞或条款设计不合理，导致工程款结算产生歧义。首先，在当前建设市场上，为配合政府部门的监管，建设单位和承包单位一般需要先签订备案合同，待合同备案后领取施工许可证。但建设单位是强势主体，在签订备案合同之前一般得到了施工单位的让利承诺，因此在签订备案合同后双方也会再签订其他合同（即"黑合同"。目前政府监管部门已经逐渐取消施工合同备案，多地已开始试点运行），签订的"黑合同"大部分价款、工期、质量都背离备案合同。工程完工后，大幅让利的施工单位在审核实际成本后容易产生亏损，此类结算纠纷即为合同签订漏洞纠纷。当然，合同条款的设计不合理也容易产生纠纷，常见的如价款支付条件条款的设计导致的结算款纠纷。

2. 合同履行过程中忽略将重要事项走变更、签证及索赔程序固定。合同履行过程中，经常出现设计变更、实际施工的工程量确认、增加工程量、施工材料的置换等事项，这类事由发生后对工程价款产生直接影响。工程实务中，设计变更、工程量增加等事项增加的成本一般在扣除质保金比例后随进度款发放，但多数工程项目在工程结算中随结算款一并支付。由于很多施工单位在施工过程中不注重及时签订补充协议固定上述事项的事实及款项，极易在工程结算阶段滋生矛盾。

3. 一方违约导致的纠纷。因一方违约造成损失，责任的分配无法达成一致也是结算纠纷的重要原因。工程实务中，因承包人施工质量不符合约定、工期延期等给发包人造成经营损失，或因发包人拖延进度款等给承包人造成融资成本增加的损失，均易导致结算争议。当然，结算中违约的类型远不止于此。

4. 材料价格涨跌产生结算纠纷。材料价涨跌是导致结算纠纷的又一个常见原因。如 2018 年 8 月，环保部、发改委、工信部等 10 部委及北京、天津、河北等 6 省市共同印发了《京津冀及周边地区 2017—2018 年秋冬季大气污染综合治理攻坚行动方案》，方案要求：2017 年 10 月至 2018 年 3 月，京津冀大气污染传输通道"2 + 26"城市，钢铁有色水泥行业全面限产停产，钢铁限产 50%，电解铝和氧化铝企业限产 30% 以上，水泥建材全部停产。该方案直接导致许多签订固定价合同的工程项目出现结算争议。

5. 法律政策的变化产生纠纷。法律政策变化影响结算的，包括原不是政府审计的项目在项目结束前被纳为审计对象、政府调整基本人工费等情形，都是导致结算纠纷的原因之一。

（二）结算争议的解决方式

在我国现有法律体系下，结算纠纷出现后的

解决方法，主要有和解、调解、仲裁、诉讼四种。法律规定，当合同争议出现后，当事人可以以和解或调解的方式解决，双方不愿接受和解、调解，或者和解、调解未达成一致，一方或双方可以依据仲裁协议的约定向特定的仲裁机构申请仲裁，如果没有订立仲裁协议或者仲裁协议无效，可以向法院起诉。

1. 和解是对已发生的争议进行协商，在双方让步的基础上达成一致。和解是当事人自行解决纠纷的一种形式。在结算争议场合，和解是最佳的解决方式，其不但能解决具体的纠纷，更能维持双方的合作关系，有利于工程竣工验收后保修、维修阶段工作的协调。和解不具有强制执行力，但其性质是双方对结算达成的新的协议，对发、承包均有约束力。

2. 调解是纠纷双方请求中立的第三方参与解决纠纷，第三方以事实、法律及双方的约定为基础，对双方进行疏导、劝说，促使双方在充分协商、互相妥协让步的基础上解决纠纷。工程款结算纠纷中，发、承包双方常以监理机构作为主持微小纠纷解决的第三方，也有相当工程的结算纠纷由当地政府部门或建设行政监管部门作为第三方进行调解。

3. 仲裁、诉讼。仲裁和诉讼是以国家强制力为保证的纠纷解决方式。仲裁是当事人自愿达成仲裁协议后，依据《仲裁法》的规定，将纠纷提交给仲裁机构审查，仲裁机构在法定程序下，依法对纠纷做出裁决的纠纷解决方式。诉讼是法院在审清事实的基础上，对原、被告的争议依法做出判决、裁定的纠纷解决方式。诉讼和仲裁不是解决结算纠纷的最理想渠道，因为不管是诉讼还是仲裁程序都较为复杂，审理时间较久，尤其是结算类纠纷，经常出现法院委托第三方机构进行司法鉴定的情况，耗时耗力。从整个建筑市场秩序看，诉讼、仲裁总体上虽能较为公正地分配责任，但也容易激化建设单位、承包单位之间的矛盾，不利于工程保修阶段的工作配合。

当然，除上述四种最常见的纠纷解决途径外，建设工程市场在积极探求其他较为高效、公正的争议解决方式，以适应建设工程专业性、复杂性的特点，如国际上现行较为成熟的争议评审机制（DAAB）。

二、常见的结算争议

建设工程结算纠纷种类繁多，不乏事实复杂、适用法律困难的情形。本节主要根据参与江苏省妇幼保健院综合楼工程建设全过程的律师就本工程结算工作经历，结合其他诉讼经验和相关理论，对结算中容易出现纠纷且法律规定模糊、当事人争议大的情况进行分析，以裁判观点为导向提示发、承包双方结算中的风险要点。

（一）黑白合同下工程结算的依据

建设项目的审批耗时费力，一定程度上降低了建设效率，徒增工程建设参与各方的交易成本。2018年5月2日，国务院常务会议通过了住建部起草的《关于开展工程建设项目审批制度改革试点的通知》，明确在北京、天津、上海、重庆、沈阳、南京等16个地区开展试点，改革精简房屋建筑、城市基础设施等工程建设项目审批全过程和所有类型审批事项，包括施工合同备案在内的审批、备案制度被取消。此外，国家将试点运行情况适时在全国范围内放开施工合同备案制度。

理论上说，取消施工合同备案后，结算纠纷中不再有"黑白合同"的问题。但鉴于取消合同备案仍处于试点阶段，且现存大量工程项目仍执行了合同备案制度，明确黑白合同的结算规则仍有一定的价值。

最高院《建设工程司法解释（一）》第21条规定，当事人就同一建设工程另行订立的建设工程施工合同与经过备案的中标合同实质性内容不一致的，应当以备案的中标合同作为结算工程价款的根据。这是因为签订的黑合同没有经过法定的变更程序，合同形式不合法，内容和《招标投标法》相悖，因此不产生变更白合同的法律效力。最高院希望通过该条的贯彻实行，制止不法行为的发生，维护建筑市场公平竞争秩序。

最高院解释发布后，各地高院基本都发布了有关黑白合同结算问题的规定。最高院和各地高院一致认为：

1. 必须招投标的项目，当事人在备案的中标合同（白合同）之外，又签订了一份与实质性内容不一致的合同（黑合同），应当以备案的中标合同作为结算工程价款的依据。

2. 不是必须招投标的项目，当事人也没有进行招投标，仅是按照建设行政主管部门要求将建设工程施工合同进行备案，备案合同之外双方又签订了一份与备案合同实质性内容不一致的合同，应按照实际履行的合同结算。

3. 备案的中标合同与当事人实际履行的施工合同均因违反法律、行政法规的强制性规定被认定为无效的，可以参照当事人实际履行的合同结算工程价款。但也存在认识不一致的问题，即不是必须招投标项目，自愿采用招投标方式确定施工单位，签订中标合同后又签订其他合同的，以哪份合同作为结算依据？一种观点认为应以备案的中标合同作为结算依据；另一种观点认为应以实际履行的合同作为结算依据。江苏地区的处理原则是：非强制招投标的建设工程，经过招投标或备案的，当事人在招投标或备案之外另行签订的建设工程施工合同与经过备案的合同实质性内容不一致的，以双方当事人实际履行的合同作为结算工程价款的依据。

（二）结算协议的效力

结算协议是工程竣工验收后或停工后，建设单位、承包单位根据实际情况就已施工工程价款达成的协议。结算协议是建设单位、承包单位对自己民事权利的处分，只要结算协议的意思表示真实，没有无效或被撤销，就是双方结算的最终结果。容易产生争议的是，发承包人往往认为结算协议仅是对工程价款的确认，不包含违约责任及损害赔偿，但施工合同示范文本的结算是大结算的概念，司法实务也把结算协议作为权利义务的最终约定，不支持结算协议外另行主张权利。因此，发承包人如欲达到结算协议仅限于工程价款确认，应在结算协议中明确约定本结算协议仅是对工程价款的结算，不包含质量、工期等违约责任及因此造成的损害赔偿。

（三）低于成本价中标后签订的合同效力及结算

施工方在接受中标价格或者接受大幅度让利后进行工程施工，在其完成工程建设或者虽未完全完工，但完成部分合同约定的工作内容后，以中标价或中标让利价低于其施工成本，根据《招标投标法》及其实施条例的相关规定主张合同无效，并依据最高院《建设工程司法解释（一）》第2条的规定，主张对已施工部分工程价款进行据实结算。

《招标投标法》第33条规定，投标人不得以低于成本的报价竞标，也不得以他人名义投标或者以其他方式弄虚作假、骗取中标。第41条规定，中标人的投标应当符合下列条件之一：

1. 能够最大限度地满足招标文件中规定的各项综合评价指标；

2. 能够满足招标文件的实质性要求，并且经评审的投标价格最低，但是投标价格低于成本的除外。

《招标投标法实施条例》第 51 条规定，有下列情形之一的，评标委员会应当否决其投标：……

5. 投标价低于成本或者高于招标文件设定的最高投标限价……

法律法规明确禁止建设工程市场投标人低于投标价承揽工程，但我国建筑市场竞争激烈，施工单位为承建工程项目，不得不大幅度接受降价、让利。施工单位承揽工程后，为抬高价格，经常以停工等手段进行要挟以提高合同价格，或者直接主张合同无效，施工部分应据实结算。当前法律法规、规章制度甚至司法解释，都对此没有明确的规定，工程实践、司法实务操作中的分歧也很大。因此，要解决该问题，首先应该澄清"成本价"的认定标准。

施工单位举证证明合同价格低于成本价是本部分内容展开论述的基础，即如果在技术上无法证明中标价低于成本价，则讨论施工单位主张合同无效后据实结算无现实意义，而施工单位证明其成本价比较困难。目前理论上，施工单位成本价计算依据主要有三种：一是依据建设主管部门或者造价主管部门发布的造价信息，包括定额、清单计价规范、造价信息价等信息来确定成本价；二是依据企业本身的企业定额计算；三是参照招标项目的标底或者招标控制价。第一种方式中，因为定额等造价主管部门发布的信息是基于全社会平均水平制作出来的标准，其与企业的施工水平、管理水平等直接产生的成本有较大差异，以该指标计算出来的成本作为认定低于成本价的依据欠妥；其次，以企业定额作为计算成本价的方法也有一定瑕疵，企业定额具有公示力不足、真实性不强的天然缺陷，而且大部分施工企业自身并无完整的企业定额；最后，招标人编制的招标控制价、标底是用来指导投标的，通常中标单位的中标价都低于招标控制价，如果以此认定低于成本价，将导致几乎所有的中标价都无效的法律后果，显然不可行。所以，如果企业有自己的定额，则以企业定额计算出的成本作为判断标准较为科学。《招标投标法》规定不允许低于成本价，目的是控制建设工程的建设质量，当施工企业建设成本较高、合同价较低时，施工企业为争取利润容易偷工减料，影响工程建设质量。因此，判定是否低于成本，以施工企业自身的成本作为判断标准较为科学。至于有观点认为施工企业定额真实性不足，企业定额虽然是内部资料，但一定程度上有对外公示的效力，而且施工企业不可能针对某个出现争议的工程造出定额，因为编制定额是非常复杂的过程，必须投入大量的人力物力，需要各个部门的综合协力才能解决。另外，企业定额的真实性问题是人民法院和仲裁机构的认证问题，该认证过程也是综合运用各种技术的过程，不应由于审判部门认证困难就否定其可以作为成本价判断标准的理由。

一旦认定中标价低于企业个别成本，则根据《招标投标法》及其实施条例，可以认定合同无效。因为法律禁止低于成本价中标，就是出于保护公共利益的考量，否则不但破坏招标投标市场的公平竞争秩序、破坏建设市场的正当竞争秩序，还容易导致公共法益受到损害。

《建设工程司法解释（一）》第 2 条规定：合同无效，但建设工程经竣工验收合格，承包人请求参照合同约定支付工程价款的，应予以支持。但该条的立法基础是：导致合同无效的理由是合同的签订程序、招投标程序出现问题，结算条款本身无效力问题。如果因为结算条款导致的合同无效，则该条款不能再作为结算的依据。换句话说，合同因低于成本价中标而无效，则该中标价不能作为结算依据。因此，最终的结算价，仅是合同价基础上补足合同价与施工单位成本价之间的差价，不应进行据实结算。因为据实结算意味着工程存在成本之外的利润费用，如果支持该部分费用，无法惩戒承包人恶意以违法的不正当竞争手段承揽工程的行为。因此，对于低于成本价中标的情况，工程结算，应以施工单位的成本作为结算依据。

（四）质量不合格工程的结算

建筑工程质量关系重大，质量低劣的建筑工程，不仅影响建筑物正常的使用性能和使用寿命，损害用户的利益，而且可能造成重大的人身伤亡和财产损失。"百年大计，质量第一"，是从事建筑活动必须坚持的最基本、最重要的方针。《建筑法》《合同法》等法律、法规都将确保建筑工程质量作为立法重点，《建筑法》还专章规定从事建筑活动的各方应当履行的保证工程质量的基本义务和责任。从我国目前实际情况看，建筑工程质量差的问题比较突出，因工程质量不合格导致房倒屋塌的重大事故时有发生，给国家和人民群众的生命财产造成重大损失，事故发生时各方互相推诿责任。

民事责任的分配上，《合同法》第281条规定，因施工人的原因致使建设工程质量不符合约定的，发包人有权要求施工人在合理期限内无偿修理或者返工、改建。经过修理或者返工、改建后，造成逾期交付的，施工人应当承担违约责任。同时，最高院《建设工程司法解释（一）》第16条第3款规定：建设工程施工合同有效，但建设工程经竣工验收不合格的，工程价款结算参照本解释第3条规定处理。该解释第3条规定：建设工程施工合同无效，且建设工程经竣工验收不合格的，按照以下情形分别处理：

1. 修复后的建设工程经竣工验收合格，发包人请求承包人承担修复费用的，应予支持。

2. 修复后的建设工程经竣工验收不合格，承包人请求支付工程价款的，不予支持。

因承包人原因未按合同、图纸或标准、规范施工，导致建设工程质量不符合施工合同约定标准的，发包人有权要求承包人修复，由此增加的费用和延误的工期承包人承担，造成其他损失的，承包人应赔偿损失。如果承包人拒绝修复或无法修复的，发包人可另行委托第三方完成，产生的费用由承包人承担，发包人可以从应支付的结算款中扣除。从结算的角度而言，发包人扣除承包人应承担的质量责任及其违约责任产生的相应价款，是合同法意义上的抵销，并非严格意义上的结算。此争议的重点是查清承包人是否按合同、标准组织施工，如果质量问题确实存在，实务上则不存在太大的分歧。质量问题经常需要委托有资质的鉴定机构做出鉴定意见。此外，根据最高院《建设工程司法解释（一）》第13条，建设工程未经竣工验收，发包人擅自使用后，又以使用部分质量不符合约定为由主张权利的，不予支持；但是承包人应当在建设工程的合理使用寿命内对地基基础工程和主体结构质量承担民事责任。因此，发包人擅自使用将产生放弃追究除地基基础、主体结构之外质量责任权利的后果。当然，在缺陷责任期内，不免除承包人的缺陷责任保修义务。

（五）约定固定价合同遭遇材料涨价的结算

固定价合同履行中，经常发生因材料价格波动致使政府调整人、材、机价格，承包人施工成本因此增加的情况，此情况也容易造成大量的工程施工纠纷。如2017年8月，环保部、发改委、工信部等 10 部委及北京、天津、河北等 6 省市共同印发了《京津冀及周边地区 2017—2018 年秋冬季大气污染综合治理攻坚行动方案》，方案要求：2017 年 10 月至 2018 年 3 月，京津冀大气污染传输通道"2+26"城市，钢铁有色水泥行业全面限产停产，钢铁限产 50%，电解铝和氧化铝企业限产 30% 以上，水泥建材全部停产。因上述停产政策等因素的影响，建筑材料价格一路飙涨，许多签订固定价合同的工程项目举步维艰，大批工程面临停工。该情况下，建设单位是否需要向施工单位补齐材料差价，补差的法律依据是什么，有相当的研究意义。

一般来讲，固定价合同的风险基本是承包人承担。但工程量清单和施工合同示范文本中，考虑到承包人的市场应变能力及风险承受能力，在材料价差过分高的客观事实出现后，一定条件下允许承包人提出索赔。《建设工程工程量清单计价规范》（GB 50500—2013）第 9.7.1 规定，合同履行期间，出现工程造价管理机构发布的人工、材料、工程设备和施工机械台班单价或价格与合同工程基准日期相应单价或价格比较出现涨落，且符合本规范第 9.7.3 条规定的，发承包双方应调整合同价款。第 9.7.3 条规定，承包人采购材料和工程设备的，应在合同中约定可调材料、工程设备价格变化的范围或幅度，如没有约定，则按照本规范第 9.7.1 条规定的材料、工程设备单价变化超过 5%，施工机械台班单价变化超过 10%，则超过部分的价格应予调整。该情况下，应按照价格系数调整法或价格差额调整法（具体方法见条文说明）计算调整的材料设备费和施工机械费。同时，第 9.7.4 条规定，执行本规范第 9.7.3 条规定时，发生合同工程工期延误的，应按照下列规定确定合同履行期用于调整的价格或单价：因发包人原因导致工期延误的，则计划进度日期后续工程的价格或单价，采用计划进度日期与实际进度日期两者的较高者；因承包人原因导致工期延误的，则计划进度日期后续工程的价格或单价，采用计划进度日期与实际进度日期两者的较低者。《建设工程施工合同示范文本》通用条款第 11.1 条约定，材料、工程设备价格变化的价款调整按照发包人提供的基准价格，按以下风险范围规定执行：

1. 承包人在已标价工程量清单或预算书中载明材料单价低于基准价格的：除专用合同条款另有约定外，合同履行期间材料单价涨幅以基准价格为基础超过 5% 时，或材料单价跌幅以在已标价工程量清单或预算书中载明材料单价为基础超过 5% 时，其超过部分据实调整。

2. 承包人在已标价工程量清单或预算书中载明材料单价高于基准价格的：除专用合同条款另有约定外，合同履行期间材料单价跌幅以基准价格为基础超过 5% 时，材料单价涨幅以在已标价工程量清单或预算书中载明材料单价为基础超过 5% 时，其超过部分据实调整。

3. 承包人在已标价工程量清单或预算书中载明材料单价等于基准价格的：除专用合同条款另有约定外，合同履行期间材料单价涨跌幅以基准价格为基础超过 ±5% 时，其超过部分据实调整。

4. 承包人应在采购材料前将采购数量和新的材料单价报发包人核对，发包人确认用于工程时，发包人应确认采购材料的数量和单价。发包人在收到承包人报送的确认资料后 5 天内不予答复的视为认可，作为调整合同价格的依据。未经发包人事先核对，承包人自行采购材料的，发包人有权不予调整合同价格。发包人同意的，可以调整合同价格。

从上述规定和法院的相关裁判案例可看出，承包人能否以物价变动向发包人主张权利，主要取决于合同的约定，如果合同没有约定，涨幅超过5%可以请求调价。目前我们遇到的主要问题是，施工合同事实上一般都约定固定价合同，价款不随物价变化做任何调整，如果材料涨价过高，承包人以情势变更作为请求依据向法院主张权利是否有胜诉可能？

我们经过检索相关案例，发现法院审理这类案件重点考察的情形有以下两类：

1. 客观情况发生了重大变化。"重大变化"也是情势变更原则成立的实质性要件。一般来讲，材料涨幅、材料价差占工程造价的比例、材料价差与项目利润的比较等因素属于"重大变化"的考察对象。

2. 判断是否属于商业风险。从我们检索的案例来看，法院认定涨价为非商业风险的概率较高。正常涨价是商业风险的范畴，如果需要法院改变该意识，需要承包人承担举证责任并完善说理部分。

由此可见，即使通过司法手段，由于法院认定情势变更的构成要件较为复杂，因此相关诉讼请求不太容易得到支持。而且，从自由、公平原则来看，建设工程承揽关系属于民事纠纷，合同签订自由，只要未发生导致双方根本权利义务失衡的情况，发包人、承包人应严格遵守双方约定。因此，合同有约定的，材料价格上涨后的结算按合同约定进行；没有约定的，一定风险幅度范围内的责任由承包人承担，否则，应由发包人承担。

（六）工程量减少后承包人要求按提高综合单价结算

工程发承包过程中，考虑到投标人竞争的公平性，发包人需要根据图纸对拟发包项目进行工程量清单编制。在发包人编制好的工程量清单中，投标人依据自身施工水平、施工成本等客观情况，对工程量清单填报综合单价，汇总得到投标报价。当某子目工程工程量较大时，单位工作量摊销的固定成本降低，因此综合单价往往较低，反之则高。但工程实务中，由于发包人招标清单计算错误，或合同履行过程中的工程变更，施工单位完成的子目工程量可能比相应的招标工程量清单项目列出的工程量少（包括某子目下工程量减少和取消某子目工作，但不包括业主将某部分工作交由他人施工的情形）。承包人实际施工的工程量减少，直接影响承包人的合同利益。承包人为保证自己的利润，一般都会在发包人大量减少工程量后向其提出提高综合单价或补偿要求。

工程计价规范理论中，对实际工程量减少的调价规则见于下列文件：《建设工程工程量清单计价规范》（GB 50500—2013）第9.6.2条，对于任一招标工程量清单项目，当因本节规定的工程量偏差和第9.3节规定的工程量变更等原因导致工程量偏差超过15%时，可进行调整……当工程量减少15%以上时，减少后剩余部分的工程量的综合单价应予调高。《条文说明》第9.6第二段：对于任一招标工程量清单项目，如果工程量偏差和第9.3节规定的工程变更等原因导致工程量偏差超过15%，调整原则为……可按下列公示调整：(2) 当 $Q_1 < 0.85 Q_0$ 时：$S = Q_1 \times P_1$，式中，S：调整后的某一分部分项工程费结算价；Q_1：最终完成的工程量；Q_0：招标工程量清单中列出的工程量；P_1：按照最终完成工程量重新调整后的综合单价。新综合单价P_1的确定，首先是发承包双方协商确定，不能达成一致的，P_1可按下式调整：当$P_0 < (1-L) \times (1-15\%)$时，综合单价$P_1 = P_2 \times (1-L) \times (1-15\%)$；$P_0$：承包人在工程量清单中填报的综合单价；$P_2$：发包人招标控制价相应项目的综合单价；$L$：承包人报价浮动率。此外，《建设工程施工合同示范文本》（GF-2017—0201）通用条款第10.4条约定，变更导致实际完成的变更工程量与已标价工程量清单或预

算书中列明的该项目工程量的变化幅度超过15%的，或已标价工程量清单或预算书中无相同项目及类似项目单价的，按照合理的成本与利润构成的原则，由合同当事人按照第4.4款（商定或确定）确定变更工作的单价。

从上述文件的规定看，合同计价模式为单价合同时，当分部分项工程的工程量减少的幅度超过发、承包双方对单价包含风险的约定（一般是15%），考虑到承包人的成本和利润，发承包双方可以对该单价进行调整。调整的方式，首先是双方另行达成一致，如无法达成一致，则可参考相关的调价公示计算出调整后的综合单价，最终双方结算按调整后的综合单价计算。

（七）承包人未开合同发票时发包人是否可以拒付工程款

开具发票是经营者的法定义务，《发票管理办法》（国务院令第587号）第20条规定，所有单位和从事生产、经营活动的个人在购买商品、接受服务以及从事其他经营活动支付款项，应当向收款方取得发票。取得发票时，不得要求变更品名和金额。营改增后，对于发包人来说，工程发票可以冲抵工程进项税额，减少纳税额度。因此，关于工程发票开具的纠纷也是建设工程中常见的纠纷类型。

发包人以承包人未开工程发票为由拒绝支付工程款，表面上是行使先履行抗辩权的行为。我们知道，建设工程施工合同作为一种双务合同，依据其合同的本质，合同抗辩权的行使范围仅限于对价义务，也就是说，一方不履行对价义务的，相对方才享有抗辩权。支付工程款义务与开具发票义务是两种不同性质的义务，前者是合同的主要义务，后者并非合同的主要义务，二者不具有对等关系，而只有具对等关系的义务才符合先履行抗辩权的行使条件。《合同法》第36条规定："法律、行政法规规定或者当事人约定采用书面形式订立合同，当事人未采用书面形式，但一方已经履行主要义务，对方接受的，该合同成立"。第94条第（三）项还规定，当事人一方迟延履行主要债务，经催告后在合理期限内仍未履行的，当事人可以解除合同。合同法这些规定都提及了"主要义务""主要债务"的概念，所谓主要义务，一般是指根据合同性质而决定的直接影响到合同的成立及当事人订约目的的义务。例如，在买卖合同中，双方的主要义务是一方交付标的物，另一方支付价款。而在建设工程施工合同中双方的主要义务就是一方完成合同项下的工程建设，另一方依约支付工程款项。合同中主要义务的特点在于，主要义务与合同的成立或当事人的缔约目的紧密相连，对主要义务的不履行将会导致债权人订立合同的目的无法实现，且构成根本违约，债权人有权解除合同。在双务合同中如果一方不履行其依据合同所负有的主要义务，另一方有权行使抗辩权，而开具发票的义务显然不属于建设工程施工合同中的主要义务。在一方违反约定没有开具发票的情况下，另一方不能以此为由拒绝履行合同主要义务即支付工程价款义务。除非当事人明确约定：一方不及时开具发票，另一方有权拒绝支付工程价款。这里应特别注意，合同必须从正面明确约定承包人开具增值税发票后，发包人才支付相应工程款，也应从反面明确约定"否则发包人有权拒付"，相关请求才能得到法院支持。

第四节 结算案例（基坑管涌签证）

对于签证单中施工单位的索赔，竣工结算阶段的关键工作是合理分配事件责任，结合合同的相关约定确定承包人的签证事项是否应得到支持。工程项目在结算中不可避免地会出现一些争议，争议集中在已经过监理确认事实的签证单、联系单的结算。本部分以案例的形式介绍结算中业主审核争议签证、索赔事件的依据及原则。

一、案例简介

2014 年，某项目发包人将桩基及基坑支护工程发包给施工单位。合同约定，桩基及基坑支护工程的承包范围以工程量清单为准。

合同签订后，施工单位即进场施工。施工过程中，施工现场发生事件：基坑中央塔吊北侧原勘探孔出现管涌，造成基坑积水，且同时导致了地面及彩钢板房出现不同程度的下陷，附近的小型配电站也出现开裂。为减少管涌进一步对现场产生影响，经和监理商议后，施工单位确定并执行了以下紧急措施：

1. 为排除基坑积水，采用小型污水泵 24 小时不间断抽水，抽水时间持续 30 天。

2. 采用压密注浆方式对下陷部位进行补浆。

施工完成后，施工单位对采取的上述两项措施分别向监理单位报送了两份"签证单"。就排基坑积水工作，施工单位提出索赔 90 个台班、90 个工日，索赔费用共计 5 万元。监理单位在审核"签证单"后签署"情况属实，污水泵抽水台班 80 个台班，最后费用请业主及审计部门确认"的意见。

就压密注浆处理下陷的工作，施工单位向业主索赔费用 4 万元（机械费 1 万元、人工费 2 万元、材料费 1 万元），监理单位在该签证单中签署"情况属实，工程量不予认可"的意见。

二、纠纷解决过程及结果

施工单位报送"签证单"后，在发包人主持的签证会及最后的结算会议中，因监理单位不认可施工单位处理下陷所施工的桩及压密注浆工作的工作量，各方对该项索赔均不予认可。但对该单位排基坑积水的工作，有不同的意见。

部分与会人员认为，施工单位的排基坑积水工作是因勘探孔管涌导致的，不是施工单位的原因，该项费用应该计取，工作量按监理单位审核确认的 80 台班计，人工费不计。且考虑到施工单位清理了基坑中其他部位大量的淤泥，该单位并未索赔，公平起见，应支持施工单位排基坑积水工作的部分索赔。

但项目全过程风险管控律师提出，合同所附的已标价清单中，措施费相应子项有"施工排水费""施工降水费"项目，其中"施工降水费"包括基坑及基坑周边的降水、排水，包含地下水、地表水、大气降水、施工过程中的废水等，可见基坑降水、排水费用已包含在合同报价中。该施工单位作为专业承包单位，在投标时应预见到可能出现的基坑积水成因（如管涌、雨水、外界导入的水等），并在报价中予以体现。基坑施工，需要保证将地下水位降低至坑底 $-0.5\ m$ 以下，该费用已在清单中以"施工降水费"计取。如果该单位进行了有效降水，基坑管涌应能避免或者减轻。可见，管涌事件和施工单位的降水施工不到位相关。

与会人员普遍认同律师意见，最终一致决定拒绝该单位的该项索赔。

三、案例启示

对签证、索赔进行审核是结算工作的重点工作，是否支持承包人的索赔，应以合同约定为准，因此，对合同条款的正确理解是结算审核的基础。一般来讲，如果仅是承包人采取的施工方案等导致合同约定工作的工程量增减，或者本已包含在施工单位报价中的措施的调整导致承包人工作量的变化，不允许调整工程价款。

附录

金陵杯申报要求

南京市建筑工程"金陵杯"奖评审实施细则

第一条 为鼓励施工企业强化质量管理,增强质量意识,争创更多的优质、精品工程。根据南京市建设委员会、南京市建筑工程局、南京市市政公用局宁建法字(2004)820号文件精神,南京建筑业协会在2005年初制定了《南京市建筑工程"金陵杯"奖(市优质工程)评审实施细则(试行)》,经过3年来实践,并结合实际情况,现修改制定本实施细则。

第二条 南京市建筑工程"金陵杯"奖(市优质工程)(以下简称"金陵杯"奖),是南京地区建筑工程质量的最高荣誉奖。

第三条 "金陵杯"奖评选由各在宁建筑施工会员企业提出申报,申报工程必须是南京建筑业协会分会评定的优质结构工程(或过渡期间的优良工程)。

第四条 "金陵杯"奖每年评选一次,2月底开始申报,5月底评选结束。获奖工程数一般控制在申报数的60%左右。

第五条 "金陵杯"奖的评选由南京建筑业协会负责牵头并组织实施。

第二章 申报范围

第六条 申报"金陵杯"奖范围:

一、住宅工程:单体建筑面积在3 000 m²(含)以上;

二、公共建筑工程:建筑面积在5 000 m²(含)以上或2 500 m²(含)以上的钢结构工程;

三、工业厂房工程:建筑面积在3 000 m²(含)以上或单跨在24 m(含)以上;

四、独立安装工程:工程造价在2 000万元(含)以上;

五、无具体划分规模标准,但有较大影响,有纪念意义或建筑风格独特其工程质量突出的工程。

第七条 为保证评奖工程的完整性,如主承建单位申报的工程,有合法分包方或配合方(包括安装、装饰、地基等单位)参建的其完成的工作量占工程总量的20%左右,分包方或配合方应作为参建单位来申报。

第八条 下列工程不列入申报范围:

一、外地来宁建筑施工企业的我市以外的工程;

二、保密工程和竣工后被隐蔽、工程质量不能进行复查的工程;

三、未按规定进行工程质量报监的工程,发生过较大质量事故或三级(含)以上安全事故的工程;

四、已参加过"金陵杯"奖评选而未被评上的工程。

第三章 申 报 条 件

第九条 申报工程必须是南京行政区域内上一年度 9 月 30 日前由建设单位已组织竣工验收的新建、扩建、改建的工程。必须符合基本建设程序，同时必须具备以下条件：

一、工程设计符合国家和行业设计标准、规范；

二、施工工艺和技术措施先进、合理，符合国家强制性标准；

三、施工现场必须达到标化合格或以上标准；

四、住宅工程的入住率应达到 30％以上。

第四章 申 报 程 序

第十条 申报表（见附件 2）在建设、监理、备案等单位签署意见盖章后，与申报材料一起报送南京建筑业协会。

第十一条 "金陵杯"奖申报材料内容要求见附件 1。

第十二条 申报"金陵杯"奖的工程，应由主承建单位或总承包单位申报，配合承建单位的参建项目符合第七条要求的应作参建项目申报，由主承建单位或总承包单位统一受理材料后，一并报送南京建筑业协会。

第五章 评 审 程 序

第十三条 南京建筑业协会对所有申报材料做好核实、登记、汇兑的初审工作。聘请有关专业技术人员组成若干个工程检查小组，对工程进行实地检查和评议，支持优中选优的原则。

第十四条 通过检查和评议，由检查小组向评审委员会提交书面初步入选的工程项目。

第十五条 "金陵杯"奖评审委员会，设主任委员 1 人、副主任委员 2～3 人、委员若干人。其成员须具有高级职称或担任专业技术或质量管理职务等方面的专家所组成。

第十六条 评审委员会必须坚持标准和公平、公正、公开的原则，对工程检查情况进行审议，确定获奖工程。

第十七条 对获奖工程在市建工局网上进行公示，接受社会监督。如无异议，由市建委、市建工局、建筑业协会进行表彰。

第六章 奖 励

第十八条 对荣获"金陵杯"奖工程的承建单位及参建单位，由市建委、市建工局、建筑业协会联合颁发"金陵杯"奖杯和荣誉证书，并给予通报表彰。企业可结合实际情况，对获奖单位和有关人员给予一定的奖励。

第七章 纪 律

第十九条 申报单位不得以任何理由回避或拒绝检查小组要求看的工程内容和部位。

第二十条 申报"金陵杯"奖的单位不得弄虚作假，不得请客送礼。违者，将视情节轻重给予批评教育，直至取消申报或获奖资格。

第二十一条 受理申报人员、工程检查人员、评审人员必须秉公办理、廉洁自律，不得接受企业及有关人的送礼。违者，将视情节轻重给予批评教育，直至撤销其相应的工作资格。

第八章 附 则

第二十二条 对已获奖的工程，若发现有弄虚作假或有重大工程质量隐患的，评审委员会有权做出取消该工程获奖称号的决定。

第二十三条 本市建筑施工企业在外地承建的工程，参照本细则进行评选，对获奖工程授予"金陵杯"荣誉奖称号。

第二十四条 在获得"金陵杯"奖的工程中，由评审委员或委托建筑业协会择优推荐参加省"扬子杯"优质工程（含参建）的评选。

第二十五条 上一年度的解释：即上年度9月30日以前至再上年度的9月30日止。过渡期的解释：即2007年10月1日以前开工的工程，仍参评优良工程。

第二十六条 招标项目经理在施工中如有变更，需提交市建管处出具的变更证明。

第二十七条 本细则自二〇〇八年起实行。

第二十八条 本细则由南京建筑业协会负责解释。

附件1：南京市建筑工程"金陵杯"奖（市优质工程）申报材料内容要求

附件2：南京市建筑工程"金陵杯"奖（市优质工程）申报表

二〇〇七年十二月

附件1

南京市建筑工程"金陵杯"奖（市优质工程）申报材料内容要求

下列材料必须按顺序编印目录和页码并装订成册（A4型纸）。

一、申报表一式两份（其中一份装订在册子里，另一份单列）；

二、规划许可证（从本项至第十五项均需提交复印件1份）；

三、中标通知书；

四、市建委颁发的施工许可证；

五、工程合同书（参建单位提交总分包合同书）；

六、各分部工程质量验收记录；

七、《住宅工程质量通病防治检查表》（表1—表3）；

八、《建筑节能单项工程质量验收记录》；

九、单位（子单位）工程质量竣工验收记录（市质监站印制）；

十、监理单位质量评估报告；

十一、竣工验收备案表；

十二、优质结构工程证书（过渡期为优良工程证书）；

十三、现场标化合格（或文明工地）证书；

十四、项目经理证书（含年检页）；

十五、建筑物沉降观测记录、沉降曲线图及检测报告；

十六、用户回访意见；

十七、有关科技进步材料；

十八、工程概况和施工质量情况的文字材料（3 000字以内）；

十九、附文字说明的工程彩照5张（内、外、局部）。

参建项目的申报材料须提交上述内容中第一、五、六、八、九、十四项。

扬子杯申报要求

江苏省优质工程奖"扬子杯"评选办法

第一章 总 则

第一条 为推动建设工程质量水平提升，促进建设行业科技进步，规范江苏省优质工程奖"扬子杯"评选活动，制定本办法。

第二条 江苏省优质工程奖"扬子杯"（以下简称"扬子杯"）是江苏省建设工程质量最高奖。

第三条 扬子杯的评选范围为本省行政区域内完成竣工验收并交付使用一年以上的房屋建筑、市政、园林、城市轨道交通、交通、水利、电力、通信等建设工程项目（以下简称"建设工程项目"）以及装饰、安装、钢结构等专业工程项目（以下简称"专业工程项目"）。

已获得扬子杯的建设工程项目，其所属专业工程项目不再另行奖励。

第四条 扬子杯评选遵循公开、公正和质量第一、优中选优的原则，优先授予绿色建筑以及实施绿色施工、建筑产业现代化、有重要技术创新的项目。

第五条 扬子杯每年评审一次，实行获奖项目总量控制。当年建设工程项目获奖总量不得超过上一年度竣工验收建设工程项目数量的百分之一；专业工程项目获奖总量不得超过建设工程项目获奖总量的百分之五十。

第六条 扬子杯奖励对象为获奖项目，以及获奖项目建设单位责任人、施工单位项目经理、监理单位总监理工程师等主要参与人员。

第七条 扬子杯评选不收取任何费用。

除本办法规定的现场查验外，任何单位和个人不得以扬子杯评选的名义对项目申报企业或项目现场进行检查。

第八条 扬子杯评选工作接受党委、政府、人大、政协以及社会各界的监督。

第二章 评选组织管理

第九条 省住房城乡建设厅负责扬子杯的评选管理工作。具体工作由省住房城乡建设厅扬子杯评选委员会负责。评选委员会下设办公室，负责扬子杯评选组织工作。

第十条 扬子杯评选实行专业技术专家审查制度，参与专业技术审查活动的专家从厅扬子杯专家库中随机抽取。

第三章 申 报 条 件

第十一条 申报扬子杯的项目应当符合以下条件：

1. 符合法律法规要求，符合工程建设程序。

2. 工程设计符合国家强制性标准和行业技术标准、规范；凡列入江苏省优秀勘察设计奖评选范围的房屋建筑、市政、园林等建设工程项目应获得省城乡建设系统优秀勘察设计以上奖励；交通、水利等建设工程项目应获得省（部）级及以上优秀勘察设计奖。

3. 工程施工工艺和技术措施先进合理，质量优良；交通、水利等行业项目应获得省（部）级行业优质工程奖。

4. 工程技术档案资料（含隐蔽工程部位的施工过程影像资料）完整。

5. 申报的工程在施工中未发生质量安全事故。

6. 申报企业没有因受到行政主管部门行政处理而被限制市场准入的情形。

第四章 评 选 程 序

第十二条 扬子杯年度组织申报文件由省住房城乡建设厅统一下发。

第十三条 建设、施工单位自愿申报扬子杯的，应当在规定期限内向项目所在地省辖市行政主管部门提出申请。省辖市行政主管部门对申请项目进行初审，对照扬子杯评选要求，结合日常监管工作情况，择优推荐评选项目，加盖公章后报省扬子杯评选委员会办公室。

第十四条 省扬子杯评选委员会委托相关行业协会（学会）组织专家进行项目资料复核和现场查验。专家应从厅扬子杯专家库中随机抽取。

相关行业协会（学会）根据资料复核和现场查验情况，按照优中选优的原则，提交符合评选办法的项目推荐名单。

第十五条 省扬子杯评选委员会办公室按照本办法规定，组织专家对行业协会（学会）的推荐项目进行技术审查，专家组负责专业技术审查和把关，研究确定扬子杯获奖项目专家建议名单。

第十六条 扬子杯获奖项目专家建议名单在省住房和城乡建设厅门户网站向社会公示十个工作日。

公示期间有投诉的，省扬子杯评选委员会办公室应组织专家进行核查，并将核查情况报评选委员会。

第十七条 省扬子杯评选委员会在专家技术审查意见和社会公示意见基础上，结合日常监管和企业信用情况，以及省辖市行政主管部门意见、行业协会（学会）推荐意见进行综合审定，确定最终获奖项目名单。

第五章 奖 励 及 惩 罚

第十八条 省住房城乡建设厅颁发表彰文件，公布扬子杯获奖名单。

第十九条 在本省行政区域内申报国家级优质工程奖的项目，应首先获得扬子杯。

第二十条 建设工程项目、专业工程项目、建设单位、施工单位等主要参与人员在申报、评选过程中弄虚作假的，经查实，取消获奖，并计入信用档案。

第二十一条 参与扬子杯评选工作的评选委员会及其办公室成员、省辖市行政主管部门、行业协会（学会）的工作人员以及参与专业技术审查的专家，应当严格遵守法律法规和廉洁自律的规定。驻厅纪检监察室对扬子杯评选过程实行全程监督。

第六章 附 则

第二十二条 本办法自发布之日起施行。省住房城乡建设厅以及省建筑工程管理局在本办法颁布之日前颁发的与江苏省优质工程奖评选相关的文件同时废止。

鲁班奖申报要求

中国建设工程鲁班奖（国家优质工程）评选办法

第一章 总 则

第一条 为贯彻落实科学发展观，坚持"百年大计、质量第一"的方针，加快我国建筑业的技术进步，促进建筑业企业提高技术装备水平和经营管理水平，推动建设工程质量水平的提高，规范中国建设工程鲁班奖（国家优质工程）（以下简称鲁班奖）的评选活动，制定本办法。

第二条 鲁班奖是我国建设工程质量的最高奖，工程质量应达到国内领先水平。

第三条 鲁班奖的评选工作在住房和城乡建设部指导下由中国建筑业协会组织实施，评选结果报住房和城乡建设部。

第四条 鲁班奖的评选工作要本着对人民负责、对历史负责的精神，坚持"优中选优"和公开、公正、公平的原则。

第五条 鲁班奖每年评选一次，获奖工程数额不超过100项。获奖单位为获奖工程的主要承建单位、参建单位。

第六条 鲁班奖由建筑业企业自愿申报，经省、自治区、直辖市建筑业协会、有关行业建设协会或有关单位择优推荐后进行评选。

有关单位是指没有成立建筑业（建设）协会，并与中国建筑业协会商妥的归口本系统申报工程的单位。

第二章 评选工程范围

第七条 鲁班奖的评选工程为我国境内已经建成并投入使用的各类新（扩）建工程。

第八条 鲁班奖的评选工程分为：

（一）住宅工程；

（二）公共建筑工程；

（三）工业交通水利工程；

（四）市政园林工程。

以上四类工程的评选范围和规模应符合本办法附件一、二的规定。各类工程的获奖比例视当年实际情况确定。

第九条 已参加过鲁班奖评选而未获奖的工程，不再列入评选范围。

第三章 申 报 条 件

第十条 中国建筑业协会每年提出各省、自治区、直辖市、有关行业和有关单位申报鲁班奖工程的建议数量。

第十一条 申报工程应具备以下条件：

（一）符合法定建设程序、国家工程建设强制性标准和有关省地、节能、环保的规定，工程设计先进合理，并已获得本地区或本行业最高质量奖；

（二）工程项目已完成竣工验收备案，并经过一年使用没有发现质量缺陷和质量隐患；

（三）工业交通水利工程、市政园林工程除符合本条（一）、（二）项条件外，其技术指标、经济效益及社会效益应达到本专业工程国内领先水平；

（四）住宅工程除符合本条（一）、（二）项条件外，入住率应达到40%以上；

（五）申报单位应没有不符合诚信的行为。自2011年起，申报工程原则上应已列入省（部）级的建筑业新技术应用示范工程。

（六）积极采用新技术、新工艺、新材料、新设备，其中有一项国内领先水平的创新技术或采用建设部"建筑业10项新技术"不少于6项。

第十二条 对于已开展优质结构工程评选的地区和行业，申报工程须获得该地区或行业结构质量最高奖；尚未开展优质结构工程评选的地区、行业，对纳入创鲁班奖计划的工程应设专人负责，在施工过程中组织3至5名相关专业的专家，对其地基基础、主体结构施工进行不少于两次的中间质量检查，并有完备的检查记录和评价结论。

第十三条 申报工程的主要承建单位，是指与申报工程的建设单位签订施工承包合同的独立法人单位。

（一）在工业建设项目中，应是承建主要生产设备和管线、仪器、仪表的安装单位或是承建主厂房和与生产相关的主要建筑物、构筑物的施工单位；

（二）在交通水利、市政园林工程中，应是承建主体工程或是工程主要部位的施工单位；

（三）在公共建筑和住宅工程中，应是承建主体结构的施工单位。

第十四条 申报工程的主要参建单位，是指与承建单位签订分包合同的独立法人单位，其完成的建安工作量应占10%以上或超过3 000万元。

第十五条 两家以上建筑业企业联合承包一项工程，并签订联合承包合同的，可以联合申报鲁班奖。对于大型建设工程，两家以上建筑业企业分别与建设单位签订不同标段的施工承包合同，每家完成的工作量均在20%以上，且不少于3 000万元的，可共同申报。

第十六条 申报工程在建设过程中，发生过质量事故、较大以上生产安全事故以及在社会上造成恶劣影响的其他事件的，不得申报鲁班奖。

第四章 申报和初审

第十七条 申报工程由承建单位提出申请，主要参建单位的资料由承建单位统一汇总申报。

（一）地方建筑业企业向所在省、自治区、直辖市建筑业协会申报；有关行业的建筑业企业向该行业建设协会申报；有关单位系统的建筑业企业向该单位申报。

（二）有关行业的建筑业企业申报非本专业工程的，其公共建筑和住宅工程应征求工程所在地的省、自治区、直辖市建筑业协会的意见，其他专业工程应征求相关行业建设协会的意见；地方建筑业企业申报专业工程的，应征求有关行业建设协会或行业主管部门的意见。

（三）受理申报的省、自治区、直辖市建筑业协会、有关行业建设协会和有关单位，应依据本办法对申报资料进行审查，在鲁班奖申报表中签署意见，加盖公章，并征求省级建设行政主管部门或行业主管部门的意见后，正式行文向中国建筑业协会推荐。

第十八条 申报资料的主要内容和要求如下：

（一）主要内容

1. 申报工程、申报单位及相关单位的基本情况；
2. 工程立项批复、承包合同及竣工验收备案等资料；
3. 工程彩色数码照片 20 张及 5 分钟工程 DVD 录像。

（二）要求

1. 申报资料由申报单位通过"中国建筑业协会网"传送电子版，并提供鲁班奖申报表原件 2 份和书面申报资料 1 套；
2. 鲁班奖申报表中需由相关单位签署意见的栏目，应写明对工程质量具体评价意见；
3. 申报资料中提供的文件、证明材料和印章应清晰，容易辨认；
4. 申报资料要准确、真实，如有变更应有相应的文字说明和变更文件；
5. 工程 DVD 录像的内容主要是施工特点、施工关键技术、施工过程控制、新技术推广应用等情况，要充分反映工程质量过程控制和隐蔽工程的检验情况。

第十九条 中国建筑业协会秘书处依据本办法规定的申报条件和要求进行初审，并将初审结果告知推荐单位。

第五章 工程复查

第二十条 中国建筑业协会组成若干复查组对通过初审的工程进行复查。

工程复查专家由建设行政主管部门、建筑业（建设）协会和中国建筑业协会直属会员企业按条件推荐，经中国建筑业协会遴选后组成鲁班奖工程复查专家库，每年根据需要从专家库中抽取。复查专家每年更换三分之一，原则上每位复查专家连续参加复查工作不超过三年。

第二十一条 工程复查的内容和要求：

（一）听取申报单位对工程施工和质量的情况介绍。

(二）听取建设、使用、设计、监理及质量监督单位对工程质量的评价意见。复查组与上述单位座谈时，受检单位的人员应当回避。

(三）查阅工程建设的前期文件、施工技术资料及竣工验收资料等。

(四）实地检查工程质量。复查组要求查看的工程内容和部位应予满足，不得以任何理由回避或拒绝。

(五）复查组对工程复查情况进行现场讲评。

(六）复查组向评审委员会提交复查报告。复查报告要对工程的整体质量状况做出"上好""好""较好"三类的评价，并提出"推荐"或"不推荐"的意见。

第六章　工　程　评　审

第二十二条　鲁班奖评审设立评审委员会，由21人组成。其中主任委员1人，副主任委员2至4人。评审委员须是具有高级技术职称，有丰富实践经验，并在业内有一定知名度的专家。

第二十三条　评审委员由建设行政主管部门、建筑业（建设）协会和中国建筑业协会直属会员企业按条件推荐，经中国建筑业协会遴选后组成鲁班奖工程评审专家库，中国建筑业协会每年根据需要从专家库中抽取。评审委员每年更换三分之一，原则上每位委员连任不超过三年。

第二十四条　评审委员会通过听取复查组汇报、观看工程录像、审查申报资料、质询评议，最终以无记名投票方式评出入选鲁班奖工程。评选结果在"中国建筑业协会网"或有关媒体上公示。

第七章　表　　彰

第二十五条　中国建筑业协会每年召开颁奖大会，向荣获鲁班奖的主要承建单位授予鲁班金像和获奖证书；向荣获鲁班奖的主要参建单位颁发奖牌和获奖证书。

地方建筑业协会、有关行业建设协会和获奖单位可根据本地区、本部门和本单位的实际情况，对获奖单位和有关人员给予奖励。

第二十六条　获奖工程的建设单位可向中国建筑业协会申请颁发鲁班金像作为纪念。

第二十七条　任何单位和个人都不得复制鲁班金像、奖牌和证书。如有违者，将依法追究其法律责任。

第二十八条　为交流和推广创鲁班奖工程经验，促进工程质量水平的提高，中国建筑业协会组织编辑出版创鲁班奖工程经验汇编、专辑等。

第八章　纪　　律

第二十九条　鲁班奖复查工作与评选工作必须认真执行国家有关工程建设质量管理的法律、法规和国家、行业有关标准、规范、规程。凡参与鲁班奖工程复查与评选工作的人员，必须严格执行本办法及有关纪律规定，严禁收取任何单位或个人赠送的任何礼品、纪念品和现金、有价证券、支付凭证。

第三十条　工程复查和评审专家实行回避制度。复查专家不得参与复查本单位的申报工程。评审专家不得选自当年有申报工程的企业。

第三十一条　申报鲁班奖工程的受检企业不得弄虚作假。申报企业和工程复查、评审专家以及参与相关工作的所有人员，均不得以任何方式为申报工程拉选票。

第三十二条 各有关方面接待复查组的安排从简，不得超标准接待，不得赠送任何礼品、纪念品和现金、有价证券、支付凭证，不得组织旅游和与工程复查工作无关的参观活动。

第三十三条 凡违反本办法及有关纪律规定，情节严重的，对申报企业取消参评资格；对复查、评审专家取消复查或评审资格，并终身不得再进入中国建筑业协会专家库；对工作人员建议所在单位给予严肃处理，属中国建筑业协会的工作人员，视情节给予行政处分。

第九章 附 则

第三十四条 获奖工程如发现质量问题的，中国建筑业协会要组织专家进行鉴定，经鉴定确实不符合鲁班奖评选条件的，有权做出取消该工程鲁班奖称号的决定。

第三十五条 本办法由中国建筑业协会负责解释。

第三十六条 本办法自发布之日起施行。原《中国建筑工程鲁班奖（国家优质工程）评选办法》（2000 建协字第 17 号）同时废止。

附件 1

中国建设工程鲁班奖（国家优质工程）工程类别划分

（一）住宅工程

住宅工程包括住宅小区、公寓、单体住宅、群体住宅和以住宅为主的综合楼等工程。

（二）公共建筑工程

公共建筑工程包括教育科研、商业服务、医疗福利、文化娱乐、旅游服务、体育、邮电、客运、办公、会展、广场及纪念性等工程。

（三）工业交通水利工程

工业工程包括钢铁、有色金属、煤炭、石油、石化、化工、电力、机械、建材、核工业、机电、轻纺等工程。

交通工程包括公路和铁路的线路、桥梁、隧道，铁路编组站，货运码头、港口、水运船闸、航道、造船厂、机场场道、货运站等工程。

水利工程包括水坝、水闸、引水、灌溉及排水泵站、堤防等工程。

（四）市政园林工程

市政园林工程包括城市道路、桥梁、公共交通设施、供气、供暖、给水、排水、水处理、公园、动物园、植物园等工程。

附件 2

中国建设工程鲁班奖（国家优质工程）申报工程规模要求

一、住宅工程

建筑面积 5 万平方米以上的住宅工程。

二、公共建筑工程

（一）3万座以上的体育场；

（二）5 000座以上的体育馆；

（三）3 000座以上的游泳馆；

（四）1 500座以上的影剧院；

（五）高度350米以上的电视发射塔；

（六）建筑面积3 000 m² 以上的古建筑重建工程；

（七）建筑面积6万 m² 以上的学校、医院、科研等群体建筑工程；

（八）上述（一）至（六）项未列入的，建筑面积2万 m² 以上的其他单体公共建筑工程。

三、工业交通水利工程

（一）工业工程

行业、项目	计算单位	规模
冶金工业		
烧结	烧结机面积 （平方米）	90以上
焦化	碳化室高度 （米）	4.3以上
采矿	年采矿量 （万吨）	60以上
选矿	年处理原矿量 （万吨）	60以上
球团	年产量 （万吨）	100以上
铁合金	功率 （千伏安）	12 500以上
高炉	高炉容积 （立方米）	1 000以上
转炉	转炉容量 （吨）	50以上
连铸	年产量 （万吨）	50以上
轧钢	年产量 （万吨）	30以上
有色金属工业		
氧化铝厂	年产量 （万吨）	30以上
电解铝厂	年产量 （万吨）	5以上
镁厂	年产量 （万吨）	0.5以上
碳素厂	年产量 （万吨）	1以上
镍联合企业	年产量 （万吨）	1以上
其他有色金属联合企业	年产量 （万吨）	3以上
重金属加工厂	年产量 （万吨）	2以上
轻金属加工厂	年产量 （万吨）	5以上
砂矿采选厂	年采选矿石量 （万吨）	100以上
脉矿采选厂	年采选矿石量 （万吨）	70以上
岩金矿采选厂	年采选矿石量 （万吨）	100以上
其他有色金属工业	投资 （亿元）	1.5以上

（续表）

行业、项目	计算单位	规模
煤炭工业		
矿建立井	井筒深度 （米）	500 以上
矿建斜井	井筒长度 （米）	700 以上
矿建平硐	长度 （米）	1 000 以上
其他煤炭工程	施工工作量 （万元）	5 000 以上
石油工业		
油气田主体配套建设工程	年产原油 （万吨）	30 以上
	年产天然气 （亿立方米）	6 以上
石油天然气管道工程	管道长度 （千米）	1 000 以上
炼油厂	年加工原油 （万吨）	250 以上
其他石油工程	投资 （亿元）	1 以上
石油化工工业		
气体处理工程	日处理量 （万立方米）	25 以上
乙烯装置	年产量 （万吨）	15 以上
聚乙烯装置	年产量 （万吨）	20 以上
聚氯乙烯装置	年产量 （万吨）	20 以上
聚丙烯装置	年产量 （万吨）	20 以上
合成氨装置	年产量 （万吨）	30 以上
合成橡胶	年产量 （万吨）	2 以上
合成树脂	年产量 （万吨）	2 以上
其他石油化工工业	投资 （亿元）	1 以上
化学工业		
硫酸厂	年产量 （万吨）	20 以上
磷酸厂	年产量 （万吨）	10 以上
醋酸厂	年产量 （万吨）	10 以上
纯碱厂	年产量 （万吨）	20 以上
烧碱厂	年产量 （万吨）	5 以上
磷铵厂	年产量 （万吨）	20 以上
磷矿	年产量 （万吨）	30 以上
硫铁矿	年产量 （万吨）	30 以上
塑料厂	年产量 （万吨）	2 以上
化学纤维单体	年产量 （万吨）	2 以上
甲醇	年产量 （万吨）	30 以上
尿素	年产量 （万吨）	30 以上
橡胶轮胎加工厂	年产量 （万套）	30 以上

(续表)

行业、项目	计算单位	规　模
其他化学工业	投资　（亿元）	1 以上
电力工业		
火力发电厂（站）	单机容量　（兆瓦）	300 以上
水力发电厂（站）	总装机容量　（兆瓦）	250 以上
风力发电厂（站）	总装机容量　（兆瓦）	50 以上
变电站	变电电压　（千伏）	500 以上
其他电力工业	投资　（亿元）	2 以上
核工业		
核电站	单机容量　（兆瓦）	600 以上
机械工业		
冶金矿山设备	年产量　（万吨）	0.5 以上
石油化工设备	年产量　（万吨）	0.5 以上
工程机械	年产量　（万吨）	0.5 以上
发电设备、大电机厂	年产量　（兆瓦）	300 以上
通用设备厂	投资　（万元）	3 000 以上
汽车厂	年产量　（万辆）	5 以上（一般汽车） 0.1 以上（重型汽车）
拖拉机厂	年产量　（万台）	0.5 以上（轮胎式） 0.1 以上（履带式）
柴油机厂	年产量　（万马力）	30 以上
其他机械工业	总投资　（万元）	1 000 以上
森林工业		
独立森工局	年产木材　（万立方米）	15 以上
其他森林工业	总投资　（万元）	1 000 以上
建材工业		
水泥生产线	日产量　（吨）	3 000 以上
玻璃生产线	日熔量　（吨）	500 以上
矿山生产线	年产量　（万吨）	100 以上
轻工业		
化学纤维厂	年产量　（万吨）	单体 0.5 以上 长丝 0.3 以上 短丝 0.6 以上
棉纺织厂	棉纺锭　（万枚）	5 以上
印染厂	年产量　（亿米）	0.5 以上
造纸厂	年产量　（万吨）	1 以上

(续表)

行业、项目	计算单位	规 模
制糖厂	日处理原料 （吨）	500 以上
盐厂	年产量 （万吨海盐）	20 以上
井、矿盐		10 以上
毛纺、麻纺、绢纺	纺锭 （万枚）	0.5 以上
合成脂肪酸	年产量 （万吨）	0.5 以上
合成洗涤剂	年产量 （万吨）	1 以上
手表（新建）	年产量 （万只）	40 以上
缝纫机（新建）	年产量 （万架）	15 以上
自行车（新建）	年产量 （万辆）	30 以上
塑料制品	年产量 （万吨）	0.5 以上
其他轻工业（包括医疗机械）	投资 （万元）	1 000 以上

（二）交通工程

1. 铁路工程

（1）长度 50 公里以上的单线或 30 公里以上的双线（多线）新建铁路综合工程；

（2）连续长度 80 公里以上的扩建铁路（含增建二线）综合工程；

（3）大型编组站、集装箱中心站、动车段综合工程；

（4）长度 1500 米以上的铁路特大桥或采用新技术、新材料、新工艺，结构复杂，科技含量高的铁路大桥；

（5）长度 3 000 米以上的单线铁路隧道、2 000 米以上的双线铁路隧道或 1 000 米以上的多线铁路隧道；

（6）长度 100 公里以上的铁路电气化、通信信号、列控工程；

（7）投资 5 000 万元以上，采用新技术、新工艺，具有示范性，经济、社会效益显著的其他铁路工程。

2. 公路工程

（1）全长 3 000 米以上或单跨 300 米以上的独立特大桥或独立大型互通立交桥；

（2）长度 2 000 米以上的公路隧道；

（3）长度 50 公里以上的高速公路；

（4）长度 200 公里以上的一级公路；

（5）投资 5 000 万元以上的大型立交及其他大型交通工程。

3. 水运工程

（1）年吞吐量 100 万吨以上杂货、300 万吨以上散货或 30 万标箱以上集装箱的沿海港口；

（2）年吞吐量 60 万吨以上杂货、100 万吨以上散货或 10 万标箱以上集装箱的内河港口；

(3) 沿海通航 10 000 吨级以上船舶或内河通航 300 吨级以上船舶的航道；

(4) 通航 300 吨级以上船舶的渠化枢纽或船闸；

(5) 投资 1 亿元以上的修造船厂及其他水运工程。

4. 民航工程

机场飞行区等级 4D 以上的工程。

(三) 水利工程

1. 库容 1 亿立方米以上的水库工程；

2. 过闸流量 1 000 立方米/秒以上的拦河闸；

3. 装机流量 50 立方米/秒以上或装机功率 10 兆瓦以上的灌溉或排水泵站；

4. 高度 70 米以上土石、100 米以上混凝土或浆砌石的水工大坝；

5. 重现期 50 年以上的一级或二级堤防工程；

6. 投资 1 亿元以上的其他水利工程。

四、市政园林工程

1. 桥面积 3 万平方米以上的城市立交桥或 20 万平方米以上的城市道路工程；

2. 全长 400 米以上或单跨 80 米以上的桥梁工程；

3. 长度 800 米以上的城市跨河桥；

4. 长度 5 公里以上的轨道交通工程；

5. 日供水 10 万吨以上的供水厂或日处理 10 万吨以上的污水处理厂；

6. 占地 5 万平方米以上且建筑面积 1 万平方米以上的园林建筑工程；

7. 投资 1 亿元以上的其他市政园林工程。

省住房和城乡建设厅关于改革和完善房屋建筑和市政基础设施工程招标投标制度的实施意见

根据住房城乡建设部《关于开展建筑业改革发展试点工作的通知》(建市〔2014〕64号)、《住房城乡建设部办公厅关于同意江苏省开展房屋市政工程领域招投标制度和工程监理制度改革试点工作的函》(建办市函〔2016〕474号) 的精神，自 2016 年 7 月起，我省部分市、县（市、区）开展了房屋建筑和市政基础设施工程（以下简称建设工程）招标投标改革试点工作，在创新建设工程招标投标制度方面取得了一定成效。为进一步推进我省建设工程招投标事业的改革与发展，解决当前招投标中出现的新情况、新问题，现就全面推进我省建设工程招标投标制度改革完善工作，提出如下具体意见。

一、总体要求

认真贯彻《国务院办公厅关于促进建筑业持续健康发展的意见》(国办发〔2017〕19号)，以落实工程项目法人负责制为核心，强化主体责任，放管结合；以注重公平兼顾效率为目标，进一步简化程序，优化流程；以提高信息公开度为抓手，着力打造合法高效、阳光有序的招投标市场环境；以维护招标投标各方合法权益为根本，创新方法，强化监管。认真总结、广泛汲取省内外招投标改革的成功经验和先进做法，进一步健全完善我省建设工程招投标制度和机制，推动我省招投标事业健康有序发展。

二、突出重点，放管结合

（一）国有资金占控股或者主导地位的建设工程项目（以下简称国有资金投资项目）的施工、货物、服务，以单项合同估算价是否达到依法必须招标的规模标准确定是否必须招标发包（不受项目总投资额大小的限制）。但同一工程建设项目12个月内发生的同类勘察、施工、监理以及与工程建设有关的重要设备、材料等的采购，总估算价达到规定标准的，必须进行招标。

（二）非国有资金占控股或主导地位的工程建设项目，发包人自主决定采用招标发包或直接发包，以及是否进入公共资源交易平台进行交易。但总投资中使用财政预算资金、纳入财政管理的各种政府性专项建设基金或者行政事业性收费资金、国家融资的金额在100万元人民币以上且单项合同估算价达到依法必须招标规模标准的项目除外。

（三）使用非财政性资金建设的经营性项目（如国有企业新建、改建、扩建的生产性项目，房地产项目等），发包人有控股或被控股的企业依法能够建设、生产或者提供，发包人可以将项目的施工、货物或者服务直接发包给上述企业。

财政性资金是指纳入各级预算管理的资金和以财政性资金作为还款来源的借贷资金。

（四）根据我省建设工程代理市场的实际，乙级、暂定级工程招标代理机构可分别承担单个标段合同估算价1亿元和6 000万元人民币以下的工程招标代理业务。

（五）招标人自行决定开始招标活动，并承担因项目各种条件发生变化而导致招标失败的风险。

建设工程施工、监理招标应当具备满足招标需要的设计文件。

招标人自行招标的，应当在提交发包初步方案的同时，就自行招标事宜向招投标监管机构备案（格式见附件四）

（六）建筑设计方案招标项目、采用工程总承包的招标项目、政府集中建设的大型及以上或技术复杂项目（不含社会代建项目），可采用"评定分离"制。具体办法由省建设工程招标投标办公室另行制定。

（七）采用经评审的最低投标价法的施工招标项目，招标公告或者招标文件中应当明确中标人向招标人提供保函形式的差额履约担保，担保金额为招标控制价和中标价的差值，但不超过中标价的10%。

（八）施工招标文件中设定的暂估价应当符合市场价格水平。以暂估价形式包括在承包范围内的工程、货物属于依法必须进行招标的项目范围且达到规定的规模标准的，应当依法进行招标。招标人在总承包招标文件中，应当明确暂估价招标的招标主体以及双方的权利义务。暂估价招标可以由发包人或者承包人组织招标，也可以由发包人和承包人共同招标。

三、创新方法，提高效率

（九）同一招标人在一定的时间段内（一般为半年至一年）同类小型、简单、通用的房屋修缮、园林绿化养护、市政设施维修或者与工程建设有关的货物、服务等，可采用"预选招标"的方式确定中标人，具体办法由省建设工程招标投标办公室另行制定。

(十)招标人应根据招标项目特点,确定投标人编制投标文件的合理时间。招标文件中明确投标人无须编制施工组织设计、服务大纲或设备安装调试方案等技术标评审内容的,自招标文件开始发出之日起至递交投标文件截止之日止不少于10日。采用合理价随机确定中标人法的,自招标文件开始发出之日起至递交投标文件截止之日止不少于7日。

招标人对已发出的招标文件进行必要的澄清或者修改,澄清或者修改的内容可能影响投标文件编制的,应当在递交投标文件截止时间至少3日前(采用合理价随机确定中标人法的,应当在递交投标文件截止时间至少1日前),以答疑形式告知所有已获取招标文件的潜在投标人。不足上述时限的,招标人应当顺延递交投标文件的截止时间。

(十一)招标人根据项目实际情况组建评标委员会。评标委员会应符合以下要求:

1. 招标人可以委派1名具备中级及以上工程类相关职称或者具有工程建设类执业资格的代表参与评标("评定分离项"目除外或者资格审查。招标代理机构的人员不得担任其所代理项目的评标委员会成员或者资格审查委员会成员)。

2. 施工招标需要对施工组织设计进行评分的,评标委员会成员数量为不少于7人的单数。其中,评审技术标的评委不少于5人的单数。服务、货物招标需对服务大纲或设备安装调试方案进行评审的,其评标委员会成员数量为不少于5人的单数。

3. 招标文件中明确投标人无须编制施工组织设计、服务大纲或设备安装调试方案等技术标评审内容的,评标委员会成员数量为不少于3人的单数,其中经济类评委不少于2人。

4. 资格审查委员会成员数量为不少于3人的单数。

5. 来自同一单位的评标专家不得超过1人。

6. 评标专家的评审费用由招标人支付。

(十二)施工招标项目中,属于承包人自行采购的主要材料、设备,招标人可以在招标文件中提出材料、设备的技术标准或者质量要求,或者提供3个以上符合要求的不同厂家品牌的同档次产品供投标人选择。投标人拟选择推荐的厂家或品牌以外的产品,应满足招标文件中提出技术标准和质量要求,并由招标人同意。

招标人可以要求投标人在投标时明确所选的厂家品牌产品;也可以要求投标人在投标时承诺使用招标人提供的品牌,在合同履行过程中进行选择。具体要求应在招标文件中明确。

(十三)全面实行电子招投标。施工、服务和货物除因技术等原因不能采用电子招标的以外,应当实行电子招投标。采用综合评估法且对技术标进行量化评审的施工、合同估算价100万元以上的监理招标项目,必须实行远程异地评标。有条件的市、县(市、区),可以对货物、其他服务招标项目实行远程异地评标。电子招投标应当使用"江苏省建筑市场监管与诚信信息一体化平台"的信息数据。

实行电子招投标的项目,其施工、服务、货物的技术标评审应当采用暗标和横向评审制,项目负责人答辩亦应采用暗标方式评审,具体要求在招标文件中明确。

四、信息公开,阳光操作

(十四)招标信息公开。招标公告(包括资格预审公告,下同)、开标情况、评标结果公示、中标结果公告等应当在"江苏建设工程招标网"等指定媒介上发布。

信息发布时间和有关招标文件（资格预审文件）的发售时间不应当包含连续3日及以上的节假日时间；开始时间应为工作日，结束时间不是工作日的，应当顺延至工作日。

实行资格预审的资格预审文件或者实行资格后审的招标文件，除工程图纸外，应当与招标公告同时公布。在不同媒介发布的招标公告、招标文件（资格预审文件），以及潜在投标人（资格预审申请人）实际获取的招标文件（资格预审文件）应当一致，否则应当重新发布招标公告。

（十五）评标结果公示。招标人在收到评标报告之日起3日内应当发布评标结果公示，公示期不得少于3日。采用资格预审的项目，还应当公示中标候选人资格预审的相关信息，包括企业或项目负责人奖项、业绩等；采用有限数量制资格预审的，还应公布中标候选人的资格审查得分。因招投标当事人异议、投诉改变拟中标人的，应当重新公示拟中标人，公示期不得少于3日。

（十六）中标结果公告。中标人确定后，招标人在发出中标通知书的同时，应当发布中标结果公告，内容包括：中标人名称、项目负责人姓名、中标价、中标工期、招标人定标原因及依据和评标委员会成员等。

（十七）招投标失信行为信息公开。招投标相关单位及个人在招投标活动中存在失信行为的，招投标监管机构应当及时在"江苏建设工程招标网"等指定媒介上公示。在公示期间，投标人有下列行为的，其他国有投资项目的招标人可以在招标文件中明确拒绝其投标；评委有下列行为的，不得担任评标委员会成员；招标代理机构有下列行为的，不得承揽国有投资项目的招标代理业务。

1. 招投标各方主体及个人在招投标活动中违反法律法规和规章规定受到行政处罚的，公示不少于3个月。

2. 投标人在招投标活动中出现如下失信行为，公示1~3个月：

（1）除不可抗力的外，资格预审合格的投标人无故不获取招标文件或者获取招标文件后放弃投标，或者投标人在投标截止后无故撤销投标文件等，公示2个月；

（2）递交无竞争力的投标文件的（无竞争力投标是指不以中标为目的的投标，包括投标报价畸高、投标文件故意漏项缺项、施工组织设计文件不符合篇幅要求，以及故意违反招标文件中已醒目标识的无效投标条款且事先未质疑等情形），公示1个月；

（3）企业一年内4次在全省投诉反映情况不属实，缺乏事实或法律依据的，公示1个月；

（4）投诉人故意捏造事实、伪造证明材料的，或者以非法手段取得证明材料等进行恶意投诉的，公示3个月。

3. 评委在招投标活动出现如下失信行为，公示3个月：

（1）一次性被扣20分的；

（2）将个人通信工具带入评标区的；

（3）未经评标现场监管人员或者见证人员许可，擅自进入其他评标室、离开评标区或者早退，以及不服从评标现场监督与工作人员管理的；

（4）无故拒绝参加复议的。

4. 招标代理机构在招投标活动中出现如下失信行为，公示1~3个月：

（1）出现较重失信行为的，公示1个月；

（2）出现严重失信行为的，公示3个月；

（3）单位日常行为考评一年内累计扣分达到8分的，公示2个月；

（4）从业人员日常行为考评一年内累计扣分达到3分的，公示2个月。

（十八）其他信息公开。与招投标相关的在建工程信息、项目负责人变更信息、招标终止信息和投标保证金提交情况等均应当及时在"江苏建设工程招标网"和"江苏省建筑市场监管与诚信信息一体化平台"上发布。

五、规范流程，强化监管

（十九）招标人编制的资格预审文件和招标文件，应当使用国家、省有关部门制定的标准文本。

施工、服务、货物和工程总承包招标，招标人应当设定招标控制价（最高投标限价）。招标控制价或者其计算方法应当在招标文件中载明。

施工招标资格审查应当使用附件二《江苏省房屋建筑和市政基础设施工程施工招标资格审查办法》；施工招标评标应当使用附件三《江苏省房屋建筑和市政基础设施工程施工招标评标办法》。

（二十）资格预审文件设定的资格审查合格条件和招标文件中设定的无效标条款应当清晰、明确，并集中单列。其中，无效标条款应当仅限定为本意见附件三第六条所列情形。特殊情况招标人需要另行规定无效标条款的，应当在招标文件备案时做出说明后写入招标文件。凡招标文件未集中单列的无效标条款，评标委员会不得作为否决投标、判定无效标的依据。招标人不得要求投标报价文件必须加盖造价从业人员执业章，也不得将投标人法定代表人未参加开标活动作为拒绝其投标或判断无效投标的依据。

招标人可以对招标文件或资格预审文件进行必要的澄清或者修改。但对资格审查条件、资格审查标准和方法、评标标准和方法以及付款方式等实质性内容进行修改，应当重新发布招标公告。

（二十一）在评标过程中，除出现《中华人民共和国招标投标法实施条例》第二十三条情形外，评标委员会认为因招标文件缺陷无法确定中标候选人或中标人的，招标人应当重新组织招标。

（二十二）建立专家评议制度。招标人在处理异议的过程中，或招投标监管机构在处理投诉的过程中，对于出现难以认定或解决的法律、技术问题时，可以组建争议评议专家组评议，评议意见作为异议、投诉处理的主要依据。

（二十三）建立招投标后评估制度和招标代理机构的"双随机"检查制度。各招投标监管机构每年要组织资深评标专家对一些社会影响较大的项目、招标中存在异议和投诉的项目，以及有代表性的专业项目实施评标后评估，通过后评估规范招投标各方、特别是评标专家的行为。对代理机构的代理行为实施定期"双随机"检查，检查的内容、程序及处理结果应及时公开，并将检查的结果与代理机构信用考核挂钩。

（二十四）异议和投诉应严格执行《江苏省房屋建筑和市政基础设施工程招标投标活动异议与投诉处理实施办法》，一般应在招投标交易、监督平台上受理和处理。招标人在异议处理过程中认为需要重新评标的，应书面报告招投标监管机构。

采用资格预审的项目，投标人或者其他利害关系人对中标候选人的资格审查结果有异议或投诉的，应当在中标候选人公示期间提出。异议或投诉反映的内容需要重新评审的，由原评标委员会或者原资格审查委员会（在招标文件中明确）重新评审，但不因此重新确定投标人入围资格和评标基准价。

六、切实加强招投标改革意见的组织实施

（二十五）各级建设行政主管部门要高度重视建设工程招投标的改革与创新工作，加强领导、明确责任，全面贯彻各项意见和措施。要加强与纪检监察、发展改革、政务服务、公安等相关部门的沟通协调，对实施过程中遇到的困难和问题争取支持、形成合力，切实通过意见的实施，进一步健全和完善建设工程招标投标制度。

（二十六）各级建设工程招投标监管机构要提高认识，主动作为。要坚持备案管理、过程监督、依法查处的监管方式，解放思想，勇于探索，积极创新监管模式。要切实加大对招标公告、招标文件备案、资格预审、开标评标等重点环节的监管力度，及时纠正、制止招投标市场存在的违法违规行为。

（二十七）本意见中的服务招标包括全过程工程咨询招标。

单独发包的房屋建筑和市政基础设施工程设计招标执行《建筑工程设计招标投标管理办法》

（住建部第 33 号令）

本意见及附件由江苏省住房和城乡建设厅负责解释，自 2017 年 10 月 1 日起施行。各地在执行过程中要注意分析总结，对存在的不足及应改进的地方，及时反馈到省住房城乡建设厅。

《关于房屋建筑和市政基础设施工程贯彻招标投标法实施条例的意见》（苏建规字〔2013〕4 号文）作废，之前文件与本意见不一致的，以本意见为准。

附件：
1. 相关概念定义
2.《江苏省房屋建筑和市政基础工程施工招标资格审查办法》
3.《江苏省房屋建筑和市政基础设施工程施工招标评标办法》
4. 江苏省房屋建筑和市政基础设施工程施工招标投标部分用表

附件 1

相关概念定义

1. 工程分类

特大型工程是指施工单项合同估算价在 10 000 万元以上的房屋建筑和市政基础设施总承包工程，单项合同估算价在 5 000 万元以上的装饰装修、安装、钢结构、幕墙工程，单项合同估算价在 2 000 万元以上的智能化、土石方、桩基、基坑支护、园林绿化等专业工程。

大型工程是指施工单项合同估算价在 5 000 万～10 000 万元的房屋建筑和市政基础设施总承包工程，单项合同估算价在 2 000 万～5 000 万元的装饰装修、安装、钢结构、幕墙工程，单项合同估算价在 1 000 万～2 000 万元的智能化、土石方、桩基、基坑支护、园林绿化等专业工程。

中型工程是指施工单项合同估算价在 1 000 万～5 000 万元的房屋建筑和市政基础设施总承包工程，单项合同估算价在 500 万～2 000 万元的装饰装修、安装、钢结构、幕墙工程，单项合同估算价在 300 万～1 000 万元的智能化、土石方、桩基、基坑支护、园林绿化等专业工程。

小型工程是指中型规模以下工程。各省辖市建设行政主管部门可以根据当地实际，对上述规模进行适当调整。

2. 技术复杂工程

（1）房屋建筑：建筑高度 100 米以上、单跨跨度 39 米以上或者单体建筑面积 10 万平方米以上建筑物；75 米以上大跨度钢结构工程；高度 120 米以上的高耸构筑物；深度或者高度 10 米以上的深基坑或者边坡支护（局部开挖面积不一致的，超过 10 米深度的基坑面积须超过基坑总开挖面积的 50％以上）工程；按五星及以上标准设计的宾馆；大型仿古建筑（单体面积 1 000 平方米以上）；音乐厅、博物馆、体育场馆、影剧院、候机楼、会展中心等大型公共建筑工程；采用装配式等新型技术建设的房屋建筑。

（2）市政工程：断面面积超过 25 平方米以上或单洞长度 1 000 米以上的隧道工程、单跨 45 米以上的城市桥梁、直径 2 米以上的大口径顶管工程、15 万吨/日以上污水泵站或雨水泵站、25 万吨/日以上的给水泵站、垃圾处理场、高压或者次高压天然气场站及管线工程、液化天然气（LNG）储罐项目、长距离输水隧洞、综合管廊、深度或者高度 10 米以上的深基坑或者边坡支护（局部开挖面积不一致的，超过 10 米深度的基坑面积须超过基坑总开挖面积的 50％以上）。

（3）轨道交通区间车站主体、轨道铺设、监控信号安装、智能化等有特殊专业要求的工程。

（4）施工有特殊要求或者采用新技术的各类实验（检验）室工程。

（5）其他有特殊专业技术要求的工程。如：采用曲面幕墙、爆破拆除、建筑物平移、金库、大型建筑物的抗震加固工程、大型网架工程等，以及经 5 名以上专家论证确定的其他有特殊专业技术要求的工程。

上述"工程分类""技术复杂工程"仅用于招投标环节，"技术复杂工程"指标段特征符合上述规定；其表述"以上"均包括本数。

3. 类似工程

类似工程是指项目在高度、面积、造价、层次、跨度、结构形式、施工工艺、特殊施工技术等量化指标与招标工程相类似。

设置同类工程业绩应当符合下列规定：

（1）一般只能设置不超过 2 个量化指标。其中面积、造价量化规模指标，大型及以下工程、技术复杂的特大型工程可以设置不超过招标工程相应指标的 80％，特大型工程不超过 60％。其他指标的设置不得超过招标工程相应指标。

（2）"类似工程"期限一般不得低于 3 年，以竣工验收时间为准。

"类似工程"证明材料一般为合同、竣工验收证明及招标工程的中标通知书。招标人应当根据工程项目的具体情况，在招标公告、招标文件中明确相应的量化指标及期限。

4. 在建工程

处于中标结果公告（直接发包的项目以网上合同备案为准）到合同约定的工程全部完成且竣工验收合格期间的工程。竣工验收证明是指由建设单位（或监理）组织工程建设各方验收合格，并签署相应的单位工程质量竣工验收记录或者分部工程质量验收记录等验收文件。

附件 2

江苏省房屋建筑和市政基础设施工程施工招标资格审查办法

第一章　总　则

第一条　为规范我省房屋建筑和市政基础设施工程施工招标的资格审查行为，维护招标投标当事人的合法权益，依据《中华人民共和国招标投标法》《中华人民共和国招标投标法实施条例》等，制定本办法。

第二条　本省行政区域内，国有资金项目施工招标的资格审查活动，适用本办法。

第三条　资格审查分为资格预审和资格后审。

资格预审是指在投标前对资格预审申请人进行的资格审查。资格后审是指在开标后对投标人进行的资格审查。

第四条　资格预审分为合格制和有限数量制两种方法。资格后审均采用合格制。

合格制是指凡符合资格预审公告或者资格预审文件规定资格审查标准的申请人均通过资格审查。

有限数量制是指对通过初步审查和详细审查的资格预审申请人进行量化打分，按得分高低顺序确定通过资格预审的申请人。

第五条　资格审查的方式选用应当符合下列规定：

（一）对于具有通用技术标准的工程项目，一般应当采用资格后审；

（二）对于大型且技术复杂的工程项目，可以采用合格制资格预审；

（三）对于特大型且技术复杂的工程项目，可以选用有限数量制资格预审，对有限数量制的使用应当严格控制。

第六条　资格审查活动应当遵循公平、公正、科学、择优的原则。任何单位和个人不得以不合理的条件限制、排斥资格预审申请人或者潜在投标人，不得对资格预审申请人或者潜在投标人实行歧视待遇。

任何单位和个人不得非法干预或者影响依法进行的资格审查活动。

第七条　资格审查实行网上电子审查，资格审查活动应当在项目所在地公共资源交易中心进行，并接受招投标监管机构依法实施的监督。

第二章　资格审查条件和要求

第八条　招标人应当根据有关法律、法规和规章的规定，结合工程项目的内容和特点，在资格预审文件、招标文件和相应的招标公告中，明确合格投标人的资格条件以及资格评审的方法、标准。

第九条 资格审查条件分为必要条件和可选条件。

资格审查必要条件即招标人在资格审查过程中必选的，资格审查合格至少应当满足的条件。

资格审查可选条件即招标人根据项目实际可以选择全部或者部分作为资格审查的合格条件。

资格预审和资格后审可根据招标项目需要设置资格审查必选条件和可选条件。但采用资格后审的工程项目，设置"企业或者项目负责人承担过类似工程"作为合格条件，仅限于技术复杂或者大型及以上工程项目、采用合理价随机确定中标人法的工程项目和无资质要求的专业工程项目。

第十条 以下条件属于资格审查必要条件：

（一）有独立订立合同的能力；

（二）企业的资质类别、等级和项目负责人注册专业、资格等级符合国家有关规定；

（三）以联合体形式投标的，联合体的资格（资质）条件必须符合资格预审文件或招标文件要求，并附有共同投标协议；

（四）企业具备安全生产条件，并取得安全生产许可证（相关规定不做要求的除外）；

（五）项目负责人必须满足下列条件：

1. 项目负责人不得同时在两个或者两个以上单位受聘或者执业。

2. 项目负责人是非变更后无在建工程，或项目负责人是变更后无在建工程（必须原合同工期已满且变更备案之日已满 6 个月），或因非承包方原因致使工程项目停工或因故不能按期开工、且已办理了项目负责人解锁手续，或项目负责人有在建工程，但该在建工程与本次招标的工程属于同一工程项目、同一项目批文、同一施工地点分段发包或分期施工的情况且总的工程规模在项目负责人执业范围之内。

3. 项目负责人无行贿犯罪行为记录；或者有行贿犯罪行为记录，但自记录之日起已超过 5 年的。

（六）资格预审申请人或者投标人不得存在下列情形之一：

1. 为招标人不具有独立法人资格的附属机构（单位）；

2. 为本招标项目的监理人、代建人、项目管理人，以及为本招标项目提供招标代理、设计服务的；

3. 与本招标项目的监理人、代建人、招标代理机构同为一个法定代表人的，或者相互控股、参股的；

4. 与招标人存在利害关系可能影响招标公正性的；

5. 单位负责人为同一人或者存在控股、管理关系的不同单位；

6. 处于被责令停业、财产被接管、冻结和破产状态，以及投标资格被取消或者被暂停且在暂停期内；

7. 因拖欠工人工资或者因发生质量安全事故被有关部门限制在招标项目所在地承接工程的；

8. 投标人近 3 年内有行贿犯罪行为且被记录，或者法定代表人有行贿犯罪记录且自记录之日起未超过 5 年的。

（七）不符合法律、法规规定的其他条件。

第十一条 以下条件属于资格审查可选条件：

（一）企业或者项目负责人承担过类似工程（类似工程业绩企业或者项目负责人仅可选 1 个，时间范围不得少于 3 年）；

（二）企业和拟派项目负责人近 2 年内没有因串通投标、弄虚作假、以他人名义投标、骗取中标、转包、违法分包等违法行为受到建设等有关部门行政处罚的；

（三）企业近 1 年内没有无正当理由放弃中标资格（不含项目负责人多投多中后放弃）、不与招标人订立合同、拒不提供履约担保情形的；

（四）企业近三个月内没有因拖欠工人工资被招标项目所在地省、市、县（市、区）建设行政主管部门通报批评的；

（五）投标人或者拟派项目负责人近五年内在招标人之前的工程中没有履约评价不合格的（履约评价不合格的名单应当在资格预审公告与招标公告中予以明示）。

第十二条 采用合格制资格预审的，招标人必须邀请所有资格预审合格的申请人参加投标。

第十三条 采用有限数量制的，招标人应当制定具体的"有限数量制资格预审办法"，并在招标公告和资格预审文件中明确。可以选取以下部分或全部因素进行评价：

（一）财务状况；

（二）类似项目业绩：企业、项目负责人承担类似工程情况；

（三）信誉：企业诉讼和仲裁、不良行为等情况，企业获得过"重合同、守信用"称号等；

（四）认证体系：企业通过质量管理体系、环境管理体系、职业安全健康管理体系认证等；

（五）信用评价；

（六）工程奖项：企业、项目负责人承担类似工程获奖情况；

（七）拟派项目负责人进行答辩，无论是书面答辩还是口头答辩，必须"暗标"法进行评审；

（八）法律、法规规定的其他内容。

各市建设行政主管部门可以结合当地实际，对有限数量制资格预审的评分内容和标准进行细化，制定有限数量制资格预审的实施细则。

第十四条 采用有限数量制资格预审的，通过资格条件审查的申请人多于 9 家的，招标人应当按得分由高到低顺序选择不少于 9 家通过资格预审的申请人参加投标，其通过资格预审不少于 9 家合格投标人的数量应当在招标公告中明确。

第十五条 资格预审项目招标人未设置企业或者项目负责人承担过类似工程条件，通过资格条件审查的申请人不足 9 家（少于 3 家除外）的，招标人应邀请所有通过资格预审的申请人参加投标。

第十六条 资格预审项目因招标人设置企业或者项目负责人承担过类似工程业绩，导致资格预审合格的申请人不足 9 家，招标人应当降低企业承担过类似工程业绩条件（量化指标不超过 50%）或者取消项目负责人承担过类似工程业绩条件，改为资格后审重新发布招标公告。

第十七条 招标人编制的资格预审文件或者招标文件不得含有以下内容：

（一）设定与招标项目的具体特点和实际需要不相适应的资格、技术、商务条件；

（二）以特定行政区域或者特定行业的业绩、奖项作为加分或者通过资格审查的条件；

（三）对潜在投标人或者投标人采用不同的资格审查标准；

（四）非法限定潜在投标人或者投标人的所有制形式或者组织形式；

（五）以其他不合理条件限制、排斥潜在投标人或者投标人：

1. 提高潜在投标人、投标人或者项目负责人的资质（资格）等级，对企业注册地提出要求的；

2. 施工总承包项目，招标人要求投标人同时具备总承包资质承接范围内的专业承包资质的，但钢结构分部工程估算价超过总承包工程项目估算价 50% 的除外；

3. 专业工程发包，招标人要求投标人同时具备两个及以上的专业承包资质的，不允许联合体参加投标的；

4. 单一的房屋建筑或市政工程总承包招标时，一个招标项目（标段）要求投标人同时具备两个及以上类别的总承包资质的。

第十八条 联合体投标的，联合体各成员单位应当具备与联合体协议中约定的分工相适应的施工资质和施工能力。

第三章 资 格 审 查

第十九条 申请人应当按照资格预审文件要求在资格预审申请文件的截止时间前提交资格预审申请文件。资格预审开始时间与提交资格预审申请文件的截止时间一致。

在资格预审文件要求提交资格预审申请文件的截止时间后送达的资格预审申请文件，招标人应当拒绝。

第二十条 申请人在规定的提交截止时间前，可以对已经提交的资格预审申请文件进行替换或者撤回。

第二十一条 招标人采用资格预审方式对申请人进行资格审查的，应当组建资格审查委员会。评审专家应当从省级建设行政主管部门设立的评标专家名册或公共资源综合专家库中随机抽取。资格审查委员会成员名单在评审工作结束前应当保密。

招标人采用资格后审方式进行资格审查的，应当在开标后由评标委员会按照招标文件规定的标准和方法对投标人的资格进行审查。

第二十二条 对申请人或投标人的资格审查，应当严格按照资格预审文件或者招标文件中规定的审查标准和办法进行。资格预审文件或者招标文件中没有载明的审查标准和办法不得作为评审的依据。否则，应当责令资格审查委员会重新进行评审。

第二十三条 对资格预审申请文件中不明确的内容或者缺乏证明材料的，资格审查委员会可以要求申请人进行澄清。澄清应当采用书面形式，并不得改变资格预审申请文件的实质性内容。

申请人澄清的内容属于资格预审申请文件的组成部分。资格审查委员会不接受申请人主动提出的澄清。

第二十四条 资格审查委员会在审查申请人的业绩、信誉、主要人员情况等内容时，可以对重要内容进行核实，经核实存在弄虚作假的，不予通过资格审查。

第二十五条 资格预审的评审工作结束后，由资格审查委员会编制资格评审报告，其内容包括：

（一）资格审查基本情况；

（二）申请人未通过资格预审的主要理由及相关证明；

（三）采用合格制的，提供通过资格预审的申请人名单；采用有限数量制的，提供通过资格预审的申请人排序表名单；

（四）资格审查记录表等附件。

采用资格后审的，评标报告中应当包括对投标人进行资格审查的情况。

第二十六条 资格预审结束后，招标人应当及时向申请人发出资格预审结果通知书，并将资格预审报告抄送招投标监管机构，在资格预审公告发布媒介上公示资格预审不合格的申请人的名单和原因，公示期不少于3日。

第二十七条 资格预审活动中出现下列情况之一的，招标人应当按照相关规定重新组建资格审查委员会进行评审：

（一）使用资格预审文件未规定的评审标准和方法且拒不改正的；

（二）应当回避担任资格审查委员会成员的人参与评审的；

（三）资格审查委员会的组建及人员组成不符合要求的；

（四）资格审查委员会及其成员在评审过程中有违法行为，且影响评审结果的；

（五）法律、行政法规规定的其他情况。

第二十八条 投标文件确定的项目负责人与资格预审结果不一致的，采用有限数量制资格预审的，应当在投标文件截止时间前征得招标人书面同意（项目负责人进行答辩的不得更换），并由原资格审查委员会审查确定；采用合格制资格预审的项目，应当在投标文件截止时间前征得招标人书面同意，在评标时，由评标委员会按照资格预审文件规定的标准和方法审查确认。

第四章 附 则

第二十九条 投标人存在串通投标、以他人名义投标、弄虚作假等违法违规行为，或者无正当理由放弃投标、中标资格，造成项目招标失败的，不得参加该项目重新招标的投标。

第三十条 在资格审查活动中，有违反法律、法规、规章行为的，由建设行政主管部门依照法律、法规、规章的规定予以处理或者处罚。

附件3

江苏省房屋建筑和市政基础设施工程施工招标评标办法

第一条 为进一步规范我省房屋建筑和市政基础设施工程施工招标评标活动，根据招标投标相关法律、法规、规章的规定，结合我省实际，制定本办法。

第二条 我省行政区域内，国有资金占控股或者主导地位的依法必须进行招标的施工项目的评标活动，适用本办法。

第三条 评标办法包括"综合评估法""经评审的最低投标价法""合理低价法""合理价随机确定中标人法"和法律、法规允许的其他方法。

第四条 经评审的最低投标价法、合理低价法、合理价随机确定中标人法，适用于具有通用技术标准或者招标人对其技术、性能没有特殊要求的工程。中、小型工程提倡采用合理价随机确定中标人法。

综合评估法一般适用于技术复杂工程或者特大型工程。

第五条 评标入围。招标人可以在招标文件中明确评标入围条件和评标入围方法，确定一定数量的投标人进行后续评标。

（一）投标文件存在下列情况之一的，不再进行后续评标：

1. 至投标截止时间止，未足额递交投标保证金；

2. 投标函中载明的招标项目完成期限超过招标文件规定的期限；

3. 投标函中载明的投标质量标准未响应招标文件的实质性要求和条件；

4. 投标函中载明的投标报价高于招标控制价或者招标人期望值的（招标控制价乘以 95%～100%，具体数值在招标文件中明确）。

招标人应在招标文件中载明评标入围的合格条件，并明确开标后初步评审前，由评标委员会根据招标文件载明的评标入围合格条件，确定进入后续评标或评标入围的投标文件。

（二）当满足评标入围条件的投标文件超过 20 家时，评标委员会根据招标文件规定的评标入围方法和数量，确定进入后续评标程序入围投标人。采用经评审的最低投标价法和合理低价法的，一般在评标入围评审后，确定评标入围的投标人；采用综合评估法的，可在初步评审结束后进入评标入围环节，确定评标入围的投标人。

第六条 投标文件有下列情况之一的，属于重大偏差，视为未能对招标文件做出实质性响应，应当作为无效投标予以否决：

1. 投标文件中的投标函未加盖投标人的公章；

2. 投标文件中的投标函未加盖企业法定代表人（或企业法定代表人委托代理人）印章（或签字）的；

3. 投标函加盖企业法定代表人委托代理人印章（或签字），企业法定代表人委托代理人没有合法、有效的委托书（原件）的；

4. 投标人资质条件不符合国家有关规定，或者不满足招标文件规定的资格条件的；

5. 投标人名称或组织结构与资格预审时不一致的；

6. 除在投标截止时间前经招标人书面同意外，项目负责人与资格预审时不一致的；

7. 组成联合体投标未提供联合体各方共同投标协议的；

8. 在同一招标项目中，联合体成员以自己名义单独投标或者参加其他联合体投标的；

9. 联合体成员与资格预审确定的结果不一致的；

10. 投标报价低于工程成本或者高于招标文件设定的招标控制价或者招标人设置的投标限价的；

11. 同一投标人提交两个及以上不同的投标文件或者投标报价，但招标文件要求提交备选投标的除外；

12. 投标文件中已标价工程量清单与招标文件规定的暂估价、暂列金额及甲供材料价格不一致的；

13. 投标文件中已标价工程量清单与招标文件明确列出的不可竞争费用项目或费率或计算基础不一致的;

14. 投标文件的已标价工程量清单与招标文件提供的工程量清单中的项目编码、项目名称、项目特征、计量单位、工程量不一致的;

15. 未按招标文件要求提供投标保证金的;

16. 投标文件载明的招标项目完成期限超过招标文件规定的期限的;

17. 明显不符合技术规范、技术标准的要求的;

18. 投标文件载明的货物包装方式、检验标准和方法等不符合招标文件的要求的;

19. 投标文件提出了不能满足招标文件要求或招标人不能接受的工程验收、计量、价款结算和支付办法的;

20. 未按招标文件要求提供电子投标文件,或者投标文件未能解密且按照招标文件明确的投标文件解密失败的补救方案补救不成功的;

21. 不同投标人的投标文件以及投标文件制作过程出现了评标委员会认为不应当雷同的情况的;

22. 以他人的名义投标、串通投标、以行贿手段谋取中标或者以其他弄虚作假方式投标的;

23. 施工组织设计(施工方案)存在明显技术方案错误,或者不符合招标文件有关暗标要求的;

24. 投标文件关键内容模糊、无法辨认的。

招标文件中的重大偏差条款应当意思表示明确、易于判断,不得含有"实质性不响应招标文件要求""投标文件中附有招标人不可接受的条件"等评标委员会难以界定的条款。

第七条 技术标评审。评标委员会应根据招标文件明确的评审要点、评审办法及相应要求,对施工组织设计进行独立评审。

(一)施工组织设计的评审分为合格制和打分制。

1. 合格制。仅对施工组织设计是否满足招标项目要求进行定性判断是否合格,不合格的作无效投标处理。一般适用于经评审的最低投标价法。

2. 打分制。由评标委员会对各投标人的施工组织设计进行打分,汇总后作为相应投标人施工组织设计得分。一般适用于综合评估法。

施工组织设计各评分点得分应当取所有技术标评委评分中分别去掉一个最高和最低评分后的平均值为最终得分。施工组织设计中除缺少相应内容的评审要点不得分外,其他各项评审要点得分不应低于该评审要点满分的70%。

(二)招标人应根据招标项目实际,在招标文件中明确招标中施工组织设计评审要点,主要包括:

1. 总体概述:施工组织总体设想、方案针对性及施工标段划分(建议页数2~5页);

2. 施工现场平面布置和临时设施、临时道路布置(建议页数2~4页);施工进度计划和各阶段进度的保证措施(建议页数5~10页);

3. 劳动力、机械设备和材料投入计划(建议页数6~12页);

4. 关键施工技术、工艺及工程项目实施的重点、难点和解决方案(建议页数15~28页);

5. 新技术、新产品、新工艺、新材料应用（建议页数 6～15 页）；

6. BIM 等信息技术的使用；

7. 项目负责人陈述及答辩。

其中评审要点 6 至 8 项由招标人根据工程项目的实际情况在招标文件中明确。施工组织设计总篇幅一般不超过 80 页（技术特别复杂的工程可适当增加），具体篇幅（字数）要求及扣分标准，招标人应在招标文件中明确。

（三）采用合理低价法、合理价随机确定中标人法招标的工程均不得要求编制施工组织设计；采用经评审的最低投标价评标法，招标人要求投标人编制施工组织设计的，应在招标文件中明确。

第八条 采用综合评估法的，评标委员会应当按照招标文件规定的各项因素进行综合评审。其评审因素和标准如下：

（一）投标报价评审（≥82 分）

评标委员会应根据招标文件中明确的投标报价评审方法和评分细则对进入详细评审投标报价进行评审、打分。

（二）施工组织设计（≤10 分）

施工组织设计的评审标准和方法见第七条。招标文件中要求投标项目负责人陈述及答辩的，该项评分分值不得超过 2 分。

（三）投标人业绩（≤1 分）

招标人可以对投标企业或项目负责人承担过类似及以上工程（其类似工程执行附件一第 3 条的相应规定）进行加分，招标文件中应当明确投标企业或者项目负责人承担过单个类似及以上工程的分值。

（四）投标人市场信用评价（2～6 分）

招标人选择投标人市场信用评价作为评审因素的，其评审方法应当在招标文件中明确。

（五）投标报价合理性（≤1 分）

投标报价合理性评审方法如下：

1. 报价合理性分析基准值的确定。招标控制价各子目综合单价下浮一定比率后［下浮比率：建筑工程一般下浮 6%～10%，安装、装饰及幕墙工程 6%～16%，桩基和基坑支护工程 7%～16%，市政工程 7%～18%，园林绿化工程 7%～20%，其他工程 6%～12%。各市、县（市、区）建设主管部门可以根据当地情况对上述下浮比率作适当动态调整］乘以权重系数（50% 及以上），加所有通过评标入围的投标报价中相应子目综合单价的算术平均值（剔除超过招标控制价中相应价格正负 20% 的综合单价）乘以权重系数（50% 及以下），确定报价合理性分析基准价。

2. 将投标文件中工程量清单相应子目的综合单价金额与报价合理性分析基准值进行比较，其偏差率的绝对值＞10% 且该子目的合价金额超过该投标文件的评标价一定幅度（一般为评标价的 0.5%～1%）的，有一项扣 0.1 分，最多扣 1 分。

第九条 采用合理低价法和经评审的最低投标价法，一般以投标报价作为评审因素。评标委员会应根据招标文件中明确的投标报价评审方法对进入详细评审投标报价进行评审。

除综合评估法外，采用经评审的最低投标价法、合理低价法、合理价随机确定中标人法的，招标人也可以增加投标人市场信用评价作为评审因素，所占权重一般为2%～6%，具体评审方法应当在招标文件中明确。

第十条 采用合理价随机确定中标人法的，招标人应在招标文件中载明招标控制价及其组成、发包价及其组成或者计算方法、资格审查条件、投标承诺格式等内容。

发包价由招标控制价下浮一定比率计算[下浮比率：建筑工程一般下浮6%～10%，安装、装饰及幕墙工程6%～16%，桩基和基坑支护工程7%～16%，市政工程7%～18%，园林绿化工程7%～20%，其他工程6%～12%。各市、县（市、区）建设主管部门可以根据当地情况对上述下浮比率作适当动态调整]。

采用合理价随机确定中标人法的，招标人可以选择以下方法评审推荐中标候选人：

（一）评标委员会按照招标文件的规定对所有投标文件进行评审，确定符合招标文件规定的资格条件，且完全响应招标文件规定各项商务条款的投标人进入公开随机抽取中标人程序。

按递交投标文件的顺序，由进入公开随机抽取中标人程序的投标人的法定代表人或其授权代表公开随机抽取代表该投标人的号码，并当场公布。

招标人公开随机抽取其中3个号码，第一个号码对应的投标人为第一中标候选人，第二个号码对应的投标人为第二中标候选人，第三个号码对应的投标人为第三中标候选人。

（二）当投标人较多时，招标人可以在解密投标文件前，采取随机抽取方式确定不少于一定数量的投标人进入评审程序，从评审合格的投标人中随机抽取确定1～3名中标候选人；也可以在解密投标文件前，采取随机抽取的方式，产生有排序的拟中标候选人若干，再按顺序依次进行评审，剔除无效投标，直至确定1～3名中标候选人。

（三）各地根据本地实际制定的其他方法。

第十一条 采用综合评估法的工程，提倡实行两阶段评标。投标人按照招标文件的要求编制、递交投标文件（包括商务技术文件和报价文件两部分）。开标、评标活动分两个阶段进行：

第一阶段：商务技术文件开标评标。评标委员会先评审商务技术文件（包括投标项目负责人答辩）。选择商务技术文件得分汇总排前几名的投标人（具体数量在招标文件中明确，投标人超过12个的，取前9名；投标人为9～11个的，取前7名；投标人为8个及以下的，取前5名）才能进入第二阶段开标评标。

第二阶段：报价文件开标评标（仅针对进入第二阶段的投标文件进行）。商务技术标得分是否带入第二阶段，由招标人在招标文件中明确。

第十二条 推荐中标候选人。评标委员会按照招标文件的要求推荐中标候选人。评标委员会在推荐中标候选人时，如因投标人的评标价、综合得分相同而影响排序，原则上综合得分相同的应以评标价较低的优先，评标价相同及其他情形应以抽签方式确定排序。具体要求应在招标文件中明确。

第十三条 招标人可以采取"评定分离"方式确定中标人。"评定分离"是指招标人依法组建的评标委员会对投标文件。

进行定性或定量评审，并向招标人推荐一定数量不排序的定标候选人，由招标人组建的定标委员会根据评标报告，结合项目规模、技术难度及其他项目关键考虑因素，采用票决法、抽签法、集体议事法或招标文件规定的其他定标方法，在定标候选人中择优确定中标人。

第十四条 评标入围、投标报价和"评定分离"的评审程序及评审方法由省建设工程招标投标办公室另行制定，招标人在招标文件中明确。

第十五条 本办法所称的特大型、大型、中型、小型工程和技术复杂工程、类似工程的标准和要求见附件一的相关定义。

第十六条 各地可以根据本办法的有关规定，结合本地区实际情况，对评标细则进行适当调整。

附件4

江苏省房屋建筑和市政基础设施工程施工招标投标部分用表

江苏省房屋建筑和市政基础设施工程发包初步方案

根据工程招标投标有关法律、法规、规章的规定，我单位拟建的（发包工程名称）的发包初步方案如下：

标段划分编号	发包内容	发包方式	合同估算价	计划发包时间
1				
2				
3				

其他说明：

发包人（公章）：

负责人（签名）：

联系人（签名）：

联系人电话：

填报须知：

1. 本方案由发包人按照要求的格式和内容如实填写，于工程项目首次招标前向招标投标监管机构提交。

2. 需要划分标段的，发包人应当在本方案中具体说明每个标段的发包内容、发包方式、评标方法、合同估算价和计划发包时间。必要时，应当附有关的图纸、文件、资料。

3. 除单独立项的专业工程外，建设单位不得将一个单位工程的分部工程施工发包给专业承包单位。

江苏省房屋建筑和市政基础设施工程招标人自行办理招标事宜备案表

项目或标段编号：

招标人名称				
工程名称				
招标内容				
项目组成员	姓名	职称（执业注册）编号	职务	联系电话
单位意见（签章）				年 月 日

我单位填写的上述备案表内容材料真实、无误。

发包人（公章）：

联系人（签名）：

联系电话：

填报说明：

1. 招标人首次办理自行招标事宜备案时，应当填写"江苏省房屋建筑和市政基础工程招标人自行办理招标事宜备案表"。

2. "项目组成员"为建设单位指定的负责本项目自行招标的项目管理人员；"职务"填写担任本项目招标管理中的职务。如"项目组长"或"项目负责人"以及其他人员职务等。

江苏省房屋建筑和市政基础设施工程招标行政监督意见书（格式）

编号：

（本意见书接收人名称）：根据招标投标有关法律、法规、规章的规定，现向你单位发出本行政监督意见书。

事由：

监督意见：

☐暂停工程招标投标活动

☐改正违法、违规行为

☐补充下列材料

☐恢复工程招标投标活动

☐其他

招标投标行政监督机构

年 月 日

说明：本表一式两份，备案材料提交人、招标投标行政监督部门各执一份，复印无效。

质监站要求

目 录

1 总则
1.1 目的
1.2 编制依据
1.3 适用范围
2 行为准则
2.1 基本要求
2.2 质量行为要求
2.3 安全行为要求
3 工程实体质量控制
3.1 地基基础工程
3.2 钢筋工程
3.3 混凝土工程
3.4 钢结构工程
3.5 装配式混凝土工程
3.6 砌体工程
3.7 防水工程
3.8 装饰装修工程
3.9 给排水及采暖工程
3.10 通风与空调工程
3.11 建筑电气工程
3.12 智能建筑工程
3.13 市政工程
4 安全生产现场控制
4.1 基坑工程
4.2 脚手架工程
4.3 起重机械
4.4 模板支撑体系
4.5 临时用电
4.6 安全防护
4.7 其他

5 质量管理资料

5.1 建筑材料进场检验资料

5.2 施工试验检测资料

5.3 施工记录

5.4 质量验收记录

6 安全管理资料

6.1 危险性较大的分部分项工程资料

6.2 基坑工程资料

6.3 脚手架工程资料

6.4 起重机械资料

6.5 模板支撑体系资料

6.6 临时用电资料

6.7 安全防护资料

7 附则

工程质量安全手册

(摘要)

2 行为准则

2.1 基本要求

2.1.1 建设、勘察、设计、施工、监理、检测等单位依法对工程质量安全负责。

2.1.2 勘察、设计、施工、监理、检测等单位应当依法取得资质证书,并在其资质等级许可的范围内从事建设工程活动。施工单位应当取得安全生产许可证。

2.1.3 建设、勘察、设计、施工、监理等单位的法定代表人应当签署授权委托书,明确各自工程项目负责人。

项目负责人应当签署工程质量终身责任承诺书。

法定代表人和项目负责人在工程设计使用年限内对工程质量承担相应责任。

2.1.4 从事工程建设活动的专业技术人员应当在注册许可范围和聘用单位业务范围内从业,对签署技术文件的真实性和准确性负责,依法承担质量安全责任。

2.1.5 施工企业主要负责人、项目负责人及专职安全生产管理人员(以下简称"安管人员")应当取得安全生产考核合格证书。

2.1.6 工程一线作业人员应当按照相关行业职业标准和规定经培训考核合格,特种作业人员应当取得特种作业操作资格证书。工程建设有关单位应当建立健全一线作业人员的职业教育、培训制度,定期开展职业技能培训。

2.1.7 建设、勘察、设计、施工、监理、监测等单位应当建立完善危险性较大的分部分项工程管理责任制，落实安全管理责任，严格按照相关规定实施危险性较大的分部分项工程清单管理、专项施工方案编制及论证、现场安全管理等制度。

2.1.8 建设、勘察、设计、施工、监理等单位法定代表人和项目负责人应当加强工程项目安全生产管理，依法对安全生产事故和隐患承担相应责任。

2.1.9 工程完工后，建设单位应当组织勘察、设计、施工、监理等有关单位进行竣工验收。工程竣工验收合格，方可交付使用。

2.2 质量行为要求

2.2.1 建设单位

(1) 按规定办理工程质量监督手续。

(2) 不得肢解发包工程。

(3) 不得任意压缩合理工期。

(4) 按规定委托具有相应资质的检测单位进行检测工作。

(5) 对施工图设计文件报审图机构审查，审查合格方可使用。

(6) 对有重大修改、变动的施工图设计文件应当重新进行报审，审查合格方可使用。

(7) 提供给监理单位、施工单位经审查合格的施工图纸。

(8) 组织图纸会审、设计交底工作。

(9) 按合同约定由建设单位采购的建筑材料、建筑构配件和设备的质量应符合要求。

(10) 不得指定应由承包单位采购的建筑材料、建筑构配件和设备，或者指定生产厂、供应商。

(11) 按合同约定及时支付工程款。

2.2.2 勘察、设计单位

(1) 在工程施工前，就审查合格的施工图设计文件向施工单位和监理单位做出详细说明。

(2) 及时解决施工中发现的勘察、设计问题，参与工程质量事故调查分析，并对因勘察、设计原因造成的质量事故提出相应的技术处理方案。

(3) 按规定参与施工验槽。

2.2.3 施工单位

(1) 不得违法分包、转包工程。

(2) 项目经理资格符合要求，到岗履职。

(3) 设置项目质量管理机构，配备质量管理人员。

(4) 编制并实施施工组织设计。

(5) 编制并实施施工方案。

(6) 按规定进行技术交底。

(7) 配备齐全该项目涉及的设计图集、施工规范及相关标准。

(8) 由建设单位委托见证取样检测的建筑材料、建筑构配件和设备等，未经监理单位见证取样并经检验合格的，不得擅自使用。

（9）按规定由施工单位负责进行进场检验的建筑材料、建筑构配件和设备，应报监理单位审查，未经监理单位审查合格的不得擅自使用。

（10）严格按审查合格的施工图设计文件进行施工，不得擅自修改设计文件。

（11）严格按施工技术标准进行施工。

（12）做好各类施工记录，实时记录施工过程质量管理的内容。

（13）按规定做好隐蔽工程质量检查和记录。

（14）按规定做好检验批、分项工程、分部工程的质量报验工作。

（15）按规定及时处理质量问题和质量事故，做好记录。

（16）实施样板引路制度，设置实体样板和工序样板。

（17）按规定处置不合格试验报告。

2.2.4 监理单位

（1）总监理工程师资格应符合要求，并到岗履职。

（2）配备足够的具备资格的监理人员，并到岗履职。

（3）编制并实施监理规划。

（4）编制并实施监理实施细则。

（5）对施工组织设计、施工方案进行审查。

（6）对建筑材料、建筑构配件和设备投入使用或安装前进行审查。

（7）对分包单位的资质进行审核。

（8）对重点部位、关键工序实施旁站监理，做好旁站记录。

（9）对施工质量进行巡查，做好巡查记录。

（10）对施工质量进行平行检验，做好平行检验记录。

（11）对隐蔽工程进行验收。

（12）对检验批工程进行验收。

（13）对分项、分部（子分部）工程按规定进行质量验收。

（14）签发质量问题通知单，复查质量问题整改结果。

2.2.5 检测单位

（1）不得转包检测业务。

（2）不得涂改、倒卖、出租、出借或者以其他形式非法转让资质证书。

（3）不得推荐或者监制建筑材料、构配件和设备。

（4）不得与行政机关，法律、法规授权的具有管理公共事务职能的组织以及所检测工程项目相关的设计单位、施工单位、监理单位有隶属关系或者其他利害关系。

（5）应当按照国家有关工程建设强制性标准进行检测。

（6）应当对检测数据和检测报告的真实性和准确性负责。

（7）应当将检测过程中发现的建设单位、监理单位、施工单位违反有关法律、法规和工程建设强制性标准的情况,以及涉及结构安全检测结果的不合格情况,及时报告工程所在地住房城乡建设主管部门。

(8) 应当单独建立检测结果不合格项目台账。

(9) 应当建立档案管理制度。检测合同、委托单、原始记录、检测报告应当按年度统一编号,编号应当连续,不得随意抽撤、涂改。

2.3 安全行为要求

2.3.1 建设单位

(1) 按规定办理施工安全监督手续。

(2) 与参建各方签订的合同中应当明确安全责任,并加强履约管理。

(3) 按规定将委托的监理单位、监理的内容及监理权限书面通知被监理的建筑施工企业。

(4) 在组织编制工程概算时,按规定单独列支安全生产措施费用,并按规定及时向施工单位支付。

(5) 在开工前按规定向施工单位提供施工现场及毗邻区域内相关资料,并保证资料的真实、准确、完整。

2.3.2 勘察、设计单位

(1) 勘察单位按规定进行勘察,提供的勘察文件应当真实、准确。

(2) 勘察单位按规定在勘察文件中说明地质条件可能造成的工程风险。

(3) 设计单位应当按照法律法规和工程建设强制性标准进行设计,防止因设计不合理导致生产安全事故的发生。

(4) 设计单位应当按规定在设计文件中注明施工安全的重点部位和环节,并对防范生产安全事故提出指导意见。

(5) 设计单位应当按规定在设计文件中提出特殊情况下保障施工作业人员安全和预防生产安全事故的措施建议。

2.3.3 施工单位

(1) 设立安全生产管理机构,按规定配备专职安全生产管理人员。

(2) 项目负责人、专职安全生产管理人员与办理施工安全监督手续资料一致。

(3) 建立健全安全生产责任制度,并按要求进行考核。

(4) 按规定对从业人员进行安全生产教育和培训。

(5) 实施施工总承包的,总承包单位应当与分包单位签订安全生产协议书,明确各自的安全生产职责并加强履约管理。

(6) 按规定为作业人员提供劳动防护用品。

(7) 在有较大危险因素的场所和有关设施、设备上,设置明显的安全警示标志。

(8) 按规定提取和使用安全生产费用。

(9) 按规定建立健全生产安全事故隐患排查治理制度。

(10) 按规定执行建筑施工企业负责人及项目负责人施工现场带班制度。

(11) 按规定制定生产安全事故应急救援预案,并定期组织演练。

(12) 按规定及时、如实报告生产安全事故。

2.3.4 监理单位

(1) 按规定编制监理规划和监理实施细则。

(2) 按规定审查施工组织设计中的安全技术措施或者专项施工方案。

(3) 按规定审核各相关单位资质、安全生产许可证、"安管人员"安全生产考核合格证书和特种作业人员操作资格证书并做好记录。

(4) 按规定对现场实施安全监理。发现安全事故隐患严重且施工单位拒不整改或者不停止施工的，应及时向政府主管部门报告。

2.3.5 监测单位

(1) 按规定编制监测方案并进行审核。

(2) 按照监测方案开展监测。

安监站要求

安监站具体要求详见《建筑施工安全检查标准》（JGJ 59—2011），目录如下。

目　录

1　总则

2　术语

3　检查评定项目

3.1　安全管理

3.2　文明施工

3.3　扣件式钢管脚手架

3.4　门式钢管脚手架

3.5　碗扣式钢管脚手架

3.6　承插型盘扣式钢管脚手架

3.7　满堂脚手架

3.8　悬挑式脚手架

3.9　附着式升降脚手架

3.10　高处作业吊篮

3.11　基坑工程

3.12　模板支架

3.13　高处作业

3.14　施工用电

3.15　物料提升机

3.16 施工升降机

3.17 塔式起重机

3.18 起重吊装

3.19 施工机具

4 检查评分方法

5 检查评定等级

附录 A 建筑施工安全检查评分汇总表

附录 B 建筑施工安全分项检查评分表

本标准用词说明

引用标准名录

附：条文说明

建筑施工安全检查标准（JGJ 59—2011）

（摘要）

3 检查评定项目

3.1 安全管理

3.1.1 安全生产管理检查评定应符合国务院第 393 号令《建设工程安全生产管理条例》的规定。

3.1.2 检查评定保证项目包括：安全生产责任制、施工组织设计、安全技术交底、安全检查、安全教育、应急预案。一般项目包括：分包单位安全管理、特种作业持证上岗、生产安全事故处理、安全标志。

3.1.3 保证项目的检查评定应符合下列规定：

1. 安全生产责任制

（1）工程项目部应建立以项目经理为第一责任人的各级管理人员安全生产责任制；

（2）安全生产责任制应经责任人员签字确认；

（3）工程项目部应制定各工种安全技术操作规程；

（4）工程项目部应按建设部《建筑施工企业安全生产管理机构设置及专职安全生产管理人员配备办法》建质〔2008〕91 号的规定，配备专职安全员；

（5）实行工程项目经济承包的，承包合同中应有安全生产考核指标；

（6）工程项目部应制定安全生产资金保障制度；

（7）按照安全生产资金保障制度，编制安全资金使用计划并按计划实施；

（8）工程项目部应制定以伤亡事故控制、现场安全达标、文明施工为主要内容的安全生产管理目标；

（9）按照安全生产管理目标和项目管理人员的安全生产责任制，进行安全生产责任目标分解；

（10）应建立安全生产责任制、责任目标考核制度；

（11）按照考核制度，对项目管理人员定期进行考核。

2. 施工组织设计

（1）工程项目部在施工前应编制施工组织设计，施工组织设计应针对工程特点、施工工艺制定安全技术措施；

（2）危险性较大的分部分项工程应按照建设部《危险性较大的分部分项工程安全管理办法》建质〔2009〕87号的规定，编制安全专项施工方案；

（3）超过一定规模危险性较大的分部分项工程，施工单位应组织专家对专项方案进行论证；

（4）施工组织设计、安全专项施工方案，应由有关部门或专业技术人员审核，施工单位技术负责人、监理单位项目总监批准；

（5）工程项目部应按施工组织设计、安全专项施工方案组织实施。

3. 安全技术交底

（1）施工负责人在分派生产任务时，应对施工作业人员（相关管理人员）进行书面安全技术交底；

（2）安全技术交底应按施工工序、施工部位、施工栋号分部分项进行；

（3）安全技术交底应结合施工作业特点、危险因素、施工方案和规范标准、操作规程等内容制定；

（4）安全技术交底应由交底人、被交底人、安全员进行签字确认。

4. 安全检查

（1）工程项目部应建立安全检查（定期、季节性）制度；

（2）安全检查应由项目负责人组织，相关专业人员及安全员参加，定期进行并填写检查记录；

（3）雨季、冬季应组织季节性专项检查；

（4）对检查中发现的事故隐患，应明确责任，定人、定时间、定措施限期整改完成。重大事故隐患应填写隐患整改通知单，按期整改落实。工地或相关部门应组织复查验证。

5. 安全教育

（1）施工单位应建立安全培训、教育制度；

（2）施工人员入场，工程项目部应组织进行以国家安全法律法规、企业安全制度、施工现场安全管理规定及各工种安全技术操作规程为主要内容的三级安全培训、教育和考核；

（3）施工作业人员变换工种，应进行变换后工种的安全操作规程教育和考核；

（4）施工管理人员、专职安全员每年度应进行安全培训和考核。

6. 应急救援预案

（1）工程项目部应针对工程特点，进行重大危险源的辨识。制定防触电、防坍塌、防高空坠落、防物体打击、防火灾、防起重及机械伤害等为主要内容的应急救援预案；

（2）施工现场应成立应急救援组织，培训、配备应急救援人员；

（3）按照应急救援预案要求，备齐应急救援器材；

（4）组织员工进行应急救援演练。

3.1.4　一般项目的检查评定应符合下列规定：

1. 分包单位安全管理

（1）总包单位应对承揽分包工程的分包单位进行资质、安全资格的审查评价；

(2) 总包单位与分包单位签订分包合同时，应签订安全生产协议书，明确双方的安全责任；

(3) 分包单位应按规定建立安全组织，配备安全员。

2. 特种作业持证上岗

(1) 建筑施工特种作业人员须经行业主管部门培训考核合格，取得特种作业人员操作资格证书，方可上岗从事相应作业；

(2) 特种作业人员应按规定进行延期审核；

(3) 特种作业人员在进行施工作业时应持证上岗。

3. 生产安全事故处理

(1) 施工现场发生生产安全事故应按规定及时报告；

(2) 生产安全事故应按规定进行调查、分析、处理，制定防范措施；

(3) 应为施工作业人员办理工伤保险。

4. 安全标志

(1) 施工现场主要施工区域、危险部位、加工区、材料区、生活区、办公区，应按不同区域设置相应的安全警示标志牌；

(2) 施工现场应绘制安全标志布置的总平面图；

(3) 应根据工程部位和现场设施的改变，调整安全标志牌设置。

3.2 文明施工

3.2.1 文明施工检查评定应符合现行行业标准《建筑施工现场环境与卫生标准》(JGJ 146)的规定。

3.2.2 检查评定保证项目包括：现场围挡、封闭管理、施工场地、现场材料、现场住宿、现场防火。一般项目包括：治安综合治理、施工现场标牌、生活设施、保健急救、社区服务。

3.2.3 保证项目的检查评定应符合下列规定：

1. 现场围挡

(1) 市区主要路段的工地周围应设置高度不得小于 2.5 m 的封闭围挡；

(2) 一般路段的工地周围必须设置高度不得小于 1.8 m 的封闭围挡；

(3) 围挡材料应坚固、稳定、整洁、美观；

(4) 围挡应沿工地四周连续设置。

2. 封闭管理

(1) 施工现场出入口应设置大门；

(2) 大门口应有门卫室；

(3) 应有门卫和门卫制度；

(4) 进入施工现场应佩戴工作卡；

(5) 施工现场出入口应标有企业名称或标识，并应设置车辆冲洗设施。

3. 施工场地

(1) 现场的主要道路及材料加工区必须进行硬化处理；

(2) 现场道路应畅通，路面应平整坚实；

(3) 现场作业、运输、存放材料等采取的防尘措施应齐全、合理；

(4) 排水设施应齐全、排水通畅，且现场无积水；

(5) 应有防止泥浆、污水、废水外流或堵塞下水道和排水河道的措施；

(6) 应设置吸烟处，禁止随意吸烟。

4. 现场材料

(1) 建筑材料、构件、料具应按总平面布局进行码放；

(2) 材料布局应合理、堆放整齐，并标明名称、规格等；

(3) 建筑物内施工垃圾的清运，必须采用相应器具或管道运输，严禁随意凌空抛掷；

(4) 应做到工完场地清；

(5) 易燃易爆物品必须采取防火、防暴晒等措施，并进行分类存放。

5. 现场住宿

(1) 在建工程、伙房、库房内，严禁住人；

(2) 施工作业区、材料存放区与办公区、生活区应划分清晰，并采取相应的隔离措施；

(3) 宿舍必须设置可开启式窗户；

(4) 宿舍内必须设置床铺、且不得超过2层，严禁使用通铺，室内通道宽度不得小于0.9 m，每间居住人员不得超过16人；

(5) 宿舍内应有保暖和防煤气中毒措施；

(6) 宿舍内应有消暑和防蚊蝇措施；

(7) 生活用品摆放整齐，环境卫生应良好。

6. 现场防火

(1) 必须有消防措施、制度及灭火器材；

(2) 现场临时设施的材质和选址必须符合环保、消防要求；

(3) 易燃材料不得随意码放，灭火器材布局、配置应合理且不能失效；

(4) 必须有消防水源（高层建筑），且能满足消防要求；

(5) 必须履行动火审批手续，且有动火监护人员。

3.2.4　一般项目的检查评定应符合下列规定：

1. 治安综合治理

(1) 生活区应给作业人员设置学习和娱乐的场所；

(2) 必须建立治安保卫制度，责任分解落实到人；

(3) 治安防范措施必须到位，防止发生失盗事件。

2. 施工现场标牌

(1) 大门口处应设置"五牌一图"；

(2) 标牌应规范、整齐，统一；

(3) 现场应有安全标语;

(4) 应有宣传栏、读报栏、黑板报。

3. 生活设施

(1) 食堂应设置在远离厕所、垃圾站、有毒有害场所等污染源的地方;

(2) 食堂必须有卫生许可证,炊事人员必须持身体健康证上岗;

(3) 食堂使用的燃气罐应单独设置存放间,存放间应通风良好并严禁存放其他物品;

(4) 食堂的卫生环境应良好,且配备必要的排风、冷藏、隔油池、防鼠等设施;

(5) 厕所的数量或布局应满足现场人员需求;

(6) 厕所必须符合卫生要求;

(7) 必须保证现场人员卫生饮水;

(8) 应有淋浴室,且能满足现场人员需求;

(9) 应有卫生责任制度,生活垃圾应装入密闭式容器内,并及时清理。

4. 保健急救

(1) 现场必须制定相应的应急预案,且有实际操作性;

(2) 应有经培训的急救人员及急救器材;

(3) 应开展卫生防病宣传教育工作,并提供必备的防护用品;

(4) 应有保健医药箱及药品。

5. 社区服务

(1) 夜间施工前,必须经批准后方可进行施工;

(2) 施工现场严禁焚烧各类废弃物;

(3) 施工现场应有防粉尘、防噪声、防光污染措施;

(4) 应建立施工不扰民措施。

[其余内容详见《建筑施工安全检查标准》(JGJ 59—2011)全文]。

中华人民共和国住房和城乡建设部令

第 5 号

《房屋建筑和市政基础设施工程质量监督管理规定》已经第 58 次住房和城乡建设部常务会议审议通过,现予发布,自 2010 年 9 月 1 日起施行。

住房和城乡建设部部长姜伟新
二〇一〇年八月一日

房屋建筑工程和市政基础设施工程质量监督管理规定

第一条 为加强房屋建筑和市政基础设施工程质量监督,保护人民生命和财产安全,规范住房和城乡建设主管部门及工程质量监督机构（以下简称"主管部门"）的质量监督行为，根据《中华人民共和国建筑法》《建设工程质量管理条例》等有关法律法规，制订本规定。

第二条 在中华人民共和国境内主管部门实施对新建、扩建、改建房屋建筑和市政基础设施工程质量监督管理的，适用本规定。

第三条 国务院建设主管部门负责全国房屋建筑和市政基础设施工程（以下简称"工程"）质量监督管理工作。

县级以上人民政府建设主管部门负责本行政区内工程质量实施监督管理工作。

工程质量监督管理的具体工作可以有县级以上地方人民政府建设主管部门委托所属的工程质量监督机构（以下简称"监督机构"）实施。

第四条 本规定所称工程质量监督管理，是指主管部门依据有关法律法规和工程建设强制标准，对工程实体质量和工程建设、勘察、设计、施工、监理单位（以下简称工程质量责任主体）和质量检测单位的工程质量行为实施监督。

本规定所称工程实体质量监督，是指主管部门对涉及工程主体结构安全、主要使用功能的工程实体质量情况实施监督。

第五条 工程质量监督管理应当包括下列内容：

（一）执行法律法规和工程建设强制性标准的情况；

（二）抽查涉及工程主体结构安全和主要使用功能的工程实体质量；

（三）抽查工程质量责任主体和质量检测等单位的工程质量行为；

（四）抽查主要建筑材料、建筑构配件的质量；

（五）对工程竣工验收进行监督；

（六）组织或者参与工程质量事故的调查处理；

（七）定期对本地区工程质量状况进行统计分析；

（八）依法对违法违规行为实施处罚。

第六条 对工程项目实施质量监督，应当依照下列升序进行：

（一）受理建设单位办理质量监督手续；

（二）制定工作计划并组织实施；

（三）对工程实体质量、工程质量责任主体和质量检测等单位的工程质量行为进行抽查、抽测；

（四）监督工作竣工验收，重点对验收的组织形式、程序等是否符合有关规定进行监督；

（五）形成工程质量监督报告；

（六）建立工程质量监督档案。

第七条 工程竣工验收合格后，建设单位应当在建筑物明显部位设置永久性标牌，载明建设、勘察、设计、施工、监理单位等工程质量责任主体的名称和主要责任人姓名。

第八条 主管部门实施监督检查时，有权采取下列措施：

（一）要求被检查单位提供有关工程质量的文件和资料；

(二)进入被检查单位的施工现场进行检查;

(三)发现有影响工程质量的问题时,责令改正。

第九条 县级以上地方人民政府建设主管部门应当根据本地区的工程质量状况,逐步建立工程质量信用档案。

第十条 县级以上地方人民政府建设主管部门应当将工程质量监督中发现的涉及主体结构安全和主要使用功能的工程质量问题及整改情况,及时向社会公布。

第十一条 省、自治区、直辖市人民政府建设主管部门应当按照国家有关规定,对本行政区域内监督机构每三年进行一次考核。

监督机构经考核合格后,方可依法对工程实施质量监督,并对工程质量监督承担监督责任。

第十二条 监督机构应当具备下列条件:

(一)具有符合本规定第十三条规定的监督人员。人员数量由县级以上地方人民政府建设主管部门根据实际需要确定。监督人员应当占监督机构总人数的75%以上;

(二)有固定的工作场所和满足工程质量监督检查工作需要的仪器、设备和工具等;

(三)有健全的质量监督工作制度,具备与质量监督工作相适应的信息化管理条件。

第十三条 监督人员应当具备下列条件:

(一)具有工程类专业大学专科以上学历或者工程类执业注册资格;

(二)具有三年以上工程质量管理或者设计、施工、监理等工作经历;

(三)熟悉掌握相关法律法规和工程建设强制性标准;

(四)具有一定的组织协调能力和良好职业道德;

监督人员符合上述条件经考核合格后,方可从事工程质量监督工作。

第十四条 监督机构可以聘请中级职称以上的工程类专业技术人员协助实施工程质量监督。

第十五条 省、自治区、直辖市人民政府建设主管部门应当每两年对监督人员进行一次岗位考核,每年进行一次法律法规、业务知识培训,并适时组织开展继续教育培训。

第十六条 国务院住房和城乡建设主管部门对监督机构和监督人员的考核情况进行监督抽查。

第十七条 主管部门工作人员玩忽职守、滥用职权、徇私舞弊,构成犯罪的,依法追究刑事责任;尚不构成犯罪的,依法给予行政处分。

第十八条 抢险救灾工程、临时性房屋建筑工程和农民自建底层住宅工程,不适用本规定。

江苏省房屋建筑和市政基础设施工程质量监督工作实施细则

1 总 则

1.1 为了加强房屋建筑和市政基础设施工程质量(以下简称"工程质量")的监督管理,规范工程质量监督工作,根据《房屋建筑和市政基础设施工程质量监督管理规定》(住房和城乡建设部令第5号),制定本细则。

1.2 在江苏省行政区域内从事工程质量监督工作，适用本细则。

1.3 工程质量监督，是指住房和城乡建设主管部门委托所属的工程质量监督机构（以下简称"监督机构"）依据有关法律法规和工程建设强制性标准，对工程实体质量和建设、勘察、设计、施工、监理单位（以下简称"工程质量责任主体"）及质量检测等单位的工程质量行为实施监督抽查的行政执法行为。

1.4 工程质量监督采取抽查方式。抽查是指监督机构对工程质量责任主体及质量检测单位的质量行为、工程实体质量随机进行的抽样检查活动。

1.5 工程质量监督除执行本细则外，还应执行国家有关法律、法规和工程建设强制性标准的规定。

2 工程质量监督手续

2.1 工程质量监督手续，是指建设单位在办理施工许可证（开工报告）前按工程建设有关法规的规定向监督机构申请工程质量监督、提交相关资料，监督机构签发《工程质量监督通知书》，建立工程质量监督信息档案的活动。

2.2 办理工程质量监督手续，监督机构应要求建设单位提供下列资料：

（1）工程质量监督申报表；

（2）施工图设计文件审查合格证（批准书）；

（3）施工、监理中标通知书和合同；

（4）其他需要的文件。

2.3 监督机构受理工程质量监督手续，对符合要求的在3个工作日内签发《工程质量监督通知书》。

2.4 监督机构须按有关规定建立受监工程项目信息库。

3 工程质量监督工作计划

3.1 工程质量监督工作计划，是指工程项目实施监督前，监督机构根据受监工程的规模和类别，依据工程勘察报告、设计文件、工程建设法律法规和强制性标准，制定《工程质量监督工作计划》（以下简称《计划》），并告知建设、监理、施工等单位的活动。

3.2 《计划》应明确工程项目的监督依据、监督方式、随机抽查重点、监督联系人等内容。

3.3 《计划》由工程项目监督人员负责编写，监督机构有关负责人批准，告知建设、施工、监理等单位。

3.4 监督机构有关负责人应对《计划》实施情况进行督促检查，确保《计划》的有效实施。

4 工程质量行为抽查

4.1 工程质量行为抽查，是指监督机构对工程质量责任主体和质量检测等单位履行法定质量责任和义务进行监督抽查的活动。

4.2 工程质量行为抽查应遵守以下规定：

（1）工程质量行为抽查应突出重点，采取随机抽查方式。

（2）监督人员对工程质量责任主体提供的相关文件和资料进行抽查，首次抽查应填写"工程质量行为资料抽查记录"。

（3）抽查中发现有违规行为的，应签发"工程质量监督整改通知书"或"工程局部停工（暂停）通知书"，责令改正；对违反法律、法规、规章依法应当实施行政处罚的，监督机构应提出行政处罚建议，由有管辖权的主管部门实施行政处罚。

（4）对抽查中发现有不良行为的应填写"工程质量行为不良记录表"，按有关规定向社会公布。

4.3 工程质量行为抽查的重点，由监督机构根据工程项目和质量责任主体实际情况确定。

5 工程实体质量抽查

5.1 工程实体质量抽查，是指监督机构对涉及工程主体结构安全和主要使用功能的工程实体质量进行监督抽查的活动。

5.2 工程实体质量抽查应遵守以下规定：

（1）突出抽查施工质量验收规范中强制性条文的实施情况；

（2）随机抽查关键工序和部位的施工作业面施工质量；

（3）抽查涉及结构安全与使用功能的主要原材料、建筑构配件和设备的出厂合格证、试验报告及见证取样送检资料；

（4）监督人员应根据抽查结果，填写"工程实体质量抽查记录"，提出明确的抽查意见；对违反相关法规、影响结构安全及使用功能的质量问题，应签发整改通知书或局部停工（暂停）通知书或行政处罚建议书。

5.3 工程实体质量抽查的重点内容，由监督机构根据工程特点、施工进度、质量状况确定。

6 工程质量监督抽测

6.1 工程质量监督抽测，是指监督机构运用便携式检测仪器设备对工程实体质量进行监督检查的一种手段。

6.2 工程质量监督抽测应遵守以下规定：

（1）抽测重点是涉及工程结构安全的关键部位和主要使用功能；

（2）抽测项目和部位，应根据工程的性质、特点、规模、结构形式、施工进度和质量状况等因素确定；

（3）经抽测对工程质量确有怀疑的，监督机构应责令建设单位委托有资质的检测单位按有关规定进行检测，并出具检测报告；

（4）检测结果不符合设计要求、规范标准的，应按有关规定和要求进行处理；

（5）每次监督抽测后，应填写"工程质量监督抽测记录"。

6.3 工程质量监督抽测的主要项目，由监督机构参照下述项目范围确定：

（1）承重结构混凝土强度；

（2）主要受力钢筋保护层厚度；

（3）现浇楼板结构厚度；

（4）安装工程中涉及安全及重要使用功能的项目；

（5）桥梁工程、隧道工程主体结构混凝土强度，断面尺寸，钢筋保护层厚度、位置；

（6）需要抽测的其他项目。

6.4 监督机构应对工程质量监督抽测的数据及时归档。

7 工程质量事故（问题）处理监督

7.1 工程质量事故（问题）处理监督，是指监督机构依据有关工程建设法律、法规和强制性标准，对工程质量事故（问题）处理过程进行监督的活动。

7.2 工程质量事故处理的监督内容及要求

7.2.1 监督机构接到工程质量事故报告后，应及时向上级主管部门报告。

7.2.2 监督机构对发生工程质量事故的工程，应及时发出"工程局部停工（暂停）通知书"。

7.2.3 工程质量事故处理符合有关规定后，监督机构应及时签发"工程复工通知书"。

7.2.4 监督机构应对事故的处理过程进行监督检查。

7.3 工程质量问题处理监督，按有关规定执行。

7.4 监督机构应及时将事故处理的相关资料收集整理并归入监督档案。

8 工程竣工验收监督

8.1 工程竣工验收监督，是指监督机构依据工程建设有关法律、法规和技术标准等，对工程质量竣工验收活动进行的监督检查。

8.2 工程竣工验收应符合下列条件：

（1）建设单位确认已完成工程设计和合同约定的各项内容（住宅工程已通过分户验收），法定建设程序符合要求，项目负责人审核签字完备。

（2）施工单位在工程完工后对工程质量进行了检查，确认工程质量符合有关法律、法规和工程建设强制性标准，符合设计文件及合同要求，并提出工程竣工报告。工程竣工报告应经项目经理和施工单位有关负责人审核签字。

（3）对于委托监理的工程项目，监理单位对工程进行了质量评估，具有完整的监理资料，并提出工程质量评估报告。工程质量评估报告应经总监理工程师和监理单位有关负责人审核签字。

（4）勘察、设计单位对勘察、设计文件及施工过程中由设计单位签署的设计变更通知书进行了检查，并提出质量检查报告。质量检查报告应经该项目勘察、设计负责人和勘察、设计单位有关负责人审核签字。

（5）建筑节能分部验收已符合要求。

（6）有完整的技术档案和施工管理资料。

（7）有施工单位签署的工程质量保修书。

（8）监督机构责令整改的问题全部整改完毕。

（9）有相关法规规定的认可文件或者准许使用文件。

8.3 建设单位在组织工程竣工验收时，监督机构应对其验收活动实施监督，监督的重点是验收的组织形式、程序等，并对实体质量、相关资料和建筑物明显部位设置永久性标牌进行抽查。

8.4 当参加验收各方对工程竣工验收意见一致时，监督机构应提出明确的验收监督意见，并做好验收监督记录；当参加验收各方对工程质量验收意见不一致时，应当协商提出解决的办法，待意见一致后，重新组织验收。

8.5 监督机构如发现有违反工程质量管理规定行为、强制性标准的，应责令改正或要求整改后重新验收。

9 工程质量监督报告

9.1 工程质量监督报告（以下简称《监督报告》），是指工程质量竣工验收合格后，监督机构按规定要求向备案机关报送的工程项目监督抽查的综合性文件。

9.2 监督机构应当在工程质量竣工验收合格之日起，5日内向备案机关提交《监督报告》。

9.3 《监督报告》应由该项目的监督人员组织编写，经有关负责人审查、站长签发，一式两份，加盖公章后，一份提交备案机关，另一份存档。

9.4 《监督报告》应反映监督机构对工程质量的监督抽查情况、参建各方责任主体的质量行为及工程实体的质量状况，其主要内容：

（1）工程基本情况；

（2）参建各方责任主体质量行为监督抽查情况；

（3）工程实体质量抽查及监督抽测情况；

（4）工程质量控制资料及安全和功能检验资料抽查情况；

（5）工程质量事故（问题）整改处理监督情况；

（6）工程质量竣工验收监督意见；

（7）对工程遗留质量缺陷的监督意见。

9.5 《监督报告》须采用全省统一文本格式。

10 工程质量监督档案管理

10.1 工程质量监督档案，是指在工程建设活动中监督机构按照省质监总站统一制订的表式，所形成的能反映工程质量监督过程及结果的记录，包括文本档案与电子档案。

10.2 工程质量监督档案主要内容如下：

工程质量监督申报表，工程质量监督通知书，工程质量监督工作计划，工程质量行为资料抽查记录，工程质量行为抽查记录，工程实体质量抽查记录，工程实体质量抽测记录，建筑节能分部验收抽查记录，住宅工程质量分户验收抽查记录，工程质量监督抽查整改通知书，工程局部停工（暂停）通知书，工程复工通知书，工程质量事故（问题）处理的有关资料，工程质量申请行政处罚报告，工程竣工验收记录，工程竣工验收监督记录，工程质量监督报告，需要保存的其他文件、资料、图片汇总表。

10.3 监督机构每年定期将工程质量监督信息数据备份，并刻录到光盘或其他存储介质上，形成工程质量监督电子档案。

10.4 工程质量监督档案应随工程进度及时整理、归档。

10.4.1 工程质量监督档案文件的归档要求：

(1) 归档文件应为原件,必须真实、准确;

(2) 归档文件应采用耐久性强的书写材料,不得使用易褪色的书写材料;

(3) 归档文件字迹清楚、签字盖章手续完备;

(4) 归档文件中文字材料幅面尺寸规格宜为 A4 幅面(297 mm×210 mm),图纸宜采用国家标准图幅。卷内文件页号应符合下列规定:

① 卷内文件按有书写内容的页面编号,每卷单独编号,页号从"1"开始;

② 页号编写的位置:单面书写的文件在右下角,双面书写的文件,正面在右下角,背面左下角,折叠的图纸一律在右下角;

③ 案卷封面、卷内目录、卷内备考表不编写页号。

10.4.2 案卷文字材料必须装订,既有文字材料又有图纸的案卷应装订,装订应采用线绳三孔左侧装订法,要整齐牢固,便于保管和利用。

10.4.3 案卷装具一般采用卷盒、卷夹两种形式:

(1) 卷盒的外表尺寸为 310 mm×220 mm,厚度分别为 20、30、40、50 mm;

(2) 卷夹的外表尺寸为 310 mm×220 mm。

10.5 工程质量监督档案的验收与移交

10.5.1 工程质量监督档案由监督人员负责整理,监督机构有关负责人审核、检查,符合要求后向档案管理人员移交。

10.5.2 监督机构应建立工程质量监督归档台账和档案室,档案室应符合档案存放、保管的要求,确保档案保存的质量。

10.6 工程质量监督档案保存的期限:文本档案和电子档案保存的期限均为长期。

11 工程质量监督信息管理

11.1 工程质量监督信息管理,是指监督机构利用计算机和网络技术,对所辖区域内的工程质量监督信息实行科学管理的活动。

11.2 工程质量监督信息管理的一般规定:

11.2.1 监督机构应建立完整的信息化管理制度,保障信息系统的正常运行与安全。

11.2.2 工程质量监督信息的收集,应真实、准确、及时,便于分析统计查阅。

11.2.3 工程质量监督信息系统的硬件环境要求:

监督机构应设立相应网站,并配置相应的服务器等网络及通信设备。

11.2.4 工程质量监督信息系统的软件环境要求:

监督机构应建立工程质量监督业务信息系统,该系统须满足质量监督管理模式、监督档案、监督流程及监督机构内部管理的需要。

11.2.5 工程质量监督信息系统管理人员的要求:

(1) 省辖市的监督机构应设立专业的网络管理员;县(市、区)级的机构应设立专门的计算机管理员,并经过专门培训。

(2) 对监督软件的所有使用者应进行培训，达到计算机应用的相应水平。

11.2.6 工程质量监督信息系统的通讯要求：

监督机构应根据主管部门及上级监督机构对信息工作的要求，确定信息传递周期，按规定时限向省质监总站报送电子报表。

11.2.7 监督机构应及时将下列信息向社会公布：

(1) 工作流程、办事程序、监督动态、工程质量相关法律法规等；

(2) 对在监督工作中所发现的参建各方责任主体的不良行为进行记录，按照规定的程序和权限，通过网站向社会公布。

12 附 则

12.1 本细则由省住房和城乡建设厅负责解释。

12.2 本细则自二〇一二年一月一日起施行，原《江苏省建设工程质量监督工作实施细则》（苏建质〔2004〕328号）、《江苏省市政基础设施工程实体质量监督工作实施细则》（苏建质〔2006〕167号）、《江苏省民用建筑节能工程质量监督工作实施细则（暂行）》（苏建质〔2007〕313号）同时废止。

建设工程质量管理条例

第一章 总则

第一条 为了加强对建设工程质量的管理，保证建设工程质量，保护人民生命和财产安全，根据《中华人民共和国建筑法》，制定本条例。

第二条 凡在中华人民共和国境内从事建设工程的新建、扩建、改建等有关活动及实施对建设工程质量监督管理的，必须遵守本条例。

本条例所称建设工程，是指土木工程、建筑工程、线路管道和设备安装工程及装修工程。

第三条 建设单位、勘察单位、设计单位、施工单位、工程监理单位依法对建设工程质量负责。

第四条 县级以上人民政府建设行政主管部门和其他有关部门应当加强对建设工程质量的监督管理。

第五条 从事建设工程活动，必须严格执行基本建设程序，坚持先勘察、后设计、再施工的原则。

县级以上人民政府及其有关部门不得超越权限审批建设项目或者擅自简化基本建设程序。

第六条 国家鼓励采用先进的科学技术和管理方法，提高建设工程质量。

第二章 建设单位的质量责任和义务

第七条 建设单位应当将工程发包给具有相应资质等级的单位。

建设单位不得将建设工程肢解发包。

第八条 建设单位应当依法对工程建设项目的勘察、设计、施工、监理以及与工程建设有关的重要设备、材料等的采购进行招标。

第九条 建设单位必须向有关的勘察、设计、施工、工程监理等单位提供与建设工程有关的原始资料。原始资料必须真实、准确、齐全。

第十条　建设工程发包单位不得迫使承包方以低于成本的价格竞标，不得任意压缩合理工期。

建设单位不得明示或者暗示设计单位或者施工单位违反工程建设强制性标准，降低建设工程质量。

第十一条　建设单位应当将施工图设计文件报县级以上人民政府建设行政主管部门或者其他有关部门审查。施工图设计文件审查的具体办法，由国务院建设行政主管部门会同国务院其他有关部门制定。

施工图设计文件未经审查批准的，不得使用。

第十二条　实行监理的建设工程，建设单位应当委托具有相应资质等级的工程监理单位进行监理，也可以委托具有工程监理相应资质等级并与被监理工程的施工承包单位没有隶属关系或者其他利害关系的该工程的设计单位进行监理。

下列建设工程必须实行监理：

（一）国家重点建设工程；

（二）大中型公用事业工程；

（三）成片开发建设的住宅小区工程；

（四）利用外国政府或者国际组织贷款、援助资金的工程；

（五）国家规定必须实行监理的其他工程。

第十三条　建设单位在领取施工许可证或者开工报告前，应当按照国家有关规定办理工程质量监督手续。

第十四条　按照合同约定，由建设单位采购建筑材料、建筑构配件和设备的，建设单位应当保证建筑材料、建筑构配件和设备符合设计文件和合同要求。

建设单位不得明示或者暗示施工单位使用不合格的建筑材料、建筑构配件和设备。

第十五条　涉及建筑主体和承重结构变动的装修工程，建设单位应当在施工前委托原设计单位或者具有相应资质等级的设计单位提出设计方案；没有设计方案的，不得施工。

房屋建筑使用者在装修过程中，不得擅自变动房屋建筑主体和承重结构。

第十六条　建设单位收到建设工程竣工报告后，应当组织设计、施工、工程监理等有关单位进行竣工验收。

建设工程竣工验收应当具备下列条件：

（一）完成建设工程设计和合同约定的各项内容；

（二）有完整的技术档案和施工管理资料；

（三）有工程使用的主要建筑材料、建筑构配件和设备的进场试验报告；

（四）有勘察、设计、施工、工程监理等单位分别签署的质量合格文件；

（五）有施工单位签署的工程保修书。

建设工程经验收合格的，方可交付使用。

第十七条　建设单位应当严格按照国家有关档案管理的规定，及时收集、整理建设项目各环节的文件资料，建立、健全建设项目档案，并在建设工程竣工验收后，及时向建设行政主管部门或者其他有关部门移交建设项目档案。

第三章 勘察、设计单位的质量责任和义务

第十八条 从事建设工程勘察、设计的单位应当依法取得相应等级的资质证书，并在其资质等级许可的范围内承揽工程。

禁止勘察、设计单位超越其资质等级许可的范围或者以其他勘察、设计单位的名义承揽工程。禁止勘察、设计单位允许其他单位或者个人以本单位的名义承揽工程。

勘察、设计单位不得转包或者违法分包所承揽的工程。

第十九条 勘察、设计单位必须按照工程建设强制性标准进行勘察、设计，并对其勘察、设计的质量负责。

注册建筑师、注册结构工程师等注册执业人员应当在设计文件上签字，对设计文件负责。

第二十条 勘察单位提供的地质、测量、水文等勘察成果必须真实、准确。

第二十一条 设计单位应当根据勘察成果文件进行建设工程设计。

设计文件应当符合国家规定的设计深度要求，注明工程合理使用年限。

第二十二条 设计单位在设计文件中选用的建筑材料、建筑构配件和设备，应当注明规格、型号、性能等技术指标，其质量要求必须符合国家规定的标准。

除有特殊要求的建筑材料、专用设备、工艺生产线等外，设计单位不得指定生产厂、供应商。

第二十三条 设计单位应当就审查合格的施工图设计文件向施工单位做出详细说明。

第二十四条 设计单位应当参与建设工程质量事故分析，并对因设计造成的质量事故，提出相应的技术处理方案。

第四章 施工单位的质量责任和义务

第二十五条 施工单位应当依法取得相应等级的资质证书，并在其资质等级许可的范围内承揽工程。

禁止施工单位超越本单位资质等级许可的业务范围或者以其他施工单位的名义承揽工程。禁止施工单位允许其他单位或者个人以本单位的名义承揽工程。

施工单位不得转包或者违法分包工程。

第二十六条 施工单位对建设工程的施工质量负责。

施工单位应当建立质量责任制，确定工程项目的项目经理、技术负责人和施工管理负责人。

建设工程实行总承包的，总承包单位应当对全部建设工程质量负责；建设工程勘察、设计、施工、设备采购的一项或者多项实行总承包的，总承包单位应当对其承包的建设工程或者采购的设备的质量负责。

第二十七条 总承包单位依法将建设工程分包给其他单位的，分包单位应当按照分包合同的约定对其分包工程的质量向总承包单位负责，总承包单位与分包单位对分包工程的质量承担连带责任。

第二十八条 施工单位必须按照工程设计图纸和施工技术标准施工，不得擅自修改工程设计，不得偷工减料。

施工单位在施工过程中发现设计文件和图纸有差错的，应当及时提出意见和建议。

第二十九条 施工单位必须按照工程设计要求、施工技术标准和合同约定，对建筑材料、建筑构配

件、设备和商品混凝土进行检验，检验应当有书面记录和专人签字；未经检验或者检验不合格的，不得使用。

第三十条 施工单位必须建立、健全施工质量的检验制度，严格工序管理，做好隐蔽工程的质量检查和记录。隐蔽工程在隐蔽前，施工单位应当通知建设单位和建设工程质量监督机构。

第三十一条 施工人员对涉及结构安全的试块、试件以及有关材料，应当在建设单位或者工程监理单位监督下现场取样，并送具有相应资质等级的质量检测单位进行检测。

第三十二条 施工单位对施工中出现质量问题的建设工程或者竣工验收不合格的建设工程，应当负责返修。

第三十三条 施工单位应当建立、健全教育培训制度，加强对职工的教育培训；未经教育培训或者考核不合格的人员，不得上岗作业。

第五章 工程监理单位的质量责任和义务

第三十四条 工程监理单位应当依法取得相应等级的资质证书，并在其资质等级许可的范围内承担工程监理业务。

禁止工程监理单位超越本单位资质等级许可的范围或者以其他工程监理单位的名义承担工程监理业务。禁止工程监理单位允许其他单位或者个人以本单位的名义承担工程监理业务。

工程监理单位不得转让工程监理业务。

第三十五条 工程监理单位与被监理工程的施工承包单位以及建筑材料、建筑构配件和设备供应单位有隶属关系或者其他利害关系的，不得承担该项建设工程的监理业务。

第三十六条 工程监理单位应当依照法律、法规以及有关技术标准、设计文件和建设工程承包合同，代表建设单位对施工质量实施监理，并对施工质量承担监理责任。

第三十七条 工程监理单位应当选派具备相应资格的总监理工程师和监理工程师进驻施工现场。

未经监理工程师签字，建筑材料、建筑构配件和设备不得在工程上使用或者安装，施工单位不得进行下一道工序的施工。未经总监理工程师签字，建设单位不拨付工程款，不进行竣工验收。

第三十八条 监理工程师应当按照工程监理规范的要求，采取旁站、巡视和平行检验等形式，对建设工程实施监理。

第六章 建设工程质量保修

第三十九条 建设工程实行质量保修制度。

建设工程承包单位在向建设单位提交工程竣工验收报告时，应当向建设单位出具质量保修书。质量保修书中应当明确建设工程的保修范围、保修期限和保修责任等。

第四十条 在正常使用条件下，建设工程的最低保修期限为：

（一）基础设施工程、房屋建筑的地基基础工程和主体结构工程，为设计文件规定的该工程的合理使用年限；

（二）屋面防水工程、有防水要求的卫生间、房间和外墙面的防渗漏，为5年；

（三）供热与供冷系统，为2个采暖期、供冷期；

（四）电气管线、给排水管道、设备安装和装修工程，为 2 年。

其他项目的保修期限由发包方与承包方约定。

建设工程的保修期，自竣工验收合格之日起计算。

第四十一条 建设工程在保修范围和保修期限内发生质量问题的，施工单位应当履行保修义务，并对造成的损失承担赔偿责任。

第四十二条 建设工程在超过合理使用年限后需要继续使用的，产权所有人应当委托具有相应资质等级的勘察、设计单位鉴定，并根据鉴定结果采取加固、维修等措施，重新界定使用期。

第七章 监 督 管 理

第四十三条 国家实行建设工程质量监督管理制度。

国务院建设行政主管部门对全国的建设工程质量实施统一监督管理。国务院铁路、交通、水利等有关部门按照国务院规定的职责分工，负责对全国的有关专业建设工程质量的监督管理。

县级以上地方人民政府建设行政主管部门对本行政区域内的建设工程质量实施监督管理。县级以上地方人民政府交通、水利等有关部门在各自的职责范围内，负责对本行政区域内的专业建设工程质量的监督管理。

第四十四条 国务院建设行政主管部门和国务院铁路、交通、水利等有关部门应当加强对有关建设工程质量的法律、法规和强制性标准执行情况的监督检查。

第四十五条 国务院发展计划部门按照国务院规定的职责，组织稽查特派员，对国家出资的重大建设项目实施监督检查。

国务院经济贸易主管部门按照国务院规定的职责，对国家重大技术改造项目实施监督检查。

第四十六条 建设工程质量监督管理，可以由建设行政主管部门或者其他有关部门委托的建设工程质量监督机构具体实施。

从事房屋建筑工程和市政基础设施工程质量监督的机构，必须按照国家有关规定经国务院建设行政主管部门或者省、自治区、直辖市人民政府建设行政主管部门考核；从事专业建设工程质量监督的机构，必须按照国家有关规定经国务院有关部门或者省、自治区、直辖市人民政府有关部门考核。经考核合格后，方可实施质量监督。

第四十七条 县级以上地方人民政府建设行政主管部门和其他有关部门应当加强对有关建设工程质量的法律、法规和强制性标准执行情况的监督检查。

第四十八条 县级以上人民政府建设行政主管部门和其他有关部门履行监督检查职责时，有权采取下列措施：

（一）要求被检查的单位提供有关工程质量的文件和资料；

（二）进入被检查单位的施工现场进行检查；

（三）发现有影响工程质量的问题时，责令改正。

第四十九条 建设单位应当自建设工程竣工验收合格之日起 15 日内，将建设工程竣工验收报告和规划、公安消防、环保等部门出具的认可文件或者准许使用文件报建设行政主管部门或者其他有关部门备案。

建设行政主管部门或者其他有关部门发现建设单位在竣工验收过程中有违反国家有关建设工程质量管理规定行为的，责令停止使用，重新组织竣工验收。

第五十条 有关单位和个人对县级以上人民政府建设行政主管部门和其他有关部门进行的监督检查应当支持与配合，不得拒绝或者阻碍建设工程质量监督检查人员依法执行职务。

第五十一条 供水、供电、供气、公安消防等部门或者单位不得明示或者暗示建设单位、施工单位购买其指定的生产供应单位的建筑材料、建筑构配件和设备。

第五十二条 建设工程发生质量事故，有关单位应当在24小时内向当地建设行政主管部门和其他有关部门报告。对重大质量事故，事故发生地的建设行政主管部门和其他有关部门应当按照事故类别和等级向当地人民政府和上级建设行政主管部门和其他有关部门报告。

特别重大质量事故的调查程序按照国务院有关规定办理。

第五十三条 任何单位和个人对建设工程的质量事故、质量缺陷都有权检举、控告、投诉。

第八章 罚 则

第五十四条 违反本条例规定，建设单位将建设工程发包给不具有相应资质等级的勘察、设计、施工单位或者委托给不具有相应资质等级的工程监理单位的，责令改正，处50万元以上100万元以下的罚款。

第五十五条 违反本条例规定，建设单位将建设工程肢解发包的，责令改正，处工程合同价款0.5%以上1%以下的罚款；对全部或者部分使用国有资金的项目，并可以暂停项目执行或者暂停资金拨付。

第五十六条 违反本条例规定，建设单位有下列行为之一的，责令改正，处20万元以上50万元以下的罚款：

（一）迫使承包方以低于成本的价格竞标的；

（二）任意压缩合理工期的；

（三）明示或者暗示设计单位或者施工单位违反工程建设强制性标准，降低工程质量的；

（四）施工图设计文件未经审查或者审查不合格，擅自施工的；

（五）建设项目必须实行工程监理而未实行工程监理的；

（六）未按照国家规定办理工程质量监督手续的；

（七）明示或者暗示施工单位使用不合格的建筑材料、建筑构配件和设备的；

（八）未按照国家规定将竣工验收报告、有关认可文件或者准许使用文件报送备案的。

第五十七条 违反本条例规定，建设单位未取得施工许可证或者开工报告未经批准，擅自施工的，责令停止施工，限期改正，处工程合同价款1%以上2%以下的罚款。

第五十八条 违反本条例规定，建设单位有下列行为之一的，责令改正，处工程合同价款2%以上4%以下的罚款；造成损失的，依法承担赔偿责任：

（一）未组织竣工验收，擅自交付使用的；

（二）验收不合格，擅自交付使用的；

（三）对不合格的建设工程按照合格工程验收的。

第五十九条 违反本条例规定，建设工程竣工验收后，建设单位未向建设行政主管部门或者其他有关部门移交建设项目档案的，责令改正，处1万元以上10万元以下的罚款。

第六十条 违反本条例规定，勘察、设计、施工、工程监理单位超越本单位资质等级承揽工程的，责令停止违法行为，对勘察、设计单位或者工程监理单位处合同约定的勘察费、设计费或者监理酬金1倍以上2倍以下的罚款；对施工单位处工程合同价款2%以上4%以下的罚款，可以责令停业整顿，降低资质等级；情节严重的，吊销资质证书；有违法所得的，予以没收。

未取得资质证书承揽工程的，予以取缔，依照前款规定处以罚款；有违法所得的，予以没收。

以欺骗手段取得资质证书承揽工程的，吊销资质证书，依照本条第一款规定处以罚款。

有违法所得的，予以没收。

第六十一条 违反本条例规定，勘察、设计、施工、工程监理单位允许其他单位或者个人以本单位名义承揽工程的，责令改正，没收违法所得，对勘察、设计单位和工程监理单位处合同约定的勘察费、设计费和监理酬金1倍以上2倍以下的罚款；对施工单位处工程合同价款2%以上4%以下的罚款；可以责令停业整顿，降低资质等级；情节严重的，吊销资质证书。

第六十二条 违反本条例规定，承包单位将承包的工程转包或者违法分包的，责令改正，没收违法所得，对勘察、设计单位处合同约定的勘察费、设计费25%以上50%以下的罚款；对施工单位处工程合同价款0.5%以上1%以下的罚款；可以责令停业整顿，降低资质等级；情节严重的，吊销资质证书。

工程监理单位转让工程监理业务的，责令改正，没收违法所得，处合同约定的监理酬金25%以上50%以下的罚款；可以责令停业整顿，降低资质等级；情节严重的，吊销资质证书。

第六十三条 违反本条例规定，有下列行为之一的，责令改正，处10万元以上30万元以下的罚款：

（一）勘察单位未按照工程建设强制性标准进行勘察的；

（二）设计单位未根据勘察成果文件进行工程设计的；

（三）设计单位指定建筑材料、建筑构配件的生产厂、供应商的；

（四）设计单位未按照工程建设强制性标准进行设计的。

有前款所列行为，造成工程质量事故的，责令停业整顿，降低资质等级；情节严重的，吊销资质证书；造成损失的，依法承担赔偿责任。

第六十四条 违反本条例规定，施工单位在施工中偷工减料的，使用不合格的建筑材料、建筑构配件和设备的，或者有不按照工程设计图纸或者施工技术标准施工的其他行为的，责令改正，处工程合同价款2%以上4%以下的罚款；造成建设工程质量不符合规定的质量标准的，负责返工、修理，并赔偿因此造成的损失；情节严重的，责令停业整顿，降低资质等级或者吊销资质证书。

第六十五条 违反本条例规定，施工单位未对建筑材料、建筑构配件、设备和商品混凝土进行检验，或者未对涉及结构安全的试块、试件以及有关材料取样检测的，责令改正，处10万元以上20万元以下的罚款；情节严重的，责令停业整顿，降低资质等级或吊销资质证书；造成损失的，依法承担赔偿责任。

第六十六条 违反本条例规定，施工单位不履行保修义务或者拖延履行保修义务的，责令改正，处10万元以上20万元以下的罚款，并对在保修期内因质量缺陷造成的损失承担赔偿责任。

第六十七条 工程监理单位有下列行为之一的，责令改正，处50万元以上100万元以下的罚款，降低资质等级或者吊销资质证书；有违法所得的，予以没收；造成损失的，承担连带赔偿责任：

（一）与建设单位或者施工单位串通，弄虚作假、降低工程质量的；

（二）将不合格的建设工程、建筑材料、建筑构配件和设备按照合格签字的。

第六十八条 违反本条例规定，工程监理单位与被监理工程的施工承包单位以及建筑材料、建筑构配件和设备供应单位有隶属关系或者其他利害关系承担该项建设工程的监理业务的，责令改正，处5万元以上10万元以下的罚款，降低资质等级或者吊销资质证书；有违法所得的，予以没收。

第六十九条 违反本条例规定，涉及建筑主体或者承重结构变动的装修工程，没有设计方案擅自施工的，责令改正，处50万元以上100万元以下的罚款；房屋建筑使用者在装修过程中擅自变动房屋建筑主体和承重结构的，责令改正，处5万元以上10万元以下的罚款。

有前款所列行为，造成损失的，依法承担赔偿责任。

第七十条 发生重大工程质量事故隐瞒不报、谎报或者拖延报告期限的，对直接负责的主管人员和其他责任人员依法给予行政处分。

第七十一条 违反本条例规定，供水、供电、供气、公安消防等部门或者单位明示或者暗示建设单位或者施工单位购买其指定的生产供应单位的建筑材料、建筑构配件和设备的，责令改正。

第七十二条 违反本条例规定，注册建筑师、注册结构工程师、监理工程师等注册执业人员因过错造成质量事故的，责令停止执业1年；造成重大质量事故的，吊销执业资格证书，5年以内不予注册；情节特别恶劣的，终身不予注册。

第七十三条 依照本条例规定，给予单位罚款处罚的，对单位直接负责的主管人员和其他直接责任人员处单位罚款数额5%以上10%以下的罚款。

第七十四条 建设单位、设计单位、施工单位、工程监理单位违反国家规定，降低工程质量标准，造成重大安全事故，构成犯罪的，对直接责任人员依法追究刑事责任。

第七十五条 本条例规定的责令停业整顿，降低资质等级和吊销资质证书的行政处罚，由颁发资质证书的机关决定；其他行政处罚，由建设行政主管部门或者其他有关部门依照法定职权决定。

依照本条例规定被吊销资质证书的，由工商行政管理部门吊销其营业执照。

第七十六条 国家机关工作人员在建设工程质量监督管理工作中玩忽职守、滥用职权、徇私舞弊，构成犯罪的，依法追究刑事责任；尚不构成犯罪的，依法给予行政处分。

第七十七条 建设、勘察、设计、施工、工程监理单位的工作人员因调动工作、退休等原因离开该单位后，被发现在该单位工作期间违反国家有关建设工程质量管理规定，造成重大工程质量事故的，仍应当依法追究法律责任。

第九章 附 则

第七十八条 本条例所称肢解发包，是指建设单位将应当由一个承包单位完成的建设工程分解成若干部分发包给不同的承包单位的行为。

本条例所称违法分包，是指下列行为：

（一）总承包单位将建设工程分包给不具备相应资质条件的单位的；

（二）建设工程总承包合同中未有约定，又未经建设单位认可，承包单位将其承包的部分建设工程交由其他单位完成的；

（三）施工总承包单位将建设工程主体结构的施工分包给其他单位的；

（四）分包单位将其承包的建设工程再分包的。

本条例所称转包，是指承包单位承包建设工程后，不履行合同约定的责任和义务，将其承包的全部建设工程转给他人或者将其承包的全部建设工程肢解以后以分包的名义分别转给其他单位承包的行为。

第七十九条 本条例规定的罚款和没收的违法所得，必须全部上缴国库。

第八十条 抢险救灾及其他临时性房屋建筑和农民自建低层住宅的建设活动，不适用本条例。

第八十一条 军事建设工程的管理，按照中央军事委员会的有关规定执行。

第八十二条 本条例自发布之日起施行。

附：刑法有关条款

第一百三十七条建设单位、设计单位、施工单位、工程监理单位违反国家规定，降低工程质量标准，造成重大安全事故的，对直接责任人员处五年以下有期徒刑或者拘役，并处罚金；后果特别严重的，处五年以上十年以下有期徒刑，并处罚金。

建设工程消防设计审查验收管理暂行规定

第一章 总 则

第一条 为了加强建设工程消防设计审查验收管理，保证建设工程消防设计、施工质量，根据《中华人民共和国建筑法》《中华人民共和国消防法》《建设工程质量管理条例》等法律、行政法规，制定本规定。

第二条 特殊建设工程的消防设计审查、消防验收，以及其他建设工程的消防验收备案（以下简称备案）、抽查，适用本规定。

本规定所称特殊建设工程，是指本规定第十四条所列的建设工程。

本规定所称其他建设工程，是指特殊建设工程以外的其他按照国家工程建设消防技术标准需要进行消防设计的建设工程。

第三条 国务院住房和城乡建设主管部门负责指导监督全国建设工程消防设计审查验收工作。

县级以上地方人民政府住房和城乡建设主管部门（以下简称消防设计审查验收主管部门）依职责承担本行政区域内建设工程的消防设计审查、消防验收、备案和抽查工作。

跨行政区域建设工程的消防设计审查、消防验收、备案和抽查工作，由该建设工程所在行政区域消防设计审查验收主管部门共同的上一级主管部门指定负责。

第四条 消防设计审查验收主管部门应当运用互联网技术等信息化手段开展消防设计审查、消防验收、备案和抽查工作,建立健全有关单位和从业人员的信用管理制度,不断提升政务服务水平。

第五条 消防设计审查验收主管部门实施消防设计审查、消防验收、备案和抽查工作所需经费,按照《中华人民共和国行政许可法》等有关法律法规的规定执行。

第六条 消防设计审查验收主管部门应当及时将消防验收、备案和抽查情况告知消防救援机构,并与消防救援机构共享建筑平面图、消防设施平面布置图、消防设施系统图等资料。

第七条 从事建设工程消防设计审查验收的工作人员,以及建设、设计、施工、工程监理、技术服务等单位的从业人员,应当具备相应的专业技术能力,定期参加职业培训。

第二章 有关单位的消防设计、施工质量责任与义务

第八条 建设单位依法对建设工程消防设计、施工质量负首要责任。设计、施工、工程监理、技术服务等单位依法对建设工程消防设计、施工质量负主体责任。建设、设计、施工、工程监理、技术服务等单位的从业人员依法对建设工程消防设计、施工质量承担相应的个人责任。

第九条 建设单位应当履行下列消防设计、施工质量责任和义务:

(一)不得明示或者暗示设计、施工、工程监理、技术服务等单位及其从业人员违反建设工程法律法规和国家工程建设消防技术标准,降低建设工程消防设计、施工质量;

(二)依法申请建设工程消防设计审查、消防验收,办理备案并接受抽查;

(三)实行工程监理的建设工程,依法将消防施工质量委托监理;

(四)委托具有相应资质的设计、施工、工程监理单位;

(五)按照工程消防设计要求和合同约定,选用合格的消防产品和满足防火性能要求的建筑材料、建筑构配件和设备;

(六)组织有关单位进行建设工程竣工验收时,对建设工程是否符合消防要求进行查验;

(七)依法及时向档案管理机构移交建设工程消防有关档案。

第十条 设计单位应当履行下列消防设计、施工质量责任和义务:

(一)按照建设工程法律法规和国家工程建设消防技术标准进行设计,编制符合要求的消防设计文件,不得违反国家工程建设消防技术标准强制性条文;

(二)在设计文件中选用的消防产品和具有防火性能要求的建筑材料、建筑构配件和设备,应当注明规格、性能等技术指标,符合国家规定的标准;

(三)参加建设单位组织的建设工程竣工验收,对建设工程消防设计实施情况签章确认,并对建设工程消防设计质量负责。

第十一条 施工单位应当履行下列消防设计、施工质量责任和义务:

(一)按照建设工程法律法规、国家工程建设消防技术标准,以及经消防设计审查合格或者满足工程需要的消防设计文件组织施工,不得擅自改变消防设计进行施工,降低消防施工质量;

(二)按照消防设计要求、施工技术标准和合同约定检验消防产品和具有防火性能要求的建筑材料、建筑构配件和设备的质量,使用合格产品,保证消防施工质量;

(三）参加建设单位组织的建设工程竣工验收，对建设工程消防施工质量签章确认，并对建设工程消防施工质量负责。

第十二条 工程监理单位应当履行下列消防设计、施工质量责任和义务：

（一）按照建设工程法律法规、国家工程建设消防技术标准，以及经消防设计审查合格或者满足工程需要的消防设计文件实施工程监理；

（二）在消防产品和具有防火性能要求的建筑材料、建筑构配件和设备使用、安装前，核查产品质量证明文件，不得同意使用或者安装不合格的消防产品和防火性能不符合要求的建筑材料、建筑构配件和设备；

（三）参加建设单位组织的建设工程竣工验收，对建设工程消防施工质量签章确认，并对建设工程消防施工质量承担监理责任。

第十三条 提供建设工程消防设计图纸技术审查、消防设施检测或者建设工程消防验收现场评定等服务的技术服务机构，应当按照建设工程法律法规、国家工程建设消防技术标准和国家有关规定提供服务，并对出具的意见或者报告负责。

第三章 特殊建设工程的消防设计审查

第十四条 具有下列情形之一的建设工程是特殊建设工程：

（一）总建筑面积大于 2 万平方米的体育场馆、会堂，公共展览馆、博物馆的展示厅；

（二）总建筑面积大于 1 万五千平方米的民用机场航站楼、客运车站候车室、客运码头候船厅；

（三）总建筑面积大于 1 万平方米的宾馆、饭店、商场、市场；

（四）总建筑面积大于 2 500 平方米的影剧院，公共图书馆的阅览室，营业性室内健身、休闲场馆，医院的门诊楼，大学的教学楼、图书馆、食堂，劳动密集型企业的生产加工车间，寺庙、教堂；

（五）总建筑面积大于 1 000 平方米的托儿所、幼儿园的儿童用房，儿童游乐厅等室内儿童活动场所，养老院、福利院，医院、疗养院的病房楼，中小学校的教学楼、图书馆、食堂，学校的集体宿舍，劳动密集型企业的员工集体宿舍；

（六）总建筑面积大于 500 平方米的歌舞厅、录像厅、放映厅、卡拉 OK 厅、夜总会、游艺厅、桑拿浴室、网吧、酒吧，具有娱乐功能的餐馆、茶馆、咖啡厅；

（七）国家工程建设消防技术标准规定的一类高层住宅建筑；

（八）城市轨道交通、隧道工程，大型发电、变配电工程；

（九）生产、储存、装卸易燃易爆危险物品的工厂、仓库和专用车站、码头，易燃易爆气体和液体的充装站、供应站、调压站；

（十）国家机关办公楼、电力调度楼、电信楼、邮政楼、防灾指挥调度楼、广播电视楼、档案楼；

（十一）设有本条第一项至第六项所列情形的建设工程；

（十二）本条第十项、第十一项规定以外的单体建筑面积大于 4 万平方米或者建筑高度超过 50 米的公共建筑。

第十五条 对特殊建设工程实行消防设计审查制度。

特殊建设工程的建设单位应当向消防设计审查验收主管部门申请消防设计审查，消防设计审查验收主管部门依法对审查的结果负责。

特殊建设工程未经消防设计审查或者审查不合格的，建设单位、施工单位不得施工。

第十六条　建设单位申请消防设计审查，应当提交下列材料：

（一）消防设计审查申请表；

（二）消防设计文件；

（三）依法需要办理建设工程规划许可的，应当提交建设工程规划许可文件；

（四）依法需要批准的临时性建筑，应当提交批准文件。

第十七条　特殊建设工程具有下列情形之一的，建设单位除提交本规定第十六条所列材料外，还应当同时提交特殊消防设计技术资料：

（一）国家工程建设消防技术标准没有规定，必须采用国际标准或者境外工程建设消防技术标准的；

（二）消防设计文件拟采用的新技术、新工艺、新材料不符合国家工程建设消防技术标准规定的。

前款所称特殊消防设计技术资料，应当包括特殊消防设计文件，设计采用的国际标准、境外工程建设消防技术标准的中文文本，以及有关的应用实例、产品说明等资料。

第十八条　消防设计审查验收主管部门收到建设单位提交的消防设计审查申请后，对申请材料齐全的，应当出具受理凭证；申请材料不齐全的，应当一次性告知需要补正的全部内容。

第十九条　对具有本规定第十七条情形之一的建设工程，消防设计审查验收主管部门应当自受理消防设计审查申请之日起五个工作日内，将申请材料报送省、自治区、直辖市人民政府住房和城乡建设主管部门组织专家评审。

第二十条　省、自治区、直辖市人民政府住房和城乡建设主管部门应当建立由具有工程消防、建筑等专业高级技术职称人员组成的专家库，制定专家库管理制度。

第二十一条　省、自治区、直辖市人民政府住房和城乡建设主管部门应当在收到申请材料之日起十个工作日内组织召开专家评审会，对建设单位提交的特殊消防设计技术资料进行评审。

评审专家从专家库随机抽取，对于技术复杂、专业性强或者国家有特殊要求的项目，可以直接邀请相应专业的中国科学院院士、中国工程院院士、全国工程勘察设计大师以及境外具有相应资历的专家参加评审；与特殊建设工程设计单位有利害关系的专家不得参加评审。

评审专家应当符合相关专业要求，总数不得少于七人，且独立出具评审意见。特殊消防设计技术资料经四分之三以上评审专家同意即为评审通过，评审专家有不同意见的，应当注明。省、自治区、直辖市人民政府住房和城乡建设主管部门应当将专家评审意见，书面通知报请评审的消防设计审查验收主管部门，同时报国务院住房和城乡建设主管部门备案。

第二十二条　消防设计审查验收主管部门应当自受理消防设计审查申请之日起十五个工作日内出具书面审查意见。依照本规定需要组织专家评审的，专家评审时间不超过二十个工作日。

第二十三条　对符合下列条件的，消防设计审查验收主管部门应当出具消防设计审查合格意见：

（一）申请材料齐全、符合法定形式；

（二）设计单位具有相应资质；

（三）消防设计文件符合国家工程建设消防技术标准（具有本规定第十七条情形之一的特殊建设工程，特殊消防设计技术资料通过专家评审）。

对不符合前款规定条件的，消防设计审查验收主管部门应当出具消防设计审查不合格意见，并说明理由。

第二十四条 实行施工图设计文件联合审查的，应当将建设工程消防设计的技术审查并入联合审查。

第二十五条 建设、设计、施工单位不得擅自修改经审查合格的消防设计文件。确需修改的，建设单位应当依照本规定重新申请消防设计审查。

第四章 特殊建设工程的消防验收

第二十六条 对特殊建设工程实行消防验收制度。

特殊建设工程竣工验收后，建设单位应当向消防设计审查验收主管部门申请消防验收；未经消防验收或者消防验收不合格的，禁止投入使用。

第二十七条 建设单位组织竣工验收时，应当对建设工程是否符合下列要求进行查验：

（一）完成工程消防设计和合同约定的消防各项内容；

（二）有完整的工程消防技术档案和施工管理资料（含涉及消防的建筑材料、建筑构配件和设备的进场试验报告）；

（三）建设单位对工程涉及消防的各分部分项工程验收合格；施工、设计、工程监理、技术服务等单位确认工程消防质量符合有关标准；

（四）消防设施性能、系统功能联调联试等内容检测合格。

经查验不符合前款规定的建设工程，建设单位不得编制工程竣工验收报告。

第二十八条 建设单位申请消防验收，应当提交下列材料：

（一）消防验收申请表；

（二）工程竣工验收报告；

（三）涉及消防的建设工程竣工图纸。

消防设计审查验收主管部门收到建设单位提交的消防验收申请后，对申请材料齐全的，应当出具受理凭证；申请材料不齐全的，应当一次性告知需要补正的全部内容。

第二十九条 消防设计审查验收主管部门受理消防验收申请后，应当按照国家有关规定，对特殊建设工程进行现场评定。现场评定包括对建筑物防（灭）火设施的外观进行现场抽样查看；通过专业仪器设备对涉及距离、高度、宽度、长度、面积、厚度等可测量的指标进行现场抽样测量；对消防设施的功能进行抽样测试、联调联试消防设施的系统功能等内容。

第三十条 消防设计审查验收主管部门应当自受理消防验收申请之日起十五日内出具消防验收意见。对符合下列条件的，应当出具消防验收合格意见：

（一）申请材料齐全、符合法定形式；

（二）工程竣工验收报告内容完备；

（三）涉及消防的建设工程竣工图纸与经审查合格的消防设计文件相符；

（四）现场评定结论合格。

对不符合前款规定条件的，消防设计审查验收主管部门应当出具消防验收不合格意见，并说明理由。

第三十一条 实行规划、土地、消防、人防、档案等事项联合验收的建设工程，消防验收意见由地方人民政府指定的部门统一出具。

第五章 其他建设工程的消防设计、备案与抽查

第三十二条 其他建设工程，建设单位申请施工许可或者申请批准开工报告时，应当提供满足施工需要的消防设计图纸及技术资料。

未提供满足施工需要的消防设计图纸及技术资料的，有关部门不得发放施工许可证或者批准开工报告。

第三十三条 对其他建设工程实行备案抽查制度。

其他建设工程经依法抽查不合格的，应当停止使用。

第三十四条 其他建设工程竣工验收合格之日起五个工作日内，建设单位应当报消防设计审查验收主管部门备案。

建设单位办理备案，应当提交下列材料：

（一）消防验收备案表；

（二）工程竣工验收报告；

（三）涉及消防的建设工程竣工图纸。

本规定第二十七条有关建设单位竣工验收消防查验的规定，适用于其他建设工程。

第三十五条 消防设计审查验收主管部门收到建设单位备案材料后，对备案材料齐全的，应当出具备案凭证；备案材料不齐全的，应当一次性告知需要补正的全部内容。

第三十六条 消防设计审查验收主管部门应当对备案的其他建设工程进行抽查。抽查工作推行"双随机、一公开"制度，随机抽取检查对象，随机选派检查人员。抽取比例由省、自治区、直辖市人民政府住房和城乡建设主管部门，结合辖区内消防设计、施工质量情况确定，并向社会公示。

消防设计审查验收主管部门应当自其他建设工程被确定为检查对象之日起十五个工作日内，按照建设工程消防验收有关规定完成检查，制作检查记录。检查结果应当通知建设单位，并向社会公示。

第三十七条 建设单位收到检查不合格整改通知后，应当停止使用建设工程，并组织整改，整改完成后，向消防设计审查验收主管部门申请复查。

消防设计审查验收主管部门应当自收到书面申请之日起七个工作日内进行复查，并出具复查意见。复查合格后方可使用建设工程。

第六章 附 则

第三十八条 违反本规定的行为，依照《中华人民共和国建筑法》《中华人民共和国消防法》《建设工程质量管理条例》等法律法规给予处罚；构成犯罪的，依法追究刑事责任。

建设、设计、施工、工程监理、技术服务等单位及其从业人员违反有关建设工程法律法规和国家工程

建设消防技术标准,除依法给予处罚或者追究刑事责任外,还应当依法承担相应的民事责任。

第三十九条 建设工程消防设计审查验收规则和执行本规定所需要的文书式样,由国务院住房和城乡建设主管部门制定。

第四十条 新颁布的国家工程建设消防技术标准实施之前,建设工程的消防设计已经依法审查合格的,按原审查意见的标准执行。

第四十一条 住宅室内装饰装修、村民自建住宅、救灾和非人员密集场所的临时性建筑的建设活动,不适用本规定。

第四十二条 省、自治区、直辖市人民政府住房和城乡建设主管部门可以根据有关法律法规和本规定,结合本地实际情况,制定实施细则。

第四十三条 本规定自 2020 年 6 月 1 日起施行。

住院综合楼项目管理成果总结

序号	时间	名称
1	2017 年	2017 年度江苏省示范监理项目
2	2017 年	项目总负责人赵奕华副院长获得"江苏省三八红旗手"
3	2017 年 4 月	南京市优质结构工程
4	2017 年 5 月	第 4 届全国十佳医院基建管理者,院长组——赵奕华,处科长组——张玉彬
5	2014 年至 2020 年	获得医院建设协会省级、国家级优秀论文一等奖 7 次、二等奖 8 次、三等奖 9 次、优秀论文 7 次
6	2017 年 11 月	中国建设工程 BIM 大赛卓越工程项目三等奖
7	2018 年 3 月	第 5 届中国医疗环境与健康大会——全国优秀手术室工程奖及全国优秀手术室工程建设管理奖
8	2018 年 5 月	第 19 届全国医院建设大会——最美医院
9	2018 年 7 月	南京大学工程管理学院 BIM 技术研究院,顾问赵奕华,研究员张玉彬
10	2018 年 10 月	十佳医院基建管理项目奖
11	2018 年 12 月	2018 年安装行业 BIM 技术应用成果评价"行业先进"
12	2018 年 12 月	2017—2018 年度中国建筑工程装饰奖(幕墙工程)
13	2019 年 6 月	2019 年南京市优质工程奖"金陵杯"
14	2019 年 6 月	2019 年南京市装饰装修工程"金陵杯"奖
15	2019 年 8 月	2017 年度江苏现代医院管理研究中心优秀课题三等奖
16	2019 年 11 月	举办国家级继续教育项目学习班
17	2019 年 12 月	2019—2020 年度中国建筑工程装饰奖(室内装饰装修工程、手术室净化系统采购及安装工程)

2020年妇幼基建获奖情况目录

序号	日期	文件材料名称	备注
23	2020年2月	2020年度江苏省节能减排（建筑节能）专项资金奖补项目	
24	2020年6月	2019中国医院建设与后勤管理年度人物——张玉彬	
25	2020年7月	2020年省级绿色建筑发展专项资金预算	
26	2020年8月	第7届中国医疗环境与健康大会——第五届全国优秀手术部工程奖	
27	2020年8月	第7届中国医疗环境与健康大会——2019年度全国医院人文建筑学习调研基地	
28	2020年8月7日	全国医院人文建筑突出贡献奖——赵奕华	
29	2020年8月	第五届全国优秀手术部工程管理奖——张玉彬	
30	2020年8月	妇幼保健机构优秀建设项目图集	
31	2020年8月12日	《基于BIM的医院建筑平战转换下的智慧管理平台和应急管理体系研究》 2020年度江苏省建设系统科技项目（指导类）	
32	2020年8月12日	《基于BIM的装配式应急救治设施建设、运维研究与示范》 2020年度江苏省建设系统科技项目（计划类）	
33	2020年8月12日	《公共建筑室内空气品质监测系统技术规程》 2020年度江苏省工程建设标准编制计划重点类标准	
34	2020年8月21日	2020年度全国十佳医院后勤院长——赵奕华	
35	2020年9月1日	第七届江苏省勘察设计行业建筑信息模型（BIM）应用大赛民用建筑组一等奖	

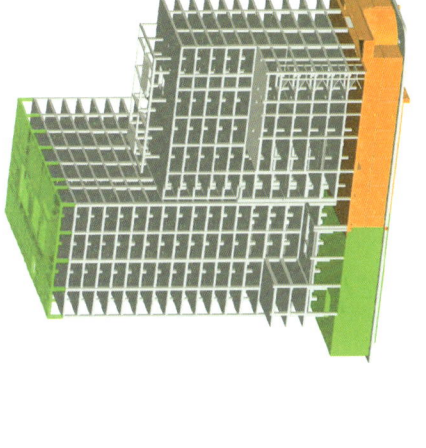

星期五 15:24:00 2016/6/17 天=412 周=59
1#楼18层结构[构造67%]

星期日 13:46:30 2015/10/4 天=155 周=23
地下室阶段[84%]
地下工程进度模拟(梅)[构造84%]
3区结构施工[99%]
2区结构施工[89%]
5区结构施工[85%]
4区结构施工[76%]
负一层结构换撑养护[87%]
负一层外墙螺杆割除及修补[50%]
负一层竣工施工[36%]
负一层结构与围护之间土方回填[7%]

星期二 12:52:00 2017/8/22 天=843 周=121
验收准备工作[构造57%]

星期二 8:45:30 2016/12/13 天=591 周=85
9层管线及设备安装[构造67%]
10层幕墙+二次结构[构造63%]

附图-1 BIM 施工进度模拟

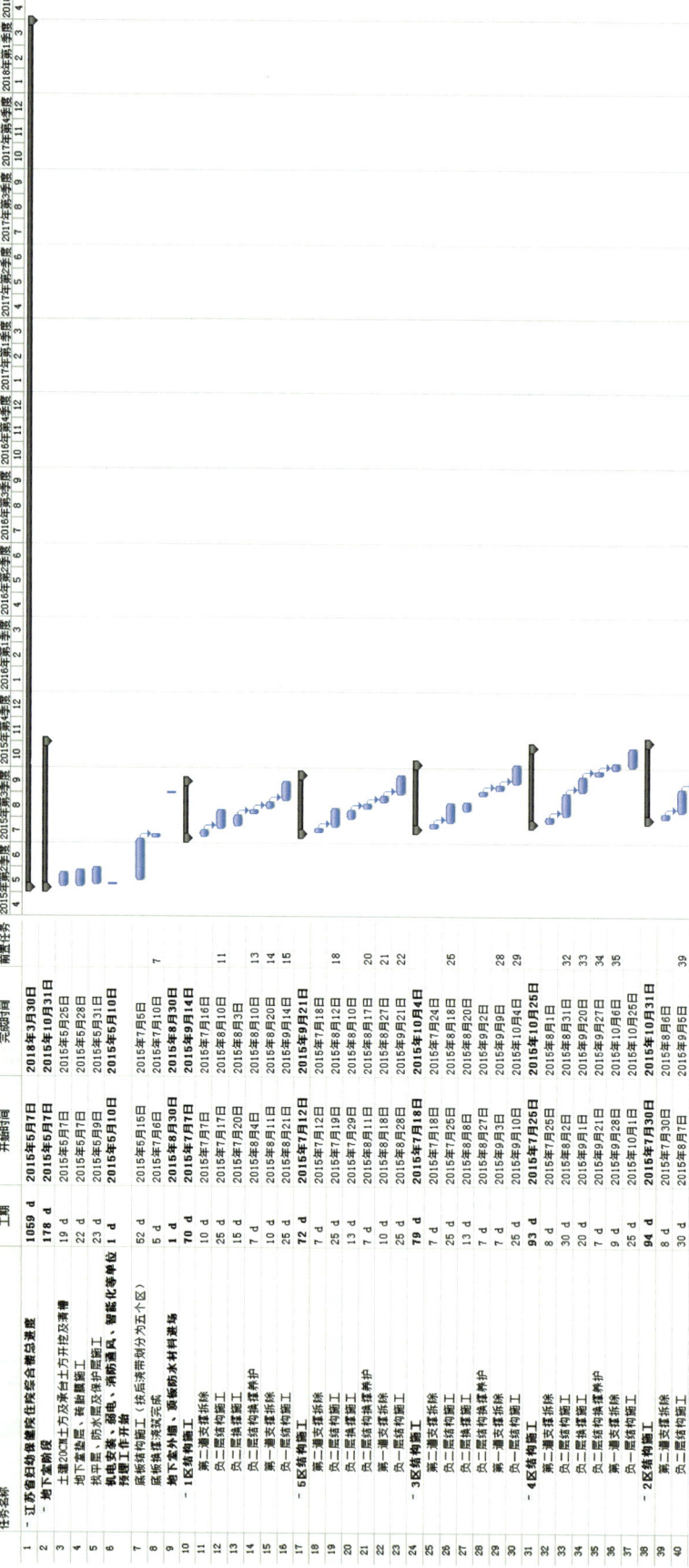

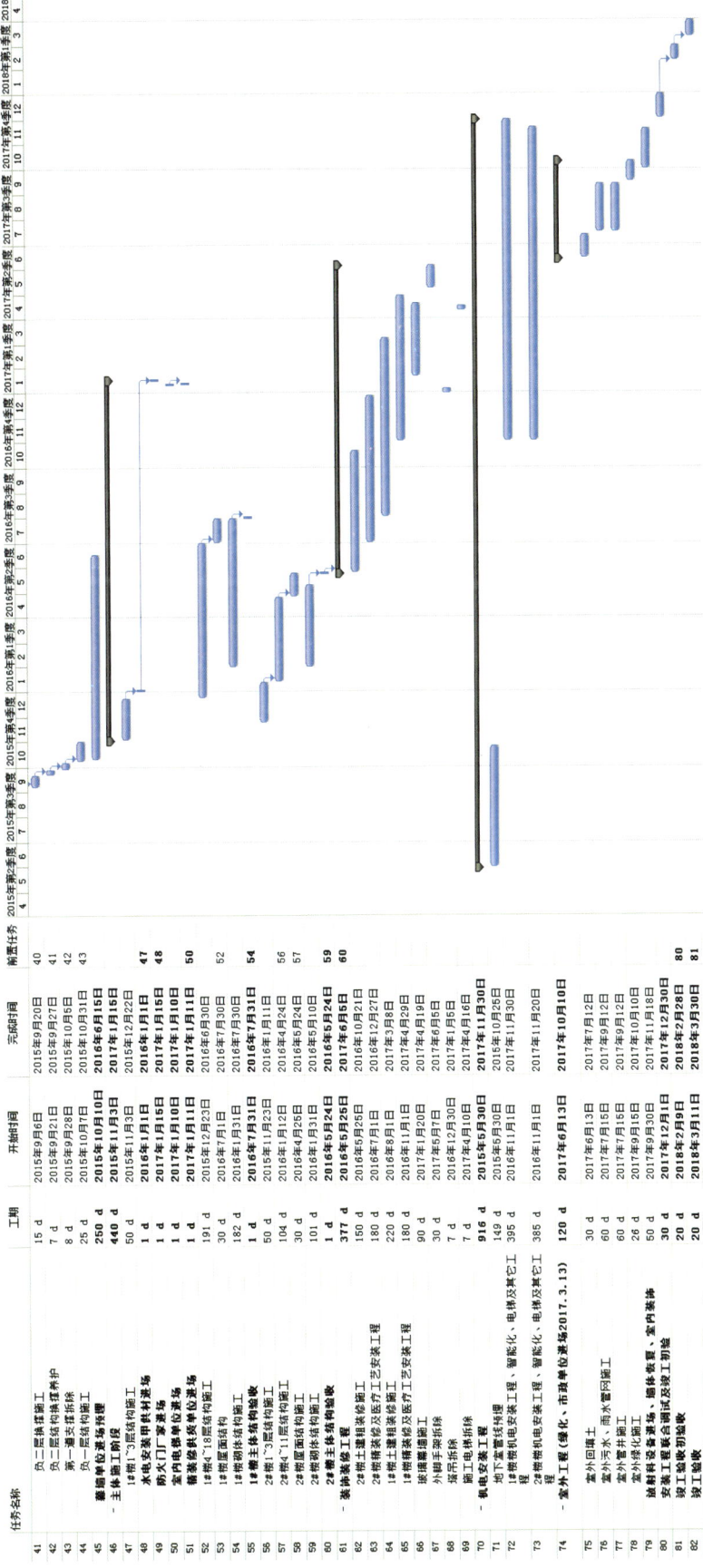

附图-2 江苏省妇幼保健院扩建一期工程施工总进度计划

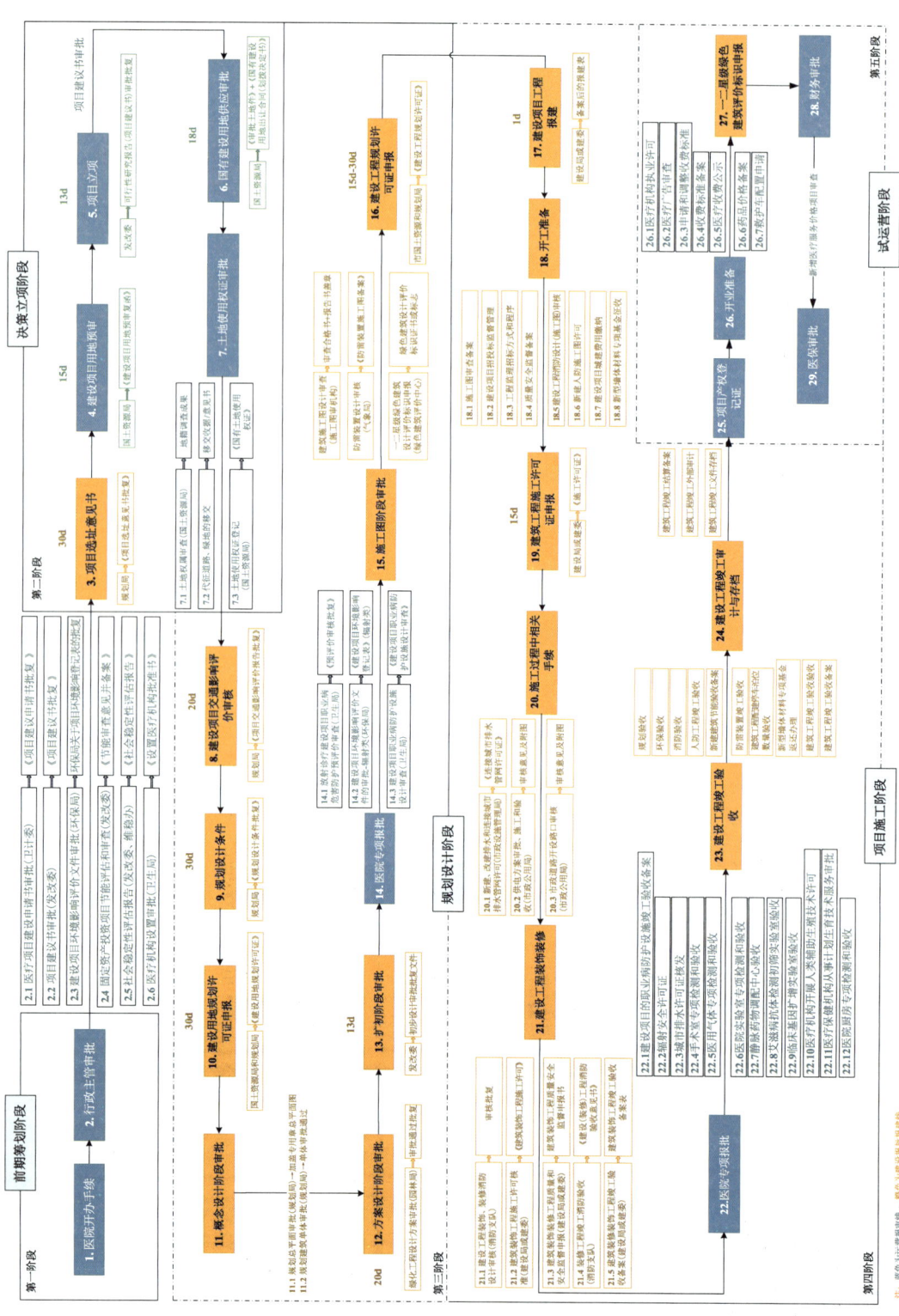

附图-3 项目全过程基本手续流程图